国家自然科学基金成果（批准号：40071040）

近两千年长江上游
森林分布与水土流失研究

JIN LIANGQIANNIAN CHANGJIANG
SHANGYOU SENLIN FENBU YU SHUITU LIUSHI YANJIU

主　编◎蓝　勇

撰稿人◎蓝　勇　黄权生　潘英武

　　　　张　龙　徐　艳　吴宏郡

中国社会科学出版社

图书在版编目(CIP)数据

近两千年长江上游森林分布与水土流失研究/蓝勇主编.—北京:中国社会科学出版社,2011.8
ISBN 978 – 7 – 5004 – 9902 – 2

Ⅰ.①近… Ⅱ.①蓝… Ⅲ.①长江流域—森林分布—研究②长江流域—水土流失—研究 Ⅳ.①S717.25②S157.1

中国版本图书馆 CIP 数据核字(2011)第 119556 号

责任编辑	张　林　许　琳
责任校对	王兰馨
封面设计	李尘工作室
技术编辑	戴　宽

出版发行	中国社会科学出版社		
社　　址	北京鼓楼西大街甲 158 号	邮　编	100720
电　　话	010—84029450(邮购)		
网　　址	http://www.csspw.cn		
经　　销	新华书店		
印　　刷	君升印刷有限公司	装　订	北京盛天行健印刷有限公司
版　　次	2011 年 8 月第 1 版	印　次	2011 年 8 月第 1 次印刷
开　　本	710×1000　1/16		
印　　张	27.5		
字　　数	500 千字		
定　　价	66.00 元		

凡购买中国社会科学出版社图书,如有质量问题请与本社发行部联系调换
版权所有　侵权必究

目　录

前言 …………………………………………………………… (1)

第一章　两千年前长江上游森林分布状况 ………………………… (15)

第二章　汉晋南北朝时期长江上游森林分布变迁 ………………… (23)
 一　四川盆地地区 ……………………………………………… (24)
 二　云南贵州地区 ……………………………………………… (28)
 三　青藏东南部地区 …………………………………………… (29)

第三章　唐宋元时期长江上游地区森林变迁 ……………………… (31)
 一　成都平原地区 ……………………………………………… (31)
 二　川中丘陵地区 ……………………………………………… (37)
 三　嘉戎泸渝山地地区 ………………………………………… (43)
 四　涪万峡区 …………………………………………………… (47)
 五　大巴山山地地区 …………………………………………… (50)
 六　川东平行岭谷区 …………………………………………… (53)
 七　川西北山地高原区 ………………………………………… (54)
 八　川西南高山深谷地区 ……………………………………… (56)
 九　金沙江干热河谷区 ………………………………………… (58)
 十　滇北和滇东北区 …………………………………………… (59)
 十一　贵州中、北地区 ………………………………………… (60)
 十二　青藏东南部地区 ………………………………………… (62)

第四章 明清时期长江上游的森林植被变迁 …………………………… (63)
    一 金沙江上源玉树和察木多地区森林变迁 ……………………… (63)
    二 川西北山地高原区 ………………………………………………… (65)
    三 川西南高山深谷地区 ……………………………………………… (74)
    四 成都平原地区森林变迁 …………………………………………… (81)
    五 四川盆地内丘陵地区 ……………………………………………… (83)
    六 川南嘉叙泸渝山地地区 …………………………………………… (88)
    七 涪万宜峡区森林变迁 ……………………………………………… (93)
    八 秦巴山山地地区森林变迁 ………………………………………… (99)
    九 云南地区森林变迁 ……………………………………………… (105)
    十 贵州地区森林分布变迁 ………………………………………… (115)

第五章 民国时期长江上游森林分布变迁与水土流失 ………………… (125)
    一 民国时期长江上游森林分布变迁状况 ………………………… (125)
      （一）岷江水系区 ……………………………………………… (125)
      （二）沱江水系区 ……………………………………………… (133)
      （三）嘉陵江水系区 …………………………………………… (138)
      （四）金沙江水系区 …………………………………………… (146)
      （五）川江水系区 ……………………………………………… (149)
      （六）乌江水系区 ……………………………………………… (155)
      （七）西康省区 ………………………………………………… (159)
    二 民国时期长江上游森林分布变迁总论 ………………………… (165)
      （一）森林覆盖率锐减，但森林覆盖率各地区差异明显 …… (165)
      （二）商业乱砍滥伐和毁林开荒危害最为严重 ……………… (166)
      （三）提倡造林收效甚微，经济林木的培植面积扩大 ……… (168)

第六章 近五十年来长江上游森林分布变迁与水土流失 ……………… (171)
    一 近五十年来长江上游各区域森林分布演变情况 ……………… (173)
      （一）长江上游各主要行政区的森林资源变迁 ……………… (174)
      （二）长江上游各自然区域的森林资源变迁 ………………… (183)
    二 近五十年来的森林分布演变分期 ……………………………… (221)
      （一）五六十年代：森林急剧减少期 ………………………… (221)

（二）七八十年代：森林继续减少期 ………………………………（223）
　　（三）90年代中期以后：森林面积回升期 …………………………（224）

第七章　近两千年来长江上游森林分布与水土流失原因……………（231）
　一　传统文化、制度、政策与森林环境变迁………………………………（232）
　　（一）传统文化意识与森林生态环境变迁……………………………（232）
　　（二）具体政治经济制度、政策对森林生态环境的影响 ……………（238）
　二　人类具体行为对森林资源的影响……………………………………（272）
　　（一）人口波动与森林资源和水土流失………………………………（272）
　　（二）农作物引进与森林生态环境变迁………………………………（301）
　　（三）燃料换代与森林生态环境变迁…………………………………（305）
　　（四）工商业发展、交通发展与森林变迁……………………………（323）
　　（五）战争对森林资源的破坏…………………………………………（339）
　三　自然环境变化与森林资源变迁………………………………………（341）

第八章　近两千年森林分布变迁和水土流失对社会经济
　　　　　发展的影响………………………………………………………（345）
　一　森林变迁对长江上游洪灾、气候和水文的影响 ……………………（345）
　二　森林变迁对土壤侵蚀的影响…………………………………………（353）
　三　森林变迁与生物多样性和产出多样问题……………………………（356）
　四　森林变迁对长江中下游生态的影响…………………………………（359）

参考文献………………………………………………………………………（363）

附录
　近五百年来长江上游亚热带山地中低山植被的演替……………………（383）
　四川屏山县神木山祠考………………………………………………………（397）
　四川汉源县水井湾皇木采办遗迹考…………………………………………（403）
　贵州威宁县石门坎田野调查反映的环境变迁………………………………（415）
　贵州绥阳南宫木厂地理考……………………………………………………（421）
　对中国区域环境史研究的四点认识…………………………………………（424）

前　言

历史时期森林分布变迁研究在历史自然地理的研究中十分重要。由于历史时期森林分布变迁与人类活动关系十分密切，所以，透过森林分布变迁历史，我们往往能对一定时期内人类活动的许多方面产生更深刻更全面的认识。

毋庸讳言，古人对森林资源变迁的记载可以说是十分惜墨，文献记载少之又少。即使有记载也多是对个别局部地区的简单描述性的记载，这使得以前对历史时期森林分布变迁的认识往往是局部的、感性的。在这样的历史文献背景下，研究历史时期的森林植被分布变迁十分困难。好在近代考古学兴起后，我们可以通过田野发掘复原一些地区的森林植被变迁，如通过发现地下阴沉木、文化层中的孢粉等来复原过去的森林植被。当然，这种复原也还是一种局部的，往往有时段限制。

近几十年来，学术界史念海、文焕然、凌大燮等先生较早关注历史时期中国森林植被分布变迁，近来马忠良、樊宝敏、赵冈、何凡能、葛全胜等先生也有系统的研究，[1]但这些研究多是对大区域上的讨论，在区域研究方面对黄河流域的森林分布变迁关注较多，对长江上游地区的森林资源变迁的历史研究关注相对较少。

较早关注长江上游森林分布变迁的是林鸿荣先生，他在1985年到1986年间就发表了《四川古代森林变迁》（上、下）、《历史时期四川森林

---

[1] 史念海：《论历史时期我国植被的分布及其变迁》，《中国历史地理论丛》1991年第3期；文焕然：《中国历史时期植物与动物变迁研究》，重庆出版社1995年版；凌大燮：《我国森林资源的变迁》，《中国农史》1983年第2期；樊宝敏、董源：《中国历代森林覆盖率的探讨》，《北京林业大学学报》2001年第4期；马忠良、宋朝枢、张清华：《中国森林的变迁》，中国林业出版社1997年版；赵冈：《中国历史上生态环境之变迁》，中国环境科学出版社1996年版；何凡能、葛全胜、戴君虎、林珊珊：《近300年来中国森林的变迁》，《地理学报》2007年第1期。

的变迁》等文，① 首次对长江上游历史时期森林资源分布变迁作了初步的研究。同时林鸿荣先生还发表了《楠木诠释》、《古代楠木及其分布变迁》等文。② 这些研究为进一步深入研究长江上游森林资源分布变迁创造了条件。后来，林鸿荣先生将其成果融入《四川森林》编辑委员会编的《四川森林》③ 一书的历史时期森林变迁之中。不久，王继贵主编的《四川林业志》④ 中也有一些历史森林分布变迁的分析，特别是对新中国成立后近代森林变迁的记载。近20年来，各地在编修地方志中对各地的森林资源变迁都有一定的记载，特别是一些地区编修的林业志，如《通江县林业志》、《毕节地区志·林业志》、《凉山彝族自治州林业志》等，⑤ 对长江上游地区历史时期的森林资源的变迁记载较为详明。特别要指出的是通江县张浩良先生热心于林业历史研究，撰写出《绿色史料札记》一书，为我们研究区县区域森林变迁的历史提供了一个很好的范本。⑥

20多年来，学术界开始较多关注长江上游的森林变迁与水土流失问题。郭声波教授在《四川历史农业地理》一书中对森林资源的变迁和水土流失多有涉及，⑦ 其后他发表的《四川历史上农业土地资源利用与水土流失》⑧ 则较系统地分析了四川历史上的农业开发与水土流失的关系。

20多年来，学术界十分关注大巴山地区的移民与经济，发表了大量论著，研究多有涉及森林生态环境变迁，涉及的学者有萧正洪、周云庵、李蔚、张建民、马强、郑哲雄、邹逸麟等人，其中萧正洪在《清代中国西部地区农业技术地理研究》一书中对秦巴山地人地关系有深入讨论，⑨ 张建民等出版的《明清长江流域农业水利研究》、《明清时期长江流域山区资

---

① 林鸿荣：《四川古代森林变迁》（上、下）、《历史时期四川森林的变迁》，《农业考古》1985年第1—2期、1986年第1期。
② 林鸿荣：《楠木诠释》，《中国农史》1986年第3期；《古代楠木及其分布变迁》，《四川林业科技》1988年第4期。
③ 《四川森林》编辑委员会编：《四川森林》，中国林业出版社1992年版。
④ 王继贵主编：《四川林业志》，四川科学技术出版社1994年版。
⑤ 《通江县林业志》，云南大学出版社1990年版；《毕节地区志·林业志》，贵州人民出版社1995年版；《凉山彝族自治州林业志》，电子科技大学出版社2001年版。
⑥ 张浩良：《绿色史料札记》，云南大学出版社1990年版。
⑦ 郭声波：《四川历史农业地理》，四川人民出版社1993年版。
⑧ 郭声波：《四川历史上农业土地资源利用与水土流失》，《中国农史》2003年第3期。
⑨ 萧正洪：《清代中国西部地区农业技术地理研究》，中国社会科学出版社1998年版。

源开发与环境变迁》》①两书对这个地区的森林资源变迁研究也较系统。

同时，马强《蜀道地带森林的分布与变迁》、张浩良《通江县森林生态的历史变迁》、刘德隅《云南森林历史变迁初探》、暴鸿昌和胡凡《明清时期长江中上游森林植被破坏的历史考察》、方宝初《丽江地区森林历史变迁及其对环境的影响》、冯祖祥和姜元珍《湖北森林变迁的历史初探》等文都对长江上游森林资源变迁历史做了有益的研究。②周宏伟曾发表《长江流域森林历史变迁的历史考察》、《历史时期长江流域森林变迁和水土流失问题研究》、《历史时期长江清浊变化的初步研究》三文，③后汇集在他的《长江流域森林变迁与水土流失》一书中。④朱圣钟对土家族地区森林变迁有研究，发表了一些论文，出版的《历史时期凉山地区经济开发与生态变迁》⑤对凉山地区森林资源变迁和水土流失也有较多研究。

笔者在20世纪80年代后期开始关注历史时期长江上游生态变迁，森林变迁是其中最重要的内容，1992年出版的《历史时期西南经济开发与生态变迁》一书对西南地区经济开发与生态环境的诸要素，如森林、野生动物、水文、气候的变迁作了初步的讨论，⑥其后又发表了《乾嘉垦殖对四川农业生态及社会影响初探》、《历史时期三峡地区森林资源的分布变迁》、《清初四川的虎患与环境复原》、《历史时期三峡地区农副业开发研究》、《历史时期中国野生犀象分布再探索》、《历史时期中国楠木分布的地理特征研究》、《历史上长江上游水土流失及其危害》、《明清美洲农作物引进对亚热带山地结构性贫困形成的影响》、《历史上长江上游森林砍伐与保

---

① 彭雨新、张建民：《明清长江流域农业水利研究》，武汉大学出版社1993年版；张建民等：《明清时期长江流域山区资源开发与环境变迁》，武汉大学出版社2007年版。

② 马强：《蜀道地带森林的分布与变迁》，《中国农史》2003年第2期；张浩良：《通江县森林生态的历史变迁》，《四川林业科技》2003年第3期；刘德隅：《云南森林历史变迁初探》，《农业考古》1995年第3期；暴鸿昌、胡凡：《明清时期长江中上游森林植被破坏的历史考察》，《湖北大学学报》1991年第1期；方宝初：《丽江地区森林历史变迁及其对环境的影响》，《林业规划调查》2002年第4期；冯祖祥、姜元珍：《湖北森林变迁的历史初探》，《农业考古》1995年第3期。

③ 周宏伟：《长江流域森林历史变迁的历史考察》，《中国农史》1999年第4期；《历史时期长江流域森林变迁和水土流失问题研究》，《湖南社会科学》2002年第5期；《历史时期长江清浊变化的初步研究》，《中国历史地理论丛》1999年第4期。

④ 周宏伟：《长江流域森林变迁与水土流失》，湖南教育出版社2006年版。

⑤ 朱圣钟：《历史时期凉山地区经济开发与生态变迁》，重庆出版社2006年版。

⑥ 蓝勇：《历史时期西南经济开发与生态变迁》，云南教育出版社1992年版。

护的历史思考》、《四川屏山神木山祠考》、《明清时期的皇木采办》、《明清时期皇木采办遗迹考》、《寻觅皇木采办之路》、《明代贵州绥阳南宫木场考》、《近500年来长江上游山地中低山植被的演替》、《四川汉源县水井湾皇木采办遗迹考》等论文，[①] 其中1999年前发表的多收录在《古代交通、生态研究与实地考察》一书中。[②]

  应该说以上的研究已经为我们进一步深入研究长江上游森林资源变迁及水土流失奠定了基础。但是，我们也应看到，历史时期的森林资源分布变化是一个十分复杂的问题。首先，复原过去时的森林分布状况，没有覆盖度百分比的量化数据，是很难让我们对历史时期森林资源有一个清楚而准确的认识而再进一步深入研究的可能。20世纪以前，我们的前人并没有森林覆盖率的概念，所以几乎不可能留下有关精准的森林覆盖率文献记载。由于我们没有森林覆盖率的准确信息，就谈不上分析不同或相同覆盖率下的不同森林植被群落下的不同生态学意义了。这样，我们以往的森林分布变迁的研究多仅是一种感性的描述研究，其研究结果严格来讲其科学意义是不大的。

  需要说明的是，不论叫"水土流失"或是"土壤侵蚀"，都是一个现代概念，我们的古人没有这样称呼的。特别要说明的是，水土流失本身即使没有人类活动影响，也是客观存在的。只是在人类的历史时期人类活动增大了水土流失的程度，但是在不同的地形地貌、生产力水平、文化传统、耕作方式下，人类活动对水土流失的加重程度肯定完全是不一样的。

[①] 蓝勇：《乾嘉垦殖对四川农业生态及社会影响初探》，《中国农史》1993年第1期；《历史时期三峡地区森林资源的分布变迁》，《中国历史地理论丛》1993年第4期；《清初四川的虎患与环境复原》，《中国历史地理论丛》1994年第3期；《历史时期三峡地区农副业开发研究》，《中国历史地理论丛》1995年第3期；《历史时期中国野生犀象分布再探索》，《历史地理》第12辑；《历史时期中国楠木分布的地理特征研究》，《中国历史地理论丛》1995年第4期；《历史上长江上游水土流失及其危害》，《光明日报》1998年9月25日；《明清美洲农作物引进对亚热带山地结构性贫困形成的影响》，《中国农史》2001年第1期；《历史上长江上游森林砍伐与保护的历史思考》，《光明日报》1999年7月30日；《四川屏山神木山祠考》，《四川文物》2001年第1期；《明清时期的皇木采办》，《历史研究》1994年第6期；《明清时期皇木采办遗迹考》，《中国历史文物》2005年第4期；《寻觅皇木采办之路》，《中国人文田野》第2辑，巴蜀书社2008年版；《明代贵州绥阳南宫木场考》，《西南史地》，巴蜀书社2009年版；《近500年来长江上游山地中低山植被的演替》，《地理研究》2010年第7期；《四川汉源县水井湾皇木采办遗迹考》，《四川文物》2011年第2期。

[②] 蓝勇：《古代交通、生态研究与实地考察》，四川人民出版社1999年版。

所以，简单认为人类活动破坏森林资源造成水土流失是极为初始的东西，因为我们很难从极个别的古代关于水土流失的记载中发现规律性的认识。

毋庸讳言，我们目前对于长江上游森林变迁和水土流失的研究多是对局部的和表面的认识，有一些认识的方法本身的科学信度还不高，这包括以前笔者使用过的方法，如完全通过诗文描述来分析江河的水的清浊变化、根据地形地貌估算森林覆盖率等。由于历史文献中关于森林资源和水土流失的记载相当分散，所以从我们依靠定性描述的历史文献所进行的研究的结论往往也是不系统、不全面的。从文献记载的原理来看，有一些记载需要大量场景资料支撑才有价值，如文献记载一个地方叫"松林坡"、"杉木坪"，可能透露出了森林植被良好的信息，也可能透露出了附近森林植被不好的信息，如果要鉴别就需要对整体环境信息的把握。

应该看到，随着长江上游大量考古工作的进行，大量有关历史时期，特别是上古中古时期的环境考古资料出现，为我们继续研究长江上游森林分布变迁和水土流失创造了条件。再者，我们在大量的野外田野考察中发现，不仅有大量的非传世文献可以利用，如碑刻、口述、文书、档案材料，而且许多森林变化的景观遗迹也透露出大量森林变迁信息。

其实，我认为复原历史时期长江上游地区森林分布变迁与水土流失规律只是我们研究的第一个目标。当我们认识到规律本身后，更重要的是探索影响这种规律变迁的人为和自然原因，探索这种变化对人类社会的深远的影响。对于这一点，我们以往的研究更是十分薄弱了。但这一点正是最重要的。任何历史都应是当代史，我们研究历史时期长江上游森林资源变迁和水土流失本身就是想通过对历史的总结来为我们更好地协调现实中人地关系、减轻自然灾害、处理好现代化发展与自然环境保护的关系提供支持。

为了更好地研究，2000 年我们申请的"近 2000 年来长江上游森林分布变迁和水土流失综合研究"获得国家自然科学基金资助，这为我们继续研究历史时期长江上游森林分布及水土流失奠定了经济基础。

2000 年至今，我们经过了 11 年的努力，最终才有了这样一个成果，也算是十年磨一剑。在这 10 多年间，我们这个团队经历了无数的艰辛，遇到无数的曲折，其中的一些艰辛和曲折还不是来自科学研究本身。

这 10 多年来，我们是怀着对家乡森林生态环境的一种真切而强烈的关怀来完成这项工作的。我们在浩如烟海的历史文献中爬梳着十分散落的森林史地资料，在国家图书馆、中国第一历史档案馆、上海市图书馆、四川省图书馆、四川大学图书馆、云南省图书馆、重庆市图书馆、北碚图书馆、西南大学图书馆留下我们无数的身影，聚沙成塔，集腋成裘，成一大观。在本成果的修改过程中，笔者还到美国斯坦福东亚图书馆，中国台湾地区"中研院"傅斯年图书馆、"国家"图书馆和故宫博物馆图书馆查阅了有关资料，为成果的进一步完善创造了条件。

为了印证对文献的认识和寻求更新的非传世材料，我们的足迹遍及长江上游的山山水水，翻过无数高山峻岭，越过无数急流险滩，穿过无数原始林区。我们到巴中、通江进行了历史人类学田野考察，我们七次分别从不同方向翻山进入凉山地区、攀枝花地区，三次深入川西北汶川、茂县、松潘、若尔盖、北川、安县，多次穿越金牛道，纵横涪陵、彭水、黔江、酉阳、秀山，驾舟、驭车、徒步无数次入出三峡，无数次出入川南、滇东北、黔北地区，驻足于盆地内丘陵各区县……在这些数不清的考察途中，我们遇到过与超重货车碰撞的惊险的车祸、夜航三峡一叶小舟失吉之险、深夜的抢劫、白天的扣押；出门在外，有时我们面对一些社会上的地头蛇得忍气吞声，有时只能住在遍是蜘蛛网的陋室。当然，在无数次考察中，我们更多的是滋生出天地岁月沧桑无情的惆怅，体会到家乡山水风光的美丽的愉悦，感受到乡民的淳朴、热情的抚慰，了解到家乡人民的艰辛、困苦的境遇。所以，在印证认知和寻求新的资料的同时，我们更感受到一种责任，生成了一种力量，一种研究家乡以使我们的父老同胞早日脱贫走向小康的力量。

当然，我们深知仅有这种力量是不够的，如果研究仅得出历史上森林资源十分丰富而人类活动破坏了森林生态环境这样一个正确的废话是毫无意义的。为了尽可能避免这一点，需要我们在研究思维、研究方法、研究手段上有创新有突破，才能使研究真正能够达到史念海先生谈到的"有益于世"。

在研究中，我们充分利用了考古材料和野外考察材料，对历史文献的记载进行了补充和修正。如我们利用了在长江上游地区考古遗址中发现的大量孢粉、阴沉木、悬棺、船棺资料，为复原先秦以前的森林资源情况找到更直接可信的材料。又如我们在许多次考察过程中，发现了大量明清时期移民的墓碑，其中有的墓志铭提供了人类活动与森林变迁的信息。在没有实地考察以前，我们对长江上游大量海拔在 2000 米以上亚热带山地的草坡草甸植被的历史状况不是十分清楚，当我们通过考察发现汉源县皇木坪遗址和水井湾遗址、马边雷波交界黄茅埂、云南永善县马楠等地草坡变迁历史后，发现了这些地区500多年前曾是茂密的高山冷杉、云杉林，这不仅修正了学术界静态描述的高山草甸，认为现在高山草甸多形成于地质时代的观点，而且辨明了不同的人类活动在影响上的差异。[①] 通过实地考察，我们发现历史时期的森林覆盖率与今天相同，但实际上生态学上的意义并不完全一样。虽然森林覆盖率恢复到了历史时期的状况，但却没有历史时期出现的瘴气，也没有历史时期出现的许多野生动植物。为了研究清代水土流失与现代的区别，我们也像清代人一样，用木桶在巫山和奉节之间测量水的泥沙含量变化来分析近百年来的江河水含沙量变化。

近来有的学者利用20世纪40年代末的森林覆盖率运用数学方法反推历史时期全国的森林覆盖率，这是一种十分有益的探索。但是应该看到，受气候变化和人类活动双重影响下的森林分布，在历史时期绝不可能是按一个数学级数方式增减的。同时，历史时期的中国如此之大，地形、地貌、气候、土壤、植被千差万别。所以，很有必要利用现代手段和田野人类学方法分区域深入研究。

我们除利用历史文献中对森林状况的直接记载和考古材料外，充分利用了历史文献中一些有关生物链的间接文献材料，如可以作为反映植被变迁的指示物，特别是一些以一定量和类型的植被作为依托生存的动物，如猿、猴、虎、豹、野猪、猩猩、犀、大象、蟒蛇、林麝、松鼠、鹦鹉、孔雀等。尤其是猿、猴、虎、豹、野猪、猩猩、犀、大象、蟒蛇，它们的生存需要大片的森林，依赖于一定的森林覆盖率（现在一般一只华南虎生存需要30平方公里的森林）。如果森林覆盖率下降到一定量，由于人为干扰和食物短缺等诸多因素的影响，这些森林动物往往会减少乃至灭绝；反之，如果我们可以得知某地有一定量的森林动物存在，则可推测当时该地的森林覆盖率，也可反映当时该地的垦殖情况。

如华南虎主要栖息于海拔3000米以下的阔叶林、针阔混交林和浓密灌丛中，是一种典型的森林动物。以四川为例，四川地区在20世纪80年代前的50年内有华南虎出没的区域有青川、绵竹、北川、平武、城口、

---

① 蓝勇：《寻找皇木采办之路》，载《中国人文田野》第2辑，巴蜀书社2008年版；《近500年来长江上游亚热带山地中低山植被的演替研究》，载《地理研究》2010年第7期。

巫溪、武隆、南川、美姑、越西、冕宁、马边、名山、天全、宝兴、甘孜、汶川、万县18个县。① 20世纪80年代这些区县的森林覆盖率一般均在25%—35%②。四川省从1962年以后由于大跃进滥伐森林，致使森林分布面积急剧减少，虎迹罕见，再也没有收到过野生虎皮，也很少听到有过华南虎的踪迹，以上虎迹实际是20世纪50年代及60年代初的情况。所以，25%—35%的森林覆盖率还不能体现华南虎栖息生存所需的森林覆盖率。以四川全省森林覆盖率在20世纪50年代初为19%，而80年代下降到12%，即下降36.3%的比率反推，可知以上有虎迹地区在50年代及60年代初森林覆盖率至少约在35%—47%之间。以上地区大多是海拔高、人烟稀少的深谷地区，人为干扰和狩猎影响相对轻些，故基本上可作为华南虎栖息生存所需的森林覆盖率指数。若我们以四川盆地丘陵地带看，历史时期人烟较稠密，而地势平缓，华南虎要赖以生存的森林覆盖率应高一些。同时，历史时期的很长时期虎迹出现往往是以群为单位出现的，与20世纪50年代偶然出现虎迹所依赖的森林覆盖率在量上是不同的，20世纪以前以群出现虎迹所依赖的森林覆盖率也应高些。因此，我们可以作出这样肯定的推测，历史时期中国长江上游栖息华南虎地区一般的森林覆盖率在50%。作出这样的推测后，对分析和复原各时代各地区森林分布情况是有益的。

长江上游亚热带丘陵和山地地区，由于特殊的气候、土壤因素，如果没有人类活动的影响，在除去4000米以上的高寒山地和典型的岩溶地貌地区，都会自然生长着森林。从这个意义上来看，如果我们将人类活动的耕地数目、人口数量、垦殖指数搞清楚，就能够有一个古代森林覆盖率相对准确的信息。一般而言，如果一个地区的海拔、土壤和气候又适宜林木的生长发育，又没有或少有人类活动的影响，则可推测该地有大量森林分布。如果该地区耕地数目大量增加、聚居人口增多、垦殖指数提高，则反映该地森林面积大大减少。反之耕地数目少、聚居人口少、垦殖指数低或人迹罕至。但这种方法运用在西北一些干旱半干旱地

---

① 《四川省资源动物志》（卷1），四川人民出版社1982年版。
② 这18个县20世纪80年代中叶的森林覆盖率分别为：青川38.1%、绵竹33.32%、北川36.65%、平武34.6%、城口36.9%、巫溪10.5%、武隆27.03%、南川21.5%、美姑24%、越西32%、冕宁22.6%、马边46.02%、名山26%、天全33%、宝兴26%、甘孜18.7%、汶川21.5%、万县13.61%。

区则可能不够科学,因西北许多地区即使没有人类活动的影响,也可能没有森林生存。

由于历史文献中关于森林资源的记载十分有限,我们尽可能在研究中寻找参照物,如寻找移民墓碑,可以反映当时的移民居住和垦殖的海拔高度,进而分析垦殖对森林资源的影响程度。我们尽可能寻找历史时期民居的遗址,进而分析人类基本生活对建材、薪材取用的范围。为了研究近二三百多年来人类活动对森林资源的影响,我们在巴中市、通江县交界的八家坪进行了历史人类学调查,对这个村寨近300年来移民人口、垦殖范围、农作物变迁与森林资源的关系作了个案调查,尽量将点上具体的个案与历史文献描述、数量统计资料结合起来。

为了更直观地了解清末以来的植被变化情况,我们尽可能利用清末以来西方人、日本人在长江上游考察和旅游留下的照片,直观地分析当时的植被情况,特别是采用100多年前相同机位进行定位拍摄,为我们观察100多年前植被的直观变化提供准确而典型的范例。[1] 同样,为了更直观感受到20多年的森林变化,我们也在20多年前的同一个机位进行拍摄,分析20多年来某一个景观的森林植被变化。

我们也努力使用现代科学技术手段来解决一些关键问题,如在分析汉源县水井湾遗址中的圆木时,我们不仅作了大量社会调查,查阅了大量历史文献,更重要的是我们亲自采取了圆木样本,通过中国科学院地球环境研究所西安加速器质谱中心进行了加速器测年,鉴定出的年代印证了我们分析的结论,使我们研究的信度大大提高。我们原计划要在合川涪江与嘉陵江口做一个历代泥沙冲积的文化层分析来分析历代水土流失的比例,但由于涪江与嘉陵江口的城市建设,使江岸大多被硬化,使这项工作难以实施。但后来合川草街电站要淹没国家重点文物保护单位钓鱼城,重庆市考古所为此对嘉陵江边的宋代水师码头进行了发掘,我们借助于他们的考古工地做了一些泥沙冲积层面的分析工作。

通过以上的努力,我们基本上发现了长江上游森林分布变迁的基本规律,近两千年来,长江上游的森林资源总的趋势是不断减少,分布在不断缩小,森林植被的生物多样性也在不断减弱。但在历史时期由于战争战乱、燃料变化、人口增加等因素的影响,这种趋势时有反复,有时森林覆

---

[1] 蓝勇主编:《长江三峡历史地理》,四川人民出版社2003年版。

盖率也呈增长趋势。总的来看，长江上游东部、中部、北部的森林资源更早受到破坏，四川盆地丘陵地区受到的影响更明显。在金沙江干热河谷、滇东北小江流域，由于地质地貌和气候因素的影响，虽然历史时期植被更好一些，但总体上森林生态一直相对更脆弱。

在距今500年以前中国长江上游亚热带山地海拔1500米以下的丘陵和低山地区，亚热带典型的常绿乔木资源仍较丰富，仍有许多楠木、柏木等原始林，而1500—3000米的中低山地区多是以冷杉、云杉等为主的原始乔木林与草甸灌草混交的景观，而非现在的以草甸、灌草坡为主的景观。近500年来人类垦殖、商业砍伐、皇木采办是造成这种变化的主要原因，其中人类垦殖活动是真正改变长江上游植被环境的决定因素。[①]

近二百多年来，由于人口急增、燃料问题，长江上游城镇和长期垦殖的盆地丘陵地区森林资源受到较大影响，是森林资源最枯竭而水土流失最为严重的时期。其中以清代中叶至20世纪90年代末为长江上游森林资源破坏最严重的时期，在这个时期，不论是农村垦殖地区、城镇及周边地区的森林状况都是各历史时期中最差的。从时段上来看，19世纪末到20世纪50年代，长江上游的城镇周围的森林植被远不如现代，是城镇附近森林植被最差的时期。20世纪50年代至90年代这半个世纪，长江上游水源林地区也受到极大的破坏，灾害性水土流失越来越严重。但是应该看到，在近10多年时间里，由于生态环境意识的强化、退耕还林政策和林业职能的转变、现代燃料转换的加快、农村空虚化与城市化等因素的影响，城镇植被恢复到了近一千年来的最好时期，农业垦殖区的森林植被也大大恢复，水源林地区的森林资源也有一定恢复，主要体现为森林覆盖率恢复较快。但这些恢复呈现三个特点：第一，水源林地区恢复的森林多是人工和次生中幼林，其生态意义还不能与清中叶以前水源林地区多为原始林相提并论；第二，城镇周围恢复多是人工林，与历史时期城镇周围仍多次生林不同；第三，长期传统农业垦殖区在历史时期多次生林和原始林，但现在多是以人工经济林为主。

通过以上规律的探讨，我们发现了影响近两千年来长江上游森林分布

---

① 蓝勇：《近500年来长江上游亚热带山地中低山植被的演替研究》，载《地理研究》2010年第7期。

变迁和水土流失的原因十分复杂，但主要的原因是人为的因素。在人为因素中，既有文化传统、制度、政策层面大背景的影响因素，也有人类具体行为的因素。实际上人类活动的影响既有通过大量垦殖、开矿采办、扩展城镇等行为使森林资源受到破坏的负面影响，也有通过退耕还林、城市化、林业职能转变等行为使森林资源恢复的正面影响。

特别要说的是人类行为可以使一个地区的森林生态恢复重建，但这种重建不论是人为复原重建，还是自然休养复原重建，都绝不可能完全复制得一模一样。就长江上游近两千年来森林变迁的历史表明，虽然在一定时期内人类使长江上游的森林覆盖率回升很快，但由于多为人工林和次生林，森林相对单一，郁闭性差，生物多样性受到极大的削弱，森林的生态意义就远不如过去。所以，我们在现在森林中往往发现不了昔日的瘴气，而明显感觉水源林的涵养水土功能下降。同时，在长江上游的一些地区，如金沙江干热河谷地区、小江流域、岷江中游个别河谷和一些高海拔地区，由于天然的地形地貌和气候因素，植被一旦被破坏，恢复起来就十分困难。所以，虽然这些地区的生态环境存在人工和自然重建的必要与可能，但这种回归重建不是完全的。也就是说这个地带的生态环境重建不论是人工回归重建或自然回归重建都不可能达到完全的回归。所以，从学术层面来看，有必要对人类影响环境的各种因子的回归指数作系统研究，制定各种自然因子在不同人类影响下的回归指数，不仅有利于学术研究的科学量化，也可为现实社会中经济发展和环境保护提供一个可资直接参考的指数。

同时，对于历史时期水土流失引起的结果，一定要有一个历史的观点。我们知道，历史时期的水土流失本身即使没有人类存在，也会客观存在的。所以，不能看到历史上水土流失的记载就以为全是人类活动的结果。其实，真正对人类有较大影响的是大规模的灾害性水土流失。也就是说"水土流失"这个词本身是一个中性词，本身并非贬义词。实际上，如果谈到水土流失对人类的影响，应是一个历史的概念。我们知道，在人类生产力低下的时期，人类砍伐森林使人们免受瘴气、毒蛇猛兽的威胁，变狩猎采集行为为耕稼畜牧行为，虽然会使自然状态下的水土流失有所增大，但总体上来看会让人类基本生存的环境更加适宜，这是一种进步。也就是说在一定时期内，森林茂密对人类而言并不预示着人地关系协调，反则是不协调。就长江上游情况来看，近一万年的时段内森林资源与人类活动关系是较为协调的。

　　同样，对于历史时期森林分布变化和水土流失引起的结果，一定要有一个辩证的观点。我们还应看到，历史时期长江上游地区的水土流失造成河道湖泊淤塞，增大洪水灾害程度和频率，对长江中下游的河道、湖泊影响较大，这是肯定的。但以前我们只看到这些负面影响，实际上从历史长河来看，长江上游的水土流失同样对长江中游的早期开发有一定的正面的影响，正是因为这种流失造就了长江中下游地区文明所依赖的土地基础。认识到这一点，我们才是客观的、历史的、辩证的。

　　研究表明，人口与森林分布变迁的关系密切。一般而言，在近一千年传统生产力背景下，长江上游亚热带深丘山地地区人口密度每平方公里在50人左右是十分合理的。[①] 在这种人口密度下，一方面人类主要居住在沿江的平坝地区，山地森林资源保存较好，农业垦殖造成的水土流失不严重，同时，山区森林资源的生物多样性又能直接带来产出多样性，形成较好的资源配置格局。所以，我认为这个人口密度可能是亚热带丘陵山地地区近一千年传统时代生产力背景下的黄金人口密度。

　　应该看到，在传统社会后期，随着人口密度增大，对传统生产结构产生了极大影响。实际上，我们以前曾讨论过传统的畲田从一茬轮歇制向轮作轮歇制再向固定坡耕式的发展，深刻地反映了人口因素在生产结构变化中作用。这样，我们认为在传统时代，森林与人类的协调实际上也是人类生产方式与环境的协调。当然，在现代生产力的背景下，亚热带山地最合理的人口密度是多少，可能影响这个标准的参数就更复杂了。但不管怎样，今天三峡地区这样的环境背景下人口密度在每平方公里200多人的现状显然是不合理的。所以，基于对历史时期长江上游人口密度、产业与资源配置的研究，我们较早就提出现代长江上游亚热带山地地区的贫困实际上是一种资源与产业配置不合理形成的结构性贫困。正是基于这种研究，我在各种场合都提出亚热带山地地区应该移民外迁，将人口密度降下来，进行结构性调整，在人口密度低的背景下，

　　[①] 据潘英武《唐宋时期长江上游地区森林分布与人地关系研究》（西南大学，2006年，硕士论文，指导教师：蓝勇）研究表明：总的来看，唐宋至清代三峡地区森林植被基本维持在唐宋的水平，清代三峡嘉庆年间人口密度为38.24%，而清末为83.65%，按增长率计算咸同之际为58.24%，这个时期人口急增、森林破坏记载较多，进而认为传统时代生产力背景下，38%—58%为亚热带山地丘陵地区人地黄金比率。

发展林牧业和旅游业。[①] 故早在20世纪90年代初笔者就基于此提出三峡移民外迁的战略。[②] 实际上，在我看来，所有长江上游亚热带山地都应该如此，这主要不是仅为了解决三峡工程移民问题，更是亚热带山区结构性调整的必需。应该看到，这种调整的意义远远大于我们在亚热带山地建电站本身。特别是"5·12"地震以后，笔者在接受《东方早报》记者采访时就谈道，"5·12"地震灾区的汶川、北川、茂县、平武一带，不仅是因为地震灾后的重建需要，从资源与环境角度来看，这些地区根本不需要如此多人口，也不需要如此大的城镇和工业经济规模。2010年舟曲特大泥石流灾害也同样警示我们，在长江上游许多山地是不应该有太大的人口密度的。所以，敬重自然，以人为本，这些地区应外迁大量人口，适度发展城镇、工矿，主要发展林牧旅游业，才是长江上游地区可持续发展的必由之路。从另一个角度来看，我们现代生产力水平应该保持更大的森林覆盖率，这既是人类自身生活对环境的主观需要，也是客观上人类生产力发展能使人类有更多适宜森林环境的可能，更是新的生产力背景下在产业结构上的需要。

当然，这里要说的是，我们的工作仅是一种尝试，或者是一种努力，可能仅是努力向真理靠近。我们尽力了，但由于主客观的原因，还肯定留有许多遗憾。

本项目是我们集体努力的结果。在项目申报中，杨光华教授给予了大力的支持，后期虽然执笔写作主要是笔者和黄权生、潘英武、张龙、徐艳五人，但考察过程中朱圣钟、严奇岩、张勇、刘建、方珂、龚政、裴洞豪、韩平、赵振宇、陈季军、彭学斌、刘志伟、吴宏郡、马剑等都做了大量工作，万良华、吴建勤、张艳梅在参加清史生态环境志资料长编的工作中也为本项目的资料收集工作创造了条件。后期修改过程中，研究所的其他博士、硕士也参加了大量考察和修改出版工作。

本成果的前言、第一章由蓝勇撰写。第二章第一、二节由潘英武撰写初稿，蓝勇作了大量修改和补充，第四章由黄权生撰写，蓝勇作了大量修改和补充，第五章由张龙撰写，蓝勇作了一些补充，第六章由徐艳撰写，

[①] 蓝勇：《中国经济开发历史进程与可持续发展的反思》，载《学术研究》2005年第7期。

[②] 蓝勇：《深谷回音——三峡经济开发的历史反思》，西南师范大学出版社1994年版。

后由吴宏郡作了较大补充和修改。第七章和第八章由蓝勇撰写，其中第七章中的燃料换代部分黄权生曾参加了撰写工作。全书最后由蓝勇负责统稿加工。附录部分彭学斌、马剑、陈季军参加了一些工作。

蓝 勇

2011 年 2 月

前言图版

1986年只身自费徒步穿越长江三峡

1986年只身行走在岷江上游桃关附近

1986年只身穿越云南元谋县沙沟箐干热河谷

1986年只身翻越川黔交界的九店垭

1986年在海拔3000米左右的
汉源县草鞋坪垭口上小憩

1986年在米仓山两边竹林覆盖的
夹道中行走,不见天日

1986年在大巴山原始森林中

2000年带本科生陈华在屏山县新市镇考察

2000年与韩国学者金弘吉在川南考察途中

2001年带研究生刘健等租用机动船在三峡考察

2002年带研究生张勇等夜航三峡

2002年与研究生在三峡小船上就餐

2002年带研究生严奇岩在三峡云阳小江流域考察

2002年带研究生张勇在三峡租船考察途中

2002年带研究生在三峡忠县中坝考察

2003年带研究生黄权生在汉源县清溪镇考察

2003年与郭声波、朱圣钟在汉源县皇木镇调查

2003年与汉源县姜铭在皇木坪上

2003年在汉源县皇木坪与向导合影

2003年在汉源皇木坪上遇雨

2003年带领研究生严奇岩、黄权生、张龙在通江县肖口河的密林中考察明清皇木采办遗迹

2003年在通江县肖河口考察皇木采办遗迹

2003年带领研究生在巴中市与通江县交界八家坪做人类学调查

2003年7月在通江县得汉城考察,一度中暑

研究生黄权生在八家坪做调查 　　　　　2004年带领研究生考察云南盐津滩头
　　　　　　　　　　　　　　　　　　　　　　皇木采办摩岩路上

2004年率研究生在云南盐泽县滩头镇　　　2004年带研究生在云南盐津县观察
　　考察皇木采办摩崖　　　　　　　悬棺后在豆沙关摩崖亭内与管理者合影

2004年带研究生黄权生考察川南凌霄城 　　2004年带研究生张龙在长宁县双河镇考察

2004年带研究生在云南
永善县测量古楠木

2004年在云南永善县的死亡公路上汽车陷下泥中

2006年驾陆风越野车在云南永善县考察途中

2006年带研究生龚政、方珂在云南金沙江边考察

2006年在永善县与彝族妇女交流

2006年带研究生龚政、方珂考察
贵州赫章县与乡民交谈

2006年考察四川若尔盖草原生态

2006年考察四川青川县与甘肃文县交界的摩天岭

2007年在凉山州美姑县越过小河

2007年带研究生裴洞毫考察四川金河口林区

2007年带研究生裴洞毫在康定县化林坪考察植被

2007年驾车在川西天全县马鞍山考察

2007年与彝族向导在金口河森林里

2008年在大渡河支流岩窝沟峡谷与向导驴友孙中大合影

2008年和2010年我的越野车走过的汉源县岩窝沟公路

2008年带研究生赵振宇、韩平在汉源县杉树村考察

2008年驾车在滇东北昭通大关间考察

2008年带博士生姜立刚考察贵州赤水河楠木

2008年在滇东北考察途中逢山开路

2008年带研究生在古蔺县石屏乡考察

2008年考察古蔺县石屏乡清代坟墓

2008年在贵州赤水市地方志办调查

2008年带校地联合考察队
考察贵州绥阳南宫木厂

2008年与博士生陈季军等
在绥阳南宫木厂遗址坪上

2008年在重庆渝北鱼嘴镇考察

2008年在川江两岸考察

2008年在嘉陵江边考古工地上休息

2008年考察贵州威宁中水镇清代坟墓

2010年考察重庆高山草甸植被

2010年带马剑讲师、博士生彭学斌、硕士刘志伟在四川峨边县调查访问

2010年在汉源县永利乡杉树村调查

2010年在汉源县永利乡水井湾试掘现场

2010年在大渡河沿线考察途中

2010年在都江堰娘子岭森林中考察

2010年都江堰娘子岭大山中
研究生吴宏郡在喝山泉水

2010年现代装备技术支撑下的田野考察

第 一 章

两千年前长江上游森林分布状况

长江上游在第四纪更新世旧石器时代,气候温湿,森林密布,各地出没游弋着剑齿象、中国犀、猩猩等动物,呈现南亚热带和热带景观,估计当时森林覆盖率至少在90%以上。

进入第四纪全新世的近一万年后的大部分时间内,受人类活动的影响,人类所处的地理环境发生了十分大的变化,表现为区域间生态环境的差异越来越大,人类主要生息的地区的一些生态环境的原始状态已经打破,但许多地区仍有较为原始的生态环境。

我们曾在长江上游发掘了大量阴沉木(又称乌木),为了解近一万年内长江上游地区的森林状况创造了条件。对此,首先是清代、中华民国以来众多的文献都有记载,涉及的区域十分广阔。

同治《归州志》卷1《俗尚》:

> 归州沙溪镇深山大谷中多香樟乔樾,土人云:"宋元以来在此作厂采办皇木,丘壑中大杉大楠埋没沙内甚多,今犹时出商贾,得之以为奇货。"

清末徐心余《蜀游闻见录》:

> 石堤离局下游三里余,有所谓神木者,在滩下浅水中,不知几经寒暑矣。据云每逢苦旱,四乡农民,聚集千余人,用粗索尽力拖之,如能拖动,雨可倾盆而下,否则雨不至也,故居人以神木称之。己酉夏初,天久不雨,农民开田待水,望雨尤切,仍邀集多人,往拖神

木，不意人多力重，竟将神木拖上堤岸，视之盖极细之乌木也。语云：木埋土中，千年始乌。惜此木年日未足，尚带微红，然亦去千年不远矣。先君闻之，命余往观，拟购作寿具，其价当不赀，及驰至其处，则已为农民截短分去，无寿料之可取矣。

民国《重修广元县志稿》第3编：

乌木，水滨巨树，夏日为山洪冲毁，埋水底，经数十百年，其木未腐者，渐变为乌黑褐色，俗称乌木，极珍贵……本县间有发现，但与热带乌木树之材有别。

民国《荣县志》卷6《物产》：

乌木，一曰阴沉木，光绪言中，西郊阳雀湾植瓦者掘土得之，理致色黝，乡人审是麻柳树，盖太古入地中者。

民国《简阳县志》卷19《食货篇》：

乌木，绛溪有乌木沱，其中淹藏颇多。

民国《达县志》卷2《舆地门》：

乌木，一河市南藕滩子水际一株，一葫市西康家河边三株，一作武庙柱，一作邓姓祠堂柱。径皆尽余，一尚没沙中，录此留考地层之变迁。据黎市商人云，下游西岸亦有古木埋没地中者。

20世纪50年代以来，我们又在长江上游发现了大量乌木，并对其中大部分做了相应的年代测定，为我们准确分析各个时期的森林资源情况奠定了基础。如1975年在汉源富林旧石器文化遗址的第四纪河湖相沉积中发现乌木，后又在资阳黄鳝溪发现乌木。据碳化测年，这些乌木的时代在距今7000年以上。1997年在成都青白江区发现的巨大乌木，长达27米，最宽处2.1米，显现了6500多年前成都平原茂密的森林景观。后又在成都金沙遗址中发现大量乌木，时代鉴定在3000年以上，可能是远在六七千年以上森林植被的遗留。① 近几十年来，在三峡库区的奉节、梁平、江北的鱼嘴等地发现大量乌木，一般在一万年至八千年左右。同时，在湖北清江流域也发现了大量的乌木，在重庆黔江一带也有发现。近来又在四川盆地内重庆市铜梁县的安居镇涪江与琼江交汇处也发现了乌木。

在川西南山地冕宁县沉黄沼泽地层中发掘出中全新世以来保存完好的大量古森林遗迹资料，通过多学科综合性研究证实，中全新世"沉黄古森林"距今约7000多年，是由44科、55属、73种森林植物组成，以铁杉为主要建群种，林内混生有多种常绿和落叶针阔叶树种。②

这些乌木多为巨大的楠木、麻柳、杉木等原料，显现了距今7000年至10000年长江上游森林分布密集和原始森林生态的原始性。阴沉木的形成主要是历史时期地震山崩、大洪水时将上游的巨木冲下埋入土中所致。对此，早在宋代就有记载。如《太平广记》卷三引《嘉话录》称"峡水大时，三蜀雪消之际，颓涌溰溰，可胜道哉，大树十围，枯槎百丈，破硵巨石，随波塞川而下"。同样，宋代王谠《唐语林》卷二记载："峡水大时，三蜀雪消之际，濒滂溰溰，大树十围，枯槎百丈，破碓巨石，随波塞川而下。"同样《酉阳杂俎》中记载了戎州"浮木塞江"之状。这种自然漂木的形成与历史时期的人工漂木不同，由于没有人为控制，很容易形成在短时内埋入泥沙进而形成阴沉木。

近几十年在长江上游的许多考古发掘中也发现了许多反映新石器时代到青铜时代的森林生态环境变迁的资料，为我们分析这个时期的森林生态状况创造了条件（参见表1—1）。

对此，有学者研究表明，在长江三峡地区新石器时代有圣水牛、猴、华南巨貘、水鹿、獐、麂、苏门羚、水牛、长臂猿、熊、华南虎、犀牛、野猪、鹿、大熊猫、金丝猴、豪猪、豹、野马等动物生存，特别是大熊猫、长臂猿、华南虎、犀牛、华南巨貘等喜温湿的大中型森林哺乳动物的存在，说明长江三峡在新石器时期的生态原始状态明显，显现了十分原始的亚热带森林景观。具体而言在峡谷区多为典型的北热带和南亚热带森林

---

① 《乌木开启成都文明的钥匙》，《成都日报》2005年6月23日。
② 刘和林、李承彪：《从四川西南冕宁县中全新世古森林探讨生物多样性变化》；陈宜瑜《生物多样性与人类未来》，中国林业出版社1998年版。

表 1—1　考古发掘反映出的长江上游新石器青铜时代自然景观

区域	文化遗址	考古发掘反映出的自然生态景观	资料来源
重庆	大溪文化遗址	渔业、狩猎、农耕兼营、森林茂密，伴生着大量虎、豹、野牛、麂、象等野生动物。	四川省博物馆：《四川巫山大溪新石器时代遗址发掘记略》，《文物》1961年第11期；《巫山大溪遗址第三次发掘》，《考古》1981年第4期。
	巫山魏家梁子	森林茂密，有野生鹿等动物生存。	中国科学院考古研究所：《四川巫山县魏家梁子遗址的发掘》，《考古》1996年第8期。
	忠县瀹井沟	农耕、狩猎、渔猎兼营，森林茂密，伴生大量野马、鹿等。	四川省博物馆：《川东长江沿岸新石器时代遗址调查简报》，《考古》1959年第8期。
	江北区鱼嘴	出土大量距今3000年左右的阴沉木70多根，其中有的达13米长。	田野调查资料。
四川	成都指挥街	茂密的阔叶林，沼泽水面藻类较多。	罗二虎等：《成都指挥街遗址孢粉分析研究》，《南方民族考古》第2辑，四川科学技术出版社1990年版。
	成都方池街遗址（第五层）	鹿、猕猴、犀牛入出，显现森林植被较原始。	王毅：《成都巴蜀文化遗址的新发现》，《巴蜀历史民族考古文化》，巴蜀书社1991年版。
	成都金沙遗址	遗址出土亚洲象、犀牛、赤鹿、水鹿遗体，象和犀可能是四川盆地边缘山地所产，草本植物占优势，局部地区为低洼湿地，生长着热带、亚热带植被。	傅顺等：《成都金沙遗址地区古环境初步研究》，《江汉考古》2006年第1期；黄剑华：《金沙遗址出土象牙的由来》，《成都理工大学学报》2004年第3期。
	广汉月亮沟	发现亚洲象牙13根。汉晋四川四缘山地仍产象，此象可能是四川一带所产。可见当时气候温湿，森林茂密。	《广汉三星堆遗址一号祭祀坑发掘简报》，《文物》1987年第10期。

续表

区域	文化遗址	考古发掘反映出的自然生态景观	资料来源
	成都商业街遗址	出土大型船棺和独木棺17具，长在10—11米，直径1.6—1.7米，显现附近山地应该的较大的森林。	颜劲松：《成都市商业街船棺独木棺墓葬初析》，《四川文物》2003年3期。
湖北	宜昌中堡岛	林木众多，生活有野生群鹿。	湖北宜昌地区博物馆：《宜昌中堡岛新石器时代遗址》，《考古学报》1987年第1期。
	何光嘴遗址	黑熊、野猪、小鹿、猴等森林动物，显现森林植被茂盛状况。	国务院三峡办：《秭归何光嘴》，科学出版社2003年版。
	柳林溪遗址	华南虎、野猪、大角鹿、梅花鹿等森林动物，犀牛、巨獏、水牛、水鹿等喜水动物，森林动物高达90%，显现湿热多雨，水源丰沛，植被高大。	武仙竹：《湖北柳林溪遗址动物群研究报告》，《秭归柳林溪》，科学出版社2003年版。
云南	大墩子遗址	以锄耕狩猎为主，森林密布，有大量水鹿、赤鹿、麝鹿、野兔、豪猪、黑熊、松鼠、竹鼠、猕猴生存。	《元谋大墩子新石器时代遗址》，《考古学报》1977年第1期。
	闸心场遗址	农耕、狩猎兼营，森林密布，气候温湿，威信一带有犀牛、獏生存。	葛季芳：《云南昭通闸心场新石器时代遗址的发掘》，《考古》1996年第5期。

景观，而在峰顶区为温带植被景观。[1] 也有学者研究表明，附近的清江流域在新石器时期仍有中国獏、水鹿、水牛、大熊猫、黑熊、苏门羚等喜温湿森林的近水动物，显现了当时旧石器时代热带、亚热带湿润气候下的

---

[1] 武仙竹：《长江三峡动物考古学研究》，重庆出版社2007年版。

森林与湿地植被的景观。①

长江上游距今3000—4000年，相当于中原夏商时代。从考古发掘材料看，当时中国长江上游气候温湿，森林相当茂密，亚洲象、印度犀分布十分广。从成都金沙遗址来看，当时成都平原地区的森林密布，有许多巨大的树木存在，平原附近的山地可能还生活着大量亚洲象，所以从遗址中我们发现了大量的象牙、巨木树根、巨大的乌木。

进入西周春秋战国时，长江上游处于巴蜀文化时代，进入了铜石并用时期。在这个时期，由于人类生产工具进步，生产力提高，人类干涉自然、开发自然的能力大大提高。但是，这时期人类的经济开发是极其有限的，经济开发对自然界的破坏还远远不能超过自然界本身的负载力而降低生态有序层次，而威胁人类和阻碍经济开发的还是茫茫林海阻隔和猛兽毒蛇侵扰的原始的生态环境。

研究表明，长江三峡地区在夏商周时期仍然有水鹿、猴、大熊猫、华南虎、豪猪、野猪、犀牛、熊等动物生存其间，显现了一种水域深广、水流湍急、气候温暖、植被茂密的自然景观。具体而言在峡谷区多为典型南亚热带森林景观，而在峰顶区为温带植被景观。② 同样，清江流域与新石器时代相比，除中国貘、大熊猫、苏门犀不存在之外，整个生态环境可能与新石器时代差别不大；山地多为茂密的森林，近水多为湿地草坡，人类活动的影响还十分有限。③

在距今2500—3000年前，长江上游植被生态环境真正受到人类活动影响较多的地区是成都平原地区，但影响的程度与今天相比仍是有限的。

《山海经》卷18《海内经》：

> 西南黑水之间，有都广之野，后稷葬焉。爰有膏菽、膏黍、膏稷，百谷自生，冬夏播琴。鸾鸟自歌，凤鸟自舞，灵寿宝华，草木所聚。爰有百兽，相群爰处。此草也，冬夏不死。

《山海经》一般认为成书于春秋战国时期，所以其内容多是反映距今

---

① 陈家全等：《清江流域古动物遗存研究》，科学出版社2004年版，第182—187页。
② 武仙竹：《长江三峡动物考古学研究》，重庆出版社2007年版。
③ 陈家全等：《清江流域古动物遗存研究》，科学出版社2004年版，第182—187页。

2500—3000年的环境状况。由此我们可知西周春秋时期成都平原一带已被广泛垦殖了，不过水稻种植也许还不是很广泛，平原上许多地方森林还十分茂密，各种飞禽走兽生存其间，亚热带常绿灌丛遍布其中。从成都指挥街周代遗址发掘看，当时成都平原上有大量野生哺乳动物如小鹿、梅花鹿、水鹿、白唇鹿、豹等生存其间。从孢粉分析看，植被以阔叶林、针阔叶混交林和草本、蕨类植物为主。[①] 特别是附生于乔木树干的水龙骨科植物在遗址中占绝对多数，还有反映湖沼环境的环纹藻出现，[②] 说明当时成都平原气候温暖湿润，耕地与湖泊沼泽凹地草地森林相间，环境的原生生态环境保存还较好。显然，成都平原以外的其他地区荒野未开，人烟稀少，森林覆盖率会更高。

到战国的杜宇时期，教民务农，川西坝子稻作经济有了长足发展，大量沼泽凹地垦为稻田，许多森林也被砍伐和焚毁。但当时成都平原仍有许多高大常绿乔木林盘，这可从成都、新都、双流出土许多楠木船棺得到证明。

需要指出的是考古工作者在长江上游的成都、新都、蒲江、双流、郫县、宝兴、大邑、广汉、绵阳、彭县、什邡、青川、荥经、北川、广元、涪陵、绵竹、芦山、巴县、奉节、巫溪、巴东、秭归、宜昌等地多有发现的许多独木舟和悬棺，时代从战国到西汉时期。[③] 许多独木舟是直径1米以上的楠木，可见当时四川地区的常绿阔叶林分布十分普遍，成林十分茂密。同时期，属于长江上游的滇池地区有蟒蛇、鹿、野牛、豹、野猪、狐狸、狼、孔雀、鹦鹉、水獭、水凫、水狸等动物出没[④]，这种生物群落反映了当时滇池地区森林密布，耕地、沼泽、草原相间，气候也比今湿热。

[①] 四川大学博物馆、成都市博物馆：《成都指挥街周代遗址发掘报告》，《南方民族考古》（一集），四川大学出版社1987年版。

[②] 罗二虎等：《成都指挥街遗址孢粉分析研究》，《南方民族考古》（二集），四川科技出版社1990年版。

[③] 冯汉骥：《四川古代的船棺葬》，《考古学报》1958年第2期；童恩正：《记瞿塘峡盔甲洞巴人文物》，《考古学报》1986年第3期；蒙默等：《四川古代史稿》，四川人民出版社1988年版，第58页；郭声波：《四川历史农业地理》，四川人民出版社1993年版；蓝勇：《西南历史文化地理》，西南师范大学出版社1997年版，第390页；徐光冀主编：《三峡文物抢救纪实》，山东画报出版社2003年版。

[④] 于希贤：《滇池地区历史地理》，云南人民出版社1981年版，第107—111页。

总的来看，2000年以前的长江上游人类主要活动在平原平坝地区，人类对森林的砍伐影响主要也局限于这些地区，广大山地、丘陵地区人烟稀奇少，森林生态原始状态明显。

第一章图版

成都金沙遗址中的阴沉木

成都金沙遗址中的象牙

金沙遗址中的乔木树根

四川成都平原边缘青白江地区发现的巨型阴沉木，距今 7000 多年

成都商业街出土的船棺

长江三峡发现的阴沉木

重庆江北鱼嘴发现的阴沉木 　　　　　　　　　　重庆江北鱼嘴阴沉木出土点

重庆江北鱼嘴现在植被状况 　　　　　　　　　　四川冕宁县干海阴沉木，距今7000多年

四川冕宁县干海阴沉木，距今7000多年 　　　　　现在四川冕宁县干海植被

重庆奉节县出土的阴沉木 　　　　　　　　　　　重庆奉节县出土的阴沉木

湖北清江流域出土的阴沉木，距今 800 多年 　　　贵州长顺一带，为长江流域与珠江流域的
　　　　　　　　　　　　　　　　　　　　　　　分水岭苗岭，曾发现大量阴沉木

第 二 章

汉晋南北朝时期长江上游森林分布变迁

汉晋南北朝时期，长江上游地区的大部分区域开始纳入中央王朝的直接统治之下，地区经济开发加快，以往人迹罕至的广袤林区响起了斧斤声，开始了森林向农地转化的第一次高潮。在这一时期，长江上游许多地区人类垦殖开荒、采薪、冶铜炼铁、煮盐、修栈道和宫殿、建城镇、修寺庙，损耗了大量的森林资源。首先在此时期四川盆地平坝和丘陵地区的森林向农田转化的运动十分明显。成都、繁县、江源、广都、绵竹、德阳、什邡、郪县、广汉、江州、牛鞞、资中、涪县、郫县、雒县、僰道等地开垦了大量农田，牛鞞、资中、涪县、广汉、郪县还是开垦在山原上。[①] 就连越巂郡、云南郡和滇池附近也已大量开垦了农田。[②] 这种森林向农田转化的运动可从成都、彭山、大理、新都等地发现的许多水田陶制模型窥见当时的垦殖情况。

但从总体上整个长江上游人类活动的影响还是十分有限，广大山地还是呈现人烟稀少、森林资源丰富、生态原始性明显的状况。汉晋南北朝文献中不仅描述了这里森林的茂密，而且还记载了当地的不少亚热带、热带树种。在这个时期人类经济活动对西南地区森林的影响是极小的，人类面临的问题主要还是蛮荒深僻和野兽出没的威胁。

[①] 《华阳国志》卷1《巴志》，卷3《蜀志》，卷2《汉中志》；郭义恭：《广志》，《说郛》，卷61，宛委山堂刻本。

[②] 《后汉书》卷86《南蛮西南夷列传》；《华阳国志》卷4《南中志》。

一 四川盆地地区

成都平原在先秦时期人类活动就较多，秦汉时期的开发进一步深入，特别是经过秦汉两蜀守李冰和文翁的整治后，耕作农业的范围进一步扩大，平原"皆灌溉稻田，膏润稼穑，是以蜀川人称郫繁曰膏腴，绵雒为浸沃也"。因而称为"沃野千里"，号为"陆海"。[①] 据郭声波先生研究：早在战国时期，秦人就开始进入川蜀，在盆地北部的嘉陵江上游地区，盆西区南部如严道的邓通一带，今天的洪雅南部花溪河一带都出现不少的农业点。到了汉代，这些移民的后裔们如卓氏、邓氏、司马氏等不仅建立了大大小小的庄园，而且开始沿岷、涪、沱、嘉陵等河川向东南方向扩展，当时王褒在资中的庄园就是一个典型。那里有井有渠，有园有池，果树成阵，六畜成群。[②] 这个时期的阆中也出现了水利工程和水田，而嘉陵江流域一带的板楯蛮农业也有所发展，因为早在秦昭王时，因他们射杀白虎有功"复夷人顷田不租"，他们还善酿"清酒"，[③] 说明他们的粮食生产已经基本上可以自给而有富余了。而渠江流域仍处在半农半渔猎阶段。[④] 又据郭声波先生研究：川西地区，如在邛莋人居住的安宁河、越西河和黑水河沿岸，均已出现了水田农业。并推测汉武帝通西南夷道时，尝散币于邛莋以集遗粮，就是因为这一点。最后，估计在西汉元始二年全川共有耕地约为36.4758万顷，折今25.0954万顷。[⑤]

东汉时期盆地西部区进入了以水田农业为主体的园林池泽多种经营时期。整个四川盆地，特别是西部开始了水田化的过程。[⑥] 在盆地中部、川江沿岸和川西南地区也已有了水田，如"江州有稻田，出御米"，[⑦] 僰道

[①] 《华阳国志》卷3《蜀志》；乐史《太平寰宇记》卷72《剑南西道》，影印文渊阁四库全书（469）。

[②] 唐徐坚等：《初学记》卷19；王褒：《僮约》，中华书局1962年版。

[③] 《华阳国志》卷1《巴志》。

[④] 郭声波：《四川历史农业地理》，四川人民出版社1993年版。

[⑤] 同上。

[⑥] 同上。

[⑦] 《华阳国志》卷1《巴志》。

滨江有"鱼害稼",① 公孙述在鱼复县开垦了一百多顷稻田,② 考古工作者在宜宾出土了东汉水田模型。③ 这些均可说明,水田农业不仅已发展到岷江、沱江下游,而且沿川江向东发展,在一些重要城市所据的河流汇合带形成水田农业点。同时旱地农业也进一步向盆地中部的浅丘区扩展。如《华阳国志》提到的郪、广汉(今射洪南)、德阳(今遂宁南)、牛鞞、资中等县的"山原田"、"山田"都是东汉时垦殖高潮的产物。如牛鞞、资中"二县在中,多山田,少种稻之利",这明显是记载旱地农业。又据郭声波先生研究表明,川西南安宁河流域一带的农业生产水平已经达到了与盆地内部约略相当的水平,《后汉书》称其"其土地平原,有稻田"④,"在凉山腹地较为落后的邛僰人和在耗牛山西部定居的少数民族的种植业也都有所发展,但岷江上游仍属半农半牧状态,盆地东北部及僰道以南地区也属于半农半渔猎状态;到东汉建康元年,全川约有36.693万今顷耕地。"⑤

成汉、东晋、南北朝时,又有很多移民迁徙到四川境内。谭其骧先生认为"四川北来侨民'除绝少数河南人外,尽皆来自陕西、甘肃及本省之北部';侨地除彭山一地外,尽皆侨居在成都东北,川陕通途的附近一带"⑥。移民经过的地带经过开垦,大片林地转化为耕地。盆地周边的一些地区仍多属僚人控制,以游牧狩猎为生,但此时也开始了向农耕时代过渡,如在颓堉四毁、荆棘成林、荒芜了多年的奉节永安宫南面,有二十许里平地。在南北朝时期又有不少"左右民",披荆斩棘"耕垦其中"。⑦ 此"左右民"即土人,也就是《水经注》叙峡江风物产屡屡提到的"僚蛮"或北周"信州蛮"无疑。沿江农业垦殖的发展,一定程度上影响了沿江两岸森林资源。

汉晋南北朝时期长江上游的盐铁生产业发展起来。到西汉中期,四川各地盐井数骤增,产盐之地已遍及今川东、川西、川南十数余县。据《华

---

① 《华阳国志》卷2《蜀志》。
② 《方舆胜览》卷69引《舆地纪胜》。
③ 秦保生:《汉代农田水利的布局及人工养鱼业》,载《农业考古》1984年第11期。
④ 《后汉书》卷86《南蛮西南夷列传》。
⑤ 郭声波:《四川历史农业地理》,四川人民出版社1993年版。
⑥ 谭其骧:《晋永嘉丧乱后的民族迁徙》,载《长水集》,人民出版社1987年版。
⑦ 《水经注》卷33。

阳国志》记载，当时的南安（今乐山）、牛鞞（今简阳）、巫县（今巫山）、朐忍（今云阳）、临江（今忠县）、江阳（今泸县）、汉阳（今江安）、汉安（今长宁）、广都（今双流）、武阳（今彭山）、临邛（今邛崃）、成都、汶山（今茂汶）以及定笮（今盐源）都是重要的产盐县，这些县拥有众多的盐井，有的甚至数以百计。如汉安县即"有盐井、鱼池百数"，而宣帝时一次就"穿临邛、蒲江盐井廿所"。① 当时的制盐方法多种多样，但无论是《益州记》的烧炭于石法、还是《华阳国志》称临邛首开火井煮盐之法，或者一如"盐井图"中以大量的薪材用联灶法煮盐，② 都需要大量消耗森林资源。冶铁也如此，"秦破赵，迁卓氏"于巴蜀，自卓氏、程郑迁往临邛，武阳、南安等地旧有的冶铁业因之有很大发展。到西汉时期，在临邛、武阳、南安分设铁官，四川于是一跃成为了我国西南的冶铁中心。《史记·货殖列传》记卓氏在"即铁山鼓铸，运筹策，倾滇蜀之民"，"富至僮千人，田池射猎之乐，拟于人君"，可以从一个侧面揭示冶铁的兴盛。当时的冶铁只能以薪材作为燃料，同时还要消耗大量的木炭。按今土法冶炼铁每一千斤约消耗硬杂木和木炭折合10.2平方米计算，不难想象冶铁时铁矿区周围的森林影响状况。在垦殖毁林的同时，人类因事功生活所需林木急增，对森林的耗损远远大于垦殖。秦始皇修阿房宫乃使"蜀荆地材皆至"，③ 以致杜牧《阿房宫赋》称"蜀山兀，阿房出"。汉代沱江中游森林的分布仍较茂密，那时人们"持斧入山，断榭裁辕"，还可以"作俎、机、木屐及大扅盘，焚薪作炭"④西边严道一带森林也很茂密，但由于人类的砍伐逐渐增多，因而国家专门设置"木官"来管理木政。⑤ 岷江上游的柏、梓、大竹等也得到开发利用，许多木材"颓随水流，坐致材木"。⑥

在汉晋南北朝时期，虽然四川地区的人们因农业生产、煮盐、冶铁、采办等消耗了大片的森林，但远离居民点、盐井点、冶铁点的丘陵和山地地区，森林仍旧是非常茂密的。还有些地方即使存在居民点，但

---

① 李昉：《太平广记》卷865引《益州记》。
② 刘志远：《四川汉代画像所反映的社会生活》，载《文物》1975年第4期。
③ 《史记》卷6《秦始皇本纪》。
④ 王褒：《僮约》，载《汉魏六朝一百三家集》。
⑤ 《汉书》卷28《地理志》。
⑥ 《华阳国志》卷2《蜀志》。

第二章　汉晋南北朝时期长江上游森林分布变迁　/　27

居民大多以渔猎为生，对森林的影响也较小。如在川北陇南地区的嘉陵江上游两岸，多是古木密布，故东汉初，武都太守虞诩在疏导嘉陵江水道时"由沮至下辨，数十里皆烧石剪木开漕航船道"①。又如《三国志·魏志》记载景元元年"邓艾自阴平行无人之地七百里"，"将士攀木缘崖鱼贯而进"，说明川北陇南地区基本上为大片的原始林所覆盖。四川盆地内许多地区林木也十分丰茂，剑州普安郡相源县的掌天山"多柘，堪为良弓，虽压丝燕角不能胜也"，而拓溪水"生拓木"。从汉代画像砖《盐井》图来看，盐井周围也呈现森林和野生动物并存的局面，丘陵地区四周山地森林更是丰茂，如彭州的两岐山"山出木，堪为舡"②，白鹿山在刘宋时群鹿出没其间。③川南的僰道县"山多犹狮，似猴而短足，好游岩树，一腾百步或三百丈，顺往倒返，乘空若飞"④。川东三峡地区广溪峡"多猿，猿不生北岸，非唯一处"⑤。又"自三峡七百里中，两岸连山"，"绝巘多生怪柏"，"每至晴初霜旦，林寒涧肃，常有高猿长啸，屡引凄异，空谷传响，哀转久绝"。⑥ 而自黄牛滩东入西陵界"林木高茂，略尽冬春，猿鸣至清，山谷传音，泠泠不绝"⑦。据三峡考古资料显现，汉魏六朝时期的遗址出现了许多犀牛、黑熊、豹、水鹿、苏门羚、小熊猫、豪猪、野猪、长臂猿等动物，显现了三峡地区森林丰茂，生物种类繁多，植被的良好状况。⑧

　　盆地内许多经济开发较早的地区仍然生长着许多经济林和寺观园林，这可分别从杨雄和左思的《蜀都赋》中看出其自然景观。据林鸿荣先生研究：这些经济林木大都镶嵌在耕地之隙，房屋周围，道路之旁，并且还出现了一些桑园。⑨ 其中成都平原地区如晋左思《蜀都赋》所载"户有桔柚之园"，"其园则有林檎枇杷，橙柿楟㮕，樲桃函列，梅李罗生，百果甲

---

① 《后汉书》卷58《虞诩传》。
② 《太平寰宇记》卷73。
③ 《方舆胜览》卷54《彭州》。
④ 《水经注》卷33《江水》一。
⑤ 同上。
⑥ 《水经注》卷34《江水》二。
⑦ 同上。
⑧ 武仙竹：《长江三峡动物考古学研究》，重庆出版社2007年版，第228页。
⑨ 林鸿荣：《四川古代森林的变迁》，载《农业考古》1985年第10期。

宅，异色同荣，朱樱春熟，素柰夏成"。① 《山海经·北山经》郭璞注曰"机似榆，可烧以粪田，出蜀中"②。可见平原丘陵还有许多机木林可以粪田。成都平原的其他地方，南安县"有柑橘官"，其武阳地"皆出名茶"；③川东地区江州"有甘橘官"，又"有荔枝园"。④朐忍县"山（有）大小石城，并灵寿木及橘园……其故陵村，地多木瓜树，有子大如甄，白黄实，甚芬芳……村侧有溪，溪中多灵寿木"⑤。又鱼复县一带产橘，专门设"有橘官"。⑥

二 云南贵州地区

汉晋南北朝时期云南和贵州一带，只有一小部分平坝得到农业开发，有较多耕地存在，其余大部分地区仍旧处于未进行农业开发的状态，采集狩猎经济发达，呈现出林木丰茂、野兽出没的原始生态状况。如在贵州高原，在该时期适合森林生长的地方广布着大片的亚热带森林，这可以从梵净山的孢粉分析中得到证明。⑦云南高原北部、中部，历史时期也有广大的亚热带森林分布，这可以从滇池的孢粉分析得到证明。⑧滇东北一带除朱提一带坝子上灌溉种稻以外，与僰道接的山地森林密布，"土地无稻田蚕桑，多蛇蛭虎狼"⑨。特别是灵长目动物尤多，猿猴往往"群聚鸣啸，于行人经次，声聒人耳"，所以"夷分布山谷间，食肉衣皮"。⑩《水经注》也称其地"山多犹猢，似猴而短足，好游岩

---

① 左思：《蜀都赋》，《全蜀艺文志》，影印文渊阁四库全书（1381）。
② 袁珂：《山海经校注·北山经》，上海古籍出版社1980年版。
③ 《华阳国志》卷2《蜀志》。
④ 《华阳国志》卷1《巴志》。
⑤ 《水经注》卷33。
⑥ 《华阳国志》卷1《巴志》。
⑦ 中国科学院植物研究所古植被研究室徐仁、孔昭宸1975年提供的资料，转引自《中国自然地理·历史自然地理》，科学出版社1982年版。
⑧ 孙湘君：《从昆明滇池全新世孢粉分析来看一万年以来植被的发展》，1963年，转引自《中国自然地理·历史自然地理》，科学出版社1982年版。
⑨ 《华阳国志》卷3《南中志》。
⑩ 李昉：《太平御览》卷791《四夷部》。

树"①。云南周边的濮夷人在"郡界千里,常居木上作屋",②显现云南民族在森林中架木为巢的原始生活情景。今云南中北部滇池一带"河土平蔽,多出鹦鹉、孔雀,有盐池田渔之饶,金银蓄产之富",生长着"长松"。③呈现出滇中田园附近生态还较原始的景象。这一方面透露出滇池附近得到开发之景象,同时也显现了周边有较为原始的生态景观。研究表明,云南滇中地区当时还有野牛、华南虎、豹、野猪、狐狸、狼、鹿群等40多种哺乳动物生存,可见当时总体上生态还较原始,森林分布仍较茂密。④黔中一带"牂柯地多雨潦……寡畜生,又无蚕桑"⑤,自然属性十分明显,连百姓多以桄榔木为面生存。黔西北一带的兴古郡"有蛇名青葱,又有大蛇名赤颈"⑥。黔西的东谢蛮"其地在黔州之西数百里,土宜五谷,不以牛耕,但为畲田……散在山洞内,依树为层巢而居"⑦,显现出这些地区森林茂密的原始生态景观。

三 青藏东南部地区

历史时期青藏高原中部和南部,包括羌塘高原的中部和南部、通天河源、黄河源以及帕米尔等地区,其天然植被主要是草甸为主,居民"随逐水草、庐帐为屋"⑧,"春夏每随水草"⑨,由于人口密度低,牲畜量少,可能当时草甸植被的原始状况显现得更明显。

从以上我们可以看出,汉晋南北朝时期除四川成都平原地区及其一些丘陵、平坝及盐井、冶铁点附近的森林被砍伐外,长江上游其他地区,人类的活动对森林的影响是相当有限的。据周宏伟先生估计,到公元2世纪

---

① 《水经注》卷33。
② 王谟:《汉唐地理书钞》引《九州要记》,中华书局1961年版。
③ 同上。
④ 于希贤:《滇池地区历史地理》,云南人民出版社1981年版,第109—111页。
⑤ 《后汉书》卷86《西南夷列传》。
⑥ 《太平御览》卷934《鳞介部》六。
⑦ 《旧唐书·南诏蛮》。
⑧ 《后汉书》卷96《西羌传》。
⑨ 《册府元龟》卷962《外臣部》。

末整个长江流域的森林覆盖率接近为70%。[①] 但考虑到约占10%的冰川、草地、雪山、湖泊水域外,汉晋南北朝时期整个长江上游流域的森林覆盖率应在60%。在这样的背景下,长江上游地区人地关系上体现的还主要是由人类开发不够所致的森林生态原始状态下野兽、瘴气对人类威胁等矛盾。

---

① 周宏伟:《长江流域森林变迁的历史考察》,《中国农史》1999年第4期。

第 三 章

唐宋元时期长江上游地区森林变迁

唐宋时期,长江上游地区除四川大部、陕西南部、陇南属于中央直接统辖外,云贵的大部分地区先后属于南诏和大理两个先后兴起的地方政权统辖,西藏和青海地区为吐蕃政权所控制。从整体上看,这个时期结束了东晋南北朝以来争战不已,僚人四布的局面,形成了相对统一的政治局面。在这种局面下,长江上游地区兴起了第二次开发的热潮,人口滋生加快,垦殖范围进一步扩大,城市扩展,手工业发展。随之而来的是平原、丘陵地区的大量阔叶林被砍伐,平原、浅丘森林大大减少,山地的森林也时时为人类斧斤所涉,部分沿江开始了畲田运动,森林资源受到一定的影响。不过,那时人们对森林资源的破坏也还远远没有达到破坏人们所处生态环境的平衡的地步,由此带来的灾害性水土流失也尚未达到造成严重的生态灾难的程度。

一 成都平原地区

成都平原地区包括唐代的汉州、彭州、益州、蜀州等地,即宋代的成都府、蜀州、汉州、彭州和眉州北部地区。唐宋时期的成都平原是中国长江上游地区人口最密集,垦殖指数最高的地区。在唐代,经过人们的不断耕稼休养,土地的熟化程度十分高,有"腴以善熟"[①]之称;在经济地位

---

① 卢求:《成都记序》,《全唐文》卷744。

上已经有"扬一益二"的美名。到宋代，成都平原已是"桑麻接畛无余地"[1]，有"寸土不容隙"[2]之称。宋代赵抃描绘眉山一带多是"农田雨后畦畦绿，渔笛风前曲曲清"[3]的田园风光；成都平原的道路两旁有"沟吷清穿道，禾麻绿荫畴"[4]的景色；又有"涨江混混无声绿，熟麦骚骚有意黄"[5]的景象。《宋史》所谓川峡地区"无寸土之旷"实是指成都平原地区而言。[6] 从成都指挥街遗址孢粉分析来看，中晚唐层的木本和蕨类植物孢粉极为稀少，主要以草木菊科植物为主，而禾本科植物的孢粉增加。[7]这表明唐代成都平原地区，随着人类经济活动的加强，大量森林被砍伐，许多沼泽开发为耕地，并种植了较多的禾本植物。唐乾符年间，成都扩建罗城，工程甚大，可能也砍伐了大片的森林，据张咏《益州重修公宇一记》载，一些地方"林箐深密，多隐亡命。诏许其剪伐以廓康庄，得竹凡二十万，本椽二万余条"[8]。但我们也发现，成都指挥街北宋时期遗址中木本植物花粉含量上升，还有许多蕨类植物孢子、水生植物花粉和藻类的环纹藻，这表明当时一些零星林地被恢复了，水域面积可能有所恢复。[9]

总的来看，这一时期成都平原地区野生乔木林的存在已十分稀少，但经济林盘、寺观林、护河护路林、民居林盘还占有很大的面积，平原四周边缘亦可能还有部分野生林。

在成都平原四周一些山地上的寺观和名胜地的林木还是十分茂密的。如青城山上的上清宫有"台殿压平青嶂顶，松林插破白云根"[10]之称，有"永夜寥寥憩上清，下听万壑度松声"[11]之景。丈人观周边有"夹道巨竹

---

[1] 《方舆胜览》卷51《成都府》引《介甫送人赴成都》。
[2] 田况：《八月大慈寺前蚕市》，《全蜀艺文志》卷17。
[3] 赵抃：《按漪眉山舟行》，《全宋诗》卷341。
[4] 吕陶：《和成都道中》，《全宋诗》卷664。
[5] 《范石湖集·诗集》（原中华上编版）卷17《四月十日出郊》。
[6] 《宋史》卷89《地理志》。
[7] 罗二虎等：《成都指挥街遗址孢粉分析研究》，《南方民族考古》，四川科技出版社1990年版。
[8] 程遇孙、扈仲荣等编：《成都文类》卷26。
[9] 罗二虎等：《成都指挥街遗址孢粉分析研究》，《南方民族考古》，四川科技出版社1990年版。
[10] 《舆地纪胜》卷151《永康军》引孙知微《题上清宫》和张震诗。
[11] 《陆游集·剑南诗稿》卷8《宿上清宫》，中华书局1976年版。

屯苍云,道翁采药昼夜勤,松根茯苓获兼斤"①的景象,飞赴寺有"平林露层山巅,上独置孤寺"②的景观,香积寺亦有"行松耳目清,入竹襟袖寒"③的感受。总的来看,唐宋时期整个青城山森林是很茂密的,且多古木。

在成都城外的糜枣堰"云汀烟渚竞秀于前,古木修篁左右环峙。柏阴森森亘数十里,幽旷清远,真益州之胜概也"④,彭县大隋山景德寺有"寂鸟下窥人,累猿时挂树"⑤的景象。绵竹县武都山上的惠净寺有"谷暗藤科,山高树逼","松开野路,桂列山家"⑥之景。

平原上的寺观、人工林也是比较多的。如成都城内武侯庙前多古柏,杜甫《蜀相》诗中称"锦官城外柏森森",李商隐亦曰"蜀相阶前柏,龙蛇捧阴宫"⑦,陆游亦云"柏密幽鸟弄,尚想忠武公"⑧,由此可窥见当时寺观庙宇柏树林较多。张忠定公祠旁的林木也较多,陆游称"我来拜遗祠,乔木今苍烟"⑨。此外青羊宫多竹林,陆游诗称"青羊宫中竹暗天,白马庙畔柏如山"⑩,又云"青羊道士竹为家"⑪。成都北郭的钝庵"在茂林修竹间,游尘不致处,蓊郁葱然"⑫。德阳县的邓林禅院"枫林柞柏,拔天倚地,蔚为邓林"⑬。双流县城隍庙"乔木苍然,地势深邃"⑭。陆游记载"予在成都,以偶事至犀浦过,松林甚茂,问驿卒:此何处,答曰:师塔也。盖谓僧所葬之塔"⑮,可见当时寺观林木均十分丰茂。

---

① 《陆游集·剑南诗稿》卷6《丈人观》,中华书局1976年版。
② 文同:《读青城山四泳·飞赴寺》,《全宋诗》卷440。
③ 文同:《香积寺》,《全宋诗》,卷440。
④ 傅增湘:《宋代蜀文辑存》卷67杨甲《糜枣堰记》。
⑤ 曹学佺:《蜀中名胜记》卷5《川西道》引张天觉记,重庆出版社1984年版。
⑥ 曹学佺:《蜀中名胜记》卷9《川西道》引张天觉记,重庆出版社1984年版。
⑦ 李商隐:《武侯庙古柏》,《全唐诗》卷539。
⑧ 《陆游集·剑南诗稿》卷9《谒汉昭烈惠陵及诸葛公祠宇》,中华书局1976年版。
⑨ 《陆游集·剑南诗稿》卷3《拜张忠定公祠二十韵》,中华书局1976年版。
⑩ 《陆游集·剑南诗稿》卷8《杂咏》,中华书局1976年版。
⑪ 《陆游集·剑南诗稿》卷9《青羊宫小饮赠道士》,中华书局1976年版。
⑫ 程遇孙、扈仲荣等编:《成都文类》卷44。
⑬ 曹学佺:《蜀中名胜记》卷9《川西道》引张天觉记,重庆出版社1984年版。
⑭ 任渊:《双流县城隍庙记》,程遇孙、扈仲荣等编《成都文类》卷33。
⑮ 陆游:《老学庵笔记》卷9。

成都平原有一些小山丘多有林木，如武担山有"广岫长林"①，王勃称"松柏苍苍，即入祗园之树"②，宋京亦云"佛阁倚空翠，老木盘郁摩"③。

唐宋时这一地区的亭台、轩楼中多植有林木，许多诗句对此多有描述。成都转运司园又称西园，有称"古木郁参天，苍苔下封路"④、"修林密葱翠，尽得锦城景"、"旁依修竹密，上翳青松疏"、"修楠列翠幄，长松堰高盖"，⑤其翠锦亭"群木依亭翠锦开，主人吟燕日徘徊"⑥，月台"嘉木密交阴，月夕苦荟翳，高台出林杪，远目望天际"，雪峰楼"修修楼下竹，虢虢竹间水"，⑦可见西园当时的确是一个林木丰茂的地方。有诗称彭州南楼"虢虢鸣泉漱金玉，森森佳木雍旌幢"⑧，又有诗称"秀野含春熙，乔木雍暮寒"⑨。汉州王氏林亭则为"短约疏篱入野局，竹烟松露满襟清"⑩。

在一些官府大院、民居院落及其圃园中也多林木，尤其多观赏性的林木和果树。如成都制置使居所的前堂有"萧森万竹秋逾瘦，突兀双楠夜更高"之景；宣华旧苑亦有"乔木如山废苑西，古沟疏水静鸣池"的景象。⑪汉州的沈氏竹园则有"修修万竹压康庄"之景。⑫

成都锦江两岸及城郊多竹、桤、柳，一些园林多楠木，草堂一带"入门四松在，步履万竹疏"⑬，锦江岸边"楠树抱冥冥，江边一盖青"⑭。宋代蒲成临的《新繁古楠木记》和陆游的《成都犀浦国宁寺观楠木记》也谈

---

① 王勃：《晚秋游武提寺序》，载《全唐诗》卷55，中华书局1960年版。
② 王勃：《晚秋游武担山寺庙》，载董浩等编《全唐文》卷181，中华书局1983年版。
③ 宋京：《武担》，载《全宋诗》卷1394，北京大学出版社1992年版。
④ 曹学佺：《蜀中名胜记》卷3《川西道》引章次《西园》诗。
⑤ 同上。
⑥ 赵抃：《成都转运司翠锦亭》，载《全宋诗》卷341。
⑦ 杨怡：《成都转运司园亭十首》之《月台》、《雪峰楼》，载《全宋诗》卷841。
⑧ 赵抃：《题天彭鲍郎中南楼》，载《全宋诗》卷341。
⑨ 文同：《彭州南楼》，载《全宋诗》卷435。
⑩ 《汉州王氏林亭》，载《全宋诗》卷439。
⑪ 《范石湖集·诗集》卷17《前堂观月》、《晚步宣华旧苑》。
⑫ 《陆游集·剑南诗稿》卷6《自汉州三全堂过沈氏竹园小憩坐间微雨》、《自合江亭涉江至赵园》。
⑬ 《全杜诗新释》卷16《草堂》。
⑭ 《全杜诗新释》卷16《高楠》。

到成都附近有较多的楠木生长。宋代成都太守蒋堂曾植楠木达2000多株。当时锦江边"高柳阴中扶柱杖,平沙稳处据胡床"①,万里亭一带"拿舟直入修篁里",万里桥一带则是"水花枫叶暮萧萧"②。

当时成都城风有许多海棠、棕树等大量观赏植物和经济林木,故陆游诗称"吴中狂士游成都,成都海棠十万株"③,杜甫诗云"蜀门多棕榈,高者十八九"④。

唐宋时成都平原地区的道路两旁及四周低山地区林木也是比较多的。早在汉代成都平原的道路两旁就植有林木,这可从汉代的画像砖中可看出。⑤ 唐宋时期植树表路的风尚在成都平原也十分流行,如刘希夷诗云"蜀土绕水竹,柏树双双行"⑥,陈师道诗曰"岩谷灵踪昔未跻,十里松篁参羽仗"⑦,范成大诗称"相将饱契滹泥饭,来听林间快活蹄"⑧。另外从成都出发往南的沿路当时种有护路林较多,眉山一带大道是"平直广衍,夹以槐柳,绿阴蓊然"⑨,广都道"竹柏密他树,水云平过村。林鸟栖欲尽,才到县西门"⑩,新津道中是"宿云浮竹色,清溜走桤阴"⑪。

其他低山地区也多有林木,如汉州龙居山"万柏拥翠"⑫,什邡县的大蓬山"竹木萧萧"⑬,此外双流县附近宜城山"茂林郁然"⑭。

桤木又称机木,即今天的水冬青树,是唐宋时期成都平原上广泛种植的树种。唐代杜甫的《凭何十一少府邕觅桤木栽》便谈到成都平原溪边有种十亩桤木的地方,宋代宋祁在成都草堂便见"桤木阴阴"的景象,王安

---

① 《陆游集·剑南诗稿》卷8《晚步江中》。
② 《苏轼全集》诗集卷1《送戴蒙赴成都玉局观将老焉》。
③ 《陆游集·剑南诗稿》卷4《成都行》。
④ 《全杜诗新释》卷15《枯棕》。
⑤ 刘志远、余德章等:《四川汉代画像砖与汉代社会》,文物出版社1983年版,第65—66页。
⑥ 刘希夷:《蜀城怀古》,《全唐诗》卷82。
⑦ 陈师道:《初到锦城》,《全宋诗》卷111。
⑧ 《范石湖集·诗集》卷17《初四月东效观麦苗》。
⑨ 《方舆胜览》卷52《眉州》。
⑩ 曹学佺:《蜀中名胜记》卷5《川西道》宋李新《广都道中》诗。
⑪ 曹学佺:《蜀中名胜记》卷7《川西道》引范成大《新津道中》诗。
⑫ 《方舆胜览》卷54。
⑬ 曹学佺:《蜀中名胜记》卷9《川西道》引谢中大《莲山记略》。
⑭ 程遇孙、扈仲荣等编:《成都文类》卷43《记·孝廉阁记》。

石也有"濯锦江边木有栳，小园封植伫华滋"的诗句。先秦时期栳木在成都主要用于粪田，但在唐宋时则主要用作薪材。故苏轼诗《送戴蒙赴成都玉局观将老焉》称"芋魁径尽谁能尽，栳木三年已足烧"①。甚至到了明代也还是如此，明人何宇度称"栳木、笼竹唯成都最多，江干村畔蓊蔚可爱"②。此外唐宋时成都平原上还有大量的果树林盘存在，特别值得一提的是，当时还有些荔枝树生存其间，如唐人张籍的《成都曲》称"锦水近西烟水绿，新雨山头荔枝熟"，而宋人薛田和宋祁的诗句中也谈到成都有荔枝树。

引人注目的是成都平原可能还有猿猴等灵长目动物残存。如新都南亭有"碧潭秀初月，素林惊夕栖。襄幌纳蟾影，理琴听猿啼"③的诗句，宋代陆游诗《早发新都驿》亦称有"高林起宿鸟，绝涧落惊狖"④的景象。

在这样的生态环境下，锦江"鸟雁在中沚"⑤，早晨莺鸟飞旋于城中，⑥而城区"季冬树木苍"⑦，表明成都平原的人类活动影响虽然较广泛了，但可能强度还有限，整个生态环境仍较好，各种林盘交叉点缀在田野阡陌中。当时成都平原的薪材也多取自平原，如成都平原的栳木便主要用于薪材，连桂木也成为薪材。⑧同时当时成都平原的水面沼泽面积较大，这种植物群落和生态系统与今天的成都平原的生态环境有较大的差异。总的来看，当时成都平原的森林比今天多得多，特别是竹、松、柏、柳、棕、海棠等亚热带常绿树木的分布也比现在所占比例大，甚至还有荔枝、木棉等南亚热带树木的存在。

20世纪80年代成都平原金牛区、郫县、温江、新都县的森林覆盖率在7%—8%，垦殖指数均在70%。从垦殖指数来讲，唐宋时期其地已是"无寸土之旷"，估计与20世纪80年代的垦殖指数相差无几。不过，现代城市工矿交通用地比例远远超过当时。有人统计，成都平原区（包括德

---

① 《苏轼全集·诗集》卷1。
② 何宇度：《益部谈资》卷中。
③ 曹学佺：《蜀中名胜记》卷5《川西道》引张说《新都南亭送郭元振卢崇道》诗。
④ 曹学佺：《蜀中名胜记》卷5《川西道》陆游《早发新都驿》诗。
⑤ 程遇孙、扈仲荣等编：《成都文类》卷3杨甲《合江泛舟》。
⑥ 韩愈：《韩昌黎全集》卷10《和武相公早春闻莺》。
⑦ 杨伦笺注：《杜诗镜铨》卷7《成都府》。
⑧ 计有功：《唐诗记事》卷29田澄《成都为客作》称"山芳桂是樵"。

阳、乐山、雅安市）城市居民及工矿用地占土地面积6.17%。若仅就平原区讲，估计在10%。我们今天仅作极保守估计，今天此类用地为唐宋的2倍。这样唐宋时期除去70%耕地，5%的城乡居民城镇交通用地和5%的水域及其他用地，唐宋时期成都平原的森林覆盖率应在20%。①

二 川中丘陵地区

川中丘陵地区包括唐代的邛州、陵州、资州、简州、普州、遂州、梓州、绵州、简州、果州、合州、蓬州等，即宋代的眉州南部地区，简州、隆州、绍熙府、富顺监、资州、普州、潼川府、遂宁府、昌州、广安军、合州、果州、简州、蓬州、邛州等地，相当于今天遂宁市、南充市、内江市、自贡市、资阳市、简阳市、绵阳市、间中市及邛崃市等地，此地区地形主要以丘陵为主。

总的来看唐宋时期这个地区的垦殖指数还比较低，森林覆盖率还比较高，垦殖指数唐为11.78%，宋为22.18%。②整体看，此地区森林的分布不很均衡，城镇附近、交通要道、煮盐冶炼地区森林覆盖率较低；盆地丘陵间的部分深丘和山地森林覆盖率较高，仍有一定面积的野生林，已无大面积的原始林。盆地内平坝和浅丘地带多已开垦为水旱田地，但还有大量的经济林，观赏林木簇拥村舍、寺观、城镇及河川两岸，竹篁绿树拥立草舍，炊烟袅袅，呈现给我们的是较为原始生态环境下的田园风光。

该地区的寺观、风景名胜多为森林簇拥环境，成为绿化林盘。在低山和深丘还有猿、猴等灵长目动物和虎类等食肉动物。

简州插云阁有"桃李万株"，东岩院有"古柏"，定水院有"倒插柏"，延真观"乔木参天"，松月亭有"古柏"，钓水院亦有"松竹藤萝不受风日"之景，前溪"林壑茂美"。③

---

① 蓝勇：《历史时期中国西南森林分布变迁研究》，《古代交通生态研究与实地考察》，四川人民出版社1999年版，第314—375页。
② 郭声波：《四川历史农业地理》，四川人民出版社1993年版。
③ 《舆地纪胜》卷145《简州》。

潼川府涪城县仍有"万壑树参天,千山听杜鹃"的景色,① 香积寺有"背日丹枫万木稠"之称,涪江两岸亦有"花远重重树,云深处处山"的宜人景象。② 牛头山上的牛头寺"两边山木晚萧萧"③。射洪县东武山"皎皎白林秋,微微翠山静"④。中江县玄武山"松风唱响,竹露熏空,潇潇乎人间之难遇也"⑤,玄武山道君庙有"野兽群狎,山莺互啭,崇松垮巨柏争阴"⑥ 的景观,玄武山西边的庙山则"松柏群吟,悲声四起"⑦。

遂宁荐福院余清堂有"柏林",紫华山"上多古柏",石盘山上"岗阜盘郁,林木葱茂",白鹿山"时有白鹿出游",鸣鹤山"松上常有皓鹤鸣"。⑧

资州东岩"林木葱倩"⑨,有"巨楠布幢盖,翠蔓垂帷帐"⑩ 的景象,而北岩"三冬亦有林落花,苍楠卧月影如轮"⑪,翠峰山"峰峦葱翠"⑫。

荣州真如阁堂"石壁奇峭尽巨柏",以致陆游诗称"楠根横走松倒置",龙潭一带"岩崖耸峙,丛林郁茂",荣黎山"有松如蟠龙形,小竹亦有如龙形",⑬ 且常有虎群出没。荣县竹王祠亦有"竹郎庙前多古木,夕阳沉沉山更绿"⑭ 的景致。

昌州净土院"林木葱郁",由于海棠种植多且名声在外,有"海棠香国"之称。⑮

怀安军祥云寺"松柏夹道",星楠院有"再生楠",广济寺"前后有桧

---

① 《舆地纪胜》卷154《潼川府》。
② 《全唐诗》卷227,中华书局1960年版。
③ 曹学佺:《蜀中名胜记》卷29《川北道》引柳公绰《题牛头寺》诗。
④ 曹学佺:《蜀中名胜记》卷29《川北道》引陈子昂《酬晖上人秋夜山亭有赠》诗。
⑤ 曹学佺:《蜀中名胜记》卷30《川北道》引王勃《题玄武山道君庙》诗序。
⑥ 曹学佺:《蜀中名胜记》卷30《川北道》引王勃《游山庙》序。
⑦ 曹学佺:《蜀中名胜记》卷30《川北道》引王勃《游庙山赋》。
⑧ 《舆地纪胜》卷155《遂宁府》。
⑨ 《舆地纪胜》卷157《资州》。
⑩ 《全宋诗》卷1803。
⑪ 《全宋诗》卷394。
⑫ 《舆地纪胜》卷157《资州》。
⑬ 《舆地纪胜》卷160《荣州》。
⑭ 曹学佺:《蜀中名胜记》卷11《上川南道》引薛涛《题竹郎庙》诗。
⑮ 《舆地纪胜》卷161《昌州》。

柏",云顺山亦有"松柏锁烟霞"之景。①

富顺中岩"林木葱茂,宛有丛林气象"②,西畴一带"其地广六十亩,万松森列,嘉树离立"③。

顺庆府果山"层峰秀起,松柏生焉"④,金泉山"百丈长滕垂到地,千株乔木密参天"⑤。

合州东山"有松万章",北岩"柏数千章",山上定林院有"柏径松烟湿,岩房雨苔斑"之景,⑥濮岩"背郭二三里,林峦迥出群"⑦,"上有苍岩,乔松古杉,阴晴扑蓝"⑧,龙多山则"佳木美竹,冈峦交植"⑨。安居县一带深丘可能还有较原始的森林,故安居溪一带"溪源幽,林岭相映",陈子昂诗称此地"古树连云密","麋鼯寒思晚,猿鸟暮声秋"。⑩

眉州可暮山上"山多木竹,公私资之"⑪,中岩"松道萧森"⑫。青神县中岩一带到了明代也仍然还有猿出没,故《蜀中名胜记》亦称"猿鸟往来如游鱼"⑬。

广安军秀屏山"峭壁森耸,草木丛茂"⑭,沿清江西下有"林深箐密,岩穴幽邃"⑮之景。

阆州蟠龙山"山上气色葱葱",⑯锦屏阁亦有"茂林斑若锦,秀巘矗如屏"⑰之景。南池一带"远岸富乔木,独欢枫香林",灵山峰"多杂

---

① 《舆地纪胜》卷164《怀安军》。
② 《舆地纪胜》卷167《富顺监》。
③ 《方舆胜览》卷65。
④ 《舆地纪胜》卷156《果州》。
⑤ 同上。
⑥ 曹学佺:《蜀中名胜记》卷18《上川东道》引岑象求《定林院》诗。
⑦ 《全宋诗》卷1575。
⑧ 曹学佺:《蜀中名胜记》卷18《上川东道》引宋太守刘象功《濮岩铭》。
⑨ 曹学佺:《蜀中名胜记》卷18《上川东道》引孙樵《龙多山记》。
⑩ 曹学佺:《蜀中名胜记》卷18《上川东道》。
⑪ 《元和郡县志》卷32《剑南道》。
⑫ 《全宋诗》卷1992。
⑬ 曹学佺:《蜀中名胜记》卷12《上川南道》。
⑭ 《舆地纪胜》卷165《广安军》。
⑮ 《方舆胜览》卷65。
⑯ 《舆地纪胜》卷185《阆州》。
⑰ 《全宋诗》卷435。

树"。① 苍溪县苍溪山寺"层岩抱林木，有寺藏葱蒨"②。杜甫《发阆中》诗称"前有毒蛇后猛虎，溪行尽日无村坞。江风萧萧云拂地，山木惨惨天欲雨"③，另还有"长林偃风色，回复意犹迷"④的描述。看来，这个地区的生态环境还有较为原始的地方。

绵州戴天山"林深时见鹿"⑤，而当时彰明县的窦圌山还是"山多毒蛇猛虎，人莫敢独往"⑥之地。

蓬州报恩寺"万松周匝"，绳金寺前多有松林，⑦ 可能还有野地生猿猴生存，故杜荀鹤诗有"暗松风雨夜，空使老猿啼"⑧、"猿声几处催"⑨的诗句。

普州灵居山"草木润秀"⑩。

邛州白鹤山"林麓苍翠"⑪，西岩则为"翠屏万竹之境"⑫。凤凰山上有称"繁林茂树，绿葩缬菜，围拥森合，卒若毛羽"⑬。

盆地内的一些城镇附近当时的森林也较为茂密，如遂州"出城数里即青山，路入青松白石间"⑭，而苍溪县城附近的山地间则仍有许多猿猴出没，显现四川盆地内城镇生态仍然有较原始的一面。

需要指出的是，唐代在蓬州、渠州、果州、合州、遂州的森林中还能隐蔽着上万逃户。⑮ 如渝州壁山县地坝天宝以前还是一片林木丛生的坝子，天宝年间诸州许多逃户曾逃到此开垦。⑯ 盆地内许多州县的山林中，

---

① 《太平寰宇记》卷86引。
② 曹学佺：《蜀中名胜记》卷24《川北道》引文同《少泊苍溪山寺》。
③ 《全唐诗》卷220，中华书局1960年版。
④ 李寿松、李翼云等编：《全杜诗新释》卷20。
⑤ 《方舆胜览》卷54。
⑥ 曹学佺：《蜀中名胜记》卷9《川西道》引杜光庭《录异记》。
⑦ 《舆地纪胜》卷188《蓬州》。
⑧ 曹学佺：《蜀中名胜记》卷9《川北道》。
⑨ 《全唐诗逸》卷中，中华书局1960年版。
⑩ 《舆地纪胜》卷158《普州》。
⑪ 曹学佺：《蜀中名胜记》卷13《上川南道》。
⑫ 《全宋诗》卷1575渝汝厉《西岩轩阁》。
⑬ 《全宋文》卷1106文同《邛州凤凰山新禅院记》。
⑭ 《舆地纪胜》卷155《遂宁府》。
⑮ 陈子昂：《上蜀州安危事》，《全唐文》卷221。
⑯ 《元和郡县志》卷33《剑南道》。

还居住着大量魏晋以来进入盆地生活的僚人，如在泸州和资州交界处昌州、荣州等地。① 富顺等地僚人还奉行"刀耕火种"。② 此外在宋代果州、阆州、蓬州、集州、资州等地，还常有虎群出没为害。③ 由此可见四川盆地内的浅丘、低山当时还有面积较大的森林，成为四川盆地的重要水源涵养林。

当然，我们也应该看到，与汉晋时期相比较，唐宋时期四川盆地内的丘陵地区经济开发的步伐大大加快，丘陵间的平坝地区已垦殖殆尽。宋代合州、果州等地的丘陵地带已开垦出大量梯田，用来种植水稻，④ 绵州有"桑麻覆佃田"⑤ 之称，阆中亦有"拥涧开新褥，缘崖指火田"⑥ 之景。遂宁有"刈麦千平坨"、"山猿遂少啼"的景观，⑦ "力耕"、"力穑"、"服田"已成为生活在盆地丘陵中人们的风尚。⑧ 随着农业经济的发展，人口滋生，毁林开荒、修治栈道、采薪、冶铁、煮盐等人类社会经济活动对丘陵地带林木的耗损相当突出。如隆州陵井因煮盐耗损了附近大片的林木，形成"公私采斫以致山谷童秃，极望如赭纵，有余蘖才及丈尺，已为刀斧所环，争相剪伐去输官矣"⑨ 的景象，以致形成了"江边乱山赤如储，陵阳正在千山头"⑩ 的景观。在荣州煮盐区的人们将煮盐区附近的森林已砍伐殆尽了，以致冬天也急于收薪茅为煮盐。⑪ 这种景观与汉代画像砖所反映煮盐地的生态环境已迥然不同了。又如唐宋时涪江中游梓城的房屋朽损，急需林木用材修补，却无从筹措。只是在涪江上游涨水时乔木漂至数千条才得以解决。⑫ 而嘉陵江上果州一带人们需要的用材林，已经要远到利州以上的山地采运。⑬ 不难看出，这

---

① 《舆地纪胜》卷 157《资州》、卷 160；《太平寰宇记》卷 88《昌州》。
② 《舆地纪胜》卷 167《富顺监》。
③ 《宋史》卷 66《五行志》；《古今图书集成》卷 16《虎部》；曹学佺：《蜀中名胜记》卷 11。
④ 叶庭圭：《海录碎事》卷 17。
⑤ 薛耀：《登绵州富乐山别李道士策日》，《全唐诗》卷 882。
⑥ 薛光谦：《任阆中下乡检田登艾萧山北望》，《全唐诗》卷 887。
⑦ 《范石湖集·诗集》（原中华上编版）卷 16。
⑧ 《舆地纪胜》，卷 161、150、158。
⑨ 文同：《丹渊集》卷 24《奏为乞免陵州井纳柴状》。
⑩ 《舆地纪胜》卷 150《隆州》。
⑪ 《舆地纪胜》卷 160《荣州》。
⑫ 李昉：《太平广记》卷 407 录《拾闻记》。
⑬ 曹学佺：《蜀中广记》卷 77《神仙记》。

些地方已无大面积的建筑用材林了。

不过应该看到，唐宋时期盆地内这种林木耗损较大的地区还毕竟是个别地区，即使是在开垦殆尽的平坝浅丘区仍有大量中型经济林盘和民居林盘点缀在田野中。如铜梁桤子就有"一家至万株，夏弥望积雪，香闻十余里"①的景观。阆州橘柚坝亦有"阆宛山头拥万株"②之称，果州多柑橘树，有"果山仙果透天香，处处圆金树树黄"③的美誉，形成"洲渚干奴熟"④的盛况，遂宁府的桃李村"弥望皆桃李，春时盛开烂漫如锦绮"⑤。其他蓬州的桑树林、普州的铁山枣林、崇龛梨林，昌州、嘉州的海棠等分布十分广。⑥当时民居四周和护路林地也占有很大的面积，如郪城西源的道路边"野花处处发，官柳著行新"⑦。盆地内的小路、阡陌一般都种有三年速生的桤木，作为薪材之用；而民居附近小路两旁的树木则以竹林为主，形成传统，故杜甫《江畔独步寻花》称"江深竹静两三家"，范成大亦有"储林竹径凉风生"⑧的诗句。

由此可得：唐宋时期四川盆地浅丘区内的 3.5% 的平坝已经全部开垦，占 82% 的丘陵地带亦有很大部分已经开垦，但仍有大量经济林盘、民居林盘、寺观林盘和护河堤林存在，占 14.5% 的山地地带仍多为茂密的森林所覆盖。⑨仅以此就可以推测，唐宋时期四川盆地内丘陵地区的森林覆盖率至少是在 15% 以上。据统计，20 世纪 80 年代川中丘陵地区的非农业用地占整个地区国土面积的 20%（包括城乡居民点、工矿用地、水域及未利用土地）。⑩据贾大泉《宋代四川经济论述》中的统计，成都府路、梓州路的垦殖指数在 30%，又据郭声波先生研究，宋代此地区垦殖指数均在 22.1%。因此可以推测宋代川中丘陵垦殖指数应更高些，在统

---

① 《舆地纪胜》卷 159《合州》。
② 《舆地纪胜》卷 185《阆州》。
③ 《舆地纪胜》卷 156《果州》。
④ 《舆地纪胜》卷 156《顺庆府》。
⑤ 《舆地纪胜》卷 155《遂宁府》。
⑥ 《舆地纪胜》卷 188、158、161、146。
⑦ 《全唐诗》卷 227。
⑧ 《范石湖集·诗集》（原中华上编版）卷 16《遂州府始见平川喜成短歌》。
⑨ 平坝丘陵山地百分比系用最典型丘陵地形的南充地区为准，资料出于《四川省情》（续集），四川人民出版社 1987 年版。
⑩ 刘洪宇：《四川省土地资源评价及分区》，《资源开发与保护杂志》1989 年第 2 期。

计中除去今雅安、西昌、昭通、毕节、茂汶、北川等垦殖指数极低的地区，则盆中丘陵地区的垦殖指数估计应在40%（20世纪90年代初川中丘陵垦殖指数在50%，一说为60%—70%）。

这样，我们可以大概计算出唐宋时川中丘陵的森林覆盖率为：100%－40%（垦殖指数）－20%（非农业用地）－5%（牧草地）＝35%。

35%的森林覆盖率包括占15%山地森林的面积。应该看到，这里估计的35%是比较保守的。因为上面的20%的非农业用地是今天的数字，唐宋时期川中丘陵这类用地除水域外，肯定是大大低于现在的。这类用地除占耕地外也可能占去大量林地。由此我们可以推断唐宋时川中丘陵地区森林覆盖率应在35%以上。我们前面谈到盆地地区内果州、阆州、蓬州、集州、资州等地曾有虎迹出没，这可看出当时一些地区的森林覆盖率可能接近50%，这种状况既缘于地形和开发因素造成的地域差异，也缘于自然恢复及战乱影响的时间差异，它反映了地理环境和人类政治经济活动交相影响生态环境的事实。[①]

综合来看，唐宋时期川中丘陵地带的森林覆盖率在35%以上，可以令人信服。按照现代生态学观点，森林覆盖率在30%以上便能从整体上保持良好生态环境，而唐宋时期川中丘陵地带的自然生态保持了较高、有序水平。这与20世纪80年代川中丘陵地区的森林覆盖率仅有3.5%—5%的生态环境，形成鲜明对比。

三　嘉戎泸渝山地地区

嘉戎泸渝山地地区主要包括唐代的嘉州、戎州、泸州、渝州、溱州等，即宋代的嘉定府、戎州、叙州、长宁军、泸州和重庆府一带，也就是今天岷江西岸的乐山，长江南岸的宜宾、泸州，重庆的山地地区。唐宋时期这一地区由于开发较晚，人口相对稀少，人类经济活动对自然生态的影响较小。

这一地区沿江一带的高丘仍被广袤的森林所覆盖。

[①] 蓝勇：《历史时期中国西南森林分布变迁研究》，《古代交通生态研究与实地考察》，四川人民出版社1999年版，第314—375页。

嘉州的峨眉山上的林木十分茂密，有许多珍贵树木，如娑罗树"满山皆是"，有的"塔松状似杉"，①且山上有许多猿猴。②嘉州青衣山有"猿鸟乐钟磬，松萝泛天香"③之景。

犍为一带有"草木敷荣"④之称，"猿拂岸花落，鸟啼岩树重"⑤的描述显现当地的原始状况，从县治东南的兴文楼前望出一片"江流如碧，山色如黛"⑥之景，而城南面青溪驿"石根青枫林，猿鸟聚俦侣"，时人发出"月明游子静，畏虎不得语"的感叹，⑦表明附近仍旧有猿、虎等动物出没。

戎州一带的丘陵"林木蔚然"⑧，时人描绘城郊"淡烟乔木，平远如画"⑨，有"翠树纷历历"⑩之景。长宁县一带早在唐代就是盛产竹子，《十道志》云"长宁淯井监，供输紫竹"。⑪马湖路（即今四川屏山、雷波、马边等地）一带自然是山高林密，"其民散居山箐，无县邑乡镇"⑫，呈现一种原生态的景观。

泸州城附近有"映水林峦影颠倒"⑬之景，南面一带山地则呈现"峡深藏虎豹，谷暗隐樵夫"⑭之景。五代时瑞鹿山仍有白鹿出没其间。⑮合江县附近安乐溪沿岸灵寿木丛生，藤萝柏竹相间，山上仍有虎豹出没。⑯泸州城郊不远的方山则有"沉波浩森"之称，森林亦十分茂密。

---

① 范成大：《吴船录》卷上。
② 《全唐诗》卷198。
③ 曹学佺：《蜀中名胜记》卷11《上川南道》引岑参《上嘉州青衣山中峰题惠净上人幽居寄兵部杨郎中》诗。
④ 《舆地纪胜》卷146《嘉定府》。
⑤ 《舆地纪胜》卷163《叙州》。
⑥ 傅增湘：《宋代蜀文辑存》卷4左震《兴文楼记》。
⑦ 曹学佺：《蜀中名胜记》卷11《上川南道》引杜甫《宿青溪驿奉怀张员外十五艺之绪》诗。
⑧ 范成大：《吴船录》卷下。
⑨ 《舆地纪胜》卷163《叙州》。
⑩ 《全宋诗》卷784苏轼《过宜宾见夷中乱山》。
⑪ 曹学佺：《蜀中名胜记》卷15《下川南道》。
⑫ 《元史》卷60《地理》。
⑬ 虞允文：《过沪江亭》，《全蜀艺文志》卷16。
⑭ 江元量：《水云集》卷1。
⑮ 《寰宇通志》卷68《泸州》。
⑯ 《舆地纪胜》卷174《渝州》。

渝州一带仍十分荒凉，开元末仍有虎群出没为害之事，沿江丘陵仍有猿群出没。[①] 司空曙《发渝州却寄书判官》诗有"惟有猿声啸水云"之句来形容渝州。[②] 陈子昂《入东阳峡与李明府舟前后不相及》诗称"孤狖啼寒月，哀鸿叫断云"，似指东阳峡多猿猴。[③] 宋元时渝州一带"村间麋鹿遥相望"[④]，北面缙云山"林木郁茂"，[⑤] 有"其山高耸，多林木"之称。[⑥]

这个地区远离川南川东川江两岸的高山地带人烟更为稀少，森林最为茂密。宜宾一带山中"路有豺虎迹"[⑦]，有"南州林莽深"[⑧] 之称。筠连一带山谷高深，人烟稀少，"四山皆竹，一色相连"，江安淯江两岸虽多为丘陵地貌，但是"阴岩峭岿，草木荟蔚"。[⑨] 泸州南寿山当时还是林木禁山，[⑩] 安乐山"万木森翠羽"，境子山上"峰峦葱倩"。[⑪] 渝州一代僚人仍"构屋高树而居"。[⑫] 由上可看出，叙州、泸州、渝州一带山地的森林是十分茂密的。在这些地区的密林中，犍为一带北周时仍有印度犀牛出没，綦江、桐梓一带唐宋时仍有大象出没，在叙州、泸州、渝州等地虎群出入寻常，成为威胁百姓的灾害。

应该看到，随着人类经济活动加强，沿江一带冲积平坝和浅丘地区多已开发，薪炭林和用材林已砍伐殆尽。犍为岷江两岸一些地区的林木已退至远处，岸边平坝已开垦成耕地，一眼望去，只是"冥冥见远树"，两岸则是"郁郁皆桑麻，良畴散牛羊"的田园的风光。[⑬] 夹江县一带"平川麦穗蔼如云"。[⑭] 嘉州、叙州、泸州系宋代四川五大造船中心的三

---

① 《舆地纪胜》卷174《渝州》。
② 曹学佺：《蜀中名胜记》卷17《上川东道》。
③ 同上。
④ 江元量：《水云集》卷1。
⑤ 《舆地纪胜》卷174《渝州》。
⑥ 曹学佺：《蜀中名胜记》卷17《上川东道》。
⑦ 苏轼：《过宜宾见夷中乱山》，《全宋诗》卷784。
⑧ 《全唐诗》卷198岑参《阻沪戎间郡盗》。
⑨ 傅增湘：《宋代蜀文辑存》卷37邓选扬《江安县安济庙记》。
⑩ 《舆地纪胜》卷174《渝州》。
⑪ 《方舆胜览》卷62《泸州》。
⑫ 《太平寰宇记》卷136《渝州》。
⑬ 《全宋诗》卷1992晁公溯《自过犍为山水益佳》。
⑭ 曹学佺：《蜀中名胜记》卷11《上川南道》。

个造船中心，这无疑对附近的高大乔木有较大的耗损。所以南宋初年，许多人都争先恐后到叙州犍为远处的禁山一带争伐林木用于打造船只，遭到官府的严禁。① 这不难看出，此时的山地森林也已开始为人类的斧斤所获取了。

在这个山地地区的个别冲积平原及浅丘地带还有大量的经济林盘、民居林盘和寺观林盘存在。在嘉州登凌云寺远望有"迥旷烟景豁，阴森棕楠稠"② 的景致；犍为石碑山上"多海棠"，梨花山上"多梨树"。③ 犍为王氏书楼附近"林木幽翠满山谷"④。犍为至叙州途中多呈"疏林有炊烟"⑤ 之景。叙州、泸州一带还多荔枝树，叙州峰岩"山坡荔枝连衮"，⑥ 泸州一带荔枝园众多，如当时著名的并刃西园、杜园和母氏园，城乡处处显现"荔枝林下人家"的田园风光，而江安一带也有"稠绿连村荔枝丹"之称。⑦

今天，这几个地区的山地面积占各地总面积分别为乐山47.8%，宜宾49.17%，泸州60%，重庆32.6%。⑧ 总的来看，这几个地区山地面积约占总面积一半左右。从上面考证所见，这些地区的广大山地垦殖指数十分低，又多为宜林的山地，此时可能几乎都为茂密的森林所覆盖，因此可以推断这些地区的森林覆盖率至少在50%以上。我们前面谈到丘陵平坝区仍有一定野生林、经济林盘、民居林盘和寺观林，估计不会比川中丘陵地带的森林覆盖率低。这样我们可以得出，在50%的丘陵平坝中仍还有15%面积的森林。可见，这个地区总的森林覆盖率在65%以上；如果单以岷江以西和长江以南地区来计算，森林覆盖率又可能会更高一些，则应在70%—80%。⑨

---

① 《宋史》卷388《李焘传》。
② 抱犊山人：《唐诗一万首》（上册），岑参《登嘉州凌云寺作》。
③ 《舆地纪胜》卷146《嘉定州》引田锡望《西林寺》诗。
④ 《全宋诗》卷784 苏轼《犍为王氏书楼》。
⑤ 《范石湖集·诗集》（原中华上编版）卷19。
⑥ 《方舆胜览》卷65《叙州》。
⑦ 《范石湖集·诗集》（原中华上编版）卷19。
⑧ 《四川省情》（续集），四川人民出版社1987年版；《四川省农业地理统计资料》（西南师范大学生物系内部复印件）。
⑨ 蓝勇：《历史时期中国西南森林分布变迁研究》，《古代交通生态研究与实地考察》，四川人民出版社1999年版，第314—375页。

四 涪万峡区

涪万峡区指唐代的涪州、忠州、万州、夔州、峡州、归州等，即宋代夔州路的涪州、万州、夔州、云安军、大宁监、开州及咸淳府，荆湖北路的归州和峡州等，包括今天重庆以下的沿长江两岸地带和湖北的三峡地区，历史上曾是长江上游地区垦殖指数低而森林覆盖率最高的地区之一。

根据贾大泉先生的研究，宋夔州路垦殖指数为0.25%；[1]郭声波先生也统计唐代四川盆地四缘山地的垦殖率为1.09%，宋代为2.23%。[2]唐宋时代涪万地区垦殖指数也应在这个范围内。此区的主要垦区集中在沿江两岸平坝及浅丘地带，仅在万州、梁山、垫江等个别地方出现了梯田，但仍以自然森林为基础的畲田为主。在这种情况下，涪万地区当时十分落后，时谚称"忠、涪、恭、万尤卑"，陆游《万州短歌》也称万州为"峡中天下最穷处"。与这种落后相应的是人类经济活动影响的有限和原始森林的茂密。

涪州以下长江两岸林木保存较好，如丰都平都山有"柏万株"，甚至有麋鹿出没与人游戏，[3]忠州鸣玉溪"古木苍然"[4]，万州西山邻近城区，但仍是"竹相荟翳"[5]。

五代时的《玉堂闲话》曾记载：

> 有人游于瞿塘峡，时冬月，草木干枯，有野火燎其峰峦，连山跨谷，红焰照人。忽闻岩崖之间，若大石崩地，磕然有声。遂驻足伺之，见一物圆大，滚至平地，莫知何物也。细看之，乃是一蛇也。遂剖而验之，乃蛇吞一鹿在于腹内，野火烧燃，堕于山下。所谓巴蛇吞象，信而有之。[6]

---

[1] 贾大泉：《宋代四川经济述论》，四川省社会科学院出版社1985年版，第509页。
[2] 郭声波：《四川历史农业地理》，四川人民出版社1993年版。
[3] 《方舆胜览》卷61《咸淳府》。
[4] 同上。
[5] 《舆地纪胜》卷172《万州》。
[6] 《太平广记》卷459引《玉堂闲话》。

从三峡地区两岸有蟒蛇、鹿出没,同时灵长目动物众多的情况来看,当时的森林植被十分茂密,而且生态的原始性明显。[①] 夔州白帝城一带"林莽翁郁"[②],秭归县麝香山"山上多麝",巴东县白云亭"群山环拥层出,闻见古木森然,往往二三百年"。[③] 这种景观也可见于唐宋文人在描绘三峡的诗文记载中,如张籍称"山桥日落行人少,时见猩猩树上啼"[④],至于李白"两岸猿声啼不住,轻舟已过万重山"的千古绝句,更是对这种自然景观的生动描绘了,又如刘禹锡称"巫峡苍苍烟雨时,清猿啼在最高枝"[⑤],白居易称"唱到竹枝声咽处,寒猿晴鸟一时啼"[⑥],李涉称"两岸猿啼烟满山","绿潭红树影参差",[⑦] 刘希夷诗称"古木生云际,孤帆出雾中",沈佺期诗称"树悉江中见,猿多天外闻"。

这个地区的峡、涪、归、万州等地是当时华南虎分布众多的地区。《东斋纪事》曾载"归峡间多虎",[⑧] 对鬼门关时人有"朝过鬼门关,虎迹印玄室,暮过鬼门关,猿声啸苍壁"[⑨] 的描述,范成大亦称"峡晓虎迹多,峡路人迹稀"[⑩],陆游诗称归州光孝寺有"虎行欲与人争路,猿啸能令客断肠"[⑪] 之景。值得指出的是与其相邻的黔州、绝州、南州、费州其时仍有野生犀牛出没,甚至有时犀牛还迁徙进入万州。[⑫] 因此我们也可以看出这个地区当时的森林非常茂密,森林覆盖率相当高,且森林的原始郁闭性明显。

不过应该看到,随着人类经济活动的加强,在宋代三峡地区沿江两岸有的森林也已遭到大量的砍伐。宋代洪迈记载:

---

① 《全唐诗》卷96沈佺期《十三四时尝从巫峡过他月偶然有思》。
② 《全蜀艺文志》卷2。
③ 陆游:《入蜀记》卷4。
④ 《全唐诗》卷386张籍《送蜀客》。
⑤ 《全唐诗》卷28刘禹锡《竹枝词》。
⑥ 《全唐诗》卷441白居易《竹枝词》。
⑦ 《全唐诗》卷28李涉《竹枝词》。
⑧ 范镇:《东斋纪事》卷5。
⑨ 《全宋诗》卷407陶弼《题鬼门关》。
⑩ 《范石湖集·诗集》卷16范成大《初入峡山效孟东野》。
⑪ 《陆游集·剑南诗稿》卷2《憩归州光孝寺后有楚冢近岁发之得宝玉剑佩之类》,中华书局1976年版。
⑫ 裴庭裕:《东观奏记》卷下。

峡境虽饶于林木而多去江远，正有力可买，猝难挽致。绍兴癸丑之冬，一夕大风雨，五十里外深坞中，如发洪状，浮出巨材千数，皆串贯成筏，顺江而下，至郭外无所阑碍而止。[①]

从这则记载我们可以看出，南宋时三峡地区沿江两岸的许多地方森林已遭较大砍伐，用材林要到离江岸较远的地方采伐。这个地区两岸森林遭砍伐主要是人口滋生，人类经济活动加强的影响所致。唐宋时今川东三峡地区人口密度十分小，且大部分集中在沿江两岸，故人们畲田、采薪、建材砍伐及煮盐对林木的获取都集中在这个地区。沿江畲田一般不会对森林覆盖率有大的影响，但畲田还林后的次生林短时间难以成为建材用林，多仅能作为薪材，故才会出现了上面谈到近城地带建筑木材短缺的现象。三峡地区也是著名的煮盐区，著名的云安和大宁盐场便在其地。煮盐对当时沿江林木的获取量是十分大的，故对当时煮盐地区森林资源的影响明显。如涪州武隆县的卤泉便函是不断开采，砍伐了大量林木，致使附近"两山树木芟薙，悉成童山"[②]。

沿江城镇附近森林资源受较大的破坏较明显，杜甫当时就专门作有《负薪行》一诗谈到人们采樵的情况，[③] 宋人王十朋专门谈到"夔山皆童"的情况，故提倡在沿江种柳。魏了翁《夔州重建儒学记》一文也谈到兴建夔州儒学用房时"市材于恭、涪、黔，市竹于云安、大宁"的情况，故王十朋留有"村落尚余烟火舍，山林暂息斧斤痕"的诗句。白居易诗称"隐隐煮盐火，漠漠烧畲烟"是这个时期涪万峡区沿江地区人与自然关系的高度概括。

总体来看，唐宋时期涪万峡区还是土旷人稀，垦殖指数十分低。研究表明，唐宋时期三峡的人口密度为每平方公里5—15人，垦殖指数在2.05—5.4之间。[④] 人类的煮盐和畲田活动多发生在沿江一带的部分地区，沿江垦殖区附近就有许多森林，如有百亩稻田的东屯周边还是"林深多鸟雀，山对熟猱猿"[⑤] 之景，广大山地仍是茫茫林海之状。在沿江一些垦殖

---

① 洪迈：《夷坚志》丙卷1。
② 《舆地纪胜》卷74《涪州》。
③ 《全唐诗》卷220。
④ 蓝勇：《长江三峡历史地理》，四川人民出版社2003年版。
⑤ 曹学佺：《蜀中名胜记》卷21《下川东道》引关耆孙《游东屯》诗。

地区仍有大量的经济林盘,野生次生林和寺观林盘的存在。如涪州的妃子园有荔枝百余株,①云安军的霞观"巨柏参天"②,咸淳府仙都观"山上苍苍松柏老"③,万州下岩"古木倒挂松梦昏"④,岑公岩"松篁藤萝,蓊蔚葱翠"⑤,夔州武侯祠"中有松柏参天长"⑥,白帝城有"古木阴中白帝祠"之称⑦,巫山神女庙"古树芳菲尽"⑧,涪州、忠州、万州、夔州等地荔枝林也十分多,如云安军"有橘官,下岩出荔枝"⑨,咸淳府有"荔枝楼"⑩。另外峡州的茶叶生产也是负有盛名的,甚至当时还有两人才可合抱的大茶树。⑪

从上面分析可以看出,唐宋时期这个地区的广大山地森林分布茂密,特别是这些地区的山地几乎都为森林所覆盖。20世纪80年代的涪陵、万县两地区的山地面积均占总面积的80%,且多适宜林木生长,当时应该绝大部分为森林所覆盖,若加上丘陵平坝的林地,估计唐宋时期涪万地区的森林覆盖率在80%以上是可以令人信服的。⑫

五 大巴山山地地区

大巴山山地地区包括唐代的利州、集州、壁州、巴州和通州,即宋代的剑州、利州和巴州等地,也就是今天四川的广元、江油、巴中和达州等地,主要以山地地形为主,这个地区在唐宋时期森林覆盖率的情况可能与涪万峡区相似。

---

① 《舆地纪胜》卷174《涪州》。
② 《舆地纪胜》卷182《云安军》。
③ 《全宋诗》卷992苏轼《留题仙都观》。
④ 《全宋诗》卷1575喻汝励《下岩诗二首》。
⑤ 《方舆胜览》卷59。
⑥ 《全杜诗新释》卷27《夔州歌十绝句》。
⑦ 《全宋诗》卷734韦骧《白帝寺一绝》。
⑧ 《全唐诗》卷581温庭筠《巫山神女庙》。
⑨ 《舆地纪胜》卷182。
⑩ 《方舆胜览》卷61。
⑪ 吴淑:《事类赋》卷17《饮食部》引毛文锡《茶谱》。
⑫ 蓝勇:《历史时期中国西南森林分布变迁研究》,《古代交通生态研究与实地考察》,四川人民出版社1999年版,第314—375页。

（一）利州、剑州一带。唐宋时金牛道沿线在大巴山地区经济相对发达，但森林仍十分稠密，如五盘岭上"苍翠烟景曙，森沉云树寒"[1]、三泉县有"州宅如在山林"[2] 之称，现童山濯濯的朝天岭当时仍是"双壁相参万木深"[3]，褒城至利州道中有"深林怯魑魅，洞穴防龙蛇"[4] 的描述，嘉陵驿一带"稠树蔽山闻杜宇"[5]，有"仍对墙南满山树，野花撩乱月胧明"之景[6]，剑门关一带有"暮踏猿声入剑门"[7] 的景象，剑州汉阳山一带则"茂林苍岩，烟霭蒙密"[8]。

在一些院落、寺观、山丘、道路林木也是比较多的，如隆庆府掌天山上"多柘，堪为良弓"，武连县有"县路翠"之称，石门院"万木森翠，寺隐其中"，马骏山"柏林掩映，连绵不断"，[9] 嘉州驿附近"古木云萝干万峰"[10]。剑州东山"茂林苍崖，烟蔼蔼蒙密"[11]，利州登真观"多大柏连抱，皆数百年物也"[12]。

（二）巴州、壁州一带。巴州、壁州一带与金牛道沿线相比人口稀少，生态更原始。特别是米仓山地区猿群出没，"鸷兽成群，食啖行旅"[13]，少有垦殖的记载，几乎均为原始森林区。宝祐六年（1258 年）蒙古军沿米仓山入蜀，由于米仓山一带"荒塞不通"，蒙古军"伐木开道七百余里"才入蜀，[14] 可见今四川南江，通江一带的大巴山几乎都为原始林区所覆盖。

具体讲这一带的河流两岸树木葱郁，一些寺观林木丰茂，而高山地区

---

[1] 《全唐诗》卷 198 岑参《早上五盘岭》。
[2] 《方舆胜览》卷 68《大安军》。
[3] 文同：《丹渊集》卷 16《过朝天岭》。
[4] 《全唐诗》卷 198 岑参《舆鲜于庶子自梓州成都少尹自褒城同行至利州道中作》。
[5] 《全唐诗》卷 560 薛能《嘉陵驿》。
[6] 《全唐诗》卷 412 张籍《嘉陵驿二首》。
[7] 《全唐诗》卷 510 章孝摽《蜀中赠广上人》。
[8] 曹学佺：《蜀中名胜记》卷 25《川北道》。
[9] 《舆地纪胜》卷 197《巴州》。
[10] 《全唐诗》卷 307 张平方《过嘉州驿》。
[11] 傅增湘：《宋代蜀文辑存》卷 14 吴师孟《重阳亭记》。
[12] 张嵲：《紫微集》卷 4。
[13] 《太平广记》卷 433 引《玉堂闲话》。
[14] 《元史》卷 154《李进传》。

生态原始，森林茂密。巴江有"江边万木大半绿，天外一峰无限青"① 之景，巴州西龛"嚛吹猿响谷"②，南龛"古木阓云崦"③，王望山"古木与云齐"④。通江县壁山"郁密乔树，葱蓓景态"⑤。

（三）达州大巴山一带。唐宋时期达州大巴山一带人口稀少，开发更为不足，生态环境更为原始，如《方舆胜览》卷59《达州》引《唐诗纪事》云：

> 达州，地湿垫卑褊。人士稀少，邑无吏。市无货，百姓茹草木，刺史以下计粒而食。大有虎豹蛇虺之患，小有蟆蚵浮尘蜘蛛之类，皆能钻齿肌肤使人疮痏。

从上面描写所反映出的生态环境来看，当时达州一带大巴山地区的原生生态状况保存完好，森林分布是十分茂密，人类的经济活动对大自然的影响还十分小。所以达州城都是"四望何所见，烟苍树团团"⑥ 的景色。

在这种生态环境下，金牛道沿线剑州、利州一线，五代战乱一度造成"虎暴尤甚"⑦ 的情景，出现过老虎进入汉源驿和葭萌城外的现象⑧。甚至还出现老虎在大白天当众噬人的恐怖景象。五代王仁裕在其《奉诏赋剑州途中鸷兽》诗中所称"蜀后主幸秦州，至剑州西，鸷兽于路左丛林间跃出，搏一人去"。⑨ 直到元代，马可·波罗越秦岭大巴山到成都时谈到穿行山谷森林之中，也还时有虎、熊、羚、羊等出没骚扰过往行人。⑩

相对而言，金牛道沿线人烟相对稠密，垦殖指数较高，沿线森林砍伐较多。首先，这个地区许多河川、平坝、浅丘多已被垦殖出来。如益昌一

---

① 王重民、孙望等辑录：《全唐诗外编》严武《巴江睿雨》，中华书局1982年版。
② 曹学佺：《蜀中名胜记》卷25《川北道》引严武《题龙日寺西盒石壁》诗。
③ 曹学佺：《蜀中名胜记》卷25《川北道》引赵公硕《和郭使君题南龛韵》。
④ 曹学佺：《蜀中名胜记》卷25《川北道》引杨虞仲《游王望山》诗。
⑤ 曹学佺：《蜀中名胜记》卷25《川北道》。
⑥ 《全唐诗》卷1837张嵲《达州月夜》。
⑦ 黄休复：《茅亭客话》卷1《虎盗屏迹》。
⑧ 黄休复：《茅亭客话》卷8；《北梦琐言佚文》卷4。
⑨ 《全唐诗》卷736。
⑩ 陈开俊等译：《马可·波罗游记》第43章《蛮子省》，福建科学技术出版社1981年版。

带"人烟遍余田,莳稼无闲坡"①,"水种新秧坡,山田正烧畲"②。川陕交界处五盘岭一带"畲田原草干"③。利州一带"万顷江田一鹭飞"④。其次,这一带栈阁也比较多,修造栈阁对沿途林木的损耗也十分大。《图经》称"兴利州至三泉县,桥阁共19318间,护险偏栏47134间"。⑤ 北宋仁宗天圣二年(1024年),褒城县令窦充上书认为,凤州为凤州到剑门关沿途的士卒修葺栈阁要到远处深山密林中才能采伐到用料,甚为艰辛,建议在古道旁栽种树木,以便随时修葺栈阁。⑥ 到南宋宁宗庆元三年(1197年)剑阁县县令何淡就在剑阁道两旁种松。⑦ 不断植树表路,这说明当时金牛道沿线林木已耗损较大了。

今天广元山地的面积占广元总面积的90.80%,其中高中山面积占55%,而达州地区山地的面积占达县总面积的74.14%。总的来看,此地区山地的面积约占总面积的80%。因此,从以上考察来看,广大山地几乎都为森林所覆盖,估计此区的森林覆盖率应在80%。⑧

六 川东平行岭谷区

川东平行岭谷区包括唐代的渠州、万州部分,即宋代的渠州和梁山军等地,相当于今天的华蓥市、渠县、大竹、邻水、梁平五地。这个地区的地形较特别,即"一山二岭一槽"或"一山三岭一槽"的平行岭谷,形成一种相对闭塞山地与相对发达平坝平行的格局。

在广大的背斜山岭上,山高水险,人烟稀少,森林茂密。此地区唐代还有野生犀牛出没。⑨ 大竹东北的铜锣山,宋代又叫虎啸山,可知此地当

---

① 《舆地纪胜》卷184。
② 《全唐诗》卷198《北京》。
③ 同上。
④ 《全唐诗》卷578《北京》。
⑤ 《方舆胜览》卷68《大安军》。
⑥ 《宋会要辑稿》141册《方域》。
⑦ 王士正:《陇蜀余闻》,《小方壶斋舆地丛钞》第7帙。
⑧ 蓝勇:《历史时期中国西南森林分布变迁研究》,《古代交通生态研究与实地考察》,四川人民出版社1999年版,第314—375页。
⑨ 裴庭裕:《东观奏记》卷下。

时的森林十分茂密。这样格局即使是到明清时变化也不甚大。在广大向斜平坝和浅丘地区，人烟也相对稠密，垦殖指数相对较高。如渠江两岸已是"舍田宿麦黄山腹"①，"而间有稻田"②，一派农田风光的景象。梁平坝子则"稻田畲庑，常多丰年"③。在此地区有许多次生林和经济林盘，如梁山军的桂溪两岸便以多桂木为特色。④

今天五地的山地面积占当地总面积的比例分别是华蓥市46.39%、梁平32.05%、大竹76.74%、渠县33.20%、邻水45.04%，山地面积约占该地区总面积的45%。由于垦殖指数低，几乎均为森林所覆盖；若加上其他丘陵、平坝上的次生林和人工经济林盘，可以推断这个地区唐宋时期的森林覆盖率应该在50%。⑤

七　川西北山地高原区

川西北山地高原区包括唐宋时期的松州、扶州、龙州、当州、翼州、岷州、西和州、茂州、静州、拓州、石泉军、凤州、成州、彭州、永康军等。即今四川的西北部、青海南部、陕西西南一小部和甘肃的东南部部分地区。这一地区的地形较为复杂，西部和北部为高原草甸区，东部和南部为山地峡谷区。

该区东部和南部山地峡谷地带也是长江上游流域森林最稠密的地带之一。石泉军一带"林蛮丛箐，谓之老林，樵苏恣取无禁"⑥。彭山九陇山猿猱出没寻常，有鸣猿谷。两岐山林木高大，为造船上材，⑦白鹿山在刘宋时群鹿出没。⑧永康军（今四川灌县、汶川一带）森林也十分稠密，娘

---

① 《全唐诗》卷415元稹《南昌滩诗》。
② 《范石湖集·诗集》卷16。
③ 《舆地纪胜》卷179《梁山军》。
④ 《方舆胜览》卷60《梁山军》。
⑤ 蓝勇：《历史时期中国西南森林分布变迁研究》，《古代交通生态研究与实地考察》，四川人民出版社1999年版，第314—375页。
⑥ 《舆地纪胜》卷152引《皇朝郡县志》。
⑦ 《太平寰宇记》卷73《彭州》。
⑧ 《方舆胜览》卷54《彭州》。

子岭一带"长木大壑、草木荟郁"①，甚至出现老虎窜入城内的现象。②甚至到明代后期仍旧还存有很多猿猴，故《蜀中名胜记》载曰"大坎石蹬逶迤其傍，深林老树，猿猴累累挂树间，春夏水至，则没路矣"③。岷江上游的岷山有"万木交蒸，重岩杳嶂"④之称。湿坂岭"树木森沈"⑤，茂州汶川县多"峦岭屈折，高林巨槲，巍岗险顶"⑥的景观。龙州一带多"峭壁阴森古木稠"，"猿啼鸦噪溪云暮"的自然景观，猿猴出没寻常，⑦石泉县"林峦丛箐，樵苏恣取"⑧，龙州万丈潭"高萝成帷幄，寒木叠旌旆"⑨，可见龙州一带当时的森林是很茂密的。

嘉陵江上游一带森林分布也很茂密，嘉陵江上游的天水军麦积山在"青松翠霭间"，有"猿鹤休相顾"，黑谷山"乔林，连跨数县"。⑩嘉陵江上游的大散关一带"万木响如裂"⑪，北宋摩崖题刻《新修白水路记》碑文称在沿河两岸"作阁道两千三百九间，邮亭、营房、纲院三百八十三间"⑫。这些阁道和邮亭等的建筑都是"因山伐木，积于路边"，以附近的树木为材料的，可以想见当时道路两边地带的林木是很茂密的。

此地区唐宋时主要以畜牧、狩猎为生，仅有少量青稞、荞麦、小麦、豆类种植，但在一些峡谷坝区也分布有麻、稻等农作物。

在广大的高原地区植被主要以草甸、灌丛为主。唐宋时期仍以牧业为主，畜种主要有牦牛、马和羊等，"不知稼穑，土无五谷"，只间有青稞种植。⑬

此地区山地面积约占总面积的60%，除少数荒碛和雪顶外大部分应为森林所覆盖，森林覆盖率不会低于50%。另外40%的高原地区除少数

---

① 傅增湘：《宋代蜀文辑存》卷74李𪩘《永康禁山防限宜先禁江状》。
② 黄休复：《茆亭客话》卷8。
③ 曹学佺：《蜀中名胜记》卷6《川西道》。
④ 曾枣庄、刘琳：《全宋文》卷553张俞《望眠亭记》。
⑤ 《元和郡县志》卷32。
⑥ 曾枣庄、刘琳：《全宋文》卷1106。
⑦ 曹学佺：《蜀中名胜记》卷30《川西道》引邵稽中诗。
⑧ 曹学佺《蜀中名胜记》卷10《川西道》。
⑨ 《方舆胜览》卷70《龙州》。
⑩ 《方舆胜览》卷69。
⑪ 文同：《丹渊集》卷18《夜发散关》。
⑫ 陈显远：《北宋摩崖题刻〈新修白水路记〉简介》，《考古与文物》1987年第4期。
⑬ 刘昫：《旧唐书》卷198《党项传》。

冰川、岩碛、荒地外，大部分为草甸和灌丛等植被所覆盖，生态环境仍十分原始，灾害性水土流失问题不存在。

八　川西南高山深谷地区

川西南高山深谷地区的地形十分复杂，山地约占该地区总面积的80%，还有一些小平坝、丘陵和小盆地，主要包括今四川的凉山州、雅安市南部和攀枝花市，唐宋时也是长江上游森林最稠密的地区之一。

雅州蒙顶山"草木繁密，云雾蔽亏，鸳兽时出，人迹稀到矣"[1]，生态相当原始。往南大相岭"山林参天，岚雾常晦"[2]，有大量大熊猫出入其间。[3] 其中笋篚山不仅竹林密布，而且"又采林木，樵苏者以为衣食之源"。[4] 从大相岭直到小相岭地区，植被以松为主，有"多长松而无杂木"[5]的记载。再南往小相岭"路尽漫山，尽是松林，其上多鹦鹉飞鸣"[6]。再往南则是"会川室屋相次，皆是板及茅草，满山坡尽是花木，亦有赤拓"[7]，直到元代会川一带的居民仍旧是"竹篱板舍"[8]，附近建材充足。

元代张翥《西番箐》称"西道出邛蕃，百里弥箐林；俯行不见日，刺木郁肃森"，[9] 是对这个地区良好植被的生动描述。宋代熙宁年间杨佐从川滇西道—阳山虚恨路去云南买马，所著《云南买马记》一文中对沿途的森林植被景观有着更加详细的描述：

（杨佐等十人）货蜀之缯锦，将假道于虚恨以使南诏。乃裹十日粮，贮醯、醢、盐、茗、姜、桂以为数日之计。诸从行有蓑笠、铁

---

[1] 吴淑：《事类赋》卷17《饮食部》引毛文锡《茶谱》。
[2] 《方舆胜览》卷56《黎州》引《唐古牌》。
[3] 《方舆胜览》卷77《雅州》。
[4] 《方舆胜览》卷56《黎州》。
[5] 《太平寰宇记》卷75《邛州》。
[6] 李昉：《太平御览》卷294《羽族》。
[7] 李昉：《太平御览》卷958《木部》。
[8] 《大元一统志辑本》卷4《云南诸路行中书省》。
[9] 景泰《云南图经志书》卷7引元诗。

甑、铜锣、弓箭、长枪、短刀、坐牌、网罟佃鱼之具……穿林箐而西，遇鸷兽，先击鼓以警之……值山深木茂，烟霾郁盛，兴欲雨而莫辨日之东西，间或迷路，竟日而不能逾一谷也……①

由此，我们可以看出：宋代这一地区仍由大片原始森林所覆盖。在大片森林中，除了有狮、熊、猿、大熊猫、狼、鹿、麝、山猫、羚羊等动物活动，而且还有野生犀牛出没其间。②《马可·波罗游记》称成都到里塘间是"一极广大之森林"，有大量青竹生长，野兽甚多，也可看出此区的森林是十分茂密的。

但是在唐宋时期大凉山地区的森林资源已经被开发利用起来，如《方舆胜览》卷56《黎州》："父老常云：旧有寨将，欲将杉木版于杨山入嘉定贸易，以数片试之，板至噎口，为水所舂没，须臾但见板片片自水下浮，山蛮知此益，不敢妄有窥伺。"而《两朝纲目备要》卷13也记载："其后，又以板来售，盖夷界多巨木，边民嗜利者齎粮深入，为之庸锯，官禁虽严而无能止也。板之大者，径六七尺，厚尺许，若为航舟楼观之用，则可长三数丈。蛮自载至叙州之江口与人互市，太守高辉始奏置场征之，谓之抽收场，至今不废也。"

同时，唐宋时期这个地区今安宁河谷冲积平原大都早已辟为田地了，唐代其地"地宽平，多水泉，可灌溉粳稻"③，到元代其地还有"山清水秀，土广人稀，田地膏腴"④之称。可见此平原区的森林多已演替为耕地了。但是平原两边丘坡和低山的树木可能还很多，植被覆盖也还非常好，故才有可能描述此地为"山清水秀"之称。总的看来，这个时期川西南森林资源的利用可能对山地森林的影响还较为有限。

川西南高山深谷区的山地面积约占该区总面积的80%。而唐宋时期该区山地地带几乎无垦殖，多为游牧和狩猎为主。其中有少量的极高山无林区，另还有些荒碛和草甸，森林应主要集中在中低山地地区，若加上其

---

① 李焘：《续资治通鉴长编》卷268《神宗》引宋如愚《剑南须知录》。
② 张世南《宦游纪闻》卷2；《宋史》卷496；《马可·波罗游记》（冯译本）；景泰《云南图经志书》卷7成遵《泸水》诗。
③ 《新唐书》卷184《杨收传》。
④ 《大元一统志辑本》卷4《云南诸路行中书省》。

他小平原、小盆地和丘陵的林木，此区的森林覆盖率估计应在80%。①

九　金沙江干热河谷区

金沙江干热河谷是地质年代时期形成的。在地质时代，这个地区曾是亚热带和热带林区，有大量剑齿虎、中国犀出没其间。到龙川冰期后期以后，逐渐演变成疏林草原地带，出现了元谋猿人，但该地区仍旧有十分稠密的森林，草甸植被保存十分完好，故才有大量森林、草甸动物生存其间。在此以后经过很长一段时期才形成了干热河谷。当然历史时期干热河谷的干燥程度远不及今天，当时林木比现在丰茂，气候也比现在湿润一些。

比如唐人韦齐休在其《云南行记》中谈道金沙江干热河谷两岸多余甘子树②。余甘子是一种喜温湿的热带植物，对空气温度要求较高，唐宋时期曾广泛在川南的戎州、泸州一带种植。由此可见，唐代此区的林木也较今天茂密，空气湿度也要大得多。直到元代，金沙江干热河谷两岸生长着十分茂密的肉桂树和丛箐。③ 明清两代，金沙江干热河谷森林植被仍较好。比如元谋东南一带"林杉森密，猴猱猵猿，不畏人"，沿江一带"树多木棉，其高干云"，元谋北面今童山濯濯的火焰山仍"翼以木栈"，松平关"松杉参天，其密如锥，行松阴中，冬日不绝"。④ 清代金沙江干热河谷两岸，鹦鹉成群飞翔。⑤ 可见此时沿岸地带的也还是有十分茂密的植被。

20世纪八九十年代，金沙江干热河谷的林木相当稀疏，火焰山一带则是一片黄沙，周围到处沙碛，形成荒漠，唯居民点周围有一点稀疏的林木。

---

① 蓝勇：《历史时期中国西南森林分布变迁研究》，《古代交通、生态研究与实地考察》，四川人民出版社1999年版，第314—375页。
② 《太平御览》卷973引《云南行记》。
③ 《大元混一方舆胜览》卷中；《马可·波罗游记》第47章《云南省》，福建科学技术出版社1981年版。
④ 顾炎武：《天下郡国利病书》卷108《云南》；明天启：《滇志·旅途志》。
⑤ 师范：《滇系》四之一《赋产》；檀萃：《滇海虞衡志》卷6《志禽》。

十 滇北和滇东北区

滇北和滇东北区包括今云南的昆明、楚雄、昭通、曲靖等地。此地区在地质时代的新生代仍是森林茂密的亚热带地区，生长着著名的"昭通剑齿象"。进入历史时期以来，据闸心坝遗址来看，森林仍十分茂密，威信一带犀牛、貘穿行其间。到唐宋时，滇东北一带森林仍旧十分茂密，气候也比现在温暖湿润。《元和郡县志》曾对洒渔河上游（溺水）的记载中称：

> （溺水附近）穷年密雾，未尝睹日月辉光。树木皆毛衣深厚，时时多水湿，昼夜沾洒，上无飞鸟，下绝走兽，惟夏日颇有腹蛇，土人呼为漏天也。①

从这则记载我们可以看出，昭通北部的山地一带林木深邃，空气湿润，密雾缭绕，地衣等依附在树木、岩石上，呈现出南亚热带气候的密林景观。但今天洒渔河中上游这类景观已经不是很典型了。

当时昭通的坝子为"青松白草"②的自然景观，昭通以北的土僚蛮居高山大川，多是"出入林麓"，河谷和坡地种植有南亚热带常绿树如荔枝、茶树等，在个别山地实行刀耕火种的耕作方式。③ 东川一带仍旧是"民多板覆"④，说明有较好的森林资源为建材。

这一地区的垦殖主要集中在滇北、滇中和滇东的坝区，山原田垦殖已经有了一定规模。《蛮书》载"从曲、靖州以南滇池以西，土俗惟业农田……蛮治山田，殊为精好"。⑤ 姚安一带也开垦出许多耕地，"其山川风物，略与东蜀之资荣"⑥。曲靖等地区山原则已是"野无荒闲，人皆力耕"⑦。

---

① 《元和郡县志》卷32《剑南道》。
② 樊绰：《云南志》卷1《云南界内途程》。
③ 李京：《云南志略·诸夷风俗·土僚蛮》。
④ 《大元一统志辑本》卷4《云南诸路行中书省》。
⑤ 樊绰：《云南志》卷7《云南管内物产》。
⑥ 李焘：《续资治通鉴长编》卷267。
⑦ 《大元一统志辑本》卷4《云南诸路行中书省》。

但是应该看到,总体上滇中、滇北地区人烟仍十分稀少,山地森林还是十分茂密的。如楚雄薇溪山"山林茂盛"①。即使是在辟为田地的坝区、浅丘,附近的林木仍旧是十分多的,就连当时滇池旁的碧鸡山有"山势特秀"之称,山地上覆盖着高大的松林,②元代仍有"清风响松涛,老林森矛戟"③之称。在此地区的密林中当时还活动着大量野生动物,犀、象、蟒蛇、虎、麝等动物穿行其间,甚至在平川之地也时有虎出没。④而垦殖区内有"村邑人家,柘林多者数顷,耸干数丈"⑤。武定一带,除了森林耕地外,许多草坡还有"水甘草茂,最宜畜牧"之称。云南丽江一带森林茂密,出产虎皮、熊皮、麝香、野猪、猴。⑥

十一 贵州中、北地区

贵州中、北地区包括唐宋时期的黔州、珍州、思州、播州、费州、夷州、矩州和南平军等地,即今天的黔北、黔中、黔东北和重庆的彭水、酉阳、秀山等地。这一地区地形地貌十分复杂,喀斯特地貌较多,但这一地区开发相对于成都平原、四川盆地丘陵等地来说相对更晚,因而在历史时期也是森林覆盖率很高的地区之一。

整个乌江流域的森林植被保存得非常良好。黔州一带称"草木少雕"⑦,又有"山多楠木,堪为船"⑧之称。其郎山则是野狼出没寻常之地;⑨乌江两岸呈现出竹笋青青、猿声不断的自然生态风景,⑩在这些茂密森林中,虎群出没寻常,甚至还出现老虎误入州城的事件。⑪《舆地纪

---

① 《护法明公德运碑》,载《云南林业文化碑刻》,德宏民族出版社2005年版。
② 樊绰:《云南志》卷2《山川江源》。
③ 景泰《云南图经志书》卷7引郑衍《碧鸡山》。
④ 樊绰:《云南志》卷7《云南管内物产》;《太平寰宇记》;《新唐书·南蛮传》。
⑤ 樊绰:《云南志》卷7《云南管内物产》。
⑥ 《大元一统志残本》卷11《丽江路军民宣抚司》。
⑦ 《舆地纪胜》卷176《黔州》。
⑧ 《舆地纪胜》卷180。
⑨ 《大元一统志辑本》卷4《云南诸路行中书省》。
⑩ 《舆地纪胜》卷176《黔州》。
⑪ 《舆地纪胜》卷176《夔州路》。

胜》引《旧经》称"巴黔路途阔远,亦无馆舍。凡至宿泊,多倚溪岩,就水造餐,钻木取火"①,可见这个地区确实是人迹罕至,林海莽莽的蛮荒区域。

渝南黔北也是一个森林茂密的地区,宋代"施黔板木"是销往四川地区的重要物资,②其南平军得胜山"形势艰险,林木郁茂"③,龙拳山"中多丛菁,每一岁一方樵采取舍于此山中"④,最高山"林箐深密,视众山犹培楼"⑤,瀛山"崖壁峭峻,林翳葱郁,有类三峡"。黔北珍州一带"俗以射猎山伐为业,架木为阁,联竹为壁,开窗出箭,以备不虞",其豹子山"山多产豹"。⑥正安县一带"山溪辣秀,岗峦连绵,竹树茂林,千里不绝,物产颇饶"⑦,思南一带"境多虎暴,俗皆楼居,以僻之下"⑧。在夷州、费州、南州一带当时仍有犀牛出没。⑨

在这一地区有的坝子上有少量农业垦殖,如黔州隆化县"南亩桑麻无旧户,西园桃李变新栽"⑩,一些山田盛行畲田,如黔州"泥秧水畦稻,灰种畲田粟"⑪,珍州县城一带"随所舍种田处移转,不常厥所"⑫。不过,农业垦殖在经济中的比重并不大。

由上面的材料分析中可以看出,此区域唐宋时期垦殖指数仍较低,森林十分茂密,各种森林哺乳动物分布也较多,气候也温暖湿润。

贵州高原山地占87%,但全省岩溶化碳酸盐岩裸露地表占73%,一定程度上削弱了森林覆盖率。从历史上贵州多虎的现象来看,唐宋时期森林覆盖率应在50%以上。在黔北、黔东北和黔东南地区森林覆盖率可能更高一些。即使是在岩溶地区,唐宋时期的表土层可能也更深厚,森林更

---

① 《舆地纪胜》卷176《夔州路》。
② 矣子才:《论蜀急著六事疏》,载《宋代蜀文辑存》卷87。
③ 《舆地纪胜》卷180。
④ 《方舆胜览》卷60《南平军》。
⑤ 同上。
⑥ 《方舆胜览》卷61《四库全书》。
⑦ 曹学佺:《蜀中名胜记》卷20《遵义道》。
⑧ 《舆地纪胜》卷180。
⑨ 《太平寰宇记》卷178。
⑩ 《太平寰宇记》卷121引王复观《题隆化县衙》诗。
⑪ 《舆地纪胜》卷180引黄庭坚谪居《黔州十首》。
⑫ 《黄庭坚全集·正集》卷8。

多，灌丛覆盖率也可能更大。

十二 青藏东南部地区

历史时期青藏高原内的中部和南部，唐代记载从赤岭（今青海日月山）到婆罗川（今西藏拉萨河）途中，"绝无大树木，唯有杨柳，人以为资"①，与今天无异。元代记载从今积石山到黄河河源途中，"皆草山石山"②，也反映了长江上游源头一带草原草甸的概貌。但是在青藏高原东南部边缘的山地地带仍然分布着大片茂密的森林。据调查，即使是在20世纪中后期，在青海玉树州的江西、白扎和果洛州的玛可河等地仍旧分布着大片的原始林区，主要树种是川西云杉、紫果云杉以及大果圆柏、方枝柏等，也有少量的冷杉和红杉。③

经过上面的分析，总的来看，唐宋时期四川、重庆、陕南部分和甘肃东南部地区的垦殖主要集中在平原平坝和部分丘陵，只是部分深丘和极小部分山地盛行畲田，但广大的山地和深丘仍然是茫茫林海。以现在四川和重庆的山地、深丘分别占总面积的49.80％和4.75％为据，加上高原森林和一些经济林盘，结合前面唐宋各区森林覆盖率考察结果看，唐宋时期四川、重庆地区的森林覆盖率应在60％。而唐宋时期长江流域云贵地区垦殖还主要局限于平坝地区，广大山地除草坡、草甸外大都为森林所覆盖，当时长江流域云贵地区的森林覆盖率在50％—70％。如果扣除长江流域西藏、青海的一部分高原草甸和冰碛地区，唐宋时期整个长江上游地区的森林覆盖率在50％—60％之间是较为符合事实的。

---

① 《通典》卷190《吐蕃》。
② 潘昂霄：《河源志》，《说郛》卷37。
③ 史克明：《青海省经济地理》，新华出版社1988年版，第116页。

第二章、第三章图版

长江上游大量战国秦汉时期的船棺和悬棺，许多都是用巨大的整根楠木凿成

杨华教授等在重庆长江边发掘的巨型汉代木棺，显现了长江上游古代森林资源的丰富

金沙江干热谷，汉晋时期"五月渡泸，深入不毛"的"不毛"之地，唐宋以来依然如此

安宁河平原早在汉晋时期就得到开发，但当时两边山地森林仍十分茂密，没有明显的灾害性水土流失

陇南成县一带历史上居多板屋，林木丰茂，但21世纪初垦殖指数已经十分高了

剑阁县石洞沟，唐代的税人场，虎患酷烈，显现生态环境的原始。现在护道树为明代所植，周边人烟稠密，垦殖指数十分高

云南盐津县豆沙关，岩壁悬棺可能早在唐宋时期就存在，悬棺多用整根大楠木制成，显示了当时森林分布茂密。今天主要为草坡、灌丛

唐代的弱水，即今云南昭通洒渔河，原来两岸森林茂密，地衣深厚，但现在两岸以草坡灌丛为主

唐代诗人李白"两岸猿声啼不住"景观在明代末年开始就不复存在，现在三峡中只有猕猴生存，已经没发现长臂猿了

甘肃麦积山地区，是长江、黄河流域的分界处，唐宋以前森林密布，居多板房，经过明清以来人类活动的破坏，20世纪末森林已经较为稀疏

唐代的瞿塘峡，曾有野生鹿类和蟒蛇出现，显示当时植被较原始

唐宋时期广元朝天峡森林茂密，栈道绕行，但南宋以来栈道毁弃，森林大大减少。今两岸以草坡灌丛为主

四川安宁河边的土林景观，是历史时期以来人类活动破坏逐渐形成水土流失的结果

今四川平昌县荔枝乡唐宋时期曾产荔枝，但现在已经完全不产

岷江中游一带在唐宋时期就显现飞沙走石的生态环境，为地质时代就形成的荒漠景观

汉唐时期川甘交界的摩天岭地区一直为森林茂密的地区，为三国时邓艾奇取阴平道之地

南宋钓鱼城水师码头的泥沙堆积显现了近几百年来的水土流失堆积情况

四川金口河林区为宋代杨佐云南买马路所经，以前森林茂密，现多为次生林

四川汉源清溪镇的古杉木显现了唐代黎州古木参天的景观

第 四 章

明清时期长江上游的森林植被变迁

明清时期长江上游地区的森林资源仍处于全国较高地位，覆盖率仅次于东北三省林区，整体森林植被较好，灾害性水土流失只在局部地区存在，如滇东北矿区、沱涪嘉渠流域丘陵岭谷区垦殖指数较高的地区，以及四川采矿业、煮盐业等相对集中且坡度较大的地区。由于农业垦殖、樵采、城镇建设、工矿建设及生产、皇木采办的影响，整体上森林植被呈下降趋势，但其间有波动，如由于元末明初、明末清初的战乱，整个长江上游人口损耗严重，尤其是四川在明末清初战乱中人口下降到近1000多年的最低谷，在长江上游地区的森林覆盖率出现了两次反弹，森林覆盖率反而有所增长。但就明清而言，整个森林下降的趋势有其必然性。由于清政府鼓励移民垦荒，四川出现了"康雍复垦"和"乾嘉续垦"，[①]不但复垦了明代旧熟田地，而且使山地垦殖规模大大扩大，使森林出现了下降的趋势。

总的来看，明清时期长江上游地区的森林分布显现明显的不平衡，云贵高原地区、秦巴山地地区、川西北和川西南山地，金沙江上源玉树和察木多地区到清末其植被覆盖率都还在50%以上，成都平原覆盖率最低，沱涪嘉渠流域丘陵岭谷地区的排在其后。

一　金沙江上源玉树和察木多地区森林变迁

青藏高原的玉树（今天玉树自治州几乎涵盖全部长江在青海的江源流

---

① 郭声波：《四川历史农业地理》，四川人民出版社1993年版，第102—109页。

域）和察木多西部（西藏昌都）地区，是长江江源流域。唐代记载从赤岭（今青海日月山）到婆罗川（今西藏拉萨河）途中"绝无大树木，唯有杨柳，人以为资"①。这里"惟以居民稀少，生活殊异，且地势高寒，交通不便，内地人士足迹罕到，知者极鲜"②。

明清时期之前这里汉族人口鲜有进入，农业垦殖十分少，还是以游猎放牧为主。清代长江上游江源地区除了广阔的草甸外，仍有许多森林。清康熙六十年焦应旗编《西藏志·藏程纪略》描述西藏到青海玉树卡伦路途中有许多"多松"记载，如"至温江，多松……四十里至甲里刚多，四十里至先布，松多，六十里至东布，松多……六十里至曲尺松多……一百里至玉树"③。

从民国《青海志略》所描述的情况看，金沙江上游的青藏高原也有许多森林存在，如其记述青海地势"南方山谷富于森林，水分充足，且落叶腐积，地质肥沃，宜于种植，为玉树二十五族驻牧之地"④。清代西藏察木多（昌都）地区西部的有较多森林分布，同时也有一些农业垦殖出现。如打箭炉到察木多"多松"，从察木多到藏（拉萨）也"多松"。⑤《西藏志·藏程纪略》记载了整个青藏高原的玉树和察木多西部（西藏昌都）地区多有薪柴。如称"一百二十里过大雪山至小坝冲，有人户柴草；三十里至巴塘，有人户……有柴草；四十里过山沿金沙江行至牛古渡，有人户柴草；四十里过金沙江皮木船渡至竹芭笼，有人户柴草；四十里至工拉，有人户柴草……五十里至巴贡，有人户柴草；一百里过二大山至奔地，有草无柴，少人户；八十里过大山五十里至蒙布塘，有人户柴草；五十里至昌都（察木多），有人户柴草"⑥。上面从巴塘到察木多几十处除了奔地有草无柴外，其他各地都有柴草。由于玉树和察木多地区多松，多"大森林"，故在明清时期这里不缺薪柴烧，不像现在无柴烧而以牛马粪为燃料。

到民国初年白玉县东部高原少树木，但扒拿山西至乃意东西三百余里，松柏成林，白玉河西岸以至于江边南北青葱，杂树弥漫，为极茂之森

---

① 《通典》卷190《吐蕃条》。
② 许公武编著：《青海志略》第1章绪言，商务印书馆民国三十二年版。
③ 焦应旗编：《西藏志·藏程纪略》，康熙六十年（1721年）刊刻影印本。
④ 许公武编著：《青海志略》第2章第2节"地势"，商务印书馆民国三十二年版。
⑤ 焦应旗编：《西藏志·藏程纪略》，康熙六十年（1721年）刊刻影印本。
⑥ 同上。

林所产,有松柏杉桧杨柳槐榆数十种。① 德格县东北西部凡平原地方鲜于树木,更庆山及大江两岸杂树,密茂苍翠蔽天。② 邓科县沿金沙江一带杂树青葱,惟多杨柳,模拉山南部稍有松杉。③

但时人描述西藏察木多(昌都)地区形胜"山水环秀,土田沃衍,树木浓荫,右折昌都,左多胜概,形连二水。红杏发而芬芳绿柳垂而青翠,田园禾黍郁郁青青,鸟语花香,风熏日暖",④ 渡过金沙江边后描写道:"金沙江过渡……两岸桃李争妍,村落依山如画,土产葡萄最广。"⑤ 再往东行七十里到巴塘"气候温暖,地僻人稠,花木繁茂可观"⑥。与察木多同纬度的川西北金沙江边的白玉县治所北岸"人民四十余户,沿河而居,老柳千章,郁若明眉"⑦。由此见一江之隔的西藏察木多地区环境也相类似,显现已经有一定的垦殖活动。

从森林覆盖率上看,考虑到青海玉树其中西部和中部有大量的荒碛和草甸且极高山无林区,另还金沙江和雅砻江流域有一些荒碛、草甸和极高山无林区,依据以前指出的参照系,以有虎的地区森林覆盖率在50%来看,参考青海玉树地区南部和昌都西部区能长树的区域面积,这个地区森林覆盖率应在50%。

二 川西北山地高原区

川西北山地高原区属于四川和青藏高原的过渡地带,地形复杂,民族众多,从明清到民国政区变化非常大。这里以清代政区为依据,含雅州府、松潘厅、杂谷厅(理番厅)、懋功厅、茂州和及其附近的广袤的四川西北部地区。

明代雅州府森林茂密,其悬崖山层峦耸翠,翠屏山拥翠环列如屏,荥

---

① 刘赞廷:民国《白玉县图志》,《中国地方志集成——四川府县志辑(67)》,1992年版。
② 刘赞廷:民国《德格县图志》,《中国地方志集成——四川府县志辑(67)》,1992年版。
③ 刘赞廷:民国《邓科县图志》,《中国地方志集成——四川府县志辑(67)》,1992年版。
④ 焦应旗:《西藏志·藏程纪略》,康熙六十年(1721年)刊刻影印本。
⑤ 同上。
⑥ 同上。
⑦ 刘赞廷:民国《白玉县图志》,《中国地方志集成——四川府县志辑(67)》,1992年版。

经灵山山崇竦而林深阻，为通蕃要区。① 明代雅州西部朵甘都司开发较晚，植被较为原始。明代南边龙州宣抚司多羚羊，羚羊角为土产。② 明黎州安抚司干湿洞多瘴气，"瘴欲动时飞鹜皆集于此山，瘴已乃出，土人欲知无瘴以鹜为候"③，可见当时该地区森林郁闭性十分好。黎州安抚司笋䈰山"多笋，益林木樵苏者，为衣食之源"④，与唐宋一样，显现森林资源已经开发利用了。

有人研究后认为明代四川人口密度（以公元1491年看）为5—10人每平方公里，⑤ 人口密度还是十分稀少，人类活动对四川森林损耗还有一个限度。而川西北相对更是人烟稀少，对森林的损耗就更小了。

清代前期，这个地区植被十分好，乾隆年间蒙山"古木欲参天"，雅州附近"晴云连竹屋，古木荫山楼。鸟道窥天窄，猿声带月留"，雅州附近寺庙也是"古木森阴暗落花"。从描写"古木"和"深林"非常之多看，森林植被确实较好。灵山"群峰随雾合，万树接云生。仄迳通番汉，深林绝送印"⑥，卧龙山"丛云古木白云留"；清康熙六十年《西藏志·藏程纪略》描述四川打箭炉到西藏察木多（昌都）"多松"，⑦金沙江边巴塘"花木繁茂可观"⑧。显然，"阴崖垂瀑，古木悬萝，山林胜景也"⑨ 是清初川西地区森林植被的真实描述。

到嘉庆时，懋功直隶厅"高树蓊天"，章谷屯"四周围翠"，绥靖屯"松冈环列"。⑩ 雅州府长腰山蔚然深秀，花溪山竹迳茶畦，幽境可居，香炉山其状屹峙，树锁云烟，韩山峭石四壁，万木参差，一线鸟道通邛崃。⑪ 雅州府除邛竹、马、落鹰、麝香、麂，还出产有樟、楠、不灰木等

---

① 正德《四川志》卷22《雅州·山川·土产》。
② 正德《四川志》卷23《龙州宣抚司·山川·土产》。
③ 正德《四川志》卷24《黎州宣抚司·山川·土产》。
④ 同上。
⑤ 赵文林、谢淑君：《中国人口史》，人民出版社1988年版。
⑥ 乾隆《雅州府志》卷16《艺文》。
⑦ （清）焦应旗：《西藏志·藏程纪略》，康熙六十年（1721年）刊刻影印本。
⑧ 同上。
⑨ 乾隆四年《雅州府志》卷2《形势》。
⑩ 嘉庆《四川通志》卷9《形势》。
⑪ 嘉庆《四川通志》卷16《舆地志·山川·雅州府》。

珍贵树木。①

北部松潘直隶州人口稀少，植被较好，出产狐尾、麝香、鹿茸。② 道光时期绥靖屯小普陀离屯才三四里，但是"林木阴翳，其左高岩壁立千尺古树数株"，附近玉带泉"四周云树添山翠，半壁风泉映草青"。③ 乾隆时天全州云顶山上多虬松。④ 咸丰年间治附近的胜境"云顶虬松"仍是"古松参天"、"古松郁葱"，笼山是"深林翠秀"，咸丰时龙头山"草木荟蔚"。⑤ 清代理塘山川是"环列如屏"，"苍秀如菡萏"，⑥ 物产有虎、豹、鹿、狼、狐、麖、麂、兔、猴等。⑦

清末民初，川西北的植被整体保持还十分好，故民国《松潘县志》在物产中讲松潘是"老山大林皆有松木，高百尺者极多"。当时离县城才二十里的豹子山其地多豹，以致"樵者入山必结伴携械"⑧，方敢入山。川西北与成都平原接壤的彭县、安县、什邡县、绵竹县山地植被也较好，如清末彭县白水河两岸大杉成林，仍是材木之所出之地；⑨ 什邡森林大半皆浓阴蠹立，高插云天，大者数十围，小亦数团。⑩ 安县一带从康熙年间开始招垦砍伐森林，但直到光绪年间仍取之不尽而用之不竭，只是在民国以后才出现山无乔木，较昔风景百不如一的状况。⑪ 绵竹县西南还有豹、熊、狼、豪猪、鹿、野猪、猴等大型野生动物，数量太大，损伤人畜粮谷，猎人多取皮革为皮货。⑫

实际上清末民初整个川西北的动植物资源非常丰富，这可从清末民初人刘赞廷编的《县图志》看出（参见表4—1）。

---

① 嘉庆《四川通志》卷74《食货·物产》。
② 同上。
③ 道光《绥靖屯志》卷2《舆地胜迹》，1958年毛书贤抄本影印本。
④ 嘉庆《四川通志》卷16《舆地志·山川·雅州府》。
⑤ 咸丰《天全州志》卷1《形势·山川》。
⑥ 陈登龙：《理塘志略》卷上《山川》。
⑦ 陈登龙：《理塘志略》卷上《物产》。
⑧ 民国《松藩县志》卷1《山川》民国13年刻本，《中国地方志集成——四川府县志辑》1992年版。
⑨ 光绪《重修彭县志》卷1《舆地门》。
⑩ 民国《什邡县志》卷5《食货》。
⑪ 民国《安县志》卷56《社会风俗》。
⑫ 光绪《绵竹县土志》。

表 4—1　刘赞廷编川西北《县图志》反映的生态情况表

项目 县	森林分布情况	树种	药材	鸟兽	资料出处
康定县	有山皆树，苍翠蔽天。杂树弥漫，为极茂之林厂。折多山麓，老树千章。	雪松、青柏、杉、桧、杨、柳、槐、榆数十种。山茶、木桃、核桃、桃、梨、杏、杜凤竹、藤萝。	豹骨、熊胆、鹿茸、麝香、木通、芄、虫草、大黄、大力子、天南星等，临城附近产一种野参。	雕鹏、鸳鸯、鹊鸽、鹞、鸦鸟、乌鸦、麻雀、小燕、松鸡、乌鸡、熊、豹、獐、鹿、狼、獾、狸、兔、山猪、雪猪、狐狸、草狐、猞狸（猁）、水獭、白熊、金丝猴。	民国《康定县图志》。
炉霍县	雄鸡岭南北二百余里，青葱密茂。至瞻化县，森林不断，悉为松杉，其树之大有四五围者，郁若龙蚪，濯濯山麓以待自生自灭，此塞上森林之概也。	松杉杂树。	豹骨、熊胆、鹿茸、麝香、苍参、秦艽、虫草、菖蒲、知母、贝母、鹿胎、蜂蜜、野山药、脱鹿角等。		民国《炉霍县图志》。

续表

项目 县	森林分布情况	树种	药材	鸟兽	资料出处
甘孜县	本县全境无树,唯榨科以北伐落沟及沿江一带松杉成林,半为俄洛地方,凡人民建筑用之材料由此砍伐,顺水漂流,而人用之不尽,行以为常也。		熊胆、豹骨、鹿茸、麝香、鹿皮、牛黄、虫草、大黄、知母、贝母、天灵、盖莺、毛脱、鹿角、土当归等。	雕、鹏、雁、鹭鸽、鸠莺、鹧、喜鹊、乌雪、寒号鸟、有咀老鸦等,熊豹、鹿狼兔、獾狸、小獭猞、狸、雪猪、黄羊、马、牛、羊、鸡犬貒、骡等。	民国《甘孜县图志》。
瞻化县	县治形势一江中贯二山,环绕弥茂青葱。思纳山森木密茂。本县东部,北由雄鸡岭及沿江两岸至雄棘山,青葱弥漫,苍翠蔽天。	松、柏、杉、桧、杨、柳、榆、槐等。			民国《瞻化县图志》。
白玉县	老柳千章,郁若明眉。后为白玉乡,垒于山麓茂林中。拿山西至乃意,东西三百余里,松柏成林。白玉河西岸以至于江边,南北青葱,杂树弥漫,为极茂之森林所产。	松、柏、杉、桧、杨柳、槐、榆数十种。	豹骨、熊胆、鹿茸、麝香、虫草、牛黄、知母、贝母、大黄、秦芃、菖蒲、半夏、大力子、脱鹿角。		民国《白玉县图志》。

续表

项目\县	森林分布情况	树种	药材	鸟兽	资料出处
德格县	更庆山及大江，两岸杂树密茂，苍翠蔽天。	松、柏、杉、桧、杨、柳、槐、榆、青枫树。	豹骨、熊胆、鹿茸、麝香。		民国《德格县图志》。
邓科县	本县沿金沙江一带杂树青葱，惟多杨柳，模拉山南部稍有松杉，亦无所谓林也。	杨柳、杂树、松、杉。			民国《邓科县图志》。
泸定县	本县东以飞越岭南北百余里，江西岸，西至康定，杂树弥漫不断。	杨、柳、槐、松、柏、杉、桧、青枫树、大桑树。		熊、豹、獐、鹿，金钱猴为之特产。	民国《泸定县图志》。
丹巴县	至鱼道，森林不断，县治西部由丹东河至县治以南，至康定县，杂树弥漫。	松、柏、杉、桧、桃、梨、杏、梅、白杨、黄杨、麻柳、核桃、青枫。	豹骨、熊胆、熊掌、鹿茸、麝香、鹿胎。	雕、鹏、雁、鹭、熊、豹、獐、鹿等。	民国《丹巴县图志》。
九龙县	杂树弥漫，西以伍骨山南行沿雅砻江，松柏成林，苍翠蔽天。	松、柏、杉、桧、杨、槐、榆数十种。		雕、鹏、雁、鹭、熊、豹、獐、鹿、狼，地产猴，常数十成群。	民国《九龙县图志》。

续表

县＼项目	森林分布情况	树种	药材	鸟兽	资料出处
雅江县	南北二百余里，多森林。江边苍翠蔽天。其西部由西俄落江南至马崖，以至于稻城，森林不断。	桐、松、柏、杉、桧、杨、柳、槐、榆、花椒树、白蜡树、桑树、山茶、木桃、辛枣、紫荆。			民国《雅江县图志》。
道孚县	沿途杂树弥漫，青松绕大虚。路傍贝叶树，县冶铜佛山沿江两岸，杂树参天，以至于雅江县，森林不断。	松、柏、杉、桧、杨、柳、榆、槐。			民国《道孚县图志》。
理化县	南至诸喇山，松柏青葱。阿喇西白桑山至诸喇山，杂树密茂，以至于稻城县，森林不断。	杉、柏、桧、杨、柳、榆、槐、山茶、木桃板。			民国《理化县图志》。
义敦县	至松林口，人烟七八家，森林弥漫五十里。南至大朔遍山森林。东由麦甘多沿二郎河，南伸转入定乡县数百里杂树参天。				民国《义敦县图志》。

续表

项目 县	森林分布情况	树种	药材	鸟兽	资料出处
稻城县	南北四百余里，森林不断。其西部为纳拉岭，北以童头不毛，南行有杂树，间有间断。断贡噶岭，老树千章，悉为松杉。临城一带多为杨柳，一望青葱花木成林。	松、杉、杨、柳。			民国《稻城县图志》。
巴安县	本县所属北由女扒拿山，西伸经萨玛岭，至郭布山，悉为万年老林。由女扒拿山南伸经大溯以至于得荣县，五百余里，松柏苍翠，杂树参天。以西之宁静山，尤为茂盛，沿江两岸弥漫成林	松、柏、杉、桧、杨、柳、桐数十种。		虎、豹、狼。	民国《巴安县图志》。

续表

县＼项目	森林分布情况	树种	药材	鸟兽	资料出处
得荣县	若布山，森林密茂，苍翠蔽天，为金沙江定波河一分水岭也。本县东以桑披岭，南至养古山，森林不断。西以金沙江边，南北数百里，杂树弥漫，苍翠蔽天。	松、柏、杉、桧。			民国《得荣县图志》。
定乡（乡城）县	西山悉为森林青葱弥茂，濯濯山麓，所产有松柏杉梁之材，乃无用武之地，在深山者自生自灭。			西康全省鸟兽大略相同，惟此地遍鹦鹉，百千成群。	民国《定乡县图志》。

注：上面表中资料均为刘赞廷编民国各《县图志》，都是北京民族文化馆图书馆油印本影印《中国地方志集成——四川府县志辑（67）》1992年8月第1版中摘录。

应该看到，清末民初这些地区森林资源已经受到人类活动的较大影响，如康定一带"汉人居多就林烧炭，每年至一万数千驮之巨，行以为常也"[①]。康定县于光绪三十四年（1908年），设垦务局，以有眷者垦夫三百家。总体上看，清末民初这个地区靠近四川经济中心与人口稠密的州县，森林损耗更多一些。如以雅安、大邑县、汶川县划界，越向西北森林保持越好，呈递增趋势。另外沿河岸也由于木材漂运之便，损耗大

---

① 刘赞廷：民国《康定县图志》，《中国地方志集成——四川府县志辑（67）》1992年版。

于非沿河区域。从森林覆盖率上看，唐宋时期川西北（不含今天雅安地区）森林覆盖率应在50%。[1] 从清末民初青海玉树地区还有大量森林存在来看，总体变化并不太大。但考虑人类的活动影响有所增大，清末川西北森林覆盖率在40%—50%，单位蓄存木材的承载量仍在整个四川最高，今天西藏昌都西部、青海玉树自治州的中南部为清末民初森林保持最为完好的地区之一。

三 川西南高山深谷地区

川西南高山深谷地区包括今凉山彝族自治州、雅安市南部和攀枝花市、宜宾地区的屏山、马边县等区域。明主要为四川行都司（建昌卫）、马湖府、黎州以及周边地区；清代为宁远府全境、叙州府西、雅州的清溪县、嘉定府西南一隅等区域。此地区地形十分复杂，山地约占该地区总面积的80%，还有一些小平坝和丘陵。

明刘文征《天启滇志·旅途志》对川西南川滇交界处森林多有描述，如记建昌路元谋县朳蜡哨千海子"林杉森密，猴猱扳援，不畏人"，松平关"松杉参天，其密如锥，行松阴中，冬日不绝"，[2] 张翥《西蕃箐》记载："西道出邛僰，百里弥箐林，俯行不见日，刺木郁萧森。伏莽有夷僚，巢枝无越禽。根盘三岭险，气结西蕃深。银山雪夏白，金沙岚尽羚。"[3] 反映了当时川西南地区森林资源的丰富。

由于川西南森林资源丰富，加上有金沙江自然漂木交通之便，明代建昌杉板开发为一方物产，有载"河西有德昌，所产美材，贾人贩之，一版十金者，至江南可百金"[4]。所以明代有称建昌一带"深山大林，千百年斫伐不尽"[5]。同时《滇海虞衡志》描述川滇交界的杉也为其特产，故"滇人锯为板而货之，名洞板……板至江浙值每具数百金，金沙司收其

---

[1] 蓝勇：《历史时期西南经济开发与生态变迁》，云南教育出版社1992年版，第39页。
[2] 《天下郡国利病书》引天启刘文征《滇志·旅途志》。
[3] 正德《云南志》卷23《文章》。
[4] 天启《滇志·旅途志》。
[5] 王士性：《广志绎》卷5。

税"①。显然，这种木材贸易从明到清中叶一直没有间断。

早在唐宋时安宁河冲积平原就已开始开垦，故史载"地宽广，多水泉，可灌粳稻"②。元代其地是"山清水秀，土广人稀，田地膏腴"③。但明代平原还多有林木，如正德《四川志》记述建昌行都司形胜有"柏林之耸翠"之称，建昌治南十里柏林山"多产松柏"，④治南三十里青山"有松林，四时青翠"⑤。但凉山地区其他山地地区多以牧猎为主，如越嶲卫彝族区"不产五谷，惟畜养牛马，射猎以供饔飧"⑥，盐井卫柏枝山"多产柏树"⑦，《蜀中广记》也说盐井卫是"多松柏，其绿参天"⑧。大凉山马湖府盛产楠木、杉木，其大鹿山多麋鹿。沐川神木山旧名黄种溪山，永乐四年伐楠木于此山，⑨表明明初这些地区森林资源相当丰富，森林原始性、郁闭性明显。

明代已经有许多汉族移民进入川西南地区开垦、经商，但主要是在平坝和丘陵地区。如属于雅州的汉源县包家沟为明初七姓子弟兵包氏后裔居此一带得名，黄家沟为明初七姓子弟兵驻黎州黄氏后裔多居此得名。⑩ 属于四川行都司（宁远府）冕宁地名魏家营为明初有一姓魏武官带头屯垦于此得名，文家屯为明时设屯有文姓住此得名。⑪ 西昌县西溪乡新瓦房为传明朝中叶福建移民至此，修起第一间瓦房后逐渐成村故名。⑫ 会东县小坝乡火厂为明代烧荒垦殖此地得名，中心乡尤家洼子为600多年前南京籍尤姓随军到此洼地定居得名，顾家营为600多年前，南京籍顾姓到此安营开

---

① 嘉庆《滇海虞衡志》卷11《志草木》。
② 《新唐书》卷184《杨收传》。
③ 《元一统志》卷7《建昌路》。
④ 正德《四川志》卷24《建昌行都司》。
⑤ 嘉靖《四川通志》卷15《四川行都司》。
⑥ 谭希思：《四川土夷考》卷3。
⑦ 《寰宇通志》卷70《盐井卫》。
⑧ 《蜀中广记》卷34《边防纪》。
⑨ 嘉庆《四川通志》卷13《舆地志·山川·马湖府》。
⑩ 四川省汉源县地名领导小组：《四川省汉源县地名录》，1983年5月编印（内部资料）。
⑪ 四川省凉山彝族自治州冕宁地名录领导小组：《四川凉山彝族自治州冕宁县地名录》，1986年10月编印（内部资料）。
⑫ 四川省西昌县地名领导小组：《四川省西昌县地名录》，1986年1月编印（内部资料）。

垦得名。① 这些移民屯田，对川西南的森林资源有一定的影响。同时，川西南地区工矿业开发也对森林资源有一定的影响。到明末清初战乱人口的损耗，使人类活动的影响减少，植被又有所恢复。

明代开发最早，人口相对多的川西南政治经济中心建昌卫有"深山穷谷荒残之状不可殚述"②。康熙《四川总志》描述整个原来已经开发的屯田区域也是埋没于荒烟蔓草中，良田沃野化为深林密箐，鼯鼪猱獭游戏之场。清初整个川西南与整个四川一样森林覆盖率恢复不少，故康熙《四川总志》称"箐之大者，周围五六百里，其小者亦有一二百里"。朱圣钟认为清初川西南的植被远在80%以上，③应是可信的。

随着清代政局逐步稳定，在政府的鼓励下，屯田继续发展，同时自发移民如潮水般涌入四川，也波及川西南地区。到嘉庆十九年（1814年）凉山的汉民共425247人，其中西昌县110540人，冕宁县有8959人，盐源县有126704人，会理州有122404人，越嶲厅有20783人。乾隆《雅州府志·风俗》载："自献逆蹂躏之后，土著者少，四方侨寓，大率秦、楚、吴、粤、滇、黔之人居多。"嘉庆《四川通志》卷61称马边："五方杂处，地狭民稠。业农者务尽地力，虽极陡险之区皆为耰锄所及。"④ 竹枝词对这个时期这一带的垦殖区有描述，如乾隆时王廷取《盐源竹枝词》称"收获无多岁亦荒，马蝗堡下别炎凉。县官不是栽花手，要垦山田种杂粮"。清郑知同《宁远至雅州途中竹枝词》称"越西六日始经过，边缴由来弃地多。纵有良田皆汉姓，教他蛮子种高坡"。其诗后注明"凡有平原大抵汉人占籍"。

清政府在原来明代屯田基础上继续屯田，如明清两代西昌西溪大营曾驻军队，设有衙门。西昌清代屯田地名还有庄屯、陈远屯、董家屯、杨大屯、倪家屯、许家屯、邹家屯、殷家屯、营田、周家营、星宿屯、姬堡、马家堡子、郭家堡子、大营坎、庄屯、潘营、刘屯、周屯、邱家堡子、杨家屯、熊家堡子、毛家堡子、上王家堡子、王中家堡子、王下

---

① 四川省凉山彝族自治州会东县地名领导小组：《四川省凉山彝族自治州会东县地名录》，1986年1月版编印（内部资料）。
② 康熙《四川总志》卷10《贡赋》。
③ 朱圣钟：《彝族历史地理研究——历史时期四川凉山彝族地区经济开发与环境变迁》，四川大学博士后研究工作报告，2005年3月，第34页。
④ 嘉庆《四川通志》卷65《食货志》。

家堡子等。① 冕宁县宏模乡中屯是清道光前设屯得名。② 统计表明，西昌留下两个明代屯田地名，而清代有近四十个屯田地名自发移民垦殖还没有计算在内。由此可见清代对川西南的开发影响十分大。

清代自发的移民活动也受到政府的鼓励，康熙雍正时期的川西南"沿边山林，林价贱粮轻，故川楚贫民争往垦荒"③，全国各地之民"偕妻负子，奔走皆来"④。在康熙雍正到嘉庆时期，川西南的许多河谷地带森林被开垦为田地。如马边厅"水田旱谷，各任耕锄，山麓溪湾，咸编茅茨"⑤，到嘉庆时候甚至少部分的老林也被垦殖，形成"开垦老林者，率先伐山林"⑥之景。而这些被伐树木由于太多，并没有被利用起来，"大者至十余丈，横卧山颠，岁久悉就腐朽。"⑦

当时的开垦是相当粗放的，许多是刀耕火种。如会东县柏杉乡二火地是因曾伐木烧垦得名，文箐乡姜家火山是清代姜姓迁此烧山开荒得名。⑧会理六华乡王家火山是从前王姓在此烧山垦荒得名。⑨由于清初的植被保持的十分良好，到处是原始森林，故这里的"荒"在嘉庆时候多指森林或空闲的灌木丛，如柏杉乡孙家箐古时地为杂木林，孙姓从云南迁来定居得名。会东县长新乡大火地在两百年前（大概是乾隆时期）是一片森林，后有人烧荒垦殖得名。⑩ 宁南县西瑶乡大火地百年前原为一片森林，后放火烧林开荒得名。⑪ 西昌小高乡新庄原为草木丛生之地，清时，汉人迁此辟

---

① 四川省凉山彝族自治州西昌县地名录领导小组：《四川凉山彝族自治州西昌县地名录》，1986年1月编印（内部资料）。
② 四川省凉山彝族自治州冕宁县地名录领导小组：《四川凉山彝族自治州冕宁县地名录》，1986年10月编印（内部资料）。
③ 魏源：《圣武记》卷11《附录·兵事余记》。
④ 嘉庆《马边厅志略》卷5《艺文志》。
⑤ 嘉庆《马边厅志略》卷5《艺文志》；孟端：《新垦马边碑记》。
⑥ 嘉庆《马边厅志略》卷5《艺文志》。
⑦ 同上。
⑧ 四川省凉山彝族自治州会东县地名领导小组：《四川省凉山彝族自治州会东县地名录》，1986年6月版编印（内部资料）。
⑨ 四川省凉山彝族自治州会理县地名录领导小组：《四川凉山彝族自治州会理县地名录》，1984年12月编印（内部资料）。
⑩ 四川省凉山彝族自治州会东县地名录领导小组：《四川省凉山彝族自治州会东县地名录》，1986年6月版编印（内部资料）。
⑪ 四川省凉山彝族自治州宁南县地名录领导小组：《四川凉山彝族自治州宁南县地名录》，1984年1月编印（内部资料）。

为庄园得名。①

需要指出的是，清中后期美洲农作物的传入，加快了坡地（旱地）的垦殖力度，对森林破坏更加严重。如德昌县龙窝乡烟坪子是清代汉族人住此地以种烟草为业得名。②光绪初年雷波厅"山多田少，宜种苞谷、其最高者宜阳（洋）芋"③，雷马屏三属"多种玉麦，一呼包（苞）谷"④。会东县黑嘎乡地名老包谷山是因最早在此山种植玉米故名，包谷山则是山主产玉米得名，新包谷山也是为新垦山地种植玉米得名。⑤乾隆十年（1745年）《荥经县志》、乾隆四年（1739年）《雅州府志》、咸丰《冕宁县志》、同治《会理州志》物产都有玉米的记载，只是称呼各异。⑥

清代这个地区州县城附近植被损耗较为严重，如嘉庆时马边厅要到厅州四五十里才有茂密的森林，而厅西六十里大有冈发脉峨眉，支分回合中峰，屹然为边境之主，旧为密箐，近已开垦过半。

川西南在农业发展的同时，该地区的手工业也得到蓬勃的发展，对森林资源有一定的影响。如会东县黄坪乡有炭山坡是由烧炭得名，普咩乡炭山一百多年前"地多杂木，以烧炭闻名"。⑦德昌县老碾乡纸房村因为邓姓最早建的造纸作坊得名，龙窝乡下槽坊沟过去此地建有造纸作坊得名。⑧其间冶铜、冶铁等矿冶业对森林也多有破坏，如采矿前要探矿，要毁坏山林表皮，找到矿后，要用木料支撑矿道，采矿后冶炼木炭（木炭要用大量木材干馏），大量矿工生活也是十分耗木材的。其他榨油、陶瓷、酿酒、烧窑（砖瓦）、烧窑（石灰）、铁器制作，也需要木材为燃料。

---

① 四川省凉山彝族自治州西昌县地名录领导小组：《四川凉山彝族自治州西昌县地名录》，1986年1月编印（内部资料）。

② 四川省凉山彝族自治州德昌县地名录领导小组：《四川凉山彝族自治州德昌县地名录》，1984年12月编印（内部资料）。

③ 光绪《雷波厅志》卷32《风俗志》。

④ 光绪《叙州府治》卷21《物产》。

⑤ 四川省凉山彝族自治州会东县地名领导小组：《四川省凉山彝族自治州会东县地名录》，1986年6月版编印（内部资料）。

⑥ 同上。

⑦ 同上。

⑧ 四川省凉山彝族自治州德昌县地名录领导小组：《四川凉山彝族自治州德昌县地名录》，1984年12月编印（内部资料）。

清代川西南地区已经出现明显的水土流失，如会理州在同治年新户增至八九千家，饥饱相形，勤惰互见，或梯山以作田，或滨河而谋产，垦地焚林，故昔之膏腴，至今而为沙砾，昔日之刍牧，今而为禁地，于是形成木穷于山，鱼穷于水的状况。① 汉源县金寨顶咸丰年间已遍山开垦，一值大雨，山水暴涨，连泥带石下隈田亩，以致居民数百受灾。②

总体上看，清中叶川西南地区森林资源仍十分丰富，人类活动的影响还有限，山地森林资源尤为丰富，如清溪县大小关山一带"林木障碍，山谷阴森"③，特别"大杉木尤佳，佳者或比于建昌矣"④，马边厅芦江溪山峰峦陡峻，树木青翠，山径绝险，路断处用木为桥。药子山横亘数百里，山极高峻，深林密箐，雷波厅贝海山秀峰蔚起，佳木郁葱。八仙山峰峦秀丽，积翠流霞。石城山层峰耸翠。⑤ 西昌县青山上松林四时苍翠，一名青柯山。盐源县柏林山上多松柏，翠色参天。会理州翠屏山松竹苍郁，岭如屏障。⑥ 峨边厅虎头崖地多出虎，杉林冈出杉木。⑦ 屏山县为采办皇木的重要地区，在五六月份间，金沙江涨水大量枯木朽株从各溪壑随涨而下，散布江岸。⑧ 乾隆年间越嶲厅一带森林茂密，也曾是采办皇木之地。⑨ 实际上川西南雷波、屏山、马边一带，明代就开始采办皇木，清代仍然如此。清代初年雷波山林孕毓既久，所产巨木良多，虽然经过百余年宫室桥梁悉取资于此，使许多数百年盘根错节之物遭到严重砍伐。但直到清光绪年间，许多地方仍有香杉楠木大合数十围，蔽阴千霄，取之不竭，故仍有许多人设立山厂采办木植，随木之大小，制为器用，或采集为筏，取金沙江至郡城售卖，颇获厚利，⑩ 故嘉庆时张曾敏《马湖竹枝词》曾描述马湖一带"采笋重峦带箨提，林深箐迷白云迷"。整体上川西南在清中期森林植被还是比较高的。

---

① 同治《会理州志》卷7《边防》。
② 民国《汉源县志·杂事志》。
③ 成绳祖：《入藏驿程》、姚莹：《康輏纪行》，载《小方壶斋舆地丛钞》第3帙。
④ 嘉庆《清溪县志》卷1《物产》。
⑤ 嘉庆《四川通志》卷13《舆地志·山川》。
⑥ 嘉庆《四川通志》卷15《舆地志·山川》。
⑦ 嘉庆《四川通志》卷17《舆地志·山川》。
⑧ 乾隆《屏山县志》卷1《舆地纪》。
⑨ 光绪《越嶲厅全志》卷3《木政志》。
⑩ 光绪《雷波厅志》卷31《厂务志》。

咸同时期，川西南森林资源仍十分丰富，如宁远府西昌县青山仍是上有松林，四时苍翠。① 西昌附近泸山还是"古柏苍松为天"②。会理州翠屏山咸松竹苍郁，岭如屏障。米易厅牧马山多古松，产茯苓。冕宁县登相峰草树华丽，秀如玉笋。望叶山多树木。拱头山上多猿猴，千百成群。落瓮山山箐丛密。越嶲厅大田山密箐深林。③ 盐源县柞木山上多松柏，翠色参天。④ 咸丰《邛嶲野录》记载的物产有虎、豹、熊、猿、麂、鹿、狐、猴等。⑤ 故直到咸丰时建昌杉板仍为全蜀之冠。⑥ 雅州府一带呈现阴崖垂瀑，古木悬萝，山林胜景不断的景象。⑦

清末民初，川西南森林资源总体上仍较好，雷波锦屏龙头高林箐"维乔维条，多林木之阴翳"⑧。清末民国初昭觉关隘梭梭梁子"树木拥蔽，小路盘曲"⑨。有的山地"出杉板木料，常有仙鹤往来于此"⑩。光绪年间越嶲竹马山山岩耸枝，地多狐兽，令牌山出人熊，豺狼虎豹，⑪越嶲物产中有虎、熊、鹿、猴、獐、麂、狐、豺、野猪等。⑫

到光绪宣统时期，彝汉矛盾有所缓和，政府为加强川南的控制，也加大了对川西南的农业开发，如西昌县在清末就设立了劝农官，专事农业生产事宜。⑬ 此时的彝族地区也有许多人从事农业生产，但是种植玉米等旱地作物种植多役使汉人，如会东县堵格乡地名赊租得名于"清时汉人向此地彝族头人租种土地，常欠地租，后沿用"。⑭ 道光时，雷波一带"其种

---

① 咸丰《邛嶲野录》卷6《方舆类·山川》。
② 咸丰《邛嶲野录》卷10《方舆类·胜景》。
③ 咸丰《邛嶲野录》卷6《方舆类·山川》。
④ 同上。
⑤ 咸丰《邛嶲野录》卷15《方舆类·毛之属》。
⑥ 咸丰《邛嶲野录》卷14《方舆类·物产》。
⑦ 乾隆《雅州府志》卷2《形势》。
⑧ 光绪《雷波厅志》卷3《疆域·形势》。
⑨ 民国《昭觉县志稿》卷2《山川·关隘》。
⑩ 民国《昭觉县志稿》卷2《山川·道路》。
⑪ 光绪三十二年《越嶲厅全志》卷2之4《山川志》。
⑫ 光绪三十二年《越嶲厅全志》卷3之2《物产》。
⑬ 民国《西昌县志》卷2《产业志》。
⑭ 四川省凉山彝族自治州会东县地名领导小组：《四川省凉山彝族自治州会东县地名录》，1986年6月版编印（内部资料）。

苞谷之处，多变役使汉人也"①。到了光绪时期，雷波夷汉"错落杂居，多傍山坡，诛茅为屋随地开垦，种杂粮，苦荞、苞谷、燕麦，无稻田，不知耕种，其垦地以所掳汉人为之"②。从此可见，彝族区域虽然有事农业的一些少数民族，但农的劳动力还主要是汉人。西昌县在清末就设立了劝农官是针对彝族人的，主要是想改变彝族人游牧狩猎的生产方式，但到清末整个少数民族的生产还是以畜牧业为主。《凉山彝族奴隶社会》认为少数民族的畜牧业在农业生产中的比例为60%—70%，畜牧业生产对森林耗损的影响比农业种植业的垦殖小许多。

总的看来，清初川西南的森林覆盖率达到80%，雍乾嘉时期凉山的森林覆盖率为52.2%—80%，而光绪和宣统为接近52.2%。③

四 成都平原地区森林变迁

成都平原地区包括整个明代成都府（除去简州以东南沱江流域），清成都府，绵州以及附近的区域。

蒙（元）宋、元末明初的战争，一度使成都耗损人口140万，人口锐减，经济残破，成都植被由于人口密度较宋末下降，森林植被覆盖率相对宋覆盖率有所提高，尤其除治城成都外的州县，森林植被提高明显。

首先成都平原四周盆边缘还有相当多的森林，植被较好，田野间生长着大量枫叶林，农舍间"竹树蓊蔚"。楠木在成都"人家庭院多植之"④。特别是桤树种植较多，"江干村畔，蓊蔚可曼"⑤。从成都指挥街遗址孢粉分析来看，当时仍有许多零星林盘，还有许多湖沼存在。⑥ 成都平原西部青城山"左右森罗，峭壁嶙岩，望之蔚然，其翠欲滴"⑦，西北绵州紫薇

---

① 刘文蔚：道光11年《雷波琐记》。
② 光绪《雷波厅志》卷32《风俗·夷俗》。
③ 朱圣钟：《彝族历史地理研究——历史时期四川凉山彝族地区经济开发与环境变迁》，四川大学博士后研究工作报告，2005年3月，第138—141页。
④ 陆琛：《蜀都杂钞》。
⑤ 何宇度：《益总谈资》卷中、嘉靖《四川总志》卷3。
⑥ 罗二虎：《成都指挥街遗址孢粉分析研究》，《南方民族考古》第二集，四川科技出版社1990年版。
⑦ 嘉庆《四川通志》卷10《舆地志·山川》引《明焦维章游青城山记》。

山"长松连远山,轩楹锁空碧",西山"山树蔽仙云,俯瞰江一线",富乐山"亭空树影长,鸟啼林樾暗"。①

明末清初成都平原是战乱的中心地区,"一目荒凉,萧条百里"②,人口密度降到近两千年的最低水平。在这样的背景下,成都平原到处是战乱后新生的次生林与灌木丛,一些原来有林盘的地方有成片的树林,在平原上也出现了虎患。

清初"湖广填四川",大量陕西、湖北、湖南、江西、广东、福建、江浙、云贵甚至山西、甘肃等今10余个省份的移民进入成都平原,肥沃的成都平原旧有的抛荒土地迅速被开垦。到嘉庆十七年(1812年)成都府人口达到3836504口,③ 成都一府人口就超过明弘治四年(1491年)明代蜀中人口260万,故清初恢复的森林植被在移民的开垦下大量消失。

嘉庆时,成都府的成都平原还有较多的林木,特别是寺观名胜的林木还较丰茂。

成都平原北部绵州植被就相对比成都府附近生态要好一些,康熙时陆箕永《绵州竹枝词》"村虚零落旧遗民,课雨占晴半楚人。几处青林茅作屋,相离一坝即比邻"。其注云:川地多楚民,绵邑为最。地少村市,每一家即傍林盘一座,相隔或半里或里许,谓之一坝。可见清代初年,绵州一带丘陵平坝民居多为林盘拥护。故清初王士正诗描写流经绵州的涪江是"淡烟乔木是绵州"、"抢郭涪江碧玉流,一川丰草鹿呦呦"。④

罗江一带丘陵分隔成都平原与绵州浅丘平坝,是成都平原的北障,清中叶有较好的植被,如"城外东山一片青,天边景色在山灵,参天老柏为冠盖,绕舍修篁作障屏"⑤。其五忠墓是"森森绿树环幽塚"⑥,白马关龙凤二师祠"翠柏森森庙貌开,双忠弃峙绝尘埃",⑦ 罗真观"鹤巢常在千年树,猿去多悬百岁藤"⑧,观音寺"远坞深深古木稠,离塵

---

① 同治《直隶绵州志》卷49《艺文》上明诗。
② 蔡毓荣:《四川总志》卷10。
③ 曹树基:《清代中期四川分府人口——以1812年数据为中心》,《人大复印资料·明清史》2003年第4期。
④ 同治《直隶绵州志》卷49《艺文》上王士正诗《渡涪江》《咏鹿》。
⑤ 嘉庆《罗江县志》卷36《艺文》周之麟诗《东山景物》。
⑥ 同治《直隶绵州志》卷49《艺文》上州刺史杜兰《谒五忠墓》。
⑦ 嘉庆《罗江县志》卷36《艺文》刘桐《谒二师祠》。
⑧ 嘉庆《罗江县志》卷36《艺文》李化楠诗《罗真观》。

三迳独称幽"。

从成都平原四周山地仍多大型野生动物来看,成都平原的人类活动影响的强度还很有限,但成都平原内的森林植被多为人工林、次生林。到20世纪50年代四川盆地内森林覆盖率仍然达到20%。[1] 清末当不会低于该时期。清代成都府、绵州南部所辖平原浅丘地区森林植被应比丘陵低,可能清末成都平原森林覆盖率不会超过20%。

五 四川盆地内丘陵地区

宋末元初,四川盆地内的沱涪嘉渠流域是战争的主战场,造成了沱涪嘉渠流域的人口剧减,经济残破。明代这个地区内的个别深丘、低山森林植被还较好,如潼川府挂钟山"上耸配乔岳,花木尽葱茏"[2],广安一带"林深箐密"[3],灵山"岭头阵阵过啼鸦,千年古树高摩归"[4]。资州仁寿县木梓山出梓木。[5] 渠江嘉陵江涪江三江汇合处合州在明代仍有鹿群出没其间。

保宁府以丘陵为主,但明代出产有羚羊角、龙头竹、娑罗树、麝香、木竹、麂、鹿,[6] 林副产品丰富,表明有良好的植被。离成都平原较远的顺庆府果山层峰秀起,上多黄柑。西充翠屏山梧竹苍翠,岩若屏障。邻水五花山有五峰秀色如花。[7] 在华蓥山地区,以及靠近北部秦巴山区的地区有大片的原始森林。以前的研究表明,20世纪80年代川东平行岭谷地区山地的面积分别为:华蓥市46.39%、梁山32.05%、大竹76.74%、渠县33.20%、邻水45.04%,山地约占该地区总面积45%。几乎均为森林所覆盖,若加上其他丘陵、平坝上的次生林、经济林盘等林木,据此他推

---

[1] 蓝勇:《历史时期西南经济开发与生态变迁》,云南教育出版社1992年版,第72页。
[2] 光绪《新修潼川府志》卷2《舆地志》2《山川》引明吴宪诗。
[3] 《寰宇通志》卷64《顺庆府》。
[4] 光绪《新修潼川府志》卷2《舆地志》2《山川》引明杨瞻诗。
[5] 光绪《资州直隶州志》卷2《舆地志·山川》。
[6] 正德《四川志》卷14《保宁府》。
[7] 正德《四川志》卷15《顺庆府》。

出唐宋时期川东平行岭谷地区森林覆盖率在50%左右。[①] 而川东平行岭谷地区由于明代的垦殖率变化不大，故森林覆盖率仍然在50%左右。估计明代四川盆地内的森林植被覆盖率可能要低10多个百分点，森林覆盖率在35%左右。整个沱涪嘉渠流域丘陵岭谷地区森林覆盖率在35%—50%范围内，但可能次生林、经济林盘在整个植被中占一半以上。

明末清初，四川整个沱涪嘉渠流域也是战乱最为严重的地区。人口大量减少使沱涪嘉渠流域丘陵岭谷的植被覆盖率迅速回升，野生动物迅速增加，特别是华南虎急剧增加，形成虎患。如清赵彪诏记载："蜀顺庆保宁二府多山，遭献贼乱后，烟火萧条，自春徂夏，忽群虎自山中出，约千计，相率至郭，居人趋甚。"[②] 康熙初年陈奕禧记载："（盐亭）十里垭见虎……（三台秋林）终夕群虎逐鹿，鸣声绕床不绝。"[③] 康熙年间陈祥裔《竹枝词》描述四川情景是"芳树烟笼闻豹啼，汉家陵寝草萋萋"，"崖悬青石接猫坪，一片荒山虎豹生"。在这样的背景下，四川盆地缓丘地区的森林植被覆盖率可能一度由明代的35%恢复到50%以上。

经过"康雍复垦"和"乾嘉续垦"后，四川人口又迅速回升，到嘉庆时期四川人口便恢复到历史时期的最高水平，如在嘉庆二十五年（1820年），四川盆地内顺庆府人口有171.8万，潼川府有180.2万，资州有95.9万，保宁府有119.7万。[④] 这些人口的增加很大一部分是移民迁徙的结果和自然增殖的结果。

移民占垦将大量荒芜的灌丛、次生林重新变成了耕地，如威远县高石乡展基湾是相传明末清初，湖广移民入川时在湾内砍伐刺梨清基建屋得故名。威远县东联乡后壁冲是湖广移民入川时，伐茨筑屋，展壁后临一冲得名。[⑤] 又如安岳县人和乡檀木湾是相传清代此湾檀木丛生，后垦为耕地得名。[⑥] 富顺县高石乡老鹰坝明末森林茂密，老鹰常栖息于此，建房于坝后遂称。狮子乡大柏树是清时，曾有一片大柏树林得名。花市村斑竹林据

---

① 蓝勇：《历史时期西南经济开发与生态变迁》，云南教育出版社1992年版，第12—13页。
② 赵彪诏：《谈虎》，原西南师范大学图书馆藏抄本。
③ 陈奕禧：《益州于役记》。
④ 曹树基：《中国人口史》第5卷，复旦大学出版社2001年版，第324页。
⑤ 四川省威远县地名领导小组：《四川省威远县地名录》，1986年3月编印（内部资料）。
⑥ 四川省安岳县地名领导小组：《四川省安岳县地名录》，1982年7月编印（内部资料）。

传,湖广填川时袁姓在此砍伐斑竹时发现此村。①

到清嘉庆时,盆地内的一些中深丘陵地区仍有较多森林,浅丘的人工林也较多。

嘉陵江流域的铜梁县罗日侯山"柏木干干隐映,耸秀畅茂",百土坪"地多栀子家至万株,花开时望如积雪,香闻十里"。②定远县苦竹溪两岸多苦竹故名。③东边华蓥山是"乔木阴翳"、"深林古藤纠结",④江北厅东山"林壑幽奥,气势磅礴"⑤。保宁府昭化县牛头山"刜岭苍崖古木悬"⑥,梅树岭丛林深箐,中多猛兽。⑦苍溪县其云台山"山多松柏,有一绝大者,中空可坐四人",老池山"突兀耸翠",南山"蜿蜒苍翠,环绕县城"。⑧苍溪县周都有森林环绕。阆中县交城山峰峦耸列,林木葱倩。重锦山两峰对峙,秀丽若锦。赐绯山山势环拱,草木蓊蔚。⑨顺庆府蓬州玉环山"峰峦秀丽,诸山拱揖",凤皇山"林木清秀"。西充回龙山"耸翠嵯峨"。营山县翠屏山梧竹青苍,岩如屏障,芙蓉山峰峦丛秀者芙蓉然,大蓬山松木秀茂。仪陇县北山"溪壑奇秀"。⑩

渠江流域的绥定府府境由于有华蓥山平行岭谷的阻隔,交通相对不便,开发也较晚,故森林植被在四川盆地内是保持最完好的一个区域。如府治所在达县形势是"山川秀出"。⑪新宁县鼓啸山其山多风,动摇林木,常如吟啸。渠县玉蟾山峰峦耸翠,起文峰秀拔高耸。⑫广安州形势"北屏山积翠,四时而秀,逸常新"⑬,宣乐山层峦峻峭,多产药物,秀屏山峭壁森耸,草木丛茂,宛若屏障。邻水县五华山秀色如华。⑭

---

① 四川省富顺县地名领导小组:《四川省富顺县地名录》,1982 年 5 月编印(内部资料)。
② 嘉庆《四川通志》卷 11《舆地志·山川》。
③ 同上。
④ 同上。
⑤ 同上。
⑥ 嘉庆《四川通志》卷 11《舆地志·山川·重庆府》。
⑦ 同上。
⑧ 同上。
⑨ 同上。
⑩ 嘉庆《四川通志》卷 13《舆地志·山川·顺庆府》。
⑪ 嘉庆《四川通志》卷 9《形势》。
⑫ 嘉庆《四川通志》卷 18《舆地志·山川》。
⑬ 嘉庆《四川通志》卷 9《形势》。
⑭ 嘉庆《四川通志》卷 13《舆地志·山川·顺庆府》。

涪江流域的江油县形势是"天山拱翠，涪水潆洄"①，有诗描写江油道中"湿云笼野店，古木傍山城"②。潼川府开发较早，林木也较丰富，如三台县三台山蔚然奇秀，远近瞻望如台，盐亭县乌龙洞上有古木蟠绕，③安岳县形势是叠嶂层峦，呈奇现秀。遂宁县石盘山"林木葱蒨"，鹤鸣山松顶常有皓鹤唳鸣。乐至县四面山崚嶒秀绝，葱翠可爱。④井研县西北饶林木，城厢街坊居民爨薪仰给焉。⑤

　　沱江流域的简州分栋山"修竹环列，岚光掩映"，逍遥山出乔木。⑥仁寿县茈山上产薯草，木梓山多梓树。⑦富顺县翠屏山谓之翠屏天榜，东山耸秀葱蔚，草木高森茂密，冬日不凋，金子山峭壁苍翠，日光映如金，中崖山山势盘礴，林木葱茂，玛瑙山林竹蓊郁，三伏凉阴如秋。⑧荣县城北五至十五里之间在清末仍是森林阴森，傍晚传为鬼窟，怪禽雨啸，夜禁行人，有的地方群山如墨，号为老林，尽一担之薪不百钱而售。⑨

　　在清中期后，四川人口大增，而盆地内沱涪嘉渠流域又是四川人口除成都和重庆最密集的地区，人类垦殖和生活薪材、建材对附近林木资源的影响是明显的。绵州同治已经是人烟稠密，层宇鳞差，使林木所出，不足供民生日用之需，只有沿涪江到龙州一带大山取材，浮筏于川，将大量杉、柏、椿等木转运到绵州城。⑩南溪县凌云关一带明代是深林密箐之地，但光绪时期由于生聚既繁，垦辟几尽。⑪阆中县则早在咸丰年间就人烟益密，附近之山皆童，薪材大多来自数百里外了。⑫清末民国初南充县许多昔日山林已经童秃，如老君山本是翠柏丛茂，已经是寥寥矣，而大林山已经是童秃无材木，大方山旧松柏参天，但已山秃泉涸了。⑬垫江县当

----

① 嘉庆《四川通志》卷9《形势》。
② 光绪《江油县志》卷24《诗》。
③ 嘉庆《四川通志》卷18《舆地志·山川》。
④ 嘉庆《四川通志》卷20《舆地志·山川》。
⑤ 光绪《井研志》卷8《食货》。
⑥ 嘉庆《四川通志》卷11《舆地志·山川》。
⑦ 嘉庆《四川通志》卷20《舆地志·山川》。
⑧ 嘉庆《四川通志》卷13《舆地志·山川》。
⑨ 民国《荣县志》卷6《物产》。
⑩ 同治《直隶绵州志》卷32《木政》。
⑪ 光绪《叙州志府》卷13《关梁》。
⑫ 咸丰《阆中县志》卷3《物产》。
⑬ 民国《南充县志》卷2。

川渝平行岭谷地区，一山一槽，清中叶两山山森蓊翳，但光绪年间也是人烟稠密，两山童童。①

不过，除城镇四周和浅丘地区外，大量中深丘地区的林木还较好，城镇边的寺观胜迹林木也还丰茂。如乐至县西岩山岗峦幽邃，林霏绿湿百流空，妙峰山郁然雄秀，青絮碧联。四面山岐嶒秀绝葱翠可爱，凤凰山产茯苓，有老柏三百株，虬枝攫弩，阳叶阴条，犹郁郁。梅庵山竹木秀丽。②据道光二十年《重修乐至县志》描述的乐至地区县城周一里都还是"竹木秀丽"，县境物产有柏、桐、杉、樟、桑、橡，"崖谷所到皆植，多有大至数人围者，他州郡不恒见"，③故有"林泽之饶"④之称。仁寿县半月山中多古柏翁郁参天，皆数百年物也。⑤资州秦泰山峭险壁立，高出群峰，苍松掩荫，雄踞一方。⑥故资州松树在"资山箐间极繁，差小者土人贩以为薪"⑦。遂宁县多平坝浅丘，但其名胜、寺观所在山林都较为丰茂，如玉堂山峰峦耸秀，气象雄峙，明月山襟带两溪，幽林古寺，秋光掩映。鹤鸣山多松，松顶常有鹤鸣。⑧盐亭县赐紫山"层峦耸秀，古木垂青"⑨。

清末四川盆地丘陵地区垦殖指数已经较高，人口密度较大，城镇周围的植被较差，但盆地内间有的一些山地森林资源仍较好，如南充县光绪初年仍有"多柏"⑩之称，光绪宣统时广安州山地有多材木，富茶竹之称。其向王山上松柏秀拔绝伦。鸡公岭危磴盘纡，古榕蔽道。⑪光绪时铜梁县计都山林木青蔚。安乐山高树拂云，四时青翠如一，翠峦山峰高峇迥，竹木清幽。⑫

清末沱涪嘉渠流域许多州县已经很少存在大型野生兽类了，如光绪

---

① 光绪《垫江县志》卷3《物产》。
② 道光《重修乐至县志》卷4《山川》。
③ 道光《重修乐至县志》卷3《物产》。
④ 道光《重修乐至县志》卷5《风俗》。
⑤ 光绪《资州直隶州志》卷2《舆地志·山川》。
⑥ 光绪《资州直隶州志》卷2《舆地志·增补山川》。
⑦ 光绪《资州直隶州志》卷8《食货志·物产》。
⑧ 光绪《重修遂宁县志》卷2《山川》附寺观。
⑨ 乾隆《盐亭县志》卷2《古迹志》。
⑩ 民国《南充县志》卷11《土产》。
⑪ 宣统《广安州新志》卷4《山川志》。
⑫ 光绪《铜梁县志·地理志·山川》。

《资州直隶州志》食货志物产货之属的毛之属无虎豹之记载。① 但是还是有不少人工林盘、经济林盘，如资州柏树在"园囿、馆墅、寺观、坟茔无处不植、户口殷繁，开辟日广，大可合围者亦罕观"②。

清代中后期以来，丘陵地区已经出现明显的水土流失，如乾隆时盐亭县由于山多田少，民务垦荒，然所垦之地，一年而成熟，二年而脽，四五年而瘠，久之则为石田矣。③ 光绪时垫江县山农垦荒，沙石崩塌，积壅上流，每遇暴雨冲突沟洫填塞，高于平田，故水潦之患多于旱年，④ 显现了盆地内灾害性水土流失频率增大，程度加重。

总体上看，明清四川盆地内沱涪嘉渠流域丘陵岭谷地区有大量的次生林、人工林、经济林，东部植被好于西部，在东部山区有一些天然林存在。估计清末四川中部和东部整个沱涪嘉渠流域，沱涪流域植被在30%—35%，嘉渠流域在35%—40%。也就是说，清代末年整个沱涪嘉渠流域丘陵岭谷地区的森林植被覆盖率与民国实业部统计的1935年四川的森林覆盖率34%左右相当。

六　川南嘉叙泸渝山地地区

川南嘉叙泸渝山地地区大致政区范围为明代的嘉定州、叙州府、高州、泸州、重庆府、泸州卫、永宁卫、永宁宣抚司等地区，清代政区包括嘉定府、叙州府、重庆府、泸州、叙永厅等地区，即今岷江西岸的乐山和长江南岸的宜宾，泸州、重庆山地地区。

今天，这几地区山地分别占各地面积乐山为47.8%，宜宾为49.17%，泸州为60%，重庆32.6%。⑤ 整个地区气候湿润，多山多河谷，但是海拔相对不高，土壤相对厚实，十分适宜森林生长。

宋末元初、蒙（元）宋战争使川南嘉叙泸渝山地地区人口耗损也较为

---

① 光绪《资州直隶州志》卷8《食货志·物产》。
② 同上。
③ 乾隆《盐亭县志》卷1《风俗》。
④ 光绪《垫江县志》卷1《山川》。
⑤ 《四川省情》（续集），四川人民出版社1987年版；《四川省农业地理统计资料》（西南师范大学生物系内部复印件）。

严重。元末明初，该地区战乱依然不断，人口逃亡，田土抛荒，森林复茂，可能这个地区总的森林覆盖率仍在65%以上。

明初，四川残破，大量湖广移民进入四川，川南嘉叙泸渝山地地区没有川西富庶，故不是移民首选地区。故明代嘉叙泸渝山地这个地区，进入的移民多在河谷和一些平坝垦殖，岷江以西和长江以南地区垦殖力度并不是十分大，故移民垦殖对整个生态破坏不大，森林资源还较丰富。如重庆城周都有"旷野惟见树，高城不见人"①之景，城东木洞驿"寒林碧参差，秋嶂莽回互"②，城南有"松径迢迢独鹤闲"③之景，西南四十里有"浅藻浮䴔鹭，深林响杜鹃"④之景，城北白崖"苍山冥冥落日尽，古渡渺渺行人稀"⑤，城北缙云山林木郁茂。离重庆更远一点的合州一带甚至鹿群出没其间。⑥ 总的来看，重庆府城周围都有良好的植被，有"群山翠点高低列，两水清涵上下流"⑦之称，山翠水绿，树多"暮猿吟"⑧。

叙州府城岷江与长江交界附近是"竹木森翠"、"四时常青"，⑨植被当比重庆府更好一些，如在治北的翠屏山四时草木常青，治西北仙侣山"仙茅竹木森翠，山腰有清泉"⑩。珙县洛表乡有很多整木凿成的僰人悬棺，多为明代所留，可见在明代叙南地区有许多巨木乔木。而嘉定府四周多竹，⑪荣县梧桐山"云树阴森水石幽，溪源尽处是梧沟"，荣溪有"古木留云暖"、"猿虎莫轻跳"之称。⑫ 夹江县万松山，两峰拱峙，其产多

---

① 彭伯通编：《重庆题咏录》录正德杨慎《渝江登陆二首》，重庆出版社1997年版，第55页。
② 彭伯通编：《重庆题咏录》录明王延相《木洞驿》，重庆出版社1997年版，第49页。
③ 彭伯通编：《重庆题咏录》录明吴礼嘉《登涂山》，重庆出版社1997年版，第71页。
④ 彭伯通编：《重庆题咏录》录明万历王应熊《曲水寺》，重庆出版社1997年版，第78页。
⑤ 彭伯通编：《重庆题咏录》录明王延相《发白崖》，重庆出版社1997年版，第51页。
⑥ 万历《合州志》卷1《物产》。
⑦ 彭伯通编：《重庆题咏录》录明万历刘时俊《驻军佛图关》，重庆出版社1997年版，第76页。
⑧ 彭伯通编：《重庆题咏录》录明王延相《明月沱》，重庆出版社1997年版，第49页。
⑨ 《寰宇通志》卷62《叙州》。
⑩ 嘉庆《四川通志》卷13《舆地志·山川》转《明一统志》。
⑪ 正德《四川志》卷19《嘉定府·形胜》。
⑫ 嘉庆《四川通志》卷17《舆地志山川》引明王本初诗、胡子招《东川诗》。

松。① 泸州城周"三峰耸秀"②,"地少桑麻,刀耕火种"③,而楠木还是泸州土产。④

明末这个地区的叙州府、泸州、重庆府、嘉定府府州县城附近地区及大江河沿岸的一些丘陵已经被开辟为田地。同时,从嘉定府沿岷江过泸州到重庆府地区水运交通便利,一直是四川的商业交通要道,商业林木砍伐对森林的损耗比其他地区严重。这些地区森林覆盖率已经不到50%,可能在45%左右;而长江南岸的永宁河、赤水、南广河、綦江流域地区森林还非常地多,可能森林覆盖率应在70%。

明末清初整个四川因战乱造成土著川人有"百不存一",有"土著仅十之一二"之说。战乱之后,整个四川只剩下六十万人左右,⑤川南嘉叙泸渝山地地区,也因此人口稀少,田地抛荒,虎患酷烈,森林复茂。

清初大定后,清政府采取积极的移民政策,由于移民的迁入,川南地区经济有了恢复发展。到嘉庆十七年(1812年)嘉定府有人口1525187口,叙州府为1415200口,泸州为446055口,叙永厅为163837口,重庆府是2365806口。⑥ 人口增加,必然增大对森林消耗。

清中前期,人类活动的趋利性使移民首先选择由于战乱荒废但自然条件优越的平坝复垦,最多是将生态环境恢复到明代后期的状况。故直到清中叶嘉庆时期,整个川南地区的森林植被仍保持较好。

重庆府巴县云凤山由涂山迤逦而至,浮云留阴林麓蓊郁。缙云山高耸,林木郁茂,歌乐山群峰北向翠霭浓浓,文峰山重峰叠岭苍翠深浓,宝峰山翠黛烟笼,山半温泉,云台山峰势高寨,林光绰约。綦江县山地葱葱郁郁,有的山地松林延长不啻数百里,有的有山林蓊郁之称。⑦ 如得胜山林木郁茂,最高山林箐深密,萝绿山山多楠木,堪为大船。江北厅辜寨坪山林荫青蔚,妙峰山青如滴翠,莨崙山林壑深翠,每风飘草

---

① 正德《四川志》卷19《山川》。
② 正德《四川志》卷21《泸州》。
③ 正德《四川志》卷21《泸州·风俗》。
④ 正德《四川志》卷21《泸州·土产》。
⑤ 李世平:《四川人口史》,四川大学出版社1987年版,第155页。
⑥ 曹树基:《中国人口史》第五卷第七章《清代中期四川分府人口》,复旦大学出版社2001年版,第324页。
⑦ 同治《綦江县志》卷2《山川》。

木，峰顶绝无尘埃，华蓥山乔木阴翳，深林古藤纠结，东山林壑幽奥，气势磅礴。

叙州府宜宾县翠屏山仍是山色四时常青，筠连县暮春山古木葱郁。屏山县夷都山高耸秀丽。① 叙永直隶州鸟降山林木翁郁，木案山上多林木，秀林山竹树蔚然森秀。② 泸州直隶州龙贯山山势高耸，茂林蓊郁。合江县榕山山多榕树，木皮箐悬崖幽壑，丰草长林，广袤百里，长春涧有盘根老树。江安县翠屏山松柏郁然，翠屏壁立。③

嘉定府峨眉县白云峰浓翠蔽岭，洪雅县竹箐山其地多竹，蒙茸茂密。④ 夹江县万松山所产多松，轻水溪两山皆松，柴薪多出于此。⑤

这些地区在清代前期和中期多华南虎出没，如峨边厅在厅北四十里，地多出虎。嘉庆长宁县"郊外昔茂林丰草，屡多虎患"⑥。乾隆四年（1739年）庆符县是"虎食人不能制"⑦。甚至连人口众多的重庆也在乾隆三年（1738年）出现老虎入城的事情。⑧

清中期川南地区还是商业用材资源林的生产基地，如嘉庆府出产楠木、松、杉木、斑竹、月竹、嘉树等。眉州直隶州出产斑竹、杉木，泸州直隶州出产楠木。⑨

清代嘉道以来，川南地区的经济开发强度增大，人口急增。嘉庆时，大量开垦者在马边厅一带深山老林砍伐森林，形成水田旱谷各任耕耘，山麓溪湾，咸编茅茨的景象。⑩ 一时当地五方杂处，地狭民稠，业农者务尽地力，虽陡险之区，皆为耕锄所及，⑪ 如大有冈旧俱老林，光绪时已开垦过半。⑫ 道光时马湖府居民依坡就坎分疆理，有时数尺一区

---

① 嘉庆《四川通志》卷13《舆地志·山川》。
② 嘉庆《四川通志》卷21《舆地志·山川》。
③ 嘉庆《四川通志》卷19《舆地志·山川》。
④ 嘉庆《四川通志》卷17《舆地志·山川》。
⑤ 同上。
⑥ 嘉庆《长宁县志》卷12。
⑦ 光绪《叙州府治》卷23。
⑧ 道光《重庆府治》卷9《祥异》。
⑨ 嘉庆《四川通志》卷74《食货志·物产》。
⑩ 嘉庆《马边厅志略》卷5《艺文志》。
⑪ 嘉庆《四川通志》卷61。
⑫ 光绪《叙州府志》卷6《山川》。

颠及趾的地方都垦辟为地。① 光绪时，雷坡一带少数民族也依山坡，诛茅为屋，随山开垦种包谷、燕麦等杂粮。② 清末珙县山巅水湄亦遍垦种，③ 南溪县生聚既繁，垦辟几尽。④ 纳溪"自唐宋以来，万邑物产……虎豹熊殆非常产，县境举目皆山，在昔荒芜尚或藏纳。今则开垦几尽，土沃民稠，唯见烟蓑雨笠，牛羊寝讹而已，民间闻亦从，狼虎犬豹皆境外"⑤。金沙江北岸一带早在乾隆年间有的小平坝已经是田庐相望，烟火为甚。⑥ 清代末年英国人莫理循《中国风情》记载："（宜宾安边南横江河谷两边）能看见水稻田和开垦成层层梯田的大山，每一块所能开垦的土地都种上了庄稼……（滩头一带）这一带的人口虽然稀疏，但是大山上每一处只要有可能开垦的土地，都被开垦了出来。……（滩头至老鸦滩）大山长满了灌木林，农民在这种地方就得不到什么收成。虽然如此，即使在那悬崖峭壁上，在那看起来并不能达到的壁架上，农民也种上了小麦和豌豆。"

清初川南森林茂密，蔽日遮天，野兽众多，而到清末的景况在许多地方已经明显发生了变化，特别是一些高大的乔木如楠木、杉木多被砍伐殆尽，至今这些地区还存在许多以楠木为名的地方，但"多不见楠木，更不见楠木成林，多是名存树去"⑦。

不过，就是在清后期，这些地区除城镇附近和平坝浅丘地区的林木资源受到较大的影响外，大量山地仍有较丰富的森林资源，如綦江县老瀛山壁立峻峭，四时苍翠；得胜山林木蓊郁；青山多松树，延长不啻数百里；仙洞崖茂林缭绕。⑧ 江安万松山林箐深密。⑨ 合江县木皮箐悬崖幽窅，丰草长林，百里行者多攀萝缘竹。⑩ 屏山仍有"地广人稀，山箐

---

① 光绪《叙州府志》卷6《山川》。
② 光绪《雷坡厅志》卷32《风俗》。
③ 光绪《珙县志》卷4《农桑志》。
④ 光绪《叙州府志》卷13《关梁》。
⑤ 嘉庆《纳溪县志》卷13《地理志》。
⑥ 中国第一历史档案馆：《川陕总督尹继善等为遵旨会勘金沙江工程奏折》，乾隆七年十月初一日。
⑦ 蓝勇主编：《长江三峡历史地理》，四川人民出版社2003年版，第26页。
⑧ 同治《綦江县志》卷2《山川》。
⑨ 民国《江安县志》卷1《山川》。
⑩ 光绪《泸州直隶州》卷1《山川·合江》。

邃密"① 之称。

总的来看，嘉庆以来川南的人口迅速增加，农业垦殖、手工业发展对森林的获取也迅速增加，川南嘉叙泸渝山地地区的沿江城市地区还出现了缺薪柴的现象。相比而言，长江以北地区开发强度比南部要强一些，已经没有成片原始森林的存在。但长江南岸的永宁河流域、綦江、赤水河、南广河流域由于人口相对较少，对森林破坏要小一些，森林资源还较丰富，还有许多成片的森林，甚至是原始森林存在，到清末此地区的森林覆盖率可能在50%左右。

七　涪万宜峡区森林变迁

涪万宜峡区包括涪陵、万州区和湖北宜昌西部为主的三峡地区。明清时期，这个地区虽然充当四川盆地出入的重要通道，但除沿江两岸人口较多，开发较多外，广大的山地人口还较少，森林植被还较好，仍是长江上游的商品林地区。

如嘉庆时涪州大江北岸北山坪深林密箐，② 崇山草木荟蔚，黄草峡峰峦险峻，林莽丛杂，一荒寒岭。③ 州境出产梓、楠、楸、樟、红豆、檀、榆等树。④ 道光年间中长里还有豺豹食人数百计的现象。⑤ 嘉庆以来建造房屋还率以柏木为柱，显现当时山地常绿乔木的丰富。⑥

丰都平都山"林木幽深，夹道翠柏，皆千余年物，麋鹿出没"⑦，故余陛云《蜀輶诗记》也描述"丰都山色郁郁葱葱"⑧。治属南五乡，山深林密，咸同年间其材连抱者数千计。⑨ 忠州在道光时一些地方仍是古木萧

---

① 乾隆《屏山县志》卷1《舆地·风俗》。
② 民国《涪陵县续修涪州志·疆域志·山川》。
③ 同上。
④ 民国《涪陵县续修涪州志》卷7《风土志》。
⑤ 民国《涪陵县续修涪州志》卷24《杂编》。
⑥ 民国《涪陵县续修涪州志》卷7《风土志》。
⑦ 方象英：《使蜀日记》，《小方壶斋舆地丛钞》影印本。
⑧ 余陛云：《蜀輶诗记》，上海书店1986年版。
⑨ 民国《丰都县志》卷9《物产》。

森,① 如牛头山松涛竹韵,时盈于耳,天台山冈峰叠耸,水石苍秀,乔松林立,宝珠山林荫青蔚,顶盘山峰峦秀润,翠柏苍松,穿云匝地,杨子山崖畔草木秀润,石笋山苍松柏青翠可掬,瓦屋山古木槎枒,青龙山怪石古木立壁,官岭山山势葱荫,神溪两岸竹木阴翳,鸣玉溪两岸山势幽深,秀削茂林密箐,浓荫森森。

明清时期渝东南酉秀黔彭一带更是人口稀少,开发较慢,除个别盐井所在地森林受到影响外,大多数地区森林资源仍十分丰富,森林资源的原始性郁闭性明显。明代酉阳一带森林茂密,出产鹿、野猪、楠木,②其何家山仍是山多古木,楠溪傍多楠木,以致当时风俗是"暖则捕猎山林,寒则散处崖穴"③。

到清代中叶,这种状况改变不大,如同治仍是"往往大木丛生"④,其翠屏山岗光葱郁,中灵山绵亘三百余里,累青叠翠,苍翠欲滴,玉柱峰四周林木荫翳,苍翠满目,金紫山草木蓊郁蔽天日,天龙山多古柏杂树,天山垭茅茨如林,多异禽奇兽。⑤ 午凤山林木葱茏,游龙山林木岁寒不凋。⑥

明代石柱宣抚司"伐木烧畲,以种五谷",物产有"麂皮、柏、樟"等,⑦ 生态环境较为原始。到清道光时石柱厅"猿猴尤多",大山坪"障蔽北境,东西绵亘五百里,青翠插空"。⑧ 石柱嘉道时期仍是林箐阴森,猿猴尤多,许多山脉绵亘五百里都是青翠插空的高山,林木丰茂。⑨ 可见,从明代到清道光数百年石柱植被保持得一直非常好。由于山多大树,虽然流寓采伐种包谷,再除去供薪材和房屋建筑外,仍有大量余木抛弃道旁,日久朽腐,甚至有大数围者。⑩

---

① 道光《直隶忠州志》卷1《山川》。
② 《古今图书集成》卷254引《四川志》。
③ 正德《四川志》卷23。
④ 同治《酉阳直隶州志》卷19《物产志》。
⑤ 同治《增修酉阳直隶州总志》卷1《地舆志·山川》。
⑥ 同治《增修酉阳直隶州总志》卷2《地舆志·山川》。
⑦ 正德《四川志》卷之23。
⑧ 道光《补辑石柱厅新志·地理》卷1《山水》。
⑨ 道光《补辑石柱厅志》卷1《地理志》。
⑩ 道光《补辑石柱厅志》卷6《风俗志》。

第四章　明清时期长江上游的森林植被变迁 / 95

秀山一带光绪以前有"林木不可胜用"①之称，明月山苍翠欲滴，寿山仍然是四时林木郁然，②嘉庆时寿山仍有屹立层霄，四时林木郁然之状，③笔架山地形幽秀，苍藤碧树掩映岩阿，④乌鸦山丛篁围绕，古木参差，⑤梅溪一带"古树大册围，鯀枝密叶，冬夏恒青"，平阳盖一带则是翠巘复云，秀木丛烟，佛峨山碧崿欹巇，丛林密荫，溶水两岸"皆两山峡阻，古木千章，大或十围，莫绝人跡，鸡犬罕音"。⑥在这样的环境下，光绪时诸多地方仍然"莫绝人跡，鸡犬罕音"，往往有"古木千章"，以至于"林木不可胜用"。⑦

黔江一带山地植被较好，有的不是"古木参差"，就是"古木葱箐"，⑧多崖峰耸翠，路径逶迤，⑨狼山出野狼，斑竹山产斑竹，⑩清后期还"多虎患"⑪。嘉庆时，彭水甘山奇峰秀岭，峭崖茂树，环郁可欢。⑫

总的来看，明清时期渝东南地区生态相当原始，多古木大树，尤其如楠木、樟木、杉木类珍贵大木，所以曾为皇木采办之地，留有皇木槽的地名。到了清代，灵长目动物在渝东南分布广阔，如有"彭水濒江（猿猴）尤多"之称。

长江三峡一线腹地森林植被还较好，如明代云阳县飞凤山"草木森蔚可爱"⑬，嘉靖《云阳县志》卷上记载食货竹属有刺竹、筋竹、水竹、斑竹、苦竹、紫竹，木属有楠、松、杉、柏、槐、栗、桑、麻柳、杨柳等，畜属有獐、野猪、刺猪、熊、麂、鹿等。⑭可见当时云阳森林资源的丰富。清代长江边的磐石城有"空林人迹少经过，千载遗踪寄薜萝"之称，

---

① 光绪《秀山县志》卷12《货殖志》。
② 同治《增修酉阳直隶州总志》卷2《地舆志·山川》。
③ 嘉庆《四川通志》卷21《舆地志·山川》。
④ 同治《增修酉阳直隶州总志》卷2《地舆志·山川》。
⑤ 同上。
⑥ 光绪《秀山县志》卷2《地志》。
⑦ 光绪《秀山县志》卷12《货殖志》。
⑧ 光绪《黔江县志》卷1《地舆》。
⑨ 嘉庆《四川通志》卷9《形势》。
⑩ 嘉庆《四川通志》卷21《舆地志·山川》。
⑪ 光绪《黔江县志》卷13《食货·物产》。
⑫ 嘉庆《四川通志》卷21《舆地志·山川》。
⑬ 嘉靖《云阳县志》卷上《山》。
⑭ 嘉靖《云阳县志》卷上《物产》。

黄维翰称其地"有木千章杂修竹，有花四时媚幽独"。故在嘉庆时云阳"边境与大宁、开县相接，间有未开老林"①。

明《夔州府志》载当地货类有麂皮和鹿皮，木类有楠、松、杉、青櫊、麻柳、楮、楸、白蜡树，兽类有虎、熊、鹿、麂、野猪、刺猪、狐狸、猿猴。②何宇度《益部谈资》卷下也称夔州"梁木最多，惜无材用"。明代沈庆描写瞿塘峡有猿猴"云烟翳树猿猱下"，可见明代三峡奉节一带植被仍十分好。

当然，明清时期由于长江三峡地区当出入四川的重要交通通道，人类活动的影响相对较大，长江三峡沿江一带植被受到的影响明显。早在明代末年何宇度就认为"峡中猿猴甚多，惟未闻猿声"③。清代光绪时赵熙《过夔州》诗明确指出"如今两岸猿声少"。可见到清后期植被损耗严重，猿猴也随之减少。

奉节县的诸多地名得名于清代，显现出清代植被较好，如双潭乡黑塆"昔年为大森林所覆，见不到光，故名"，奇峰乡老林和在岩塆乡老林"此地早年为原始森林，故名"，槽木乡老林沟因"沟里昔有原始森林，故名"，曲龙乡黑槽因"过去森林大，不见日光，故名"，竹园乡乡林口因"此地山沟峡窄，过去有一片原始森林，故名"，龙池乡青龙山因"山形似龙，旧多原始森林，故名"，高治乡青家塆因"此湾（塆）原森林密茂，传说林中有大青猴，故名"，合营乡老熊窝因"原为深山老林，曾有熊窝，故名"，梅魁乡鹿子塆因"此塆很早以前是森林，传说人们在此见过鹿子而得名"，三桥乡鹿坑子因"过去森林多，常有鹿子出没，故名"，尖角乡猴山沟因"山沟里早年猴子多，因往常树林多得名"。④

大宁、巫山一带处三峡腹地，相对奉节人烟更为稀少，森林资源在清代更为丰富，如嘉庆时大宁凤山木石苍翠，景物幽绝，豹变崖豹常隐于中，万顷山多产大木，⑤宁厂附近后乡一带仍"箐密林深"⑥。大宁县到奉

---

① 严如熤：《三省边防备览》卷 7《险要》（下）。
② 正德《夔州府志》卷 3《货类》木类和兽类。
③ 何宇度：《益部谈资》卷 59《方物记》。
④ 四川省奉节县地名领导小组编印：《四川省奉节县地名录》，1988 年 10 月（内部资料）。
⑤ 嘉庆《四川通志》卷 14《舆地志·山川·夔州府》。
⑥ 光绪《大宁县志》卷 3《食货志》。

节县的通道"沿途老林，枝柯丛杂，刺眼挂衣"，而到巴东山路上有数百里"多未辟老林"。① 大宁场东南（至）大昌，在到八树坪至大小九湖"由老林中觅路，而行极其幽邃"，"至红池坝以西至添子城西流溪等处，均千百年未辟老林，青葱连天，绝少人烟进者，迷出入之路"，② 大宁县万顷山仍有"广数百里，多产大木"③ 之称，阴条岭（为房县、大宁、巫山连界之要隘）更是"古木丛篁"④。由于清代大宁县植被保持良好，故大宁河两岸猿猴"数十多群"⑤。

明代大昌仍流行"刀耕火种"⑥，明代描绘三峡猿诗文甚多。清代嘉庆时载巫山有"峰岩挺拔，林壑幽丽"⑦ 之称，当阳堡多"深林密箐"⑧。山地间多"间有未开老林"⑨、"从老林中行走"、"从老林中行走，人烟稀少"，⑩ "树木苍蔚"的情景。⑪ 光绪时阳台山林木葱茏，千丈山秀异高于众山，五凤山冈峦翘秀，林木蓊翳，凤凰岭林树参差，森秀可观。⑫ 但清代描述巫山猿猴的诗句越来越少。

明代湖北境内三峡地区生态也较为原始，如建始是"烧畲种谷，猎渔充疱"⑬，到同治时山出黄檗、黄连、木通、贝母诸药，禄山山多鸟兽，燕子龛林木荫翳。⑭

同治时期东湖北门外去城里许的樵湖仍为土人采樵之处，⑮ 可见当时县城附近仍有较好植被，至少有大量灌木林。西陵峡内的环境就更显原始，如麝香山多麝，桑木山多产桑木，深溪峡常闻猿啼，木笼山丛竹蔽

---

① 严如熤：《三省边防备览》卷11《策略》。
② 严如熤：《三省边防备览》卷3《道路考》（下）。
③ 光绪《大宁县志》卷1《地理志》。
④ 严如熤：《三省边防备览》卷6《险要》（上）。
⑤ 光绪《大宁县志》卷1《地理·物产》。
⑥ 正德《四川志》卷之17。
⑦ 嘉庆《四川通志》卷之9《形势》。
⑧ 光绪《巫山乡土志》卷2《地理志》。
⑨ 严如熤：《三省边防备览》卷7《险要》（下）。
⑩ 严如熤：《三省边防备览》卷3《道路考》（下）。
⑪ 严如熤：《三省边防备览》卷7《险要》（下）。
⑫ 光绪《巫山县志》卷6《山川志》。
⑬ 正德《四川志》卷之17。
⑭ 同治《建始县志》卷1《方舆志·古迹》。
⑮ 同治《东湖县志》卷6《山川》。

天，百丈岩上树木荫翳，人莫能上，万人坑旁多杉木。① 故有多"长林深谷"② 之称。

嘉庆时巴东到大宁数百里"多未辟老林"③，巴东县西至巫山县"计二百里，此路为入川山径，有未辟老林"，巴东北至房县九道梁"计三百四十里，均从老林旁行走"④，故有"林木高茂，哀猿之声岩谷响应"⑤ 之称。巴东森林植被信息也大量存在于地名中。如土店子村青林荒因"此处原有很多花栎树，后伐完，成为荒山，故名"，园淌子村狼虎坡因"此处（过去）常有豺狼虎豹出没，故名"，金钟观村是因"过去这里树木很多，成群的黑熊常在此架窝，故名"。⑥ 秭归麝香山仍多麝，⑦ 故清代盛锦诗描绘空舲峡"宿云出洞户，古木撑岩屏。惊猿或挂树，怪鸟时一鸣"。

明代兴山县"饶竹木"，八里荒林深卑湿，靠北的簝叶坞"丛林怪石，兽蹄鸟迹交杂，行者止林外聚众而入"。⑧ 道光时兴山县东北（至）房县"皆未辟老林"⑨，有"古木丛篁，川楚极边"⑩ 之称。

但清代末年三峡地区植被在人类活动的影响下，森林植被多受影响。如光绪秀山"垦辟皆尽，无复丰草长林"⑪，巫山"林木多伐，少葱郁之象"⑫，万县"少竹树"⑬，巫溪"嗣以人稠用广，斧斤不以时入，今成童山矣"⑭，建始县江家寨昔产猿猴，但同治时有"今无"⑮ 的说法了。万州一带地名也反映了生态变化情况，如黑岭子是清代存在黑压压

---

① 同治《宜昌府志》卷2《山川》。
② 严如熤：《三省边防备览》卷10《军制》。
③ 严如熤：《三省边防备览》卷11《策略》。
④ 严如熤：《三省边防备览》卷3《道路考》（下）。
⑤ 严如熤：《三省山内风土杂识》，《丛书集成本》。
⑥ 湖北省巴东县地名领导小组：《湖北省巴东县地名志》，1983年8月编印（内部资料）。
⑦ 道光《归州志》卷1《山川》。
⑧ 万历《湖广总志》卷35《风俗志》。
⑨ 严如熤：《三省边防备览》卷3《道路考》（下）。
⑩ 严如熤：《三省山内风土杂识》，《丛书集成本》。
⑪ 光绪《秀山县志》卷3。
⑫ 光绪《巫山县乡土志》卷3。
⑬ 丁绍棠：《丁绍棠纪行四种》，四川人民出版社1984年版。
⑭ 光绪《大宁县志》卷1。
⑮ 同治《建始县志》卷1《方舆志·山川》。

一片森林得名。老林在清代是一片古老森林，老林沟也在清初是一片古老森林，虎沟在"明代有獐子和老虎"，猫儿坪"相传明末打死一只老虎，俗称猫儿坪"，林禽弯"原树林中禽兽多"，①涪陵豹湾以前"曾是一片森林，藏有虎豹，故名"，老熊沟"过去深沟林密，有老熊出没"，大豸沟"原系深山老林，有虎豹豺狼"，②但清末以来这些地名多名不副实了。

在这种背景下，三峡地区也出现了明显的灾害性水土流失，如巫山一带山土松滑，大雨时行土随水下，洞塞田淹，③故称三峡地区四山开垦，山土松滑，大雨时，行土随水下，洞塞田淹下坝中坝，汇为巨浸，造成人民流离转徙。④英国人莫理循《中国风情》则直观描述到三峡一线"由于山坡非常陡峭，再加上垦荒把草木破坏了，一场大雨就会把它少量的土壤冲得干干净净，只有善于爬坡的山羊才能在山坡上安然地啃着野草"。石柱厅土至瘠薄，全恃雨泽，不耐十日旱，雨甚大亦畏之，因为去浮土即成石田，⑤水土流失已经明显。

总的来看，清代三峡腹地仍是多"古木丛篁"，还有许多"未辟老林"，森林中还有大量野生动物，如鹏、熊、鹿、麂、貔等，⑥有的地方熊掌还"多以贱值售"。⑦

八 秦巴山山地地区森林变迁

秦巴山山地地区包括今天四川广元、通江、南江、巴中、平昌、通江、万源、江油、达县、宣汉，重庆市的城口和甘肃省以及陕西省南部嘉陵江流域的部分地区。

《马可·波罗游记》记载巴山北麓的汉中地区森林密布，林中有虎、

---

① 四川省万县地名领导小组：《四川省万县地名录》，1982年8月（内部资料）。
② 四川省涪陵县地名领导小组：《四川省涪陵县地名录》，1985年10月（内部资料）。
③ 光绪《巫山县乡土志》卷2《地理类》。
④ 道光《夔州府志》卷7《水利》。
⑤ 道光《补辑石柱厅志》卷6《风俗志》。
⑥ 嘉庆《四川通志》卷75《食货·物产》。
⑦ 同治《宜昌府志》卷11。

熊、山猫、黄鹿、羚羊、赤鹿，而这里道路是在峡谷与密林中行走，故这里很多人还以打猎为生，显现这个地区植被仍较原始。①

明清时期这些地区被称为"巴山老林"，一直是植被保持较好的地区之一。道光时严如熤描述该地区是"老林深箐，多人迹所不至"，"周遭千余里，老树阴森，为太古时物，春夏常有积雪，山幽谷暗，入其中者，蒙蔽不见天日"。②

陇南徽县三石关峡"在老林中"。两当县东北利桥"此路自太阳寺起均未辟老林，鸟道郁盘"，西大焦山"一百里，有未辟老林"。但阶州东至略阳县"计程三百六十里，此路老林已辟"，北（至）西固"无老林"。③总的来看，甘肃南部阶州、徽县、两当县、秦州、西和县、成县、岷州一部分地区处嘉陵江流域上游的西部，该区域森林植被在道光时总体保持良好，但在个别地区已有相当明显的破坏，因"老林已辟"，造成"夏秋溪涨易至梗阻"，出现了较为明显的水土流失。

陕西凤县北至秦州四百二十五里"均为未开辟老林"，"东北陕甘接壤有未开辟老林"。凤县"（至）两当县共程一百四十里，多未开辟老林"④，东南为南山老林，"西与甘省毗连，密林深谷，绵亘数百里"⑤。宁羌县东张家山与广元县相交"中多未辟老林"，县西阳平关虽然当道，仍有"深山大林，防范不易"之称，县西北"（至）略阳县共程二百二十里，尚有未开辟老林"。

明嘉靖时《略阳县志·序》描写略阳"叠巘环流，葱郁靓秀"，显现县周植被较好，如其县南景山"林木茂盛"⑥，县北十五里八渡山"四面险阻，林木茂盛"⑦。所以嘉靖时略阳野生动物种类繁多，有獐、狼、虎、豹、狐、狸、獭、熊、麂、狄、崖羊、竹溜、猿猴等。⑧

清代略阳县仍有较好的植被，光绪《重修略阳县志》引《旧县志》称

---

① 陈开俊等译：《马可·波罗游记》，福建科学技术出版社1981年版，第137页。
② 严如熤：《三省山内风土杂识》，《丛书集成本》。
③ 严如熤：《三省边防备览》卷3《道路考》（下）。
④ 严如熤：《三省边防备览》卷2《道路考》（上）。
⑤ 严如熤：《三省山内风土杂识》，《丛书集成本》。
⑥ 嘉靖《略阳县志》卷1《山川》。
⑦ 嘉靖《略阳县志》卷3《版籍》。
⑧ 嘉靖《略阳县志》卷3《物产》。

"城南七里，空寂幽蔽，树密云深"，"鸥凫出没，时有樵夫赓唱空谷传声"。[1] 严如熤《三省边防备览》载略阳县东北"入栈坝老林，交甘省两当县界共程一百四十里"，北"（入甘肃徽县界）系老林，极为幽险"，[2] 其中"常家河、栈坝老林最宽广，约一二百里"[3]。到光绪时略阳县仍然有较好的植被，如栈坝一带"数百里蒙茸蔽天"[4]，五方山峰峦秀丽，春夏满目青翠，翠屏山其麓古树森阴，象山仍是山腰仄径曲迂，茂林葱郁。[5] 清末由于移民进山垦殖，森林有一定的损耗。《重修略阳县志》记载"五方杂处，棚民入山……近年人烟颇愁"[6]，说明移民垦殖消耗了大量森林。

湖北、重庆、陕西三省交界之地，明清时期为重要的原始林区，重要的商品林产区。明代这一带曾是采办皇木的地区，至今在湖北竹溪县紧邻巫溪县的鄂坪乡的慈孝沟仍留有摩崖碑记。[7] 清代房县至大宁场"间有未辟老林"，兴山县至大宁场"间有未辟老林，人烟稀少"。[8] 不过，在一些近场院镇之处随首移民开发也多有开辟，如沙沱子"老林渐辟"，打火坝一带"老林虽辟"，张公桥一带"老林初辟"。

嘉庆时太平厅二州垭地界川陕，悬崖峭壁，深箐茂林。[9] 县东雪泡山"山谷幽邃，林木蓊蔚"[10]，而"南白沙河后尚有未辟老林"[11]，故在嘉庆十年（1805年）曾经在万源采办皇木。到光绪时太平厅一带植被仍较好，如九十九峰圆峰团簇，形极秀丽，白鹤山南二百里，古木森森，多栖白鹤，六峰山矗立千仞，四时苍翠，翠屏山苍翠欲滴，花萼山多异木嘉药，弥望青葱，顶有龙池，四时不竭。宣汉县一带则弥望青葱

---

[1] 光绪《重修略阳县志》卷1《舆地部·八景》。
[2] 严如熤：《三省边防备览》卷2《道路考》（上）。
[3] 严如熤：《三省边防备览》卷6《险要》（上）。
[4] 光绪《重修略阳县志》卷1《舆地部·道路》。
[5] 光绪《重修略阳县志》卷1《舆地部·山川》。
[6] 同上。
[7] 湖北竹溪慈孝沟采木碑文称："采采皇木，入此幽谷，求之未得，于焉踯躅。采采皇木，入此山谷，求之既得，奉之如玉。木既得矣，材既美矣。皇堂成矣，皇图巩矣。嘉靖戊午蒲月七日，光华县知县福人廖希夔撰，典史华亭瞿华。"
[8] 严如熤：《三省边防备览》卷3《道路考》（下）。
[9] 嘉庆《四川通志》卷21《舆地志·山川》。
[10] 严如熤：《三省边防备览》卷7《险要》（下）。
[11] 民国《万源县志》卷3《食货门》。

触目可见，康熙年间也曾采办皇木，其杨泗山杯子坪民国时仍留有皇木老林。①

从乾隆至嘉庆间，已经有较多移民涌入秦巴山区大规模伐林垦荒，到光绪时太平厅森林也受到较大损耗，如有称"县境地连城口，穷谷巉岩，昔为老林，今虽多半开垦，然地气高寒，只宜洋芋包谷"②。

清代城口厅一线森林相当丰富，老林遍布，人们行走多行老林之中，如厅东至偏岩子"山高峻岭，从老林旁行走"，剪刀架"从老林中行走"，刀背梁"从老林边行走"，东北（至）南天门"从老林中行走"，（至）杨泗岩"从老林中行"，（至）渔渡河"从老林中行，人烟稀少"，至纸厂"从老林中行走"，至西流溪"从老林中行走，望苍茫易迷出入之路"，至贝母池"交开县界，从老林中行走"，至仙女池"从老林中行走……沿途人烟绝少"，③所谓"古木丛篁，纷纭错杂"、"千里荟蔚，一望苍茫"，④是对这一带森林植被环境的真实描述。

嘉庆时南江县黑龙潭林木葱蔚，⑤县东北至乾沟"老林苍云碧空"，北至汉中府"贵民关以北即入老林"，北蟒洞坝"进老林二十里贵民关北一百里杨柳溪与通江接界，均老林"，而灵官堂"以内均老林，尚未开砍，亦无开垦之人"，另龙神殿、五快石、彭家坝、窑房岩、黄犬河等地"皆老林"，由窑房岩到城墙岩"交陕西宁羌州界，老林"，由白头滩到活佛沟"交广元县界，皆老林"，穿洞子到陕西瓦治坪营"从老林中行走"，⑥"有老林入南江境，至龙神殿则百余里，均老林矣，川陕边界老林独此一带尤为深远"⑦。南江县南古道旁多古柏，所谓沙河子"至马掌四十里，古柏夹官道两旁，即我们所指的皇柏林"⑧。

嘉庆时通江县的形势有"幽林蔽日"⑨之称，其北（至）青石关"从

---

① 民国《四川宣汉县志》卷4《物产志》、卷1《山川志》。
② 光绪《太平县志》卷2《风俗》。
③ 严如熤：《三省边防备览》卷3《道路考》（下）。
④ 严如熤：《三省边防备览》卷7《险要》（下）。
⑤ 嘉庆《四川通志》卷11《舆地志·山川》。
⑥ 严如熤：《三省边防备览》卷3《道路考》（下）。
⑦ 严如熤：《三省边防备览》卷6《险要》（上）。
⑧ 严如熤：《三省边防备览》卷7《险要》（下）。
⑨ 嘉庆《四川通志》卷9《舆地·形势》。

老林边行走"①,"多青枫树林,蒙密幽深"②。据研究清代通江县森林占地七成有五,宕江呈现清澈见底,水清石见的状况,森林覆盖率应在75%以上。③ 笔者田野调查,到20世纪50年代初该地区还有众多数人合抱的大森林,而在嘉庆时期,"幽林蔽日",森林原始状态应该更明显。

嘉庆时龙安府一带森林植被仍较好,出产有羚羊角、锦鸡、野猫、虎、豹、熊,④ 其箐青山重峰叠嶂,树林森郁,药丛山多产药材。⑤ 石泉县棲鸡山林木秀蔚,铁丁山叠嶂深林,金子山列嶂如屏,冈峦耸翠,⑥ 素龙山群山耸翠。⑦ 江油县靠近巴山老林的麻柳厂一带"山深林密"。

明代广元县一带生态环境还较为原始,官道旁也多是"岭峰律崒,倾洞深崖,蓊蔚荐郁","楸桧障以蔽天兮","板屋以层","草木茂殊"。⑧ 清乾隆时广元县云雾山树林茂密,雪山峰峦迭出,称为秀丽。⑨ 百丈关在"老林之旁"⑩。直到民国时广元一带杉、松、楠还是重要的物产,虎、熊、豹等大型野生动物也还出没寻常。

应该看到,由于秦巴山区山势陡峭,一旦森林破坏,水土流失严重,滑坡、泥石流灾害比川中丘陵强度要大得多。严如熤《三省边防备览》记载(陕西大巴山)"自数十年来,老林开垦,山地挖松,每当夏秋之时,山水暴涨,挟沙拥石"⑪。同时谈到大巴山山民"伐林开垦,阴翳肥沃,一二年内,杂粮必倍;至四五年后,土既挖松,山又陡峻,夏秋骤雨,冲洗水痕条条,只存石骨,又须寻地垦种,原地停空,渐出草树,枯落成泥,或砍伐烧灰,方可复种"⑫。徐心余《蜀游闻见录》中《三峡水》记载:"又云峡中水,较他水重若干。遂于巫峡中蓄水一桶,至夔城取江下

---

① 严如熤:《三省边防备览》卷3《道路考》(下)。
② 严如熤:《三省山内风土杂识》,《丛书集成本》。
③ 蓝勇:《历史时期西南经济开发与生态变迁》,云南教育出版社1992年版,第52页。
④ 嘉庆《四川通志》卷74《食货志·物产》。
⑤ 嘉庆《四川通志》卷15《舆地志·山川》。
⑥ 同上。
⑦ 道光《龙安府志》卷2《舆地志·山川》。
⑧ 民国《重修广元县志稿》第1编第2卷《明杨延宣题连云栈赋》。
⑨ 乾隆《广元县志》卷2《山川》。
⑩ 严如熤:《三省边防备览》卷7《险要》(下)。
⑪ 严如熤:《三省边防备览》卷8《民食》。
⑫ 严如熤:《汉南续修郡志》卷20。

水权之,竟相差四十余两,谈笑间又增一常识焉。"夔州至巫山间100多里,这一桶水重1.25公斤左右,显现沿途泥沙含量的增加幅度。巫山起阳乡的小河沟在20世纪80年代初是土沟,宽不到两米,深不足一米,但实行农业承包制后1984—1985年山上树林两年被农民砍光,河沟突然增深到三米,增宽到近十米,沟中沙石堆积,不见土层,而河岸数十亩水田被冲垮,成为河滩。

表4—2　明代四川地区主要森林动植物出产表

地域	动物及产品	植物
成都府	虎、豹、熊、鹿、麂、豺、猿、野牛、豪猪	梣木、楠木
保宁府	羚羊角、麝香、鹿、麂	婆罗树、龙头树、木竹
顺庆府		买子木
夔州府	麝香、山鸡、竹鸡、虎、熊、鹿、野猪、刺猪	楠木、松子
马湖府	竹鸡、山鸡、豹、猿、虎、鹿、熊、野猪	楠木、杉木
嘉定府	麝香	月竹
泸州		楠木、荔枝、桃竹
东川军民府	麂	松子
乌蒙军民府		梣木、荔枝、桃竹
乌撒军民府	猿、鹿、虎、豹、麂、野猪、豪猪	刺竹、松子
镇雄军民府	麝香、山鸡	
播州宣慰司	猱、熊、犀角	楠木、杉木、斑竹
永宁宣抚司	虎、豹、熊、鹿、麂、野猪、豪猪	思木、苦竹
龙州宣抚司	羚羊角	
酉阳宣抚司	野猪	
石砫宣抚司	麂皮	
潼川府		桃竹
叠溪守御所	牦牛、麝香、香猪、犏牛、马鸡	
天全六番	麝香、麂、锦鸡	
黎州安抚司	麝香	筇竹
平茶洞长官司		楠木、斑竹、梓木
松潘指挥司	麝香、牛、食药鹿、五角羊	

续表

地域	动物及产品	植物
龙安府	麂皮	（药材多）
眉州		紫竹、斑竹
重庆府		桃竹、灵寿杖、方竹、实竹
叙州府		仙茅、筇竹、苦竹
四川行都司		

资料来源：蓝勇：《古代交通、生态研究与实地考察》，四川人民出版社1999年版。

九 云南地区森林变迁

明代云南在长江上游流域的政区主要有云南府、楚雄府、曲靖府、姚安军民府、鹤庆军民府、武定军民府、寻甸军民府、北胜州以及大理与丽江府中部东部、澂江府的北部等地区。

元代《马可·波罗游记》记载，云南有虎、熊、鹿、大鹿、羚羊，有种类繁多的鸟雀以及生长大批的麝，[1] 显现了在汉族移民没有大量迁入云南前，云南地区的生产方式仍应以牧猎为主，森林植被保存良好。这个时期，除滇池、大理、曲靖等地区的坝子被开垦为田地外，大多数山区都为原始森林所覆盖，如楚雄府点苍山"山巅稠叠内一峰，耸秀林麓四周，其顶有泉"。大理一带多"茂林修竹，蔚然深秀"之景。

明代云南森林资源总体上仍保持良好。云南府滇池四周山地和城内名胜寺观仍多林木，如玉案山多花木竹石。商山连峰叠巘，丹崖翠壁，[2] 五华山、大德山长满松林，以致城内的薪炭林山就在城外商山。明人《商山樵笛》描述"苍苔路滑阴长松，不见当年避世翁。樵子暮归横短笛，数声吹散夕阳红"。寺庙太华寺有"千章佳木翠烟流"之称，居住该地之人日日会感受到"一林岚气浸衣润"，听到"万壑松声入耳寒"。

昆明周边区县的森林植被也保持较好，如安宁州形胜有"松竹蔚然"

---

[1] 陈开俊等译《马可·波罗游记》，福建科学技术出版社1981年版，第142—144页。
[2] 景泰《云南图经志书》卷1《山川》。

之称，曹溪寺一带"林木翳荟"。① 昆阳州形胜有山势起伏，有"茂林高柳"，而仙鹤寺"林木畅茂，常有仙鹤栖止其间"，长松山上多松木，云龙山冈峦秀耸，四时苍翠，弥雄山苍崖迭出，望之蔚然。② 嵩明州形胜也有"山连奥薮，长林木相望不可及"，秀嵩山有"耸秀插霄汉"之称。③ 到明末云南府南与澂江府和曲靖府交界地区还是"丛木蒙密，亦幽险之区"④，徐弘祖称该地区还是"凶兽当道"、"豺狼负羊"，故其感叹云南为"真豺虎之窟也"。⑤

明代云南府出产的动物有獐，麂、鹿、松鼠、猴、水獭、香狸、野猪等，出产的植物有松、杉、槐、柏、椿、黄杨、梓等，⑥ 显示了人口相对密集的云南府森林植被仍保持较好。

澂江府东面是曲靖府，以关索诸山为界，南北二麓是长江与珠江流域的分水岭，在明代较会城人口更少，多"深林绝壑，亦幽阻之区"⑦，甚至有野马"野处千群"⑧。其最南端新兴州（今玉溪）"山林深阻"，府治附近溥照寺"松林蔽医（翳）"。路南州九蟠山"绵延而来，九起九伏，林木苍翠，多良材"。罗雄州罗庄山高百余丈，延亘数十里，峰峦高耸，多产林木，禄布山"峭石巉岩，林木亦茂"。故当时文献称该州形胜是"林峦拱卫"，"林木苍森"⑨。曲靖府马龙州多罗山"山林木丛茂"，⑩ 土产还有孔雀。⑪ 曲靖府彻崇山林木葐蔚，满戍山高出群山，林木郁茂，⑫ 木容山峰宛然如画，峦林木苍翠可观。

楚雄府赤石山"山多赤石，林木阴翳，延亘二百余里"。镇南州会蓬山"峭拔耸空，草木丛茂"，治西鹦鹉山"林木蔚茂，多有鹦鹉鸟栖其上"。⑬

---

① 《重修曹溪寺记》，《云南林业文化碑刻》，德宏民族出版社2005年版。
② 正德《云南志》卷2志2《云南府》。
③ 景泰《云南图经志书》卷1。
④ 徐弘祖：《滇游日记》2，褚绍唐、吴应寿整理《徐霞客游记》卷5。
⑤ 徐弘祖：《滇游日记》3，褚绍唐、吴应寿整理《徐霞客游记》卷5。
⑥ 万历《云南通志》卷2《地理·物产》。
⑦ 景泰《云南图经志书》卷2。
⑧ 天启《滇志》。
⑨ 景泰《云南图经志书》卷2。
⑩ 同上。
⑪ 《明一统志·云南布政司》。
⑫ 《寰宇通志·云南》。
⑬ 同上。

楚雄府多为（罗胡）彝族聚居区，农业垦殖比例不大，形成"山居牧养，居山林高阜处，以牧食为业"①格局，对森林破坏相对不大。

寻甸军民府、武定军民府、姚安军民府三府北面都毗邻川南，而金沙江流经武定和姚安军民府，寻甸军民府的普渡河与小江也注入金沙江。明代这里人口稀少，交通不便，少数民族生产方式传统而原始，森林植被破坏少。姚安有"林木深郁"②之称。武定军民府竹沙雄山"上富竹木，人迹罕到"③，佐丘山"花木长春"④，东山"林木苍翠"⑤，雄轴龙山"林麓茂密"，乌蒙山"峰峦耸秀"。⑥故武定军民府习惯"松皮覆屋"⑦，姚安军民府土产有麝香，武定军民府土产有麝、梭罗树。⑧

大理府、北胜州、鹤庆军民府在滇西北，其中洱海坝子和丽江附近开发较早。唐宋元时期，大理还是云南的政治经济中心。滇西北地区多深山峡谷，海拔在云南最高，森林在高山峡谷中垂直分布。明代该地区"山林僻阻，郡内田少民稀，唯深山长林，险僻幽阻，不通商旅，亦寂寞之地也"⑨，如云岩山杂木阴森，⑩ 桃花箐"丛木蒙茸"，丽江到鹤庆间"松连箐坠"。⑪ 大理府点苍山"高千余仞，山有十九峰，苍翠如玉"⑫，感通寺"林木葱蒨，幽雅深迥，甲于诸寺"⑬，治城西"其外万松篱立，苍翠际天"⑭，城南"山峦四合，林樾葱蒨"⑮。剑川州金华山"林木葱翠，故名金华"⑯。鹤庆军民府拱面山"林峦环映"，乌铺山也是"林木葱蒇"。⑰ 故

---

① 正德《云南志》卷5志5。
② 正德《云南志》卷9志9。
③ 正德《云南志》卷10志10。
④ 同上。
⑤ 景泰《云南图经志书》卷4。
⑥ 《寰宇通志·云南》。
⑦ 景泰《云南图经志书》卷2。
⑧ 《明一统志·云南布政司》。
⑨ 景泰《云南图经志书》卷5。
⑩ 杨慎：《云南山川志》，《云南史料丛刊》第6卷，云南大学出版社2000年版。
⑪ 徐弘祖：《滇游日记》5，褚绍唐、吴应寿整理《徐霞客游记》卷6。
⑫ 谢肇淛：《滇略》卷2《胜略》。
⑬ 正德《云南志》卷34《外志·寺观》。
⑭ 谢肇淛：《滇略》卷2《胜略》。
⑮ 同上。
⑯ 景泰《云南图经志书》卷5。
⑰ 正德《云南志》卷10志10。

明末徐弘祖记载鹤庆森林是"密翳蒙蔽,路缘其中,白日为冷……密树蒙茸,高树倒影……路从深树叠石间下"①。邓川州西南诏潭"山环峙,万木阴森"②。宾川州鸡足山"清溪曲径,林木雾隐,人迹罕至"③。北胜州甸头山"群峰耸列,林木森蔚",土产有乌木,桑木。④

表4—3　　明代云南地区主要森林动植物出产表

地域	动物及产品	植物
云南府	豹、鹿、猿、麂、鹦鹉、猴	竹木甚多
大理府	麂、羚羊、猿、鹿、熊、豹、山羊、豪猪、野猪	
临安府	豪猪、熊、羚羊、虎、猿、豺、鹿、麂	
永昌府	麂、鹿、虎、豹、猿、熊、野猪、猩猩、山羊	
楚雄府	孔雀、野猪、麂、熊、豹、虎、野马	楠木
曲靖府	兕、鹿、虎、豹、羚羊、野猪、野羊、猴、小鸡、豪猪	
蒙化府	鹦鹉、熊、豹、鹿、野猪、豪猪、野羊、猴、狼	
鹤庆府	野羊、山驴、豪猪、虎、豹、豺、狼、鹿、猴、野猪、野羊、熊、麝	松子
武定府	鹦鹉、岩羊、麂、鹿、熊、猿、狼、虎、豹、野猪	
顺定府	鹿、虎、豹、麂、猿、孔雀、熊、豺狼、豪猪、野猪、山羊	
元江府	青猿、孔雀、鹦鹉	
澄江府	虎、豹、麂、熊、猿	
姚安府	鹿、麂、猿、熊、豹、豺狼	
镇康州	鳞蛇胆	
广西府	白面猿、竹鸡	
镇沅府	孔雀、小鸡	
丽江宣抚司	鹦鹉、虎、熊、豹、鹿、猿、麂、猿、毛牛、羚羊、豪猪	
新化州	孔雀、鹦鹉、熊、豹、鹿、猿、麂	
者乐甸	孔雀、熊、豹	
孟羊宣慰司	巨蟒	

---

① 徐弘祖:《滇游日记》5,褚绍唐、吴应寿整理《徐霞客游记》卷7。
② 万历《云南通志》卷2《地理·山川》。
③ 正德《云南志》卷34《外志寺观》。
④ 正德《云南志》卷12志12。

续表

地域	动物及产品	植物
陇川司	孔雀、豪猪	
南甸宣慰司	孔雀、叫鸡	

资料来源：蓝勇：《古代交通、生态研究与实地考察》，四川人民出版社 1999 年版。

总的来看，明代大理府出产有猿、熊、豹、獐、麂、松鼠、猴、羚羊、豪猪、野猪等。①明末徐弘祖记载该地区"峡逼箐深，俯视不能及其麓"，"行松林间，茫不可见"，②是对这个地区良好的森林植被的真实描述。

清代嘉庆时檀萃辑《滇海虞衡志》记载"金沙道塞，即不得下水以西东浮，而夷俗用木无多，不过破杉以为房，聊庇风雨，宗生族茂，讵少长材，虽擢本垂荫，万亩千寻，无有匠石过而问之，千万年来朽老于空山，木之不幸实地方之不幸也"③。这里谈的是清代中叶云南植被的情况，明代森林资源应更丰富，由此可看出，明代云南在整个长江上游地区是森林最丰富的地区。

清代云南政区有所调整，而北面原属于四川的东川府，昭通府划归云南所辖，其他云南府、楚雄府、曲靖府、姚安府、武定府、鹤庆府北胜州、大理府、丽江府、澂江府政区延续下来；而寻甸府划归曲靖府，鹤庆府北胜州被丽江府与永北厅管辖。

清代是云南社会经济变化比较大的时期，大量汉族移民进入开发，生产方式上农业取代畜牧猎业，人口密度增大，土地垦殖增强，滇东北和滇南地区矿产开发加快，金沙江水路一度开辟。不过，由于云南地处边陲，金沙江水路航行艰难，可进入性差，除城镇平坝和矿区外，大部分山地人烟稀少，许多少数民族还是刀耕火种，或游猎为生，森林植被仍较好，故嘉庆檀萃辑《滇海虞衡志》记载"滇非尽不毛也，以予所治农部，名章巨材，周数百里，皆积于无用之地，且占谷地，使不得艺，故刀耕火种之徒，视倒一树以为幸。盖金沙道塞，即不得下水以西东浮，而夷俗用木无

---

① 万历《云南通志》卷 2《地理·物产》。
② 徐弘祖：《滇游日记》6，褚绍唐、吴应寿整理《徐霞客游记》卷 7（上）。
③ 檀萃：《滇海虞衡志》卷 11《志草木》。

多,不过破杉以为房,聊庇风雨,宗生族茂,讵少长材,虽擢本垂荫,万亩千寻,无有匠石过而问之,千万年来朽老于空山,木之不幸实地方之不幸也"①。

明代云南府治城取代大理成为云南省的政治经济文化中心,人口快速增加,土地开垦加快。如安宁州洛阳山下有"灌田三千余亩"②。滇池水被排干垦为良田,故清初顾炎武《肇域志》记载"泄其(滇池)水,得壤地万余顷,皆为良田"③。

不过,滇池坝子四周山地地区林木仍多,如昆明县金马关"林壑幽异,绵亘数十里,至于古城",万松山山多松,形如盘龙,长松山仍多松,兰山关溪谷募笼,林木茂密,④ 故道光《昆明县志》卷三物产志记载物产仍有猿、虎、熊、豹、獐、鹿、麋、麂、狐、狸、猴、獭等。⑤

顾炎武《肇域志》记述清初澂江府河阳县"林木深密",澂江府东新化州"林木翁郁,岩石峻险,延长一百五十里"。⑥ 清中叶新化府西华山层峦叠翠,连络如屏,而秀石山四面如削,林木森蔚,连云山林木苍翠,四时猿声不绝。⑦ 澂江府奇梨山是"林木茂蔚,下有泉",铁炉关"峻岭深谷,林木幽邃"。⑧

曲靖府位于云南的东部。清初康熙时徐炯撰《使滇杂记》记载曲靖一带得稚象以长绳吊其足,逾年可贡,⑨ 说明在清初曲靖还有大象生存。同时期这一带植被也还十分好。康熙时期曲靖府南宁县青龙山"山色苍翠,远望如画",马龙州多罗山"林木茂密",寻甸州勇克山"林壑幽邃"。⑩

嘉庆时,曲靖府与清初变化不大,如青龙山仍然是山色苍翠,远望如画,真峰山林峦秀丽,花木繁瑰,满戌山高出群峰,林木郁茂,罗庄山山

---

① 檀萃:《滇海虞衡志》卷11《志草木》。
② (清)顾炎武:《肇域志》(4)云南,上海古籍出版社2004年版。
③ 同上。
④ 《嘉庆一统志·云南》卷477。
⑤ 道光《昆明县志》卷3《物产志》第4。
⑥ (清)顾炎武:《肇域志》(4)云南,上海古籍出版社2004年版。
⑦ 嘉庆《嘉庆一统志·云南》卷488。
⑧ 嘉庆《嘉庆一统志·云南》卷481。
⑨ 徐炯:《使滇杂记》,康熙初刻本。
⑩ 康熙《云南通志》卷6《山川·曲靖府》。

多林木。① 滇东地区到清末仍有较好的植被，如光绪时霑益州州东五里北山苍翠耸拔，州东八里小东山林木繁茂，春天万绿争妍，一溪掩映。不过各州县之间植被并不平衡，有的城镇要远到五十里外才能获取薪材了，如早在乾隆时陆凉州卢大山"在州西五十里，居众山之内，峭枝险峨，郡之薪樵多出于此"。实际上这种现实在清代中后期长江上游大多数城镇都存在。

清初整个滇北地区森林植被仍然保持较好，康熙《云南通志》描写楚雄府是"冈峦盘蹙，林麓迥环"②，其大姚县方山山根盘三百余里，翠色如黛，平峻障天，山多古松，大数十围不名何代物。③ 康熙时武定府狮子山"岩深千仞石，岭秀万株松"，龙山山多邃谷幽崖，茂林修竹。康熙时楚雄州小天台山山多松竹，岩壑幽胜，见性山苍松翠柏，鸟语花香，会逢山峰峦耸秀，草木荣茂。④ 金沙江两岸植被保持也是十分好，康熙初徐炯撰《使滇杂记》记载姚安有锦鸡、鹦鹉、麝香、翡翠，而武定鹦鹉众多，清晨集灌木者千计。⑤

实际上，明清时期金沙江干热河谷南面的山地的植被较好。刘文征《天启滇志·旅途志》记载元谋县"干海子，林杉森密，猴猱扳援，不畏人"、"松平关，松杉参天，其密如锥，行松阴中，尽日不绝"，⑥ 元谋东南一带"林杉森密，猴猱猧猿，不畏人"，沿江一带"树多木棉，其高干云"，元谋北面今童山濯濯的火焰山仍"翼以木栈"。⑦

康熙时武定府元谋县环州山层峦叠嶂，峭壁巉崖，嵯若插天翠屏，竹沙雄山群山上多竹木，刘大山"山高林密"，马连山有梅子箐、雪惊箐、老虎箐。⑧ 康熙初徐炯撰《使滇杂记》记载姚安有锦鸡、鹦鹉、麝香、翡翠，武定也有鹦鹉，清晨集灌木者千计。⑨ 清嘉庆檀萃辑《滇海虞衡志》

---

① 《嘉庆一统志·云南》卷484。
② 康熙《云南通志》卷5《形势》。
③ 光绪《云南通志》卷17《地理志·山川·楚雄府》。
④ 同上。
⑤ （清）徐炯：《使滇杂记》，康熙初刻本。
⑥ 天启《滇志·旅途志》。
⑦ 《天下郡国利病书》引天启刘文征《旅途志》。
⑧ 光绪《云南通志》卷27《地理志·山川》。
⑨ （清）徐炯：《使滇杂记》，康熙初刻本。

记载鹦鹉多于金沙江边，五色俱备。① 到清光绪《云南通志》仍记载鹦鹉出普渡河、金沙江边茂树深林。②

清中期，楚雄府和武定府整体上森林植被仍较好，即使对森林消耗较大的盐井附近也保有植被，如定远县东数里宝华山高林苍郁，③ 南安州东北五里乌龙山，树木丛密，形势苍丽，赤石山林木幽邃，延亘二百余里，其东有泉，马家山高出群山，林木葱蒨。④ 武定直隶州猗朵山形势峭峻，林麓茂密，吾梁山顶有古刹，老树参天。⑤

到清末整个滇北地区的森林情况仍较好。宣统《楚雄县志》记载楚雄县形势仍是"山蠹路纡，林深箐密"⑥，其紫溪山绵亘数十里，山上翠柏苍松，浓阴馥郁，山猿水色咿哑。木刻山林深箐密。⑦ 由于整个县"林深箐密"，故动物很多，仍出产麢、野猫、獭、猴、竹鼠、松鼠、野猪、豪猪、狐狸、猿、黄鼠狼、灰鼠、麂、熊、豹、狼、虎，⑧ 同治十三年六月，楚雄县狼入城咬孩童去；光绪二年麂入城；光绪三十二年狼入城。⑨

在清代，大理是云南政治经济第二重要的州府，丽江也是茶马古道重要的商埠，物资人口流动较大。但是丽江北部以及永北地区，横断山脉高山大岭耸立，金沙江河谷水流湍急，峡谷幽深，人迹罕至，植被保持良好。

清初大理府宾川州有"林麓蓊郁"之称，北面近金沙地带多"深林大箐"，故政府在此追捕盗贼时追兵"见箐不敢入"，⑩ 永宁府"三面皆深山密林，乱流杂派"，附近少数民族"山居板屋"。康熙时大理府太和县点苍山层青接汉，谷奥悬兽，石门山处苍山之阴，长松蔽天，玉案山林木浮青，西拱点苍，清丽愈胜。赵州毕钵罗窟林木箐苍。云南县水母山林木蓊郁，万山如拱。邓川州象山横屏苍然耸秀，南诏潭三山环绕，万木阴森。

---

① 嘉庆《滇海虞衡志》卷6《志禽》。
② 光绪《云南通志》卷70《食货志》之4《物产》4（下）。
③ 光绪《云南通志》卷17《地理志·山川》。
④ 《嘉庆一统志·云南》卷480。
⑤ 《嘉庆一统志·云南》卷492。
⑥ 宣统《楚雄县志》卷2《地理形势》。
⑦ 宣统《楚雄县志》卷2《地理山川》。
⑧ 宣统《楚雄县志》卷4《食货》。
⑨ 宣统《楚雄县志》卷1《天文祥异》。
⑩ （清）顾炎武：《肇域志》（4）云南，上海古籍出版社2004年版。

浪穹县黑谷山古树千章，① 罗坪关其间幽林僻谷。② 宾川州翠屏山苍翠横列，有若屏然。③

嘉庆时永北厅直隶州甸头山群峰耸列，林木森蔚，乌铺山林木葱倩，每至秋季，群鸟（乌）飞集。④ 丽江府珊碧外龙山孤峰耸翠，多产箭竹，月山林壑深秀，拱面山林峦环映，大孟岩上多古树幽禽。⑤ 清檀萃辑《滇海虞衡志》记载："金沙道塞，即不得卜水以西东浮，而夷俗用木无多，不过破杉以为房，聊庇风雨，宗生族茂，讵少长材，虽擢本垂荫，万亩千寻，无有匠石过而问之，千万年来朽老于空山，木之不幸实地方之不幸也。"⑥ 在这样的植被状态下，野生动物众多，到民国时这个地区的鹤庆出产花面猴、丽江猴、山獭、水獭、鼦、银鼠、水鼠、獐、老虎、野猪等，丽江出产有丽江猴、草豹、山獭、水獭、鼦、刺猬、银鼠、水鼠、庞牛、獐、老虎、野猪等。⑦

明代昭通、东川府属四川，但明代以及清前期由于该地还没有改土归流，人口稀少，开发较晚，加上少数民族生产方式以牧猎为主，故对森林损耗不大，到处是茂密的森林。明正德《四川志》记载东川风俗是"居多板屋"，土产有松子、麂。乌撒风俗"刀耕火种"，土产有鹦鹉、桤木。⑧

到雍正时期，滇东北开始改土归流，汉族移民涌入滇东北地区，逐渐改变少数民族生产方式，形成以农垦为主畜牧为辅的生产方式，这就加大了对森林植被的破坏程度。但是这种破坏有一个过程，故清代滇东北地区仍是"危峦蠱巙，重围叠拥，加以幽箐，蓊荟蔽塞"⑨，其巧家厅翠屏山在东北三十余里外，产野兽杂木。⑩ 昭通一带山地有太古森林，巨木蔽地，卧如老龙，密叶遮天，昼如黑夜，蝮蛇恶兽出没，人莫敢入，⑪ 其马

---

① 康熙《大理府志》卷5《山川》。
② 康熙《大理府志》卷5《关哨》。
③ 康熙《大理府志》卷22《物产》。
④ 《嘉庆一统志·云南》卷497。
⑤ 《嘉庆一统志·云南》卷485。
⑥ 嘉庆《滇海虞衡志》卷11《志草木》。
⑦ 民国《新纂云南通志》卷59《物产》。
⑧ 正德《四川志》卷23。
⑨ 雍正《东川府志》卷1《山川》。
⑩ 光绪《云南通志》卷25《地理志·山川》。
⑪ 民国《昭通等八县图说》卷6《物产》；光绪《镇雄州志》卷6《艺文》。

鞍山道狭箐深，极为险要，梨山竹树蔽翳，鸟道崎岖。永善县金锁关山势陡峻，林木深茂，路径羊肠，最为险要，[1] 其中永善县有专门出产柏木的柏木山，成为皇木采办的地区之一。镇雄州多"密竹大木，蝮蛇恶兽，青草寒风，人莫敢入"[2]，其风洞老林回环数百里。大关厅雷口林木蓊蔚，阴云迷雾，犄角山草木阴翳，中有黑熊、黄狨、人面猴等。[3] 民国《昭通志稿》物产志记载昭通的动物有虎、豹、狼、豺、狗熊、麋鹿、麂等分布，而且多是四山皆有。

即使到了乾嘉时期，垦殖对森林的损耗并不十分严重，故鄂尔泰认为滇东北"方隅广阔，地土肥饶，昔遭流寇之后，半未开辟"[4]。

清代滇东北矿业发展十分快，对矿区的森林植被有较大影响，但这种影响主要是在矿厂附近区域，出现不少童秃之山，缺乏柴烧，但清代后期滇东北的覆盖率还可能在40%左右。总之，云南地区的森林植被明清虽有损耗，但整体上仍是长江上游森林植被较好的地区。嘉庆时檀萃辑《滇海虞衡志》卷11《志草木》对云南森林这样做了总结：

"滇为蜀都南境……松柏山峰，虽写北境，而南境亦然……则诸木于滇，无不有者也。滇南松，大利所自出，其实为松子，其腴为茯苓。茯苓，凡松皆有子而细，不中敢瞰，惟滇南松子，巨同辽海，味更过之，故以为甲天下。然所行不出滇境，未有贩而至于省外者，至今内地人尚不知云南之松子也。至于茯苓，天下无不推云南，曰云苓……松林之大，或连数山，或包万天壑，长数十里，周百余里，斫之必于其林，不能于林外斫也……南方诸省皆有杉，惟滇产为上品，滇人锯为板而货之，名洞板……板至江浙值每具数百金，金沙司收其税。

楠木……各省皆有之，而滇出尤奇……滇非尽不毛也，以予所治农部，名章巨材，周数百里，皆积于无用之地，且占谷地，使不得艺，故刀耕火种之徒，视倒一树以为幸。盖金沙道塞，即不得下水以

---

[1] 嘉庆《嘉庆一统志·云南》卷490。
[2] 光绪《镇雄州志》卷6《艺文》。
[3] 光绪《滇南志略》卷4。
[4] 鄂尔泰：《敬陈东川事宜疏》，《皇清奏议》卷27，《续修四库全书》第473册，上海古籍出版社1997年版。

西东浮，而夷俗用木无多，不过破杉以为房，聊庇风雨，宗生族茂，讵少长材，虽擢本垂荫，万亩千寻，无有匠石过而问之，千万年来朽老于空山，木之不幸，实地方之不幸也"①

直到 20 世纪中期，云南的野生动物在全国都是种类最全，数量最多。民国《新纂云南通志》记述云南出产的动物有猩猩、猿、猴、猫猿、野猫、虎、豹、豺、狼、狐、狸、熊、獭、貂、貂鼠、玃、松鼠、岩羊、羚羊、野猪、旄牛、鹿、麋、麂、獐、麝、豪猪、穿山甲、貘、象等。②清代云南由于原始森林茂密，林相完整，生物物种丰富，森林郁闭性好，仍是瘴气灾害的最严重地区，特别是车里、临安府、普洱府、顺宁府、边镇厅、永昌府、腾冲府、广南府、元江府、楚雄府、湾甸州、宾川州等地都是重要的烟瘴之地，其中楚雄府、宾川州都主要在长江流域。③

可以肯定，到清末整个云南的森林整体保持还是相当好的，全国除了东北三省外，当数云南省的森林覆盖率为高，估计森林覆盖率当在 50％以上。

十 贵州地区森林分布变迁

贵州地区属于长江流域的地区可分成南北两部分，其中贵州南部地区包括贵阳府、平越府（明时为镇宁州、程番府、龙里卫、新添卫、都匀府、平越卫和安顺州等地）等附近府县。而清代政区调整较大，考虑到政区的延续性，黔中南部地区以清代贵阳府、平越州（其北部当属黔北）、都匀府、安顺府为主要探讨区域，其余北方府州均纳入贵州北部地区讨论。

明代贵阳东山林木丛茂。《贵州图经新志》记载当地土产有刺竹、筋竹、漆。④府治城附近的程番府、龙里卫、新添卫、平越卫等地植被保持

---

① 檀萃：《滇海虞衡志》卷 11《志草木》。
② 民国《新纂云南通志》卷 59《物产》。
③ 梅莉等：《明清时期中国瘴病分布与变迁》，《中国历史地理论丛》1997 年第 2 期；龚胜生：《2000 年来中国瘴病分布变迁的初步研究》，《地理学报》1993 年第 4 期。
④ 弘治《贵州图经新志》卷 1《贵州布政司宣慰使司长官司》。

比贵阳当更好。程番（定番）府府境大部分在贵州府治南面，"山广箐深，重冈叠寨"，①如卓笔山尖秀如卓笔然，翠竹山松木森然，连云山重峦连续延数里，林木森然。由于山川植被保持良好，明人有"野猿啼断夜冷吹"、"野猿啼断夜冷吹"的题咏。②龙里卫军民指挥使司潮音山峻拔秀丽，林木蓊荟，紫虚山东南峰峦突兀，树茂密，江肘山林木深阻，昆阳山深林巨箐，为土人樵采之处。③新添卫军民指挥使司杨宝山"山常青翠"。④平越卫军民指挥使司瀫霏山"山高林深。雾多瀫郁"。⑤兴隆卫指挥使司香炉山峭拔高耸，翠拥烟霞，土产有楠木和黄杨木。⑥都匀府长官司邦水箐山盘旋高耸，林密径险，猿声鸟音凄然，丙王山高数百丈，林木幽深，苗民于上避兵。其土产中有檀木、紫竹、海棠、方竹、厚朴、木尺壳等。⑦安顺州长官司伐乍山"山高箐深，多林木焉"，土产有杉木和木棉。

明郭公《题征路苗善后疏》："东路新添、龙里、平越、清平四卫，西路贵前二卫，苗贼渊薮也，六卫山箐周遭千余里……而林木接天，岩穴潜地"。⑧由此可见，明代以贵州府治为中心的东西各府各卫仍有比较好的植被。明代这些地区的物产也反映了这些地区有较好的生态环境。

但应该看到明后期贵阳府治附近由于人口的增加，垦殖樵采，森林大量损耗是不可避免的。徐霞客在《黔游日记》中描述"两山密树深箐与贵阳四面童山光秃无木迥异。自入贵省，山皆童然无木。而贵阳尤甚"。⑨到明末府治周边只保持一定的稀疏的人工林和灌木林，只是在远郊仍然有一些"林木丛茂"之处，故徐霞客《黔游日记》中描述："（十五日）下定番州道……攀隥上其险，萝木蒙密……又折而北皆密树深丛，石级迤逦……皆层篁耸木，虢蔽日月……四望乔木环翳"，"（十六日）入深箐中，耸木垂崖，上下窈渺，穿崿透碧，非复人世……崖上乔干密枝，漫空笼

---

① 弘治《贵州图经新志》卷8《形胜》。
② 弘治《贵州图经新志》卷9。
③ 弘治《贵州图经新志》卷11。
④ 同上。
⑤ 弘治《贵州图经新志》卷12。
⑥ 同上。
⑦ 弘治《贵州图经新志》卷8。
⑧ 《贵州通志·前事志》卷15，贵州人民出版社1987年版。
⑨ 徐弘祖：《徐霞客游记：黔游日记》，《中国西南文献丛书·西南稀见方志文献》第30卷。

翠……稍北下深木中……其处高悬万木之上，下瞰箐篁。"①

表4—4　　明代贵州地区主要森林动植物出产表

地域	动物及产品	植物
贵州宣慰司	马、虎、豹、熊、鹿、麂、野猪、豪猪	刺竹、筋竹、楠木
思州府	竹鸡、虎、豹、熊、鹿、麂、野猪、豪猪、鹤	鹤膝竹、绵竹
思南府	猿、竹鸡、豺、猴	楠木、刺竹
镇远府	竹鸡、猿、豺、猴	苏竹、绵竹
普安州	鹦鹉、虎、豹、熊、麂皮、鹿、野猪、豪猪	榛
黎平府	野狗、竹鸡	紫檀木、绵竹
铜仁府	豺、猿、猴、竹鸡	楠木、杉木、箭竹、黄杨木
都匀府	虎、豹、熊、鹿、野猪、豪猪	檀木、紫竹、方竹
安顺州	马、虎、豹、熊、鹿、麂、野猪、豪猪	杉木
平越卫	麂、虎、豹、熊、鹿、野猪、豪猪	楠木、黄杨木
威清卫	虎、豹、熊、鹿、野猪、豪猪	刺竹
平坝卫	虎、豹、熊、鹿、麂、野猪、豪猪	椿
普市所	野猪、虎、豹、熊、鹿、麂	竹
石阡府	豺、猿、猴、竹鸡	
程番卫	虎、豹、熊、鹿、野猪、豪猪	楠木
赤水卫	猿、虎、豹、熊、鹿、野猪、豪猪	杉木
毕节卫	虎、豹、熊、鹿、野猪、豪猪	
安庄卫	虎、豹、熊、鹿、麂、野猪、豪猪	余甘子
安南卫	猿、麂、竹鸡、虎、豹、熊、鹿、野猪、豪猪	枫木、刺竹、余甘子、虎皮楠

资料来源：蓝勇：《古代交通、生态研究与实地考察》，四川人民出版社1999年版。

明末清初，贵州仍受到战乱的影响，人口损耗严重，森林自然复茂，植被一度显现较原始状态，如贵阳府螺擁山"鸟兽皆集而饮之"，镇宁州螺山"毒蛇猛兽并出"，②贵州安抚使司大阁箐山"延袤百余里，林木蓊

---

① 徐弘祖：《徐霞客游记：黔游日记》，《中国西南文献丛书·西南稀见方志文献》第30卷。
② 顾炎武：《肇域志》，《续修四库全书本》，上海古籍出版社2002年版。

蔚",南望山"崇峰大箐,岚气书冥",玛瑙山"峰峦逶迤,林木叠翠",①飞云岩"松杉绕屋,苍翠参天",会城东北里许相宝山"周拥大树",省城附近黔灵山"周多竹木,颇幽胜也",②安顺府塔山山多树木,四时青葱,飞虹山悬崖崒嵂,怪树纡盘,③伐木山山高箐深,中多林木,安笼镇箐山林木蓊密,④天台山"翠树葱葱",整个安顺府境呈现"山多树木,林木蓊密,四时青葱"之景。平越府叠翠山大小百峰,峻秀插天,重峦叠翠,⑤瀵霾山山高林深,霾雾瀵郁。⑥开州千峰万壑,绵亘数十里,林木蓊蔚,苍翠接天。修文县西望山苍松虬结,木阁箐山林木蓊郁。

清初雍正"改土归流"后,移民大量涌入贵州,使人口增加,垦殖大大加强,使高低山坡俱已开挖成田,大道两旁空土,亦俱耕犁种植,⑦不久恢复到明代的垦殖常态。

清中后期乾嘉以来,贵州总体上仍有较好植被,贵阳府东山仍是翠巘崔嵬,琳宫缥缈。木阁箐山延袤百里,横亘修文境内,林木蓊蔚。乾隆时《黔囊》记载黔中飞云岩"古木重阴,青攒碧聚",贵阳城南七十里白云山"鸟语花香,松青竹茂",西北高山"多茂林",⑧桐木塘林深箐密。府城内翠屏山仍是林木葱蒨,百鸟啾唧,城东附郭东山仍是石壁峻峭,万木拥卫,城南飞云山两山对峙,林木葱蒨,四时常青,城东北兴隆山丛林密箐,树有大至数丈围者。⑨黔灵山"树出石隙,浓阴障天,人行其间,巾履皆碧;清风忽来,幽籁徐起,山鸟上下,引吭作百种声,幽寂之趣,殆不知此身尚在尘世"⑩。故乾隆时贵阳府物产有虎、麋、麂、豪猪、豺、兔、狐、狸、熊、罴、猿、猴等。⑪到道光时贵阳府物产也有虎、麋、

---

① 顾炎武:《肇域志》,《续修四库全书本》,上海古籍出版社2002年版。
② 《黔书・续黔书・黔记・黔语》、《黔游记》,贵州人民出版社1992年版。
③ 康熙《贵州通志》卷6《山川》。
④ 同上。
⑤ 同上。
⑥ 同上。
⑦ 《朱批谕旨・鄂尔泰奏折》雍正七年四月十五日。
⑧ 《黔书・续黔书・黔记・黔语》、《黔囊》,贵州人民出版社1992年版。
⑨ 道光《贵阳府志》卷33《山水副记》第3。
⑩ 《黔书・续黔书・黔记・黔语》、《黔语》,贵州人民出版社1992年版。
⑪ 乾隆《贵州通志》卷15《物产》。

第四章 明清时期长江上游的森林植被变迁 / 119

麂、麝、白面狸、豪猪、豺、獭、野猫、黄鼠狼、狐、竹溜、(麋)。① 安顺府桧山山多出木,四时青葱,伐木山山高箐深,中多林木。② 平越府狮山苍翠突兀,宛如豸冠,瀹霾山仍是山高林深,霾雾蓊郁。清平县坝山山径险峨,竹木丛密,木架山乾隆以前为茂林修竹,青翠如屏障。③ 广顺州境重冈叠阜,山广箐深,州署后的天马山奇秀卓崿,甲于诸山,古树修腾,虬蟠云结,土产有纸木,多松、柏、杉、梓、杨柳等。④ 平越直隶州叠翠山峻峭插天,重峦叠翠,狮豸山仍是苍翠突兀,宛如豸冠,瀹霾山仍是林深蓊郁,杉木箐山山深林密,苗倚为险,土产有椰木、杨柳、槐、杉、梓木、桐、茶、白杨、橡树。黄平州尖山坡山形秀拔,万峰山城西二十里,诸峰环抱,松竹成林,⑤ 古佛山松竹萧森,云烟掩映,梭洞两岸林木蓊蔚。⑥ 定番州摆路山林木苍古,人迹罕至。⑦ 值得注意的是,《黔南识略》记载有许多经济林和一些与林业有关的产品,显示出贵州的森林结构有所变化。

明清黔中北部地区包括除贵阳府、平越府(明时为镇宁州、程番府、龙里卫、新添卫、都匀府、平越卫和安顺州等地)以北的贵州北部地区,即包括清代的大定府、遵义府、思南府、石阡府、仁怀厅、铜仁、思州、镇远和平越部分地区。

明代至清中期,整个黔北地区森林和黔中南部相仿。思南府处川黔交界,乌江天险,开发较晚,森林资源丰富。《贵州图经新志》记载思南府土产有钱猿、竹鸡、白鹇、兰、葛、楠木,华盖山山峦高大,林木深邃,大圣登山山涧深沉,多鱼鳖。⑧ 郎溪司琴德山林木幽郁,⑨ 森林植被好,林木产品众多,树木品种有箭竹、筋竹、斑竹、苦竹、刺竹、紫竹、白杨、黄杨、黄连、黄心、杉、楠、桑、椿、楸、柏、杜、槐、枫等,⑩ 其

---

① 道光《贵阳府志》卷47《食货》。
② 乾隆《贵州通志》卷5《山川》。
③ 同上。
④ 爱必达:《黔南识略》卷3,贵州人民出版社1992年版。
⑤ 道光《黄平州志》卷1《方舆志·山川》。
⑥ 道光《黄平州志》卷1《方舆志·名胜》。
⑦ 道光《贵阳府志》卷33《山水副记》第3。
⑧ 弘治《贵州图经新志》卷4《思南府长官司》。
⑨ 嘉靖《思南府志》卷1《山川》,《天一阁藏明代方志选刊》。
⑩ 嘉靖《思南府志》卷3《食货》,《天一阁藏明代方志选刊》。

羽属有白鹇、竹鸡、野鸭、鸳鸯、偷仓儿、画眉、杜鹃、布谷、青鹭、喜鹊、鹌鹑、鸧鹒、伯劳、白舌、斑鸠、雉、鸦、莺、鸿、燕、鹰、鹃、鸡、鸭、鹅，兽类野生动物有虎、豹、熊、麂鹿、豺、狐、猿、猴、野猪等。① 杉板红为重要特色林产品。② 清代湄潭县觉仙山茂林深箐，③ 马头山山下清泉幽谷，奇花异木极林壑之胜，④ 县境地向产锦鸡、竹鸡、麋麝之类。⑤ 明代石阡府长官司形胜有"悬崖峭坂，林木荟蔚"之称，府境多箐，如寒林箐、杉木箐、爤沉箐、来临箐、坪耕箐、伯劳箐、崖头箐、葛蔓箐、深箐、黄蜡箐、隘头箐等，到清代其云台山谷深林茂，金鸡山翠色如黛，⑥ 青山高耸多林，云堂山谷深林茂。乌撒卫指挥使司大隐山林木森然，卫境林产品丰富，有漆、松子、猿、鹿。⑦

明毕节卫指挥使司翠屏山四时苍翠，望之如屏，卫城五里的云峰林峦耸翠。⑧ 到康熙年间大定府一带仍保持较好的植被，如猿窝山山势险阻，猿猱窟宅，万松岭连山皆松，龟石崎岖怪木丛生，比喇大箐崇岩茂林，四面深阻，⑨ 翠屏山山峦秀拔，宛如翠屏，上多杉桧，望之蔚然，层台山山高箐密，海洪山林木深密，鸟降山秀拔云汉，林木荟郁，陇峨箐树林丛密，迂回深阻，马陇箐崇冈密树，四面深阻，比喇大箐崇岩茂林，四面深秀，⑩ 长庆山极其森秀，蟠龙山四间远望，万山苍松翠柏掩映。⑪

《元史》陈天祥传称播州"崇山複岭，陡涧深林"。⑫ 明代播州宣慰使司形胜是"重山复岭，陡涧深林"，⑬ 土产有楠木、杉木、猱、熊等。⑭ 播

---

① 嘉靖《思南府志》卷3《食货》，《天一阁藏明代方志选刊》。
② 同上。
③ 康熙《贵州通志》卷6《山川》。
④ 同上。
⑤ 爱必达：《黔南识略》卷7，贵州人民出版社1992年版。
⑥ 康熙《贵州通志》卷6《山川》。
⑦ 正德《四川志》卷23；《读史方舆纪要》卷73。
⑧ 弘治《贵州图经新志》卷16。
⑨ 乾隆《贵州通志》卷5《山川》。
⑩ 康熙《贵州通志》卷6。
⑪ 乾隆《毕节县志》卷1《疆舆·山川》。
⑫ 乾隆《贵州通志》卷4。
⑬ 正德《四川志》卷23。
⑭ 《明一统志》卷72《播州宣慰使司》。

州真州豹子山"在治西八里多豹，故名"，① 绥阳县土产在正德时期甚至还产犀角，② 南宫山还是明代三大皇木采伐场之一。在《贵州图经新志》赤水卫土产中也有猿和杉木，③ 由此可见整个贵州北部地区的遵义地区森林植被相当原始，播州成为明代皇木采购的重要区域之一。

清代有"黔蜀交界的八九百里山地山多田少，林深箐密"④ 之称。清中期遵义府城东南二里湘山仍有"古木千章，清阴夹径"之称，湘山北桃源山"乔柯离立，蔚然苍润"，玉屏山就有地荒僻而多蛇虎之称，聚秀山林壑隐秀，望之蔚然，三台山自山半至顶无杂树，古柏千章，蔚入霄汉，金华山林木丰翳，山势翔耸若鸟骞，钟峰山古木槎枒，危岩峭岏，禹门山巨峦深翠，林壑翼然，王林山林木森秀，斜岩怪石巉岩，古藤奇树，砂冈山万松垂荫，夜涛吟风，宝峰老树森错，七宝山林峦深秀，鸡冠山其下多竹，其上多杉，鹿鸣山树木丛盛，麋鹿群游，⑤ 可见清道光时遵义府核心地区的森林植被还相当原始。其他余庆县翠萝山上多古树，四时苍翠，翠屏山列幢如屏，青翠可欢，中塘山古木阴森，⑥ 古佛山多虬松古柏，白渡口至箐口场十数里，乔木翳荟，致为幽奇，县境地产蓝靛、烟、蕨，树多栲、柳、杉、槐、樟、楮之属。⑦ 桐梓县青山林箐深密。仁怀县包公箐深林茂树，时闻猿声，鹿鸣山树木丛盛，麋鹿群游，一片自然原始之状。⑧

黔北毕节县金银山深林密箐，城东二十五里就有蚂蝗箐，绵亘十余里，山峦叠嶂。另外有排山箐、木楠箐、滑竹箐，⑨ 县境出产的植物有松、杉、梓、刺楸、柏、樟、楸、椿、柳、橡等，动物出产有虎、熊、豹、麂、猴、九节狸、野猪、崖羊、松鼠、麠、狐、果子狸、土猪、毫猪、野狗、獭、獾、竹䶉、黄鼠狼、野猫，⑩ 从侧面反映了当时森林资源的丰富。

---

① 正德《四川志》卷23。
② 同上。
③ 弘治《贵州图经新志》卷17。
④ 《贵州通志》卷23《前事志》。
⑤ 道光《遵义府志》卷4《山川》。
⑥ 乾隆《贵州通志》卷5《山川》。
⑦ 爱必达：《黔南识略》卷7，贵州人民出版社1992年版。
⑧ 道光《遵义府志》卷4《山川》。
⑨ 同治《毕节县志稿》卷2《疆城》上。
⑩ 同治《毕节县志稿》卷2。

黔东北一带多"腾林指云,幽烟冥顷,悬崖陡绝,方石无阶,杳无人烟,人迹亦不能到"①。石阡府金鸡山高可百仞,翠色如黛,黄杨山山产黄杨树。另外有寒林箐、杉木箐、坪耕箐、竹箐等。②绥阳县城南里许古称崖谷就是林木葱茏,烟云护绕,③碧古洞古树蓊郁,云烟缭绕,④故时人描写绥阳县附近西山"古木似龙蟠,怪石如人立,猿猱发妙音,好鸟声非一"⑤,清末民国初绥阳县物产中就有猿猴、虎、麋、狐、狸、貂、野猪、豹、刺猪、獭、獾、狼等。⑥湄潭县觉仙山茂林深箐,⑦马头山山下清泉幽谷,奇花异木极林壑之胜,⑧县境向产锦鸡、竹鸡、麋麝之类。⑨特别是县北黄都坝森林茂密,鸟兽杂处,连采樵人都不敢贸然进入。⑩

清代贵州地区在人类活动的影响下,许多地方森林植被受到了较大的影响。如同治《毕节县志稿》木之属没有将楠木作为当地土产,这里说明经历明清数百年的采伐后,已经无法将楠木作为土产来开采,显现了在人类活动的影响下,一些高大的楠、杉巨木已经砍伐殆尽。清平县木架山原为茂林修竹,青翠如屏障,但在乾隆时已没有这种景观了。⑪湄潭县地向产锦鸡、竹鸡、麋麝之类,但道光时有"亦罕见"之称了。同时,贵州地区虽然山地较多,但岩溶地貌较多,多石山而少土山,自然条件限制了森林植被的发展,如安顺州有土多砂石,不宜他木之称,故时人称"黔跬步皆山,然多为童阜",留有"黔山俱童"之说。⑫

从上面分析的黔中南部、北部的森林分布情况看,明清两代,贵州的森林覆盖率还相当高。历史上贵州有华南虎出没的州县有30余个,到20世纪50年代还收购到虎皮100多张。⑬当然,在明清两代贵州的森林资

---

① 张澍:《续黔书》卷8。
② 光绪《石阡府志》卷2《山川》。
③ 民国《绥阳县志》卷1《地理》。
④ 同上。
⑤ 民国《绥阳县志》卷8《艺文》。
⑥ 民国《绥阳县志》卷4《食货》。
⑦ 康熙《贵州通志》卷6《山川》。
⑧ 同上。
⑨ 爱必达:《黔南识略》卷7,贵州人民出版社1992年版。
⑩ 光绪《湄潭县志》卷2《古迹》。
⑪ 乾隆《贵州通志》卷5《山川》。
⑫ 田雯:《黔书》上,《滇黔游记》。
⑬ 蓝勇:《古代交通、生态研究与实地考察》,四川人民出版社1999年版,第486页。

源趋势总的来讲也明显减少，森林覆盖率呈现下降的趋势，尤其是巨大的楠木、杉木的损耗极其严重，个别城镇附近植被稀疏。但是广大的山地次生林、灌丛保存较多，北部的许多山地地区还有许多成片的森林，甚至是原始森林。

总体来看，明清时期整个长江上游地区的森林资源整体上呈现减少的趋势，森林覆盖率显现下降趋势，这在城镇、工矿附近更加明显。但是由于长江上游地区气候和土壤的特殊性，明清时期森林资源丰厚且更新较快，整体上森林覆盖率在全国还相当高，尤其是川西山地、藏东、云贵地区，秦巴山地，以及川西南、川东南的植被保持还是相当好，川东、川西、川西南和滇西仍是重要的商品用材林采伐地。

第四章图版

清末民国初年汶川茂州间
岷江河谷间的垦殖状况

清末民国川江河道两边一片童秃

清末遂州农村植被十分差

清末巫溪山地陡坡垦殖明显，水土流失严重

清末巫溪兴山交界处的山林坡耕

清末汤溪河上游植被破坏景观

清末安宁河河谷水土流失严重　　　　　　清代云南昆明城区环境

清末昆明城郊环境　　　　　　清末昆明城郊环境

清末川西北森林　　　　　　清末川西北一带森林

清末川西森林景观

四川金堂县土桥镇江西村附近移民坟墓，显现了清代前期江西移民进入四川盆地垦殖的历史

重庆石柱县鱼池乡玉米丰收。清代长江上游亚热带山地形成玉米、马铃薯为核心的旱作经济结构

神女峰上有人家。三峡神女峰上从清末以来就开始有人类垦殖活动

峨边县大瓦山附近清代已经有垦殖活动

21世纪初贵州赫章县妈姑镇喀斯特地貌下的农业垦殖

四川金堂县土桥镇江西村清代垦殖田土

云南永善县清代移民坟墓，显现滇东北山地较早就有垦殖活动

贵州威宁县中水镇一带清代汉族移民坟墓，显现了黔西北山地较早开始垦殖

第五章

民国时期长江上游森林分布变迁与水土流失

到了民国时期，四川森林资源的利用规模更加扩大。当时四川主要的伐木地区可分为岷沱区（理番、松潘、汶川、茂县四县）、金岷区（峨边、马边、峨眉山三县）、嘉陵区（万源、通江、南江、巴中）和长乌区（秀山、黔江、彭水等）四大区域；西康的森林可分康定、泸定、雅江、丹巴、道孚、炉霍、甘孜、瞻化、九龙、稻城、得荣、西昌等12个区域。[①]

为了比较全面地探讨民国时期长江上游森林分布变迁与水土流失，特结合民国时期的行政区划和现代水系划分，将四川省分成了岷江水系区、沱江水系区、嘉陵江水系区、金沙江水系区、乌江水系区、川江水系区以及西康省区等七个区域，来分析森林分布与水土流失状况。

一 民国时期长江上游森林分布变迁状况

（一）岷江水系区

岷江水系区包括松潘、茂县、汶川、理县、夹江、金川、郫县、新津、温江、青神、彭县、邛崃、新都、马尔康、眉山、名山、大邑、犍为

[①] 郭声波：《四川历史农业地理》，四川人民出版社1993年版，第260页。

等县。

岷江，又称汶江、都江，以岷山导江而得名。岷江发源于松潘弓木贡岭，由北向南流经汶川、都江堰市、乐山市到宜宾市后注入长江，全长711公里，流域面积13.6万平方公里，包括了大渡河、青衣江以及沱江三大支流。在民国时期，岷江水系是四川森林的重要采伐区，"以岷江、青衣江、大渡河三大流域所属之边区各县为著"[①]。

据当时的西南经济建设研究所统计，岷江流域的森林面积为160.75平方公里，包括19个林区，其主要的森林分布和采伐地区是松潘、理番（今理县）、懋县（今茂县）、汶川四县。[②] 具体为"由汶川属之龙溪起越娘子岭沿岷江而上，经汶川而达威州属暖带林与温带林之间，自威州经茂县直达叠溪属温带林，自叠溪至松潘为寒带林，松潘以上全属高原潦泽地"[③]。"林木种类以杉木、松树、冷杉、铁杉、云杉、紫杉为主，阔叶树桦木、白杨、刺楸、槐树、盐肤木、樱属、冬青、野核桃、秦椒、赤杨、化香、灯台树、青冈、栎、水青冈、山麻柳、钓樟、槭树、白蜡树等为多，观赏树木也产生很多，大致和西区产的相似，果品以枇杷，胡桃、板栗、柿为主，特用林木也多油桐和乌桕。"[④] 由于理番和汶川两县"运输较便，堪资采伐利用，约占总材面积三分之二，约有3200万立方市尺，按照合理之采伐，每年木材生产照总材面积百分之一计算，其每年约可伐出木材3200万立方市尺。此区出产之木材大多运销于成都"[⑤]。

据李恭寅《从飞机需木说到林政》一文的统计资料可以看出，民国时期岷江水系区各县的残存天然林比例相对较高，尤其是重要采伐区的理县、松潘、洪雅等县，按统计的16个县来说，有或者尚多天然林的县为9个，占16个县的56.3%。其他经济较为发达的地区，如成都、双流、广汉等地的残存天然林较少。同时，理县、青神、双流三县拥有苗圃及技

---

① 由于大渡河和青衣江在当时是西康所属地区，因此其总体情况在西康省区部分进行说明。
② 《西南导报》，民国27年，第1卷第2—4期。
③ 四川省建设厅：《四川省主要资源（三）》，《西南实业通讯》民国32年第8卷第6期，第51页。
④ 樊庆生：《四川省森林植物》，《农林新报》第34、35期合刊，民国27年12月11日，第23页。
⑤ 郑万钧：《如何改进四川伐木事业》，《林学》第七号，中华林学会刊行，民国30年，重庆北碚。

手（即为熟练之工头），这对于森林植被的培育具有很好的促进作用，占16个县的18.8%。但是，岷江水系区所有县的森林砍伐都是只伐不栽或者将伐尽，这对于森林保护有较大的负面影响（参见表5—1）。

表5—1　　民国时期岷江水系区部分县的森林状况表

县名	苗圃及技手（即为熟练之工头）	残存天然林	岁长量保存对照被伐者
乐山	无	有	只伐不栽
夹江	无	有	只伐不栽
茂县	无	有	只伐不栽
邛崃	无	有	只伐不栽
青神	有	有	将伐尽
洪雅	无	尚多	只伐不栽
懋功	无	摧毁	伐尽
蒲江	无	尚多	只伐不栽
理番	有	尚多	只伐不栽
犍为	无	少	将伐尽
彭山	无	有	只伐不栽
成都	无	无	宜林地少
双流	有	无	伐尽
广汉	无	极少	伐尽
新都	无	少	将伐尽
松潘	无	尚多	只伐不栽
峨边	无	繁茂	只伐不栽

资料来源：李恭寅：《从飞机需木说到林政》，载《林学》第七号，中华林学会刊行，民国30年，重庆北碚。

1937年四川省建设厅对全省91个县的森林用地进行了一次全面调查，虽然可能存在很多影响数据客观性的因素，但由此能简单地了解一下当时四川森林的基本情况。以下是岷江水系区部分县的森林用地状况记录，如表5—2所示，该水系的成都周围地区，包括温江在内的五个县没有森林用地，这和该区域较强经济实力和大量的人口是分不开的。而相对于人口较少的经济欠发达地区，如洪雅、青神等县的森林资源就相对保护得较好，与表5—1的统计基本吻合。

表5—2　　　　1937年四川省建设厅的全省森林用地调查表
（岷江水系部分）　　　　　　　　　　单位：亩

县名	森林用地	县名	森林用地	县名	森林用地
温江	无	成都	4952	华阳	3400
灌县	13000	新津	无	新都	708
郫县	无	双流	1248	新繁	9900
崇庆	无	内江	1300	眉山	30500
蒲江	无	广汉	90000	茂县	7796
大邑	20000	彭山	3920	洪雅	80000
青神	50000	丹棱	25387	乐山	1248
理番	30348	松潘	19650	马边	100000

资料来源：重庆中国银行：《四川月报》，第11卷第2期，民国26年8月，第140页。

由于此流域在民国时期是重要的森林采伐区和经济发达区，因而各县森林破坏情况较为严重。据各县县志和其他一些资料的记载，民国时期岷江流域各县森林破坏状况如下。

理番（今理县）原始森林极为丰富，有"无山不林，无沟不树"之称，其原始林及次生林的总计面积达380方里。民国时期颁布的森林采伐虽有明文规定，但川西林区的各木商号在实际采伐中，则采取所谓"砍尽还山"毁灭性的采伐。据民国31年（1942年）9月理番县政府向四川省政府呈文中称，"本县川西森林地带近年亦为各木商号滥伐林木剧烈区域，各木商以其各有背景，且借口发展建设，对森林滥加砍伐，所有开发之山脊，山尽山荒，一片凄凉"[1]，致使"百里外森林将砍伐罄尽"[2]，"以致县各地山崩地坏，演变成今岁及尔后数年未见之旱灾"[3]。

松潘"自汉设治历千余年，森林区域随夷乱而焚烧摧残，与日用材薪之消耗，以致附城及沿江两岸山地几成不毛。其天然林之最大区域，除亏损给柏马路外，近岷江两岸者，其面积甚小，不过三十五方里而已"[4]。

---

[1] 理县志编纂委员会：《理县志》，四川民族出版社1997年版，第403页。
[2] 《民国二十六年五月二十四日理番县府呈报森林开发情况》，《羌族简史》，第76页。
[3] 理县志编纂委员会：《理县志》，四川民族出版社1997年版，第403页。
[4] 四川省建设厅：《四川省主要资源（三）》，《西南实业通讯》第8卷第6期，第51页。

茂县"森林除松平沟、黑水沟流域为夷人盘踞地，尚未伐采外，余皆早经破伐，已无完整之森林，计全县森林面积四十方里"[①]。

汶川"森林除三江石一带无人砍伐外，其余均林相不全，分布零星，无多大价值"[②]，"红杉产龙溪、映秀等处，多家植，余皆产县属高山，多野生，近年伐木事业盛行，产量日渐减缩。"[③]

洪雅"青衣江中游的洪雅县花溪河畔，自清以来盛产楠木，靠采伐楠木发家的巨富有好几位大姓，因而至解放前夕，楠木业已绝迹"[④]。

成都平原只有人工林，已经无天然林，介人工林也多受到破坏，如外北天回山千余亩公营人工林，"成林不到十年，即全被驻军伐采，出售分赃"[⑤]，新津"自军阀割据到抗日战争，林木逐渐遭到乱砍滥伐"[⑥]。金堂"森林向无专业，皆农民自由栽种，高山平原，率多松、柏、青㭎、杂树；泽地平原，枪木、杨柳、麻柳（枫杨）、箭竹为多。1948年，县内林木蓄积为81432805立方米。1949年，全县森林面积为213210亩，加上经济林木133995亩，森林覆盖率为20%。1950年，因供应成渝铁路枕木和修建粮仓所需，平坝区的成材树木和古庙一些树木大部分被砍伐，林木蓄积量大大减少"[⑦]。

彭县"山地区域，森林面积甚广，全县总计476353市亩，约占总面积的14.8%。其分布以山地区为多，约占28.4%，面积47万市亩。平原地区仅接近山地有少许林地，平均约1.2%，面积5600市亩。此类林地，多皆私有，公有甚少"[⑧]。民国32年（1943年），董新堂在其所著《四川之林业》一文中，对彭县林区的林况和地况作了简要记述，"沿江河谷地方，大都系人工林或保育成的次生林。阔叶树有樟、楠、青杠、漆树、黄连木、盐肤木、白杨、青皮木、华瓜木、桐、泡桐、无患子、苦株、白蜡树、女贞、柳、国槐、水冬瓜、洋槐等；针叶树备马尾松、杉木、柳杉、

---

① 四川省建设厅：《四川省主要资源（三）》，《西南实业通讯》第8卷第6期，第51页。
② 同上。
③ 民国《汶川县志》卷4，《中国地方志集成——四川府县志辑（66）》，巴蜀书社1992年版，第510页。
④ 郭声波：《四川历史农业地理》，四川人民出版社1993年版，第258页。
⑤ 《川西区1950年度林业调查总结》，《西南农林资料》第1951年第2卷第1期。
⑥ 新津县志编纂委员会：《新津县志》，四川人民出版社1989年版，第200页。
⑦ 金堂县志编纂委员会：《金堂县志》，四川人民出版社1994年版，第238、239页。
⑧ 孙虎臣：《彭县农村概况》，《四川建设》第2期，民国31年。

柏木等。山腹以上，则为桦木、白杨、油松、铁杉、云杉等混淆林及云杉纯林。山岭皆为冷杉纯林，但距县城已在百里之外，故林相尚未破坏，林木茂密高大，与汶川境内森林，迨完全相同……林下灌木，以油竹最盛，再为冬青科、杜鹃科、蔷薇科、卫矛科、豆科、马鞭草料、金缕梅科和忍冬科等小灌木及禾本科、羊齿类草木植物。"全县"森林面积约占20%，荒地面积约占6.9%，荒山面积约66.6%，耕地面积约占66.5%"，"本区各处面积，合计约467927.55亩"。[①]

名山县"处高原万山，最难平衍，可耕之地无多，自生齿繁而食日艰，于是缘山转谷垦荒。迩来原隙冈陵，童童若雉，森林既尽。县土垦辟殆尽，无余地以作牧场"[②]。

犍为县"若夫长林密菁匝地，参天蓊郁葱茏，连冈满谷为一方之大森林则绝无仅用，未尝见者也"[③]。

峨边"经中国木业公司开发，可分寥堰沟、望鹰冈、大坪、青天岭以及极峰五处，寥堰沟以下已无天然林。另据峨边一带亦自民国初年起即有人常操此业，至抗战期间对森林破坏之力仍大。布洛温等调查，峨眉山区农民烧炭，早在20个世纪20年代即需跑很远的路才能找到伐木之地，因为好多地方的树木全被砍去，并不能再长"[④]。抗战前，"四川峨达县发现了近一千平方公里森林的时候，属于宋氏豪门的中国木业公司立即以巧取豪夺的方式据为己有，垄断开发，结果，因运输困难半途而废，把伐到的树木留在林场中，给整个林区造成严重损害"[⑤]。到20世纪30年代"峨边天然林区面积约有100万市亩，其垂直分布上段为针叶树林外，其下段皆为阔叶林，尤以常绿阔叶树林之面积最广，其常绿阔叶林木以槠、栲等类发育最盛。诚为达于发达终点之暖带常绿阔叶林。山上之段，气温低，故针叶树如冷杉、云杉以及铁杉等类。具体而言，自1300—1600公尺为落叶阔叶树混淆林，树种为野胡桃、八角树、丝栗、泡桐、漆树、刺臭椿、毛丝栗、黑皮梢等为多。自1600—2200公尺为常绿阔叶树混淆林，

[①] 彭县志编纂委员会：《彭县志》，四川人民出版社1989年版，第310页。
[②] 民国《名山县新志》卷8《食货》。
[③] 民国《犍为县志·物产志》。
[④] "A Survey of 25 Farms on Mount Omei, Szechwan, China", *Chinese Economic Journal*, Vol, I, 1927, 见于郭声波《四川历史农业地理》，第258页。
[⑤] 陈晓原：《中国森林的后顾与前瞻》，《中国林业》1950年第1卷第2期。

树种为丝栗、水青杠、光皮桦等为多。自2200—2400公尺为针叶及阔叶树混淆林，树种为若楮、七角树、丝栗、香樟、山胡椒、红豆、云南铁杉等为多。自2400—2600公尺为针叶树混淆林，树种以铁杉、冷杉为多。自2600—3100公尺为针叶树单纯林，树种以冷杉为主"[1]。

森林资源的破坏自然会出现一些负面影响，如加重水土流失程度。在民国时期，本水系区有较为严重的水土流失，记载十分频繁。

理番（今理县），民国6年"夏，淫雨十余日，南沟、小沟河水暴涨，城内起水甚深，沿河冲刷田房颇多"[2]。民国21年"夏，大雨，山洪发，田亩损失甚巨"[3]。民国36年"七月，杂谷脑河山洪暴发，冲毁田禾一千一百亩，灾民一千二百余人，牲畜财物损失甚重"[4]。松潘，民国19年"七月，县属漳腊之河水暴涨，九月十四日，飓风暴雨为灾，田舍冲没"[5]。民国25年"八月，岷江河水大涨，松、茂、汶道路多被冲毁"[6]。民国37年"夏，淫雨为灾，山洪暴发，冲没田庐无数"[7]。茂县，民国26年"叠溪潭因淫雨为灾，四山岩崩溃，潭水涌溢，水势涨消不时，水患堪虞"[8]，民国36年"七月，洪水冲毁田禾，房屋甚多"[9]，民国37年"从七月五、六日几天暴雨不息，磨房堰口被洪水冲打，墙根倒塌甚多，市内十字口水淹盈尺，如同泽国"[10]。汶川，民国6年"起水甚深，沿河冲刷田房颇多，夏，溪水涨，桃关佛塘坡成泽国，田亩多被冲刷"[11]。民国22年"十月十一日大水灾，遍及县境十六个场镇，死亡三四千人，冲去田地

---

[1] 李构堂：《峨边沙坪山天然林更新试验大纲》，《新农林》第1卷第5期，民国31年。
[2] 《四川省解放前洪水灾害资料汇编》，1966年版，引自水利部长江水利委员会、重庆市文化局、重庆市博物馆《四川两千年洪灾史料汇编》，文物出版社1993年版，第250页。
[3] 《四川省近五百年旱涝史料》，1978年，引自水利部长江水利委员会、重庆市文化局、重庆市博物馆《四川两千年洪灾史料汇编》，文物出版社1993年版，第274页。
[4] 阿坝州志编纂委员会：《阿坝州志》，民族出版社1994年版，第319、323页。
[5] 《国民公报》，1930年7月28日，引自水利部长江水利委员会、重庆市文化局、重庆市博物馆《四川两千年洪灾史料汇编》，文物出版社1993年版。
[6] 《华西日报》，1936年9月10日，同上书。
[7] 《新新新闻》，1948年10月9日，同上书。
[8] 《华西日报》，1937年9月8日，同上书。
[9] 《新中国日报》，1947年10月24日，同上书。
[10] 《建设日报》，1948年7月14日，同上书。
[11] 《四川省解放前洪水灾害资料汇编》，1966年，同上书。

一万六千亩，房屋，财产不计其数"①。民国23年"连日大雨。八月初二，山水暴发，淹没农田甚多，自涂禹山至跟达桥，被冲刷成沟，初四。初六水涨二次，灾害加重"②。民国24年"夏，大水，毁桥梁，商禾稼"③。民国36年"七月，洪水冲毁田禾，房屋甚多"④。洪雅，民国10年"淫雨十日，溪间之水为之一盈，花溪、柳江、止戈，三宝河岸崩溃，几成泽国。沿河居民庄稼无存"⑤，民国36年"九月，连日阴雨，府、雅二河水位骤涨数尺，沿河多被水淹，有若干全家老幼同作被臣者"⑥。新津，民国6年"连日大雨，大河三条合流。七月二十二日午，城内水深丈余，东南城沿河房屋多冲坏，旧县城附近水田冲毁更甚"⑦，民国19年"夏、秋间大水，由旧县至新津，三渡合为一渡，周围十数里，良田，桥梁尽行淹没，一片汪洋，为十余年所未有"⑧，民国20年"八月，淫雨为灾，江水暴涨，低洼之处，尽成泽国，漂没田房，财物，核定为三等受灾县"⑨，民国36年"五月十二日至十七日止，昼夜大雨不停，西南两河水位上涨丈余，沿岸房屋、田亩、农作物多被冲毁淹损"⑩。彭县，民国6年"七月六日，竹瓦铺河水大涨，毁桥梁，村院十余处，四百余亩"⑪。大邑，民国34年"八至九月，淫雨，山洪暴发，沿河田土被冲，全县收获不及二成"⑫。犍为，民国6年"阴历六月初三日，洪水穿城，夜半交汇于大十字始退，城亘冲塌二百五十八丈，漂没田土，人畜不计其数"⑬。民国25年"江水暴涨，县城进水，北至天主堂，南至考棚，几成泽国，

---

① 《国民公报》，1933年10月22日，引自水利部长江水利委员会、重庆市文化局、重庆市博物馆《四川两千年洪灾史料汇编》，文物出版社1993年版。
② 《国民公报》，1934年9月10日，同上书。
③ 民国《汶川县志·艺文》，同上书。
④ 《四川省近五百年旱涝史料》，1978年，引自水利部长江水利委员会、重庆市文化局、重庆市博物馆《四川两千年洪灾史料汇编》，文物出版社1993年版。
⑤ 《国民公报》，1921年7月19日，同上书。
⑥ 《新新新闻》，1947年9月25日，同上书。
⑦ 《四川省解放前洪水灾害资料汇编》，1966年，同上书。
⑧ 《国民公报》，1930年9月28日，同上书。
⑨ 《四川省近五百年旱涝史料》，1978年，同上书。
⑩ 同上。
⑪ 《四川省解放前洪水灾害资料汇编》，1966年，同上书。
⑫ 《四川省近五百年旱涝史料》，1978年，同上书。
⑬ 民国《犍为县志·杂志》，同上书。

西门外之水，淹至濠山坝，县看守所墙倒塌，沿河百里内外禾苗，牲畜损失至巨"[1]。民国34年"八月二十一日夜，雷雨交加，大小河同时暴涨，沿江田土，房屋被没，损失不可胜计"[2]。民国36年"七月，水灾，竹根滩，石板溪等沿河乡镇，受灾最重，被毁田禾五千亩，被灾六千余人"[3]。峨边"沿河沟之田中，白石累累，碎块满布田中，而田中玉米仅二三尺高，鲜有过四尺者。此皆冲刷所造成之严重后果也。又沿大渡河两岸山上，几无树木"[4]，民国3年"六月，大雨，冲刷三豆岩禾稼，地面纵横数里"[5]，民国4年"七月十五日，大雷雨。由山顶起水，冲刷雪山庙，葛将营两地面数里，淹没玉黍二百余石，民房数家"[6]。马边，民国36年"七月二十八日，大雨，平地水深丈余，沿河之安富、永善、复兴三乡田禾新谷全被冲毁，街市、房屋、牲畜、物资亦大损失"[7]。

总的来看，民国时期的岷江水系区森林破坏较为严重，并且加重了水土流失。

（二）沱江水系区

沱江水系区包括安岳、仁寿、隆昌、德阳、富顺、大足、乐至、威远、什邡、绵竹、资中、荣昌、荣县、简阳等县。

沱江，又名外江、中江，是长江上游的一级支流。它有三源，左源绵远河，发源于茂县九顶山南麓，为主源，河长180公里；中源石亭江，河长141公里；右源湔江，河长139公里，三源于金堂县赵镇汇合始称沱江，再经资阳、内江到泸州市注入长江。干流全长629公里，流域面积2.78万平方公里。由于沱江主要流经处于开发较早的盆地地区，因此在

---

[1] 《华西日报》，1936年8月12日，引自水利部长江水利委员会、重庆市文化局、重庆市博物馆《四川两千年洪灾史料汇编》，文物出版社1993年版。
[2] 《四川省近五百年旱涝史料》，1978年，同上书。
[3] 《新中国日报》，1947年7月24日，同上书。
[4] 张云波：《雷波屏山之特殊资源及其前途》，《雷马屏峨纪略》，民国30年，第5页。
[5] 民国《峨边县志》卷4，引自水利部长江水利委员会、重庆市文化局、重庆市博物馆《四川两千年洪灾史料汇编》，文物出版社1993年版。
[6] 民国《峨边县志·祥异》，同上书。
[7] 《新新新闻》，1947年8月4日，引自水利部长江水利委员会、重庆市文化局、重庆市博物馆《四川两千年洪灾史料汇编》，文物出版社1993年版。

民国时期已无大量可开伐的森林，所有疏落散生在农舍附近、田埂溪边以及丘陵山坡上的树种较少。"针叶树种常见的有柏木、松杉木和桧柏，单子叶植物多竹类和棕榈，双子叶植物中最显著的是水边的桤木和枫杨。田埂上的黄谷树和桑树，以及成群的雅楠、桢楠，混生的栎、楮、钓樟、枫香树、红豆木、柞木、黄连木、石栎、檫树、榆树、八仙花、山菜黄、无患子、槭树之类，果树有柑桔、柚、橙、龙眼、荔枝、梨、苹果、桃、李、樱桃和枇杷，特用的林木有油桐、白蜡树、乌桕、茶树和漆树。"[1]

表 5—3　　　　　民国时期沱江水系区部分县的森林状况表

县名	苗圃及技手（即为熟练之工头）	残存天然林	岁长量保存对照被伐者
简阳	有	摧毁	将伐尽
仁寿	无	有	只伐不栽
资中	无	滥伐	将伐尽
隆昌	无	有	只伐不栽
荣县	无	尚多	只伐不栽
富顺	有	少	将伐尽
内江	无	少	将伐尽
荣昌	无	摧毁	只伐不栽
大足	有	有	只伐不栽
德阳	无	少	将伐尽
绵竹	无	少	将伐尽
乐至	有	少	将伐尽

资料来源：李恭寅：《从飞机需木说到林政》，《林学》第七号，中华林学会刊行，民国30年，重庆北碚。

据李恭寅《从飞机需木说到林政》一文的统计资料可以看出，民国时期沱江水系区各县的残存天然林的比例是相对较低的，大多数的残存天然林都较少或者摧毁，仅有仁寿、隆昌、荣县、大足四县还有或尚多残存天然林，按统计的12个县来说，有或者尚多天然林的县为4个，占12县的33.3%。不过，该水系区拥有苗圃及技手的县相对较多，这对于森林植被

---

[1] 樊庆生：《四川省森林植物》，《农林新报》第34、35期合刊，民国27年12月11日，第23页。

的培育具有很好的促进作用，简阳、富顺、大足、乐至四县拥有苗圃及技手，占12个县的33%。另外，与岷江水系区所有县的森林砍伐一致，沱江水系区大都也是只伐不栽或者将伐尽，这对于森林保护具有严重的负面影响。

另据1937年四川省建设厅对全省91个县的森林用地调查（见表5—4），从沱江水系区所包括的各县森林可看出各县森林用地相对其他水系区较少，这和该水系区处于开发较早的盆地地区有很大的关系。但是，与上表相对比也存在着一定的矛盾，如隆昌，上表有残存天然林，而下表无森林用地，因此资料还需要进一步研究，不过隆昌当为交通要道，地貌以浅丘为主，开发较早，在民国时期应该有较少残存天然林，但不至于与荣昌为邻，没有一点林地。

表5—4　　　　1937年四川省建设厅的全省森林用地调查表
（沱江水系部分）　　　　　　　单位：亩

县名	森林用地	县名	森林用地	县名	森林用地
内江	1300	什邡	3700	荣昌	3120
大足	14465	乐至	30000	隆昌	无
富顺	1300	仁寿	5820		

资料来源：重庆中国银行：《四川月报》，第11卷第2期，民国26年8月，第140页。

沱江水系区所在的各县由于处于开发较早的盆地地区，因而原始森林早已不存在，在民国时期其森林破坏依然继续。

什邡"森林在昔为西山一带，北至九岭山；西北至分水岭、九峰山、宝莲山、涌泉山、九岭岗、巢凤山等地，东至绵竹象鼻山，南至高景关、狮子山，纵横百余里。大半皆浓阴矗立，高插云天。大者数十围，小者数围……逮及民国，山内沦为匪属，居民他徙，更无人看护，故当时大小树木凡易放行者，均鲜有存在。更多人此辟而种烟，加以近年各军私铸银币，几数十处高价收买白炭。山民只图近利，每以拱把之木辄行锻炼，以供所需，而伐不及时生息难继，致前之葱葱者顿成濯濯"[①]。

[①] 民国《重修什邡县志》卷5《食货》，《中国地方志集成——四川府县志辑（10）》，巴蜀书社1992年版，第422页。

德阳"在民国时期，山林树木多属私有，砍伐转让，政府不予过问。民国28年，川陕公路桥梁工程处借修建绵远河红台山大桥。在德阳、绵竹等县超量大砍成材柏木、香樟、楠木、香椿等，由县政府建设科派员强行砍伐，全县林木遭到很大破坏"①。

金堂"森林向无专业，皆农民自由栽种，高山平原，率多松、柏、青掬、杂树；泽地平原枪木、杨柳、麻柳（枫杨）、箭竹为多。1948年，县内林木蓄积为81432805立方米。1949年，全县森林面积为213210亩，加上经济林木133995亩，森林覆盖率为20%。1950年，因供应成渝铁路枕木和修建粮仓所需，平坝区的成材树木和古庙一些树木大部分被砍伐，林木蓄积量大大减少"②。

仁寿"县境属亚热带季风气候。清代，低山深丘地区的汪洋、回龙、复兴、碗厂、识经等乡树林青翠，浅丘平台地区的龙正、清水一带也郁郁葱葱。抗日战争时期，全县森林以第四、五两区山地为最多，第一区次之；种类以松树为多，柏树次之。民国36年，全县有森林地88.09万亩。主要分布在分水、光相、镇古、景贤、回龙、越溪、复立、碗厂、汪洋等地，集中大计森林45万亩，林木12500万株；宅旁植被分布广泛，品种繁多，森林覆盖率为25%。以后豪绅大肆采伐，毁林垦殖，至1950年，森林覆盖率为13%，宜林地约60万亩"③。

乐至民国时"森林茂密，种类繁多"④。但到民国18年县只有森林面积15万亩，森林覆盖率8.6%。民国25年《乐至二十五年农事试验场说明书》上载"因洋麻人丝充斥，丝价低落，育桑之家，亏折过巨。不唯不谋改进，反将国有桑株，砍伐殆尽。解放战争时期，因农民生活困难，多出现卖树。县临解放时，地主、富农多砍伐树木"⑤。

威远"民国时期逐渐减少。民国17年，全县林业用地占总面积的36.8%。此后小煤窑日增，多伐木用于矿井撑护，林地减少。民国26年，全县土地总面积162.3万亩，其中林业用地45.78万亩，占28.2%"⑥。

---

① 德阳县志编纂委员会：《德阳县志》，四川人民出版社1994年版，第392页。
② 金堂县志编纂委员会：《金堂县志》，四川人民出版社1994年版，第238、239页。
③ 仁寿县志编纂委员会：《仁寿县志》，四川人民出版社1990年版，第149页。
④ 民国《乐至县志又续》卷2。
⑤ 乐至县志编纂委员会：《乐至县志》，四川人民出版社1995年版，第109、232页。
⑥ 威远县志编纂委员会：《威远县志》，巴蜀书社1994年版，第198页。

第五章　民国时期长江上游森林分布变迁与水土流失 / 137

隆昌民国时"'南乡林木较多,东西北乡均有童山濯濯之慨'。民国32年,查丈全县林地(含少量杂荡)88863亩;同年县政府向省呈报成片森林87611亩,加上灌木林、竹林、零星树木面积,全县林地共15万余亩;森林覆盖率为13.2%。民国35年,林地87600亩。其中,用材林52600亩,占60%;经济林21900亩,占25%;薪炭林13100亩,占15%。用树林中,针叶林占85%,阔叶林占15%;幼龄林、中龄林和成熟林分别占20%、50%、30%。经济林以油茶、油桐、板栗为主,柑橘、乌桕、棕榈、桑等次之。薪炭林树种主要有火绳树、紫惠槐、峨眉葛藤、苦木、算盘子、马桑、黄荆、青杠、芭茅等29种"[①]。

富顺在"清末尚有成片森林近30万亩(据宣统二年四川省劝业道调查)。民国时期,森林继续减少。据宜宾专区林业勘测队1952年的调查,全县有成片林27.55万亩(其中成林18万余亩,中林9万余亩),木材蓄积量为88万立方米,森林覆盖率为11.46%。主要分布在县东南山区和县西南高丘地区"[②]。

荣县"祠庙间松杉最多,苍苍然松国也。自铁厂土法炼矿,寄铁命于木炭,万山童矣。县东南宜柏,野客山尤多,然地日辟,则柏日少,而直日昂矣"[③]。

民国时期,沱江水系区也由于森林资源破坏,也加重了水土流失程度。

什邡,民国12年"夏,沿石亭江、鸭子河一带百余里地方,田园,房屋,禾稼,粮食概被淹没冲走,崩决横流,全县毁损田土约在十万亩左右"[④]。民国13年"六月,大雷雨两昼夜,洪水横流,高景观铁索亦被冲断,白鱼河、石亭江及县西鸭子河沿岸粮田、房舍漂没甚多"[⑤]。民国23年"大水泛滥之区,纵约百余里,横约十余里,以西北地带尤甚。冲毁农田十万亩以上,死亡人数约在五千以上"[⑥]。德阳,民国23年"水,淹没

---

① 隆昌县志编纂委员会:《隆昌县志》,巴蜀书社1995年版,第132页。
② 富顺县志编纂委员会:《富顺县志》,四川大学出版社1993年版,第328页。
③ 民国《荣县志》第6《物产》。
④ 《川报》,1923年7月13日,引自水利部长江水利委员会、重庆市文化局、重庆市博物馆《四川两千年洪灾史料汇编》,文物出版社1993年版。
⑤ 《什邡县志》杂记,民国18年,同上书。
⑥ 《国民公报》,1934年8月21日,同上书。

田地十余万亩，淹毙五千余人，牲畜、房屋、什物淹没，损失甚重"[1]。民国34年"八月三十日起，大雨三昼夜，田禾被淹毁"[2]。民国36年"八月，大水，冲毁农田十七万五千二百三十五亩，良田变沙洲，农民受灾极惨"[3]。金堂，民国3年"中江，后江泛涨，坏田庙无算"[4]。彭县，民国6年"七月六日，竹瓦铺河水大涨，毁桥梁，村院十余处，四百余亩"[5]。荣县，民国38年"五、六月间，常有大雨，山洪暴发，平地涨水丈余，冲毁桥梁甚多，死人十百，损失财产不可数计"[6]。

（三）嘉陵江水系区

嘉陵江水系区包括射洪、中江、北川、三台、南充、潼南、宣汉、西充、遂宁、江油、安县、南部、阆中、旺苍、苍溪、仪陇、达县、华蓥、广安、巴中、大竹、万源、武胜、岳池、平昌、南江、绵阳、达县、合川等县。

嘉陵江水系，古称阆水、渝水。发源于秦岭南麓，自陕西省阳平关入川，到广元市纳入白龙江，至合川城，于重庆注入长江。干流长1120公里，流域面积16万平方公里，包括了嘉陵江、涪江及渠江三大支流。在民国时期，嘉陵江水系的源头，也就是万源、通江、南江以及巴中四县仍然是四川森林的重要采伐区，其余盆地区虽然原始森林已被破坏，但各县边境地区还生长着次生林。此地区位于四川的东北部，为大巴山主要经过区域，山之高度多在2500公尺左右，"所有森林树种以松属、柏木、杉木、杨和柳为主体，其他混生的杂木林中多槐树、榆树、桦木、槠、栎、黄谷树、锥栗、水青冈和千筋榆。南江县的皇柏林是这区域里闻名的人工林，特用林多油桐、漆树、厚朴、杜仲和乌桕，果品以胡桃、柿子和梨为最"[7]。

---

[1] 《川报》，1934年8月23日，引自水利部长江水利委员会、重庆市文化局、重庆市博物馆：《四川两千年洪灾史料汇编》，文物出版社1993年版。
[2] 《新中国日报》，1945年9月27日，同上书。
[3] 《新新闻》，1947年9月12日，同上书。
[4] 《川灾年表》，1961年，同上书。
[5] 《四川省解放前洪水灾害资料汇编》，1966年，同上书。
[6] 《新新闻》，1949年7月19日，同上书。
[7] 樊庆生：《四川省森林植物》，《农林新报》第34、35期合刊，民国27年12月11日，第23页。

据记载"万源森林，其分布状况因山势水道甚为复杂而不一致，大体可分为三种情况，其一，老山林，境内之老山林存留甚属寥寥，多数均被焚烧，垦为耕地，其存留者以皮窝铺之望乡台老林为代表，面积原甚广大"，当时"仅一万五千公亩左右，密茂庞杂，为阔叶杂木混生林，本地人称为'老筏'，绝少有人入内"，故"未遭砍伐者皆赖业主之大力保护，林木之成材数目，约一万五千株左右，直径二尺及一尺者各占五分之二，直径三尺者约五分之一，尚未成材及枯老者约五六千株，其主要树木为青杠、竞叶桦、白桦、枫杨、大叶槭、细化槭、槠、黄栋及漆树类。其二，次生林，所占面积较为广泛，凡经毁灭之老林地带，未曾耕耘者，均属之，任其自由生长，鲜有人工经营，该县西区冉家坝、陈家沟一带之森林，多属此类，其林木大小种类多不整齐，多数为针叶阔叶混淆林，或近乎小型之单纯林，如青杠、柏树及松树等最占优势，其他各种均较少，主要树木为柏树、松树、青杠、油杉。其三，人工保护林，以石城坝为最普通，多在居宅或坟地附近，林地整齐树木端正，较老林尤佳，绝少滥伐情形，全县所有森林面积共 21276500 平方公尺，成材株数为 1857000 株。通南巴三县森林，此三县森林分布情形及数目种类完全一致，凡近河地带多为丛生之柏木，较高带则为混合林，再高地带则为杂木丛林，老山林不多见，均为次生林及人工保护林，其中南江之皇柏，沿大路绵延百里之长，可为人工保护林之代表，皆数百年前古物也，主要树木为柏树、青杠、松树、黄栋"。[①] 据记载"通江成材株数为 43380 株，南江成材株数 34680 株，巴中成材株数 30250 株，其他散生各地的成材株数 66830 株，总计为 175140 株。万通南巴四县共计成材株数为 2012340 株，此仅粗略之估计"[②]，可见民国时通南巴万等地的原始林、次生林仍有较大的比例。

据李恭寅《从飞机需木说到林政》一文的统计资料可以看出，民国时期嘉陵江水系区各县的残存天然林的比例并不很高，可能是一般，但是由于缺乏大巴山地区的通江、南江、巴中的统计。在经济欠发达地区，如宣汉、达县、北川等地区的有或者尚多残存天然林。其余经济较发达的地区，如绵阳、遂宁、南充等地的天然林已经摧毁或者滥伐。按统计的 25

---

① 四川省建设厅：《四川省主要资源（三）》，载《西南实业通讯》第 8 卷第 6 期，第 52 页。
② 中国国民经济研究所：《四川省——中国经济的宝库（二）》，《西南实业通讯》第 2 卷第 1 期，民国 29 年，第 38 页。

个县来说,有或者尚多天然林的县为 11 个,占 25 个县的 44.0%。同时,该水系区拥有苗圃及技手的县共有大竹、宣汉、渠县、合川、营山、梓潼、盐亭七县,其中大竹、宣汉、渠县、营山四县是同时拥有残存天然林和苗圃及技手的县份,这说明该水系区的森林植被培育工作较好。值得一提的是,与岷江水系区和沱江水系区所有县的森林砍伐一致,嘉陵江水系区大都也是只伐不栽或者将伐尽,说明嘉陵江流域森林资源受到的破坏十分明显。

表 5—5　　　　民国时期嘉陵江水系区部分县的森林状况表

县名	苗圃及技手(即为熟练之工头)	残存天然林	岁长量保存对照被伐者
大竹	有	尚多	只伐不栽
广安	无	有	只伐不栽
宣汉	有	有	只伐不栽
渠县	有	尚多	只伐不栽
达县	无	有	只伐不栽
邻水	无	有	只伐不栽
开江	无	摧毁	将伐尽
铜梁	无	尚多	只伐不栽
合川	有	摧毁	略见幼林
安县	无	滥伐	只伐不栽
遂宁	狭小	摧毁	只伐不栽
剑阁	无	滥伐	将伐尽
蓬溪	无	无	伐尽
蓬安	无	无	伐尽
营山	有	有	只伐不栽
岳池	无	尚多	只伐不栽
梓潼	有	滥伐	只伐不栽
南充	无	滥伐	只伐不栽
西充	无	少	将伐尽
盐亭	有	少	将伐尽

续表

县名	苗圃及技手（即为熟练之工头）	残存天然林	岁长量保存对照被伐者
射洪	无	无	伐尽
中江	无	无	伐尽
阆中	无	有	只伐不栽
绵阳	无	滥伐	将伐尽
北川	无	尚多	只伐不栽

资料来源：李恭寅：《从飞机需木说到林政》，《林学》第七号，中华林学会刊行，民国30年，重庆北碚。

另据1937年四川省建设厅对全省91个县的森林用地调查，嘉陵江水系区所包括的各县森林如表5—6所示，广安、达县、渠县等经济欠发达地区的森林用地较高，而其余的县份大都不高，且蓬溪、安县、合川三县无森林用地，这与上表较为吻合，同时也说明了与其所处的盆地地区开发较早和人口基数较大有很大关系。

表5—6　　　　1937年四川省建设厅的全省森林用地调查表
（嘉陵江水系部分）　　　　　　单位：亩

县名	森林用地	县名	森林用地	县名	森林用地
铜梁	3132	渠县	20000	广安	35694
岳池	1710	武胜	1200	西充	2442
遂宁	1300	三台	1625	南充	800
潼南	71	蓬溪	无	射洪	17307
安县	无	梓潼	13741	剑阁	35420
苍溪	11000	江油	22000	阆中	3000
平武	55000	达县	47947	开江	2000
通江	209	南江	4000	合川	无

资料来源：重庆中国银行：《四川月报》，第11卷第2期，民国26年8月，第140页。

每个县的具体材料也证明嘉陵江水系区所在的各县由于经济和人口的原因，特别是中下游地区森林破坏较明显。

巴中"木以松柏为多，历年木商运往合川、渝城，获利颇厚，近年因采伐渐稀"①。南江在民国33年"有山林595万亩,民国34年至38年,各地毁林开垦种植粮食,森林面积大量减少。坪河、桃园、关坝、沙坝等地,毁林达20万亩。其余地方毁林开荒随处可见"②。

"南江县皇柏林为县中公有物,历来均由县府严令保护,无敢加以损坏者,民国时期所存者约仅四千余株,自两河口以上至赤溪场一带约有50里之遥,存者不及五十株且皆残缺不全,几无一完整者,树根、树皮多被乡人砍剪剥削,以为引火之用,有树皮剥完以致枯死者,有剥皮至仅留一线生机者,有树干之一半全被砍去者,创痕满身"③。

通江"城有东西两江,东江水量较大,山势较陡,居民多在山顶,沿江居民少,树木多。西江水量较小,山势较为开展,沿江多平坝,可耕之田颇多,树木繁荣,不亚于东江,其中主要木材为柏木,次为松树、青杠及黄栋之类亦多,唯柏树之能成大材者绝少,直径在一尺者,仅百分之四五。距水道较远之处,成材者较多,如东江之沙溪嘴洪口及芝包口土刀一带,皆有连片之柏林。西为产银耳最盛区域,年产万余斤,故青杠虽多,皆被砍为耳山。柏树虽多,因山势较平,砍伐较易不若东江之多"④。

广安"从清末至民国,华蓥山县城段森林面积保持在34万亩左右,占山区面积(自外麓算起)的近85%,其中白夹竹10万余亩。西部深丘,如蒲莲、郑山、晓钟一线,均有成片树林,加上'四旁'(宅旁、路旁、水旁、田边土旁)树竹,占地不下10余万亩;中部浅丘,亦有大量四旁树,庙宇、坟园等处,多有小片森林。民国32年,全县森林面积75万亩,森林覆盖率为29.29%。民国35—38年,不少地主砍伐林木,特别是大柏树,以致解放时全县森林面积减为68.98万亩(台四旁林木占地23.39万亩),森林覆盖率降为26.9%,活立木蓄积量计455万立方米"⑤。

宣汉民国时期"县境树木荒山占总面积的60%。20世纪50年代,县

---

① 民国《巴中县志》第1编《土地志·物产》。
② 南江县志编纂委员会:《南江县志》,成都出版社1992年版,第225页。
③ 曲仲湘:《渠河上游万源及通南巴森林调查报告》,《四川之森林》,四川省政府建设厅发行,民国27年,第15页。
④ 重庆中国银行:《四川月报》,第9卷第5期,民国25年11月,第148页。
⑤ 广安县志编纂委员会:《广安县志》,四川人民出版社1994年版,第356页。

境河谷、浅丘地区小块森林多被开垦种粮,中山地区毁林开荒普通"①,故有清代"弥望青葱,触处可见"的地方在民国已经是"牛山濯濯,全县皆然矣。木材艰窘,燃料缺乏"。②

万源县属森林"以人稠户密,开辟殆尽,四望童山,不唯宫室材料不易得,即薪炭亦极艰。唯产耳区域之橡木蔚然可观,其他松柏椿杉间有成林者,亦等凤毛,已失去葱茏气象"③。

南充县民国时"因生齿日繁,耕地不足,山陬崖隙无不开垦。其得保存明代遗木者为各高山顶部、寺观附近下举其尤著者",而"中区棲乐山昔林甚茂,被团邻盗卖","全县建筑器用材料,沿江者仰给于东河",但"近年东河森林渐竭,运价复昂,治城等处渐呈木荒。东河在望苍坝以上皆森林、矿山,出木材、煤炭,顺庆商人多专船至此采办,泛回售卖,往昔售价甚廉,近因沿河各山并已采尽,须远至数十里外采伐矣"。④

阆中"邑中东北多山,森林较盛。五六十年前,构溪之木,名噪涪渝,缘出产最饶,木商由构溪河扎筏东下也。靖国军兴,城周围风景树遭砍伐殆尽"⑤。

仪陇民国 26 年"全县成片人工林 31435 亩,所附'森林用地图'标示:大仪山、瑶石山、李基山、马鞍山、凤凰山、高观寨、李家寨、古楼寨、立山寨、天旗山、肖家梁、顺水观、丁家山、二郎山、枇杷寨、仙女山、南天门、断头山、云盘梁、三星寨、九龙寨、火焰山、大云梁、紫云梁等 24 个山寨均有茂密的成片林木,观音河、龙桥河、纸厂河、红岩子河、石笋河、龙爬河、谭家河、周家河、青杠大堰等 9 条溪河沿岸和李子垭、大石坎、黄连垭、麻石垭、南阳店、北山子、老木垭等 7 处垭口以及阳通庵、杨家庵、永福庵、二郎庙、高观庙、广东庙、盘古庙、灵官庙、黑神庙、道宗庙、木鱼庙、观音寺、李宦寺、茶房寺、来苏寺、紫云寺、大觉寺、双庆寺、回龙观、宝瓶寺、九龙观、松花井、龙玉堂等 23 处庙堂所在地均有,较大的天然林和大量零星成材树,总计林地面 80 余万亩。

---

① 宣汉县志编纂委员会:《宣汉县志》,西南财经大学出版社 1994 年版,第 224 页。
② 民国《重修宣汉县志》卷 4《物产志》。
③ 民国《万源县志》卷 3《食货门》。
④ 民国《新修南充县志》,《中国地方志集成——四川府县志辑(55)》,巴蜀书社 1992 年版,第 500 页。
⑤ 阆中县志编纂委员会:《阆中县志》,四川人民出版社 1993 年版,第 404 页。

后因人口增殖，用材增加，加之民国22年至24年国民政府军李炜如、罗泽州、李家钰、杨森等部都为反对中国工农红军第四方面军解放仪陇，先后于土门、城关、日兴、马鞍、立山等军事要地，以伐木作障，火光诱惑，毁林除蔽等法阻碍红军，致使林木损失甚巨；更因民国25年、26年大旱后、粮荒严重，毁林种粮现象增多，林地面积和林木日渐减少"①。

射洪在民国时"县属辖境，弥望皆属童山，并无广大林场，虽间有少数私有林，亦极零碎散漫"，到"1949年全县宜林地面积75.5万亩，其中有林地38.58万亩，疏林地19.4万亩，荒山、荒滩17.5万亩"。②

中江"在民国初期内有成片森林2499亩，其中用材林619亩"，"民国29年《四川概况》记载：'中江县有柏树110600亩，松树83000亩，青杠27700亩，杞木99500亩，柳树95500亩，杂树138000亩，合计554300亩。'森林覆盖率占15.03%"。③

北川"在民国26年有森林10.07万公顷，占全县土地面积的45.76%，人均369公亩。因交通不便，极少采伐外销，森林基本处于周而复始的自然更新状态"④。

遂宁在"民国时期，随着人口增加，农业生产发展，毁林开荒日甚；驻军频繁变动，乱砍滥伐林木事件增多，森林面积逐渐减少。至20世纪30年代，县境除广德寺、灵泉寺尚残存少量古柏外，其他名山胜境已林木稀疏，茅茨遍野。民国34年（1945年）县政府报告中亦称：'民国以来，林业不振……牛山之木，滥伐殆尽，触目皆是。'"⑤

安县森林"至光绪年间取不尽而用不竭。光绪以后田地产薄，年遭岁歉，一般人民籍森林为生活，伐其树者多，栽其树者少，山无乔木，较昔风景百不敌一"⑥。

绵阳"县境林木以松柏为大宗，北乡之林较多，其余各乡到处童山，罕见森林"⑦。

---

① 仪陇县志编纂委员会：《仪陇县志》，四川科学技术出版社1994年版，第232页。
② 射洪县志编纂委员会：《射洪县志》，四川大学出版社1990年版，第262页。
③ 中江县志编纂委员会：《中江县志》，四川人民出版社1994年版，第159页。
④ 北川县志编纂委员会：《北川县志》，方志出版社1996年版，第405、416页。
⑤ 遂宁县志编纂委员会：《遂宁县志》，巴蜀书社1993年版，第193页。
⑥ 民国《安县志》卷56《礼俗门》。
⑦ 民国《绵阳县志》卷3《食货志》。

大竹"县属只产赤松,中梁柱用大者围至十余尺,近因林木出境,日肆斩伐,长大者少"①。

民国时期,由于嘉陵江水系区为主要的森林砍伐区和经济较发达地区,森林资源减少一定程度上会加重水土流失,有关水土冲刷的记载较多。

南江在民国26年"七月十六日,河水暴涨,冲毁玉米田甚多"②。通江民国15年"夏,山洪暴发,河水陡涨,沿河田舍多被冲刷"③。巴中民国15年"夏,五月三十日,河水骤至,淹至城根,大小东门及南北门外,街房园户。尽为泽国,沿河乡场,田宅多被冲刷"④,民国19年"七月七、八两日,小河水忽然高涨数丈,沿岸河边粮食多被淹没"⑤。万源民国15年"五月中旬,大雨,河水泛滥,冲毁近城田地,房屋甚多"⑥。广安民国23年"七月,大水,沿江稻田尽被淹没,人,畜冲走无算"⑦,民国36年"七月,洪水泛滥,房屋,田禾多被冲刷"⑧。北川民国23年"入夏迄秋,大雨迭降,八月一日至三日,河水陡涨十丈余,沿江房屋,出土冲刷无存。八月中旬又大雨七昼夜。高田、山地尽被水冲"⑨,民国25年"入夏,淫雨,山洪暴发,河水大涨,毁房屋甚多"⑩。遂宁民国26年"七月十四日,七月下旬两次大水,水位之高为六十年来所未有,南北两坝及城内各街成泽国,淹没街房两千余家,田禾被冲刷,死亡饿毙者甚多"⑪,民国27年"八月,山洪暴发,淹没田土、房屋。九月山洪暴发,古祥乡涪江小河猛涨二十余丈,漂没人畜"⑫,民国34年"八月,涪江水

---

① 民国《续修大竹县志》卷12《物产志》。
② 《新新新闻》,1937年8月23日,引自水利部长江水利委员会、重庆市文化局、重庆市博物馆《四川两千年洪灾史料汇编》,文物出版社1993年版。
③ 《川灾年表》,1961年,同上书。
④ 民国《巴中县志·述异》,民国16年,同上书。
⑤ 《巴蜀日报》,1930年7月12日,同上书。
⑥ 《万源县志·祥异》,民国21年,同上书。
⑦ 《国民公报》,1934年7月12日,同上书。
⑧ 《川灾年表》,1961年,同上书。
⑨ 《国民公报》,1934年8月29日,同上书。
⑩ 《四川省解放前洪水灾害资料汇编》,1966年,同上书。
⑪ 《新新新闻》,1937年7月10日,同上书。
⑫ 《新新新闻》,1938年9月5日,1938年9月14日,同上书。

涨，受灾十一乡镇，冲毁棉花地半数以上"①。安县民国元年"夏，大雨浃旬，河流横溢，决安东堤，而且，崩刷田地，排墙倒地，穿屋沉灶，自盐井街而下，界碑以上几成泽国"②，民国12年"五月二十二、二十三日，江水暴涨，冲毁旱田四千余亩"③，民国23年"山洪暴发，房舍，牲畜被冲刷者不可胜计，被毁出土约万余亩"④，民国25年"秋，绵阳河水大涨，沿岸房屋、田禾多被冲毁"⑤，民国29年"七月初旬，连日大雨，安昌河突涨丈余，冲毁田亩甚多"⑥。绵阳民国16年"六月，涪江河水暴涨数丈，一时人、畜逃避无路，田庐荡然，沿岸被灾者数百家，水稻、旱粮均遭洗涤，毗连中坝之太平场冲刷大半"⑦。

（四）金沙江水系区

金沙江水系区包括马边、屏山、宜宾、云南昭通等市县。

金沙江，又称绳水、淹水、泸水。上游为沱沱河，以下称通天河，至玉树直门达以下才叫金沙江。自石渠县真达寺进入四川后，由西向东流至宜宾市后称为长江。境内干流长1584公里，流域面积18.7万平方公里，包括有雅砻江⑧、安宁河等支流。在民国时期，此水系是四川重要的森林采伐区，据当时的西南经济建设研究所统计，金沙江流域有森林面积4743.38平方公里，包括10个林区，其主要的森林分布和采伐地区是峨边和马边地区。由于地处峨眉山地区，因而森林最为茂盛，树种也最丰富，"主要的针叶树种有冷杉、铁杉、云杉、麦吊杉、红豆杉、云南松、落叶松、柏木和油杉，阔叶树种有青杠、丝栗、苦槠、光皮桦、槭树、丁木、栎、黄连木、朴树、化香树和樟树等。除以上的主要林木以外，全世

---

① 《新新新闻》，1945年9月7日，引自水利部长江水利委员会、重庆市文化局、重庆市博物馆《四川两千年洪灾史料汇编》，文物出版社1993年版。
② 民国《安县续志·天灾》，同上书。
③ 同上。
④ 《四川水文史料汇编》，1981年，引自水利部长江水利委员会、重庆市文化局、重庆市博物馆《四川两千年洪灾史料汇编》，文物出版社1993年版。
⑤ 《新新新闻》，1936年8月13日，同上书。
⑥ 《新新新闻》，1940年7月17日，同上书。
⑦ 民国《绵阳县志·祥异》，同上书。
⑧ 由于雅砻江在当时是西康所属地区，因此其总体情况在西康省区部分进行说明。

界所称誉最美丽的观赏木——珙桐，就生长在峨眉山上和峨边的山里，五十多种四喜牡丹，六十六种杜鹃花以及其他著名的观赏木，像绣球、八仙花等，都是这区域里名贵的产品，至于果品，比较少些，药用植物却特别丰富。"① 地处滇东北部的云南昭通地区，在民国时期也是金沙江流域一重要的林区，当时"昭通县林场有 50 处，面积 130800 亩，林木种类有松、杉、栎、杨、核桃、漆、栗子、皂角等。大关县林场有 50 处，面积 10300 亩，林木种类有漆、核桃、白蜡、竹、桐、栎、松、楠木等。鲁甸县林场有 67 处，面积 15284 亩，林木种类有黄松、漆、罗汉松、白蜡、核桃、杉、梨、杏等"②。

据李恭寅《从飞机需木说到林政》一文的统计资料可以看出，民国时期金沙江水系区四川部分，由于统计县份数量较少，再加上地处四川边缘，因此残存天然林的比例是非常高的，与岷江水系区、沱江水系区、嘉陵江水系区所有县的森林砍伐一致，金沙江水系区大都也是只伐不栽或者将伐尽，不过由于植被丰富，短时期还没有影响森林的覆盖率。如屏山县无苗圃及技手（即为熟练之工头），有残存天然林，但多只伐不栽。③ 另据 1937 年四川省建设厅对全省 91 个县的森林用地调查，金沙江水系区四川部分所包括的各县森林较多，如雷波县森林资源丰富，但调查困难。宜宾县仍较多森林用地，有 1600 亩。④

民国时期，金沙江水系区是四川重要的采伐区，其森林破坏较为严重。

据记载"宋代的屏山，从安全乡向东绵延至石岗乡的山岭，全为密闭森林，成为与盆地间的天然屏障。当时宜宾的木材商主要在屏山从事采伐或收购。明、清两代修皇宫，均在屏山征调过楠木。又据清初移民后裔传说，其先世从湖广到达屏山时，屏山县城周围古木参天。民国时期，大量垦殖开荒，破坏了不少森林"⑤，所以到民国时"边地虽为森林区，而童

---

① 樊庆生：《四川省森林植物》，《农林新报》，第 34、35 期合刊，民国 27 年 12 月 11 日，第 23 页。
② 《云南省林场面积及林木种类》，《西南导报》，1 卷第 3 期，1949 年。
③ 李恭寅：《从飞机需木说到林政》，《林学》第七号，中华林学会刊行，民国 30 年，重庆北碚。
④ 重庆中国银行：《四川月报》，第 11 卷 2 期，民国 26 年 8 月，第 140 页。
⑤ 屏山县志编纂委员会：《屏山县志》，四川人民出版社 1998 年版，第 187 页。

山甚多，因樵采之后，不加培养"①。

宜宾"在民国34年（1945年），县幅员575.25万亩（量算亩，下同），其中森林柴草地共241.12万亩，占幅员的41.9%。民国37年，幅员未变，森林面积218.60万亩，占幅员的38%。森林采伐中，薪炭林木的采伐量大于用材量。思坡、打铁坝、观音、漆树、横江等场是有名的木柴市场，思坡每场上市的木柴约千挑（一挑约30多公斤），大部水运今宜宾市"②。

经过不断的砍伐，云南昭通已有"四围濯濯，皆属童山"③之称，永善县虽然天然林多，"在民国初年，'人口增加，滥伐亦盛，且有用火焚烧开垦以作农场者，动辄延烧数百里，烟火数日不熄'"④，"民国末年，仅交通闭塞、人烟稀少的高寒山区尚存部分原始森林，其余地方皆成为荒山或耕地。"⑤大关"在民国11年（1922年）统计，全县各林种面积35.75万亩，其中用材林20.65万亩，经济林15.1万亩。森林覆盖率14.08%。民国12年（1923年）10月，据云南第一区实业视察员何毓芳调查，县属森林昔则密茂，今遭滥伐，凡附城一带及村落繁盛之区，触目童山概成荒芜，竟有新桂之叹；河东、河西、白水乡，并封家老林，罗汉坪等地，附山居民多焚烧林木垦辟为地"⑥。

民国时期，金沙江水系区所属各县与四川其他各县一样，同样由于森林资源破坏，加重了水土流失的程度。

屏山在"民国23年，暴雨冲毁禾苗近5000亩。民国26年，中都区暴雨，河水猛涨，将会龙场全部冲毁，中都场也大部淹没，损失惨重"⑦。云南昭通地区"在民国2年到38年（1913—1949），36年间，发生洪灾24次，平均1.5年1次。民国2年夏天，昭通连降大雨，河流泛滥，淹没东区上下乾河、南区双院子、黑泥地、西区高鲁桥等低洼

---

① 张云波：《开发雷马屏峨边区计划纲要》，《雷马屏峨纪略》，第11页，民国30年。
② 宜宾县志编纂委员会：《宜宾县志》，巴蜀书社1991年版，第155、159页。
③ 民国《昭通县志稿》卷5，重庆北碚图书馆藏。
④ 云南省昭通地区地方志编纂委员会：《昭通地区志》，云南人民出版社1997年版，第493页。
⑤ 云南省永善县地方志编纂委员会：《永善县志》，云南人民出版社1995年版，第125页。
⑥ 云南省大关县地方志编纂委员会：《大关县志》，云南人民出版社1998年版，第184、194页。
⑦ 屏山县志编纂委员会：《屏山县志》，四川人民出版社1998年版，第115页。

处田9526亩。民国6年，永善墨石驿、乾溪坪受水灾。夏天，昭通连日大雨、山水暴涨，淹没东区上下乾河、南区鸭子塘、西区打鱼村等处低洼田13147亩。民国9年夏，洪水泛滥，淹没昭通东区花鹿圈、南区大闸海边、西区三善塘、洒渔河低处田4379亩；镇雄秋季发生水灾，毁农作物，造成饥荒。盐津6月13日发大水，半边街被淹没，河流出境至四川叙府（今宜宾），捞获男妇幼尸数千具。民国36年，入夏，大关县连绵阴雨不止，未收豆麦腐于地中，后夜大雨滂沱，山洪暴发，河水泛滥。鲁甸山洪暴发，平地起水，马厂、葫芦口、普芝噜一带一片汪洋，数千亩田地被毁。永善陡坡地崩塌，下层田地被淹，不能耕种。民国38年5月下旬，镇雄连日大雨，上西三甲等处300多亩农作物淹没，冲倒房屋、石桥，淹死10余人，昭通水灾，损失作物40417亩。7月，永善全县大雨夹冰雹，稻谷损失20%，包谷、豆子损失30%，20%的土地被冲光不能补种，20%田地被泥沙淤积"[①]。故大关县有"惜乎山多田少，旷野萧条，加以承平日久，森林砍伐殆尽而童山濯濯，蓄水无多"[②]之称。

（五）川江水系区

川江水系区包括宜宾、南溪、江安、高县、珙县、长宁、兴文、叙永、古蔺、纳溪、泸县、合江、江津、江北、长寿、涪陵、南川、万州、梁平、云阳、奉节、城口、贵州赤水、湖北宜昌等县市。

长江横贯全省，宜宾以上称金沙江，宜宾至湖北宜昌河段又名川江或蜀江。川江河段长1030公里，流域面积50万平方公里。川江北岸支流多而长，著名的有岷江、沱江和嘉陵江。南岸河流少而短，较长的有乌江、綦江和赤水河，呈极不对称的向心状水系。自明清以来湖广移民较多来于此地进行农业开发，又因当长江三峡交通要道，川江水系区沿江两岸的原生林很少，大都是次生林。"森林树种有针叶树，以松树、柏木、杉木和铁杉为最多，阔叶树以栎、青杠、楮、枫杨、黄连木、杨、柳、枫香、化

---

① 云南省昭通地区地方志编纂委员会：《昭通地区志》，云南人民出版社1997年版，第101页。
② 民国《大关县志稿·气候》，重庆北碚图书馆藏。

香树、合欢木、黄檀和皂角为最多，特用林木多厚朴和漆树"①。但沿江腹地有许多原始森林，如川江水系区的贵州赤水河流域"在民国时期的林木蓄积量为74万立方米，森林茂盛，多为杉、璎珞柏、麻栎、马尾松的混交林。下游的赤水、习水两县，尤以杉、柏、楠竹为盛。该流域的森林覆盖率为18%"②。处于湖北宜昌的川江水系区的森林主要集中于鄂西北的神农架，民国时期为一片原始森林，"林区总面积为32万多公顷，冷杉林带的面积为375万亩，而有林之地带，约占1/2，为187.5万亩，其总材面积为10992万立方公尺。"③ "林木以冷杉、铁杉、桦杉木为最多，其他树木如枫树、青冈、山椒、山枇杷等。"④

据李恭寅《从飞机需木说到林政》一文的统计资料可以看出，民国时期川江水系区四川部分，地处偏远的县份，如巫山、酉阳、巫溪等县有或者尚多残存天然林，而人口活动较为频繁的县份，如合江、江津等县没有残存天然林。不过由于长江水系区范围较广，从总体上来看，森林覆盖率还是较高，按统计的12个县来说，有或者尚多天然林的县为8个，占12个县的66.7%。而且，拥有苗圃及技手的有奉节、南川二县都是残存天然林较为完整的地方，这说明了该水系的森林植被培育工作较好，占12个县的16.7%。值得一提的是，该水系区虽然大都与岷江水系区、沱江水系区、嘉陵江水系区所有县的森林砍伐一致，只伐不栽或者将伐尽，不过南川却是砍伐有度，使其森林植被保存较好，直到当今，此地也是森林覆盖较高地区。

另据1937年四川省建设厅对全省91个县的森林用地调查，长江水系区所包括的各县森林如表5—8所示，各县普遍森林用地较多，仅合江无森林用地。沿江各县的森林用地明显低于较偏远的地区，这与经济发达程度有密切关系。

---

① 樊庆生：《四川省森林植物》，《农林新报》，第34、35期合刊，民国27年12月11日，第23页。
② 何辑五：《十年来贵州经济建设》，载贵州省地方志编纂委员会编《贵州省志·林业志》，贵州人民出版社1994年版。
③ 湖北省地方志编纂委员会编：《湖北省志：农业》，湖北人民出版社1994年版，第36、38页。
④ 《勘查神农架森林概要》，《林业通讯》1937年第5期。

表 5—7　　　　　民国时期川江水系区部分县的森林状况表

县名	苗圃及技手（即为熟练之工头）	残存天然林	岁长量保存对照被伐者
巫山	无	有	只伐不栽
巫溪	无	尚多	只伐不栽
城口	无	不多	将伐尽
垫江	无	有	只伐不栽
奉节	有	尚多	只伐不栽
长寿	无	有	只伐不栽
永川	无	尚多	只伐不栽
合江	无	无	伐尽
江津	无	无	伐尽
泸县	无	少	将伐尽
叙永	无	有	只伐不栽
南川	有	尚多	砍伐有度
长宁	无	尚多	只伐不栽
珙县	无	无	伐尽

资料来源：李恭寅：《从飞机需木说到林政》，《林学》第七号，中华林学会刊行，民国30年，重庆北碚。

表 5—8　　　　　1937年四川省建设厅的全省森林用地调查表

（川江水系部分）　　　　　　　　　　　　　　　　单位：亩

县名	森林用地	县名	森林用地	县名	森林用地
巴县	4500	合江	无	梁山	22942
江津	4365	江北	3000	垫江	2130
泸县	510	城口	41950	云阳	2700
石柱	4200	奉节	6000	兴文	1400
南溪	190	庆府	无	古宋	210
珙县	无	高县	750		

资料来源：重庆中国银行：《四川月报》，第11卷第2期，民国26年8月，第140页。

川江水系区，尤其是三峡地区两岸腹地在清代多为"老林"，民国时期是四川省重要的森林采伐区。由于人口的迅速增长，使得一些低山、丘陵地区森林破坏较为严重，但川江南面支流及万县以下川江北面支流，由于人口密度相对较低，森林分布仍较茂密。

兴文"森林在百年前崇山荒僻颇富良材，相传九丝凌云诸峰极为茂密"，但民国以来"几经战争之后，又以人口渐增，垦辟日广，时或采办出江，斧斤不以时入，于是半化童山矣"。①

叙永"古时常有葱蔚森林掩盖其上，后世人口日增，田土日辟，天然森林斩伐殆尽，唯高山深谷犹有存者"。故民国有记载"多出楠木，大半制作船料出售，每年亦销数数万元。唯近来农家将山林辟作熟地，以致成材之料渐少"。②叙永、古蔺以杉木为主，柏木次之，木材年产约10万立方市尺。③城口在民国时期"森林虽遭乱砍滥伐之害和兵匪烧毁之灾，但因地广人稀，县内有林地比例仍占优势。'三分田土，七分林园。''环望四山，皆为老林'，民国34年（1945年）森林覆盖率在50%以上。1949年，全县有林地205.55万亩，森林覆盖率41.62%"④。

江津"多山，昔日不无原生林，至近代徒事采伐，原生林固罕有，即施业林亦苦无多"⑤。

大足"自清代中叶以后，人口繁衍，冶铁、陶瓷等业兴起。耗用大量木材，林木增长跟不上需求，到民国时期此种趋势有增无减"。到民国26年全县森林面积36.5万亩，林木蓄积总量144万立方米，森林覆盖率为18.5%。民国30年森林覆盖率11%。⑥

云阳在历史上森林分布都很广阔，到处是成片森林，到清光绪年间，山巅、沟壑"均满人烟"，森林锐减。到民国32年县境有乔林104.9万亩，幼林200万亩。⑦

涪陵从清末至民国时期，人口超过百万，由于过量采伐和毁林开荒种粮，原始森林已残存无几。民国23年全县只有森林面积183万亩。⑧

---

① 民国《兴文县志》，《中国地方志集成——四川府县志辑》，巴蜀书社1992年版，第375页。
② 民国《叙永县志》卷1《舆地篇》、卷7《实业篇》，民国24年5月。
③ 四川林业志领导小组：《四川林业志》，四川科学技术出版社1992年版，第19页。
④ 城口县志编纂委员会：《城口县志》，四川人民出版社1995年版，第178、192页。
⑤ 民国《江津县志》卷12《林业》，《中国地方志集成——四川府县志辑（45）》，巴蜀书社1992年版，第837页。
⑥ 大足县志编纂委员会：《大足县志》，方志出版社1996年版，第328、330、331页。
⑦ 云阳县志编纂委员会：《云阳县志》，四川人民出版社1999年版，第251页。
⑧ 涪陵市志编纂委员会：《涪陵市志》，四川人民出版社1995年版，第401、402页。

江北县民国时期,华蓥山、西山、东山、铁山、白岩山森林茂密,绿荫蔽天,野兽出没,百鸟啼鸣。但由于长期过量采伐,致使森林面积逐年减少,原生植被遭到破坏。民国23年(1934年)县境森林面积76万余亩,占县总面积的21.6%。1949年仅存森林面积62万余亩,森林覆盖率19.7%。[①] 奉节"历史上森林资源丰富,到处山青水秀,绿树成荫。民国后期,资源屡遭破坏,林地减少,蓄积下降"[②]。

梁平在民国24年(1935年),全县有各种树92.31万亩,竹15万亩,森林覆盖率为35%左右。其东西山地多属天然森林,中部平原之小丘陵地带,所有葱郁人为林木,因人为因素砍伐,"多成童山,虽经逐年补植,仍难复旧观"[③]。

南川本"山木巨而材可为棺……尤贵柏无地不产,杉及楮木东南诸山为饶,然皆昔盛今衰"。"明季清初川黔二省采办皇木以楠为首,今各乡地以楠木名者犹多,而成材者鲜矣"。[④]

湖北巴东"在民国时期,多处于兵荒马乱中,森林遭到破坏,面积逐渐减少"。但民国35年森林覆盖率仍为48.54%。[⑤] 湖北兴山"在清末民初的时候,县城四野,山清水秀,城南官山(妃台山),山腰下不满盘根错节的毛竹,山上生长着松柏树。县城后坡义冢山灌木丛生。文星阁下栎木成林。至民国中期,兵匪为患,四周群山始遭摧残,山林破坏严重"[⑥]。

民国时期,川江水系区所属各县继明清以来森林资源不断遭到破坏,川江所属各县带的水土流失较为严重。

如珙县民国时境内常发生泥石流,民国25年(1936年)附城乡坝底麒麟山滑坡垮下部分大石。[⑦] 城口"民国26年(1937年)4月28日,河鱼乡灯盏涡发生泥石流,淹埋田地160多亩,房屋3000多平方米,75人丧生。民国26年(1937年)年6月19日,明通乡白台村江二湾滑坡,堵断前河,河水倒流。滑坡处6户人家、25人全部死亡,压死牲畜21

---

① 重庆市渝北区志编纂委员会:《江北县志》,重庆出版社1996年版,第203页。
② 奉节县志编纂委员会:《奉节县志》,方志出版社1995年版,第180页。
③ 梁平县志编纂委员会:《梁平县志》,方志出版社1995年版,第190页。
④ 民国《重修南川县志》卷4《食货》。
⑤ 巴东县志编纂委员会:《巴东县志》,湖北科学技术出版社1993年版,第70、71页。
⑥ 兴山县地方志编纂委员会:《兴山县志》,中国三峡出版社1997年版,第108页。
⑦ 珙县志编纂委员会:《珙县志》,四川人民出版社1995年版,第93页。

头，淹埋房屋800平方米，冲毁耕地30多亩。民国33年（1944年）8月，大雨十日，山洪暴发，受灾面积2100多亩，粮食减产六成"①。江津"民国6年（1917年）6月23日，龙门、刁家、贾嗣、黄泥、双龙等地暴雨成灾，田坎、房屋垮塌无数，毁桥3座。民国27年4月21日，江津暴雨交加，山洪横流、溪水暴涨，河岸冲崩，房屋倒塌，死伤数十人。是日，十全镇（今稿子场）一带大风、大雨、冰雹，民房树木毁坏无数，四乡农作物损失颇巨"②。大足"民国21年8月大足大雨连夜，山洪暴发。民国27年7月16日夜倾盆大雨，彻夜达旦。17日山洪暴发，河水大发西门进水齐腰，入夜始退，为近60年未见之大水。民国34年6月、8月连涨大水三次，沿河禾苗被淹。民国37年7月16日，水池十字口，县府门前可行船，龙水镇较低街房水掩德口，人文桥冲断，鱼箭堤溃，与光绪十三年相仿。灾及中致以下沿河16乡镇，受灾4.17万亩，房屋冲毁534间，死62人，受灾程度6.65成"③。云阳"民国10年6月30日，江口暴雨，毁农田50公顷。双江倾盆暴雨达半日，洪水冲毁房屋、田地。民国25年5月24日，泥溪镇暴雨，产生特大泥石流，洪水陡发，冲毁农田，沟望变为石山。民国34年6月21日，高阳乡暴雨。山洪泛滥，将高阳镇下街房屋冲场十余间。8月15日午后5时许，桑坪乡暴雨，山洪冲毁农田40余公顷。民国34年农历六月初九日，沙沱特大暴雨，上场头发生岩崩，打死林进敏全家老小四；下场泥石流，卷走农房20余家。民国35年6月13日午夜，双土乡暴雨，河水陡涨数丈、沿河两岸道路崩塌荡然无存"④。

贵州赤水"民国20年7月中旬，连日大雨，山洪暴发，赤水河水泛滥，禾苗、房屋、牧畜等受损严重，境内沿河各地受灾9535户，52566人。民国28年8月，第六区（土城）暴雨，山洪暴发，冲坏铜鼓溪碗厂和风村坝、水狮坝等处桥梁、道路、田土、河堤、房屋、农作物等，冲走船只、木材，损失折款法币10余万元，受灾面积21平方公里，受灾1310户，淹死24人和牲畜约200头。民国31年5月大雨，

---

① 城口县志编纂委员会：《城口县志》，四川人民出版社1995年版，第93、94、95页。
② 江津县志编纂委员会：《江津县志》，四川科学技术出版社1995年版，第145页。
③ 大足县志编纂委员会：《大足县志》，方志出版社1996年版，第115页。
④ 云阳县志编纂委员会：《云阳县志》，四川人民出版社1999年版，第112、117、118页。

淋滩乡沙底下方圆 4 里范围内水田被冲坏，农作物几无收成"①。贵州习水"民国 6 年（1917 年），距温水十数里之木塞坝前，因岩达忽升一隙，愈张愈大，积久岩石忽崩裂成小块，飞出 60 米远，向下成一池塘，岩上人家被陷者五六，淹没 8 人。民国 27 年 8 月 18 日，土城区大雨倾盆，山洪暴发。所属铜鼓溪、碗厂、枫村坝、水溅坝等处严重受灾。受灾面积 21 平方公里，田土、房屋、道路、桥梁被冲毁，船只、木材、粮食、财物被冲走。受灾 1310 户，因灾迁移 166 户，死亡 24 人，淹死牲畜 200 余头，受灾人数 5812 人。民国 30 年 5 月 3 日，习水河河水突涨，沿河受灾。是年 8 月 11 日，双戈区鲁城乡百坝因消洞阻塞，坝内田土四百余石，被水淹没十余日，颗粒无收。民国 31 年 6 月 29 日夜，龙灯场天降淫雨，石裂山崩，洪水泛滥，沟壑盈积。龙灯场全被淹没、田园禾稼，概成白土"②。

湖北宜昌"在 1935 年农历六月初一至初七，大雨七天七夜，北岸姜家坡至柳林危险斜坡发生滑移，不仅冲毁耕地，而且把新滩镇东柳林一带二十多间房屋全部推入长江，并助长了险滩"③。湖北兴山"在民国二十年（1931 年）发生大水，受灾面积 189 平方公里，10000 人受灾，死亡 100 人，毁农田 8000 亩。民国二十二年（1933 年），发生特大洪水，洪水自耿家河经南门数处入城，居民住宅毁坏大半，年余才修复，沿河两岸死人无数。民国二十四年（1935 年）七月一日至六日，连续五昼夜大暴雨，全县受灾面积 584 平方公里，173 人死亡，伤者无数。民国 34 年（1945年）7 月，大雨如注，山洪暴发，水势陡涨，县城尽成泽国，冲毁及淤泥田地达 3000 余亩，受灾居民 1200 余家"④。

（六）乌江水系区

乌江水系区包括今涪陵、丰都、黔江、酉阳、彭水、秀山、贵州毕

---

① 贵州省赤水县志编纂委员会：《赤水县志》，贵州人民出版社 1990 年版，第 113、122 页。
② 贵州省习水县地方志编纂委员会：《习水县志》，贵州人民出版社 1995 年版，第 116、117 页。
③ 湖北省宜昌地区地方志编纂委员会：《宜昌地区简志》（内部发行），1986 年，第 54 页。
④ 湖北省兴山县地方志编纂委员会：《兴山县志》，中国三峡出版社 1997 年版，第 47 页。

节、贵州遵义等县。

乌江，古称延江，又称黔江，为长江的一级支流。发源于贵州省西部乌蒙山东麓威宁县境香炉山，主要流经贵州、重庆两地，最后进入重庆市涪陵区汇入长江。乌江长1050公里，流域面积约8.7万平方公里。乌江流域森林资源较丰富，"木材以杉木为主，柏木次之，所产之木材运至涪陵销售，年产约50000立方市尺"[①]。其中，贵州"乌江流域在民国时期的林木蓄积量为2133万立方米，分为三段，上游包括威宁、水城、黔西、大定（今大方）、毕节一带，地高天寒，垦种特甚，沿公路林木稀少，惟威宁林木尚多，威宁森林覆盖率为28%，毕节13%，大定（今大方）17%，黔西12%，其他各县均甚少。中游沿黔东公路，除龙里、贵定间略有散生的马尾松、杉木混交林及小面积麻栎矮林外，余均童秃，无天然林可言。贵阳天然森林20万亩，人工林约5万亩。开阳、息烽有残存杉、柏、枫、栎、梓等混交林。遵义多麻栎纯林，其余各县，森林绝少。下游梵净山面积估计至少400平方公里，除石骨暴露不生树木之处外，现有森林至少有100平方公里，巨木108万株。江口、印江两县森林覆盖率19%，思南、石阡、凤冈、德江、沿河各县占10%，正安、道真、务川各县占15%"[②]。

据李恭寅《从飞机需木说到林政》一文的统计资料可以看出，虽然只有酉阳、秀山、黔江三地的记载，但是残存天然林的比例是很高的，只有秀山是滥伐的。按统计的3个县来说，有或者尚多天然林的县为2个，占3个县的66.7%。值得一提的是，酉阳县在保存残存天然林较高比例的同时，还拥有苗圃和技手，这对于乌江流域森林植被保育工作起到了很好的促进作用。

据1937年四川省建设厅对全省91个县的森林用地调查，乌江水系区所包括的各县森林如表5—10所示，各县都拥有森林用地，尤以酉阳县的森林用地最多，而秀山和彭水的森林用地相对较少，这与表5—10基本吻合。

---

① 郑万钧：《如何改进四川伐木事业》，《林学》第七号，中华林学会刊行，民国30年，重庆北碚。

② 何辑五：《十年来贵州经济建设》，记载于贵州省地方志编纂委员会编：《贵州省志·林业志》，贵州人民出版社1994年版。

表 5—9　　　　　　民国时期乌江水系区部分县的森林状况表

县名	苗圃及技手（即为熟练之工头）	残存天然林	岁长量保存对照被伐者
酉阳	有	有	只伐不栽
秀山	无	滥伐	只伐不栽
黔江	无	有	只伐不栽

资料来源：李恭寅：《从飞机需木说到林政》，载《林学》第七号，中华林学会刊行，民国30年，重庆北碚。

表 5—10　　　　1937 年四川省建设厅的全省森林用地调查表
（乌江水系部分）　　　　　　　　单位：亩

县名	森林用地	县名	森林用地	县名	森林用地
酉阳	71565	丰都	33518	彭水	30
涪陵	22625	秀山	500		

资料来源：重庆中国银行：《四川月报》，第 11 卷 2 期，民国 26 年 8 月，第 140 页。

乌江水系区，由于在历史上为人类活动较少地区，因而植被保存较为丰富，在民国时期，随着大幅度的开伐森林，植被也出现了一定的破坏。

民国时期黔江流域的彭水、黔江、酉阳，以杉木为主，柏木次之，年产木材约 5 万立方市尺。[1] 彭水县"以此之故被砍伐运涪销售者特多"，"尤以大坝子及白果树一带较为整齐、葱郁，但晚近亦有大量伐木烧炭"，[2] 丰都柏树和松树在"治属南五乡山深林中，清咸同年间其材运抱者以数千计，（民国）近斫伐殆尽，其存各乡者犹复数百株、数十株不等"，而楠木"长大挺直与杉无异，而材质美胜于杉，但所产较少"。[3]

贵州大定"僻处西南深林巨菁之处也"，但民国时"居民渐多，斩伐日甚，山林树木所存者几希"。[4] 贵州毕节在明清时期，境内人烟稀少，

---

[1] 四川林业志领导小组：《四川林业志》，四川科学技术出版社 1992 年版，第 19 页。
[2] 陈绍行：《西秀黔彭垦殖调查报告》第 4 章第 5 节，民国 27 年。
[3] 民国《丰都县志》卷 9《食货志》，《中国地方志集成——四川府县志辑》，巴蜀书社 1992 年版，第 595 页。
[4] 贵州省毕节地区地方志编纂委员会：《毕节地区志·林业志》，贵州人民出版社 1995 年版，第 9 页。

森林茂盛，民国以后，随着人口的增长，用材量日增，毁林开荒，乱砍滥伐，森林逐渐减少，覆盖率日趋下降。到20世纪40年代末，全县有林地面积95.7万亩，森林覆盖率为18.7%。① 贵州遵义"原是木材产区，森林资源丰富。民国时期随着人口增长，林木消耗和粮食需求增长，坡度平缓山地和场镇村寨周围，多毁林垦殖，森林面积日趋缩小。抗日战争时期，遵义城附近耕地占20%，森林占35%，荒地占40%，房屋道路占5%"②。贵州桐梓民国29年（1940年），全县林业多为天然林场，约计面积有200万市亩。但由于私商大量收购运销省外，森林火灾连年迭起，森林蓄积量日渐减少。③

民国时期，乌江水系区也出现了大量砍伐森林造成水土流失程度加重的情况，尤其是贵州所在的乌江流域。

涪陵"民国25年8月，大雨不止、山洪暴发，川湘公路涪陵段毁损严重。民国27年7月24日15时至次日，大暴雨。涪陵城雨量站21日9时测得雨量为360.5毫米。崩山裂岩，毁损田房、桥梁等甚多"④。黔江"民国8年6月31日夜，大雨倾盆，冲刷田地、桥梁"⑤，"民国33年，5月13日，大雨，沿河一带皆成泽国"⑥。彭水"民国20年，入夏以来，大雨连绵，大水为灾，毁田庐，伤人畜"⑦。酉阳"民国23年，7月，乌江水暴涨数丈，沿江房屋、田土被冲洗"⑧。

贵州赫章在1931年7月，连续三天大雨，洪水暴涨，卡上消水洞复又堵塞，洪水淹至后河付家坡木瓜树脚，下街居民住房，水掩及膝。1945年8月，县境内大部地区，连日大雨，漫山洪水倾泻而下，卡上消水洞第三次堵塞，前、后河坝全被淹没。珠市河水暴涨，沿途汇集，漫延山谷，流至水城属盘雄天生桥，落水洞堵塞，水淹至雉街鹅攀树，淹及十余华里，来往行人无法过河，从母猪塘瀑布岩脚水下攀附岩壁穿过。发达乡

---

① 贵州省毕节县地方志编纂委员会：《毕节县志》，贵州人民出版社1996年版，第465页。
② 贵州省遵义县县志编纂委员会：《遵义县志》，贵州人民出版社1992年版，第371页。
③ 贵州省桐梓县地方志编纂委员会：《桐梓县志》，方志出版社1997年版，第347页。
④ 涪陵市志编纂委员会：《涪陵市志》，四川人民出版社1995年版，第208页。
⑤ 《国民公报》，1919年8月13日，引自水利部长江水利委员会、重庆市文化局、重庆市博物馆《四川两千年洪灾史料汇编》，文物出版社1993年版。
⑥ 《新新新闻》，1944年5月29日，同上书。
⑦ 《川灾年表》，1961年，同上书。
⑧ 同上。

（当时属珠市大乡）的水淹坝全被淹没，水深数十丈，淹及半坡住户门口。[①]

贵州遵义由于森林面积减少，涵养水源能力降低，地表水减少，地下水位降低，许多泉水点干涸。清代以前，绸紫山、大堡山、龙岩、盖山峰、雷变山、元宝山、捉龙山等地，以山泉灌溉农田，但民国时期泉水减少或干涸，供饮用的山泉，多数泉水变小，河水流量减少，但一遇山洪暴发、河水骤涨，沿河房屋、碾房被冲去，田禾冲刷或泥砂壅积殆尽。[②]

（七）西康省区

西康省区包括今甘孜州、凉山州、雅安市。

历史上的西康省区主要是指今四川省的甘孜州、凉山州及雅安市三地。自清末赵尔丰"改土归流"开始，康区便成为了一个虽属四川管辖，但实为独立管理的特殊行政区域。到中华民国成立之时，又在康区设立了相对独立的川边特别区域。1935年7月正式成立了西康建省委员会，1939年元旦西康省政府正式成立，并将原属四川的凉山州和雅安市划入，直到1955年7月西康省撤销，并入四川省。西康省区所属的三个地区（康属、雅属、宁属）在历史上的森林分布变迁具有不同的状况，其康属地区由于处于气候恶劣的高原地区，人口较少，经济落后，因此历史上的森林资源破坏程度较轻，而雅属和宁属两地相对经济较为发达，其森林资源的破坏程度同四川内地大体一致。到了民国时期，尤其是抗战时期，西康地区作为支援抗战的大后方，加速了开发的力度，从而造成了对森林资源的较大破坏。总体而言，该区拥有丰富的森林资源，青衣江流域、雅砻江流域、大渡河流域都是民国时期四川森林的重要采伐区。据当时的西南经济建设研究所统计表明"青衣江流域的森林面积为513.39平方公里，共16个林区，大渡河流域的森林面积为3433.58平方公里，共22个林区，雅砻江流域的森林面积19953.37平方公里（内有383.07平方公里系

[①] 彭润粘、龙宪良：《赫章灾情琐记》，政协赫章县委员会《赫章文史资料选辑》第1辑，1985年，第24页。

[②] 贵州省遵义县县志编纂委员会：《遵义县志》，贵州人民出版社1992年版，第160、374页。

经实地复查者），共30个林区"①。

青衣江流域"主要采伐地区为雅属的天全和宝兴两县，森林垂直分布状况是分界线以上为针叶树，以下者为阔叶杂木林"，"愈低之处，森林之现况愈好，愈高之处，森林之现况愈坏，如夹金山一带，为夷人聚居之区，夷人向高山发展之势力极大，故多数森林不免被其破坏，原是状态之森林，渐次变为次生林状态，阔叶杂木林，由此分界线向下伸展，至人民密集之区域为止，针叶树林，由此分界线向上伸展，至海拔四千二三百公尺处为止，超过此高度以上而为灌木林及高山草原。其平面分布为自天全与荥经交界之山上起，向北沿西康交界之山顶及金汤交界之贝母山，直达宝兴北部之夹金山，然后由宝兴之东部，迤逦而南，止于蒙山之下，皆为森林地带，大概形势略成一带状之半圆形，长凡五百里左右，宽自七八里至三十里不等，成一连续不断大面积之森林，唯宝兴北部夹金山一带之森林多被破坏，失其连续之现象。森林种类大体为落叶阔叶混淆林、常绿阔叶混淆林和常绿针叶树林三种"。②

大渡河流域森林"垂直分布为沿河两岸的海拔1500公尺以下之地，因农民只图近利，山坡概被焚烧，垦种，除残留小树、大树根而外，无复林木矣。海拔2500公尺左右，为针叶树与阔叶树之分界线"，"其平面分布为大渡河中游左岸有康宁二省道，纵横贯其间，汉人又受逐渐由北而侵入沿河一带，生齿日繁，以薪炭日用所需，致将附近森林斫伐殆尽"。③

据李恭寅《从飞机需木说到林政》一文的统计资料可以看出，民国时期西康省区的确是四川最重要的森林采伐区，大部分县都保存了较多天然森林，仅天全地处便利，因此残存天然林遭到了滥伐，不过这也不会很严重地影响西康省重要森林采伐区的地位。按统计的9个县来说，有或者尚多天然林的县为8个，占9个县的88.9%。不过，对于拥有苗圃及技手的县份却是零，这充分说明地区的落后制约了森林植被的培育，所占比例为零，与金沙江水系的情况非常相似。另外，森林植被的砍伐也与其他水系完全一致，多是只伐不栽或即将伐尽。

---

① 《西南导报》，民国27年，第1卷第2—4期。
② 曲仲湘：《青衣江流域天全宝兴森林调查报告》，《四川之森林》，四川省政府建设厅发行，民国27年，第15页。
③ 同上。

表 5—11　　　　　　民国时期西康省区部分县的森林状况表

县名	苗圃及技手（即为熟练之工头）	残存天然林	岁长量保存对照被伐者
宝兴	无	尚多	只伐不栽
天全	无	滥伐	即伐尽
芦山	无	有	只伐不栽
雅安	无	尚多	只伐不栽
西昌	无	有	只伐不栽
盐源	无	尚多	只伐不栽
雷波	无	尚多	只伐不栽
越西	无	有	只伐不栽
盐边	无	有	只伐不栽

资料来源：李恭寅：《从飞机需木说到林政》，《林学》第七号，中华林学会刊行，民国 30 年，重庆北碚。

据 1937 年四川省建设厅对全省 91 个县的森林用地调查，西康省区所包括的部分县森林如表 5—12 所示，各县森林用地普遍较少。

表 5—12　　　　　　1937 年四川省建设厅的全省森林用地调查表
（西康省部分）　　　　　　　　　　单位：亩

县名	森林用地	县名	森林用地	县名	森林用地
名山	121	宝兴	500	荥经	1810
汉源	1100	盐源	调查困难	越西	4700
冕宁	796	昭觉	796	盐边	400
雅安	9700				

资料来源：重庆中国银行：《四川月报》，第 11 卷第 2 期，民国 26 年 8 月，第 140 页。

民国时期，西康地区是当时四川最重要的用材林区之一，但是由于人口增加，尤其是加快了开发西康地区的力度，森林资源的破坏也趋于严重。

在康属地区，首推康定的森林资源破坏最为严重。据 1943 年《西康经济季刊》234 期合刊的《西康省康宁雅三属交界区域之森林状况》一文记载："康定是围在荒山中，其荒废的程度大致和住户及行旅的多少成正比例，城东沿康定河至瓦斯沟，最荒凉，寸草不生之山坡，沿河两坡，触目皆是，仅在支流山峡深处接近雪线的高山，始有片段森林"，唯"沿榨咋沟南行，至新榆林宫以南，始有林木"，据说"原为森林丰富之区，民国十七八年前还全是青山老林，属于明正土司，无人敢伐采，二十一二年因时局变动，砍伐颇多"。康属其他地区，如九龙县至四十年代，发生特大森林火灾在10次以上，其中踏卡，湾坝、呷尔乡热枯沟、踏卡乡花椒坪、三岩龙、俄尔乡瓦堡子、斜卡乡等7次火灾就烧毁森林近40万亩。1930年，金陵大学教授朱惠芳对九龙洪坝的毁林开垦这样记述道："洪坝村村落附近，于蚕食垦殖区中，犹散生一、二云杉大树，他年乃遮日之茂林不难想象。此一地段，因数百人之生计，每年烧除数十亩之森林，以栽植玉米作为食粮，而此火田，阅二、三年，以冲蚀太甚，不堪耕种，便即另觅新区，再事烧垦。竟造成大片焦头烂额之童山。"① 理化县因不断砍伐，"城区也童山濯濯"②。雅江县大量森林资源"毁于刀耕火种或各种原因引起的森林火灾"③。甘孜"县治附近，四面童山濯濯，林木已被破坏"④。

在雅属地区，森林破坏也很严重，如"芦山县均以伐杉为主，凡近水之山场多被破伐，计各区被砍伐总数约在四十万株左右，然与冷杉全体产量相较为数仍微，其中以茶合河等处均有斫伐。宝兴一带之森林，被人力之摧残极重，凡海拔三千五百公尺以下之地带，均无完整之森林业"⑤。1938年《四川森林》载陈绍巧《大渡河上游森林调查报告》称："山区农民垦殖山坡，动辄延烧十余里，如此破坏之森林，几占5％以上，泸定至咱威之间，约烧毁山林18000公顷。天全县二郎山的森林，估计有树木67万株，可采伐之林木有50万株，其中冷杉占30％，云杉占15％，铁杉占15％，桦木、槭数及其他杂木占40％。"该森林被修"雅康公路"的筑路工人及居住的乡民砍伐，以作燃料，使二郎山之森林亦遭滥伐。所存之云杉、铁杉及冷杉约30万株，其他杂木凡沿公路两旁者，已滥伐殆尽。

---

① 朱惠芳：《西康洪坝之森林》，1941年。
② 国民参政会川康建设视察团：《国民参政会川康建设视察团报告会》，文海出版社有限公司1939年版。
③ 中国科学院：《川西滇北地区的森林》，科学出版社1966年版。
④ 张之棨：《康区垦务之展望》，《西康经济季刊》1944年第8期。
⑤ 《芦山宝兴两县森林调查》，《西康经济季刊》1944年第9期。

第五章 民国时期长江上游森林分布变迁与水土流失

在宁属地区，由于农业开发较早，因此森林资源的破坏程度在三属中最为严重，宁属"原为森林繁茂之地，惜因历遭兵燹暨农人之滥伐，僻作耕地，凡人口较稠区域，业已濯濯童山，即腹部地方，亦所余无几，惟大凉山内部及木里土司境，尚保存完整之原始森林，以针叶之松杉为主"①。1945年曾昭抢在他的著作《大凉山夷区考察记》曾记载凉山西坡"坡度缓和，僻田处多，一片光光的红土山，树木几乎是绝无仅有"，东坡有"良好森林，一部亦已开始破坏，一路走过，多处可见林木烧砍甚惨，有些地段，只见枯树直立，成一片死林"。

植被的破坏必然带来水土流失，西康省康雅宁三属在民国时期均出现过很多次水土流失，给当地带来了严重的损失。

在康属地区，康定的环境变为草原。康定河于"民国31年6月底，暴涨，东关新村之河堤冲毁，街市为之惊恐"。甘孜县属"孔马河，东谷，两处桥梁于民国27年（1938年）秋初，水洪暴发时，先后冲塌，白利大桥于民国25年（1936年）被水冲陷"②。康定"磨西面之高台高出两面河谷平均八十公尺，此台地由侧面观之，知为河流冲积三角平原，其中不少含少岩砾，可知最初沈殿时水流必甚缓，两旁山上当亦如今日之雅嘉埂，待后森林破坏，径流加增，细流变化荒溪，河通继续向上，河身延长，水量越大，冲刷越烈，终成今日之现象。九龙洪坝的磨坊沟已成荒溪，河谷宽约二十八公尺，充塞巨石，平时水流一线，洪水时则一立方公尺之巨石为之冲动"③。丹巴，"民国34年（1945年），全县遭受水灾，民国36年（1947年）干桥沟发生了最大的一次泥石流灾难，冲毁房屋，伤亡人畜"④。

在雅属地区大渡河流域也是"荒山日多，水源无从涵养，下游农区受害之程度与日俱增"⑤。如"民国36年（1947年），雅安七天连雨，山洪

---

① 郑象铣：《宁属之地理环境及其区划》，《边政公论》1944年第3卷第8期。
② 国民参政会川康建设视察团：《国民参政会川康建设视察团报告会》，文海出版社有限公司1939年版。
③ 石明章：《西康省康宁雅三属交界区域之森林状况》，《西康经济季刊》1943年第2、3、4期合刊。
④ 丹巴县志编纂委员会：《丹巴县志》，民族出版社1986年版，第20、311页。
⑤ 程绍行：《大渡河上游森林调查报告》，《四川之森林》，1938年第3卷。

暴发，交通中断，房屋漂没，良田冲毁，震惊远近"①。又"安顺场富林至雅安间的森林愈少见，河旁荒溪亦更常见，山上偶有疏林。场西之流沙河岸，无数良田冲毁，因此河源出飞越岭，为古来通康定大路，森林早已全毁，故造成此宽大的极度荒溪化的流沙河"②。

在宁属地区，民国时期水土流失非常频繁。据《西昌市志》记载③，"较大洪灾都有7次，其中民国31年（1942年）6月16日夜，暴雨，东、西河水暴涨、马水河街及杨家碾一带、淹死120余人，冲毁民房70余座，篾货街下段被冲毁，淹没农出2000余亩。民国35年（1946年）6月7月礼北乡一二三保，连降大雨，热水河洪水暴涨，冲毁民宅100余户，沙石淹没农田500余亩，受灾4672亩，民国36年（1947年）6月24日，礼北，高枧乡，暴雨历3小时，热水河洪水暴涨，东河洪水淹没高枧大片农田，姜坡电厂水闸被冲，受灾9963亩"。如西昌东门河原名卢宁沟，因"森林砍伐，水源无由涵蓄，年年冲毁，愈毁愈大，当旱时节，泉源干枯，涉水可渡，及雨来临，洪水泛滥，冲毁公路桥梁"④。"东河即南门上游，水源区域，森林逐渐荒废，河床遂淤塞难通，每年雨期，洪水横溢，两岸田庙房各被毁，至今竟成星罗棋布之滥河坝。"⑤西昌东南河沿岸，"为防夷人藏在树林中起见，将城四周山上的树木，一齐砍光，目今西昌附近几十里，几乎全是秃山，即因此故。即无树林可以蓄水，水患果然愈闹愈凶，到了前清中叶，忽发一次空前大水，该河两旁是屋多半冲毁。"⑥民国二十四五年"松林人邓某，在东山后设厂开矿，大批烧山，遂将所有森林砍伐殆尽，水源散漫，涵蓄无从，每当夏洪，则奔泻冲毁良田，冬末春初，则又感用水不济"⑦。

通过以上的论述可以看出，民国时期，西康省区作为四川最重要的森林采伐地区，森林破坏是较为严重的，同时也就带来了频繁的水土流失。

---

① 四川省雅安市志编纂委员会：《雅安市志》，四川人民出版社1996年版，第20、269页。
② 石明章：《西康省康宁雅三属交界区域之森林状况》，《西康经济季刊》1943年第2、3、4期合刊。
③ 西昌市志编纂委员会：《西昌市志》，四川人民出版社1996年版，第130页。
④ 林季放：《防治宁属水灾之商榷》，《西康经济季刊》1946年第1卷第10—12期。
⑤ 谢开明：《宁属林业建设问题》，《西康经济季刊》1944年第1卷第8期。
⑥ 曾昭抡：《大凉山夷区考察记》，求真出版社1945年版。
⑦ 徐孝恢：《建设安宁渠与食粮增产之关系》，《边政月刊》1945年第2卷第1—2期。

二 民国时期长江上游森林分布变迁总论

（一）森林覆盖率锐减，但森林覆盖率各地区差异明显

民国时期长江上游，特别是四川省，森林面积大幅度下降。据1939年的《西南经济地理》记载，四川森林面积为1372.335千公亩，合205842950亩，占全川总土面积约34%，也即森林覆盖率为34%。[①] 但至1947年，据《西南农林资料》记载，那时四川森林面积已陡降至1249528400亩，森林覆盖率仅约20%。[②] 对比二者，可以清楚地看出，自1935年，森林覆盖率下降了14个百分点，森林覆盖率确实在大大下降。砍伐森林除了继续在盆地内部蚕食残存的森林而外，更重要的是从盆周向川西南乃至川西山地逐渐深入。正如当时的四川省建设厅写道，"吾川森林分布至广，但历年来砍伐频仍，斧斤非时，遂至牛山濯濯，满目荒凉。虽边区阻远而利之所在亦难幸免，内地则更不待言。虽经政府之提倡造林及管制森林，然樵牧之斧斤牛羊，困眈眈于侧地，现所存者仅边远之区，人迹罕至之地，及寺庙风景所在而已。"[③] 不过，由于四川森林资源原本十分丰富，近代四川木材的大规模商业性采伐起步较晚，刀耕火种造成的损失也有限，因而森林资源总的保有量还是较大。据《西南经济地理》及《西南农林资料》第2卷第1期，四川有林地总面积在1935年的统计是220.2万顷（其中四川省205.9万顷，康区14.3万顷），森林覆盖率约26%，1948年统计是216.4万顷（其中四川省125万顷、西康省91.4万顷），森林覆盖率约25.5%，13年间总面积减少了3.8万顷，年均递减1.3‰，略小于2‰同期农地垦殖速度。同时，四川各地区破坏程度不一致。根据本文所划分的七大水系区残存天然林状况表的进一步对比，如表5—13所示，残存天然林比例最高的为西康省区，其后依次排名

[①] 蒋君章：《西南经济地理》，商务印书馆1939年版，引实业部1935年资料。
[②] 西南军政委员会：《西南农林资料》，第2卷第1期，1951年，引农林部1948年资料。
[③] 四川省建设厅：《四川省主要资源（三）》，《西南实业通讯》第8卷第6期，民国32年，第51页。

为金沙江水系区，川江水系区和乌江水系区并列第三，岷江水系区、嘉陵江水系区、沱江水系相对较低，这与当时所处地区经济状况与人口活动频率有直接关系。苗圃及技手比例最高为沱江水系区和乌江水系区，其后依次排名为嘉陵江水系区、岷江水系区、长江水系区、金沙江水系区、西康省区，这与当地天然林资源匮乏而人工林营造比例大有关。

表5—13　　　　　民国时期四川各水系区森林对比状况表

地　区	残存天然林比例与名次		苗圃及技手比例与名次	
岷江水系区	56.3%	4	18.8%	3
沱江水系区	33.3%	6	33.3%	1
嘉陵江水系区	44.0%	5	28.0%	2
金沙江水系区	75.0%	2	0	5
川江水系区	66.7%	3	16.7%	4
乌江水系区	66.7%	3	33.3%	1
西康省区	88.9%	1	0	5

资料来源：李恭寅：《从飞机需木说到林政》，《林学》第七号，中华林学会刊行，民国30年，重庆北碚。

因此，民国时期的四川平原地区的天然林虽基本消灭，但村宅竹木环绕、庭院果树繁多、沟渠树竹荫蔽、田间隙地树木成林，薪材有一定的压力；丘陵地区的南充、内江地区，森林覆盖率约为20%和16%，基本可以满足生产、生活需要，薪材林充足，但用材林不足；绵阳、宜宾地区森林覆盖率分别为30%和27%，用材自给有余；盆周山地和川西山地是四川森林资源集中成片的分布区域，特别是川西高山区，天然原始森林开发利用还较少。[①]

（二）商业乱砍滥伐和毁林开荒危害最为严重

民国时期，长江上游森林破坏的原因较多，大体包括伐木烧碱、迷信纵火、伐烧木炭、乱砍滥伐等，其中以大规模商业乱砍滥伐和毁林开荒最

---

① 郭声波：《四川历史农业地理》，四川人民出版社1993年版，第259、260页。

为严重。

关于伐木烧碱，邓锡侯《屯政纪要》就记载"火硝熬自土中，茂、理两县，均产之"，"两地均盛行熬煮……入山砍伐大林岩者，斧斤所至……该地竟成焦土。不但以后林木萌蘖不了，驯至水源亦失于含蓄，酿成十年九旱。"此外，董新堂《川西天然森林变迁之探讨》记载"边民常利用草木灰取碱……每年生产碱约一万斤以上，每百斤约得碱一斤上下……汶川、理县、茂县一带，民国29年以前最为普遍"。从这些材料不难见川西北森林，确因烧碱而有一定程度破坏。郑万钧等记述峨边县伐木烧碱："于二十年前在盐井沟上锦竹林一带，有二十余户，以烧碱为业，其他林区亦有作此业者……破坏之力仍大。"则可揭示川南森林，也因烧碱也有一定程度的破坏。

关于迷信纵火，在川南古蔺、叙永、兴文一带较为普遍。民国26年（1937年）四川大旱，《西南经济地理》一书说，这一带由于"民间有焚林求雨恶习惯……山民放火烧山以求雨，单就古蔺县之官山老林、叙永县之大安山以及兴文建武附近而论，当时火光触天历七日夜，百里以内，热风熏腾，被焚之林地，根干满目，损失不可数计"。这种"焚林求雨恶习惯"，不只在这一带，就是在四川别的地方确也根深蒂固。

关于伐烧木炭，也是导致森林资源的减少和林相日益残败的重要原因。据资料记载，"大邑、蒲江、眉山区所产木炭，行销成都市区供给家用。木炭汽车、糖果店、茶叶店及锅厂等所需要，全年约达一千万斤。安县秀水场以产锅著称，当地有冶坊五家，每天耗炭各约千斤，每年工作期八个月，共约耗炭一百二十万斤，和附近山中炭窑数四十座所能产炭的数量大致相符。又如川康实业公司之大川冶铁厂，以木炭炼铁，有窑炭三十座，月可产炭百吨，其他散处各地无法调查的炭窑定远比这些数字为多。"①

关于乱砍滥伐，尤以大规模商业砍伐是森林破坏最为严重的原因。如灌县人姚宝珊在民国初年他租用岷江上游理番（今理县）境内孟屯沟的森林，首次组织森茂公司进行采伐。② 自此以后"理、汶、茂三县去年设伐木公司者，有五六家之多，其资本虽然有大小，然其为伐木牟利则一也，

---

① 钱宝钧：《川康木材干馏工业之回顾与前瞻》，《科学世界》第10卷第5期，民国30年。
② 刘有栋：《理番之伐木运输与概况》，《四川省林学会特刊》，1938年。

故其事业,只在伐木运输"①。"到民国 31 年以来,在四川西北区砍伐面积已达一万多方里,也就是毁伐了面积一万多方里的森林。"② 民国三十年"从事伐木者,理番、汶川有松泰公司等六家,峨边、沙坪林区有中国木业公司,天全亦有商人设厂采伐"。"各林区可能采伐之木材,年产总量约有 6650000 立方市尺"。③

至于毁林垦殖开伐,有的山农"动辄延烧 10 余里,当年收获颇丰",故留有"要得番、砍大山"的谚语。如"自泸定至咱喊之间约 18000 公顷,美乐至富林间约有 28800 公顷,流沙河两岸约有 21600 公顷,合计有 68400 公顷"④。尤其是民国时盛行的鸦片种植极大地刺激了当时毁林垦殖,尤其是西康省,由于气候适应鸦片生长,再加上政府实质的纵容,因此开垦山地种植鸦片非常普遍。⑤

(三) 提倡造林收效甚微,经济林木的培植面积扩大

民国时期,国民政府规定每年 3 月 12 日为植树节,提倡在全国各地种植林木,保护森林。但由于时局不好,各地政府的反应大都敷衍了事。据记载,四川在当时森林营建方面的实际情况是设置省第一林场,接收"皇恩寺"官山造林,以及在民国 28 年的三台设立川北事务所。其中,川北事务所共管辖三个"示范林场",三台示范林场,经营凤凰山上部约 500 亩荒山;盐亭示范林场,经营城郊约 1000 亩荒山;绵阳示范林场,经营开元寺附近荒山外。其余并无更多建树。故佘季可曾经指出:"川省提倡造林,迄今已有二十余年历史……一察实际,濯濯童山依然故我,徒闻造林之声,未见造林之成绩者。"⑥ 民国 29 年至 31 年 (1940—1942 年),按当时所划分 4 大林区,分别营造了一些"混交林、混牧林、干果林、竹林、保安林、薪炭林、用材林和工业特用树种"。⑦ 但其命运多如

---

① 佘季可:《四川林业目前应注意的问题》,《四川省林学会成立纪念号》,1937 年。
② 董新堂:《川西北天然森林变迁的探讨》,《科学世界》第 11 卷第 2 期,民国 31 年。
③ 郑万钧:《如何改进四川伐木事业》,《林学》第七号,中华林学会刊行,民国 30 年。
④ 程绍行:《大渡河上游森林调查报告》,《四川之森林》1938 年第 3 卷。
⑤ 西昌市志编纂委员会:《西昌市志》,四川人民出版社 1996 年版,第 545 页。
⑥ 佘季可:《四川林业目前应注意的问题》,《四川省林学会纪念号》,1937 年。
⑦ 四川省档案馆:《018—855 号建设厅档案——四川省推广经济林实施方案》。

重庆"灌溉不施,樵牧不禁,种树虽已多年不特发荣滋长,未见成林"[①]。

民国时期为了顺应经济的发展,经济林木,尤其是油桐、白蜡等有较显著的发展。据《西南农林资料》记载,桐油的历史常年产量,1936—1937年川东年产桐油为465657市担,川北为351866市担,川南为59000市担,1947年,川东为650400市担,川北为201200市担,川南为113200市担,川西为10400市担。其常年产量西南军政委员会农林部估计川东为465657市担,川北280000市担,川南为25001市担,这充分说明了川东、川北是主要的油桐产区。[②] 如西秀黔彭石五县"林产松柏各项木材仅石柱西北及彭水乌江沿岸有输出,但为数无多。唯桐油、漆、乌油、茶油、桤子等各县几遍地皆是,出产之多,品质之优,恐将为全川冠"[③]。"酉阳的油桐年产桐油百万市斤,大部散布于酉阳东部,龚滩、龙潭为县境两大桐油贸易市场。秀山之油桐所产桐油,俗称秀油,越冬不坏,久著盛名。近有用为飞机油漆材料,因可减轻机身之重量。沿河之油桐,全县年产油桐二百万市斤。"[④] 南川"桐各地俱产,仍以东南路为盛,每家多者岁收十余石"[⑤]。桐梓"本县林业多为天然林场,亦有少数人造林场,以生产桐油、竹、生漆、栗、杉为多"[⑥]。总之,当时四川为我国桐油最大之产区,其面积及产量均占全国第一位。[⑦] 另外,长江上游白蜡的产量也较高,"川省境内康西旅行团三十年度之调查,峨嵋年产二千余担,夹江一千二百担,乐山六百三十担,洪雅五百担,犍为四百担,仅此数地合计,每年产量即有四千七百担之多,以三十一年市价合算之,每担5500元,则共值25850000元(法币),若将其他产蜡各省,如滇黔等地合并计算,其数当更可观。"[⑧]

[①] 民国《巴县志》卷11《农桑》。
[②] 《西南农林资料》第2卷第1期《林业专号》,1951年。
[③] 陈绍行:《西秀黔彭垦殖调查报告》第1章第5节,民国27年。
[④] 农林部中央林业实验所调查推广组:《川湘黔边区经济林业调查报告摘要》,农林部中央林业实验所《林讯》第1卷第2期,民国33年。
[⑤] 民国《重修南川县志》卷4《食货》。
[⑥] 民国《桐梓县概况》第5章《地方经济》,重庆北碚图书馆藏。
[⑦] 《四川桐油》,《林业通讯》第5期,民国26年2月10日。
[⑧] 农林部中央林业实验所造林研究组:《四川峨嵋白蜡业考察纪要》,农林部中央林业实验所《林讯》第1卷第3期,民国33年。

第 六 章

近五十年来长江上游森林分布变迁与水土流失

由于清中叶以来，人口总量急增，山地丘陵地区开发加快等原因，长江上游森林资源遭到严重破坏，尤其是平原、丘陵、部分中低山地区的森林基本消失殆尽，中低山地区的原始森林大多遭到破坏。在民国共37年的时间中，长江上游地区的森林更是以前所未有的速度被毁，尤其是在对整个长江流域的水土保持起关键作用的川滇高山峡谷地区的天然林进行了大规模的砍伐，使许多中低山森林迅速消失，水土涵养难以为继，对人类生态环境造成明显的负面影响。

到20世纪50年代，为满足国家经济建设和社会发展的需要，长江上游的我国第二大林区——西南林区的采伐量急剧增大。同时，也由于政策上的失误，如1958年开始的"大炼钢铁"，十年动乱中的毁林开荒，改革开放初期林权不稳定带来的乱砍滥伐，都导致了大规模的森林破坏，尤其是对天然森林的破坏。据统计，在四十多年的时间里，长江上游的森林覆盖率已经由20世纪50年代初期的30%左右，下降到90年代末的10.68%。[1] 而且森林分布极不均衡，整个上游地区348个县（市、区）中森林覆盖率低于15%的有153个，占44%，其中森林覆盖率低于10%的占60%以上，川中丘陵地区有不少县森林覆盖率已经不到5%。甘肃嘉陵江上游地区森林覆盖率由20世纪50年代初期的50%，下降到90年代的20%；云南森林覆盖率由新中国成立初期的40%，下降到90年代的24%，贵州六盘水地区森林覆盖率在90年代已下降到3.4%。[2] 乌江流域

---

[1] 李华：《长江上游生态林业可持续发展对策》，《生态经济》1999年第5期。
[2] 王锡桐：《建设长江上游生态屏障对策研究》，中国农业出版社2003年版。

森林覆盖率也从20世纪50年代的30%下降到90年代的9.2%。森林面积的减少导致自然灾害的频发和水土流失的加剧，90年代末长江水土流失面积已达35.2万平方公里，年土壤侵蚀量达15.7万吨。①

现在长江上游的天然林面积已大为缩小，川东山地（主要在今重庆市）已经失去用材林基地的地位。以长江上游四川（重庆市直辖前）为例，据《四川森林》记载，至1949年，四川的森林覆盖率已降到20%以下，且分布极不平衡，就连1950年西南农林部为尽快修建成渝铁路所需的120万根枕木筹办起来也颇感困难。②"1955年。西康省合入四川省后，四川省的森林资源面积为977.6万公顷，森林覆盖率为17.38%。"但是在"五五"期间的资料森林面积是681.08万公顷，森林覆盖率为12.03%，森林蓄积量113311万立方米，比"四五"期间，在面积与蓄积方面均有较多的降低。③ 比1955年下降了约1/3。四川主要树种为冷杉、云南松、桦木、樟树、杨树、柏树、马尾松和杉木等。原始林区和一些主要的树种基本上分布在高山和交通不便的甘孜、阿坝和凉山3个少数民族自治州，以及盆周山地有少部分分布。此外云南西北部和西藏东南部、湖北神农架林区也有分布。④

现在，在开发历史较长的干支流沿岸河谷、人口密集的丘陵山区和平坝地区，天然林已基本消失殆尽，西部留存的天然原始林随着近40多年来掠夺性的采伐，也急剧减少，整个上游地区森林资源破坏十分严重。长江上游地区作为整个流域的生态屏障和水源涵养地的功能已大大减弱，这不能不成为整个国家和民族的心腹之患！⑤ 特别是在长江江源、上游高山峡谷地区，原始林区由于乱砍滥伐、毁林开荒、毁林放牧、超计划采伐的人为破坏造成森林覆盖率急剧下降。据青海省1980统计，"1978年森林

---

① 李华：《长江上游生态林业可持续发展对策》，《生态经济》1999年第5期。
② 四川森林编纂委员会：《四川森林》，中国林业出版社1992年版，第181页。
注：《四川林业志》第3页根据"五五"期间的调查资料，推算当时全省的森林覆盖率为12.03%较为可信。
③ 四川省地方志编纂委员会：《四川省志·林业志》，四川科学技术出版社1999年版，第3页。
④ 林业部资源和林政管理局：《当代中国森林资源概况（1949—1993）》，中国林业出版社1996年版，第10页。
⑤ 王锡桐：《建设长江上游生态屏障对策研究》，中国农业出版社2003年版，第3页。

覆盖率为2.5%，其中乔木覆盖率为0.26%。"① "1949—1980年，青海省乱砍滥伐森林面积86万亩……青海省有林面积比1965年减少20多万亩……1966—1967年，东部山区每年破坏植被面积约100万亩。"② 近十年来，由于"长江上游防护林工程"、"天然林保护工程"和"退耕还林"工程的实施，人口城市化进程的加快，以及燃料换代的实现，使森林减少趋势有所遏制，部分地方森林覆盖率有所回升。在21世纪初四川地区森林覆盖率已经达到28.98%，重庆森林覆盖率已经达到30%。但应当看到，近年来森林面积增长的部分主要是人工林和次生中幼林为主，而薪材林、经济林、城市绿化林，对生态环境起重要调节作用的天然原始林已经是很难在短时间内恢复原有面貌。

一 近五十年来长江上游各区域森林分布演变情况

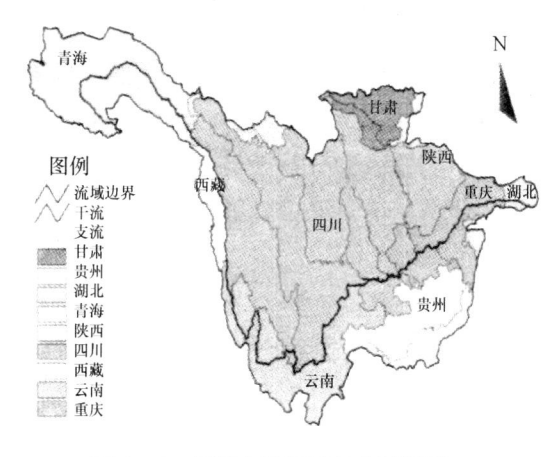

长江上游流域面积广大，有高原、山地、平原、丘陵等多种地形，流域内大部分气候为亚热带季风气候，部分为高原山地气候。正是由于地形等气候下垫面复杂多样，使长江上游森林植物种类繁多，是我国楠、樟、紫檀、银杏、松、柏、杉木等多种珍稀植物的产地。长江上游地区是我国西南林区的主体，云、贵、川三省的森林面积就达20万平方公里，为世界两个著名森林国家瑞典和芬兰森林面积之和。③ 在近五十年来的时间里，

图6—1 长江上游地区行政区划图

---

① 青海省地方志编纂委员会：《青海省志·林业志》，青海人民出版社1993年版，第9页。
② 同上书，第103页。
③ 王杰编：《长江大辞典》，武汉出版社1997年版，第13页。

长江上游各区域（根据长江上游的自然环境地势地貌划分）森林面积急剧萎缩，成为我国森林减少最快的地区之一。近年由于各种因素，森林面积有所恢复，但多以次生中幼林、人工林为主。

（一）长江上游各主要行政区的森林资源变迁

具体就长江上游云贵川渝四省市而言，从新中国成立初（1949 年）到 21 世纪初（2005 年）先后经历了数次森林资源调查。通过上述几次的调查，对长江上游的森林资源变迁有了一个比较明确的了解，特别是在 20 世纪 70 年代末"四五"清查体系建立后，有了客观实际的数据，对森林资源变迁的动态有了一个实时的监控（见表 6—1）。

表 6—1　　近五十年来四川省森林数据对比表（1949—2005）[①]

年份	林业用地面积（万公顷）	有林地面积（万公顷）	林分面积（万公顷）	活立木总蓄积量（万立方米）	林分蓄积量（万立方米）	森林覆盖率（百分比）
1949	—	945.19	911.55	154555.52	111752.54	16.92
1964	2027.91	719.92	686.27	138886.16	129083.20	12.9
1975	2018.29	752.23	720.74	134210.38	90423.01	13.37
1979	1902.85	669.56	631.40	133971.55	122120.96	12.0
1988	2677.57	1087.21	983.85	140979.19	127300.87	19.21
1992	2672.20	1153.18	1034.61	154643.78	130531.09	20.37
1997	2657.91	1330.15		154520.65	144621.65	23.5
2002	2266.02	1234.24	890.95（天然林）	158216.65	149543.36（天然林）	30.27

注：1949—1992 年数据来源于：《当代中国森林资源（1949—1993）》；
　　1997 年数据来源于：第五次森林资源清查。重庆市数据包含在四川省内；
　　2002 年数据来源于：《中国森林资源图集》第 124 页。未含重庆市数据。

[①] 注：由于四川全省各时期森林资源调查方法、技术标准、范围，以及调查的质量等不一，成果可靠性差距较大，因此按各期调查成果数据分析资源消长变化缺乏可比性和连续性，自从 1979 年建立了全省森林资源连续清查体系后，以及后面的历次初查，其成果更具可比性。

总的来看，从新中国成立后到1979年这三十年四川省森林资源发生了显著的变化，总体来看呈下降趋势。①

1949年到1979年，四川省有林地面积由945.19万公顷，减少到669.56万公顷，共减少275.63万公顷，减少了29.16%，平均年减少量为9.2万公顷，森林覆盖率同期下降了近5个百分点；活立木蓄积减少2.06亿立方米，减少13.3%，林分蓄积减少2.26亿立方米，减少了15.6%。从以上几个主要森林资源数据的比较，说明四川省在新中国成立后30年间森林资源是呈现下降趋势。但按阶段来分析对比，各阶段资源变化差异较大。

1949—1964年十五年，森林资源减少幅度最大，其间有林地面积减少了225.27万公顷，减少了23.8%，年均减少面积达15万公顷，森林覆盖率下降了4个百分点，活立木蓄积量减少了1.57亿立方米，减少了10.1%。

1964—1975年四川省有林地面积呈增加趋势，11年间共增加32.31万公顷，增加了4.5%，年均增加2.9万公顷，森林覆盖率也增加了0.5%。这期间活立木蓄积量呈减少趋势，共减少46.78万立方米，减少了3.36%，年均减少425.07万立方米，林分蓄积也是减少趋势，四川省共减少3403.68万立方米，减少了2.6%，年均减少306.42万立方米。

1975—1979年，四川省森林资源减少的幅度又趋加大，四年间，有林地面积共减少82.67万公顷，减少了近11%，年均减少达20.66万公顷，相当于1949—1964年期间年均减少量的1.3倍多，而这期间疏林地面积却增加了84.62万公顷，森林覆盖率下降1.37%。活立木总蓄积继续减少，四年间共减少23923万立方米，林分蓄积减少3558.56万立方米，共减少了2.8%，年均减少了889.64万立方米，超过了1964—1975年均减少量的近两倍。

根据1949—1975年森林资源分析结果，四川省森林资源区域性变化，除凉山州（包含原凉山州和西昌地区）增加了有林地面积，提高了森林覆盖率，凉山州增加了森林蓄积外，其他地区、自治州几乎都呈下降趋势。尤其是森工重点采伐地区如阿坝、甘孜两个自治州，森林蓄积减少了

---

① 据林业部资源和林政管理局编著的《当代中国森林资源概况（1949—1993）》（四川部分）。

0.91亿立方米，占同期四川省森林蓄积减少总量的47.8%。在有林地面积变化中，仅涪陵、万县、宜宾、南充、绵阳五个地区统计，有林地面积减少量分别达40%—65%，减少总量相当于四川省有林地总减少量的70.2%。新中国成立初期四川省次生林区森林覆盖率高于原始林区，到了1975年清查，次生林区森林覆盖率则显著低于原始林区，并且还低于四川省平均森林覆盖率。

具体分析，四川省1949—1979年的三十年，森林资源变化有以下四个特点：

其一，林业用地面积逐渐减少，有林地面积出现两次较大幅度下降。1964年间，四川省林业用地面积2027.91万公顷，到1975年为2018.29万公顷，到1979为1902.85万公顷，15年间共减少125.06公顷，年均减少8.3万公顷，四川省有林地面积从1949—1979年共减少275.63万公顷，其中1949—1964年的15年中，减少了225.27万公顷，减少幅度较大；到1975—1979年四年间，有林地面积又减少82.67万公顷，再次出现较大幅度下降趋势。

其二，林分面积蓄积减少，疏林面积蓄积增加。从1964年到1979年的15年间，四川省林分面积减少54.87公顷，同期疏林地面积则增加了63.47万公顷，在这期间，四川省林分蓄积减少了6962.24万立方米，共减少5.4%，而疏林蓄积则增加2454.61万立方米，共增加了31.7%。

其三，高山原始林区森林蓄积消耗多，山地和丘陵的次生林区森林面积消耗大。1949—1975年，高山原始林区林分蓄积共减少1.15亿立方米，而同期次生林区林分蓄积只减少0.67亿立方米。从森林面积消耗情况来看，这期间，高山原始林区林分面积共减少39万公顷，减少7%左右；而同期山地、丘陵的次生林区，林分面积减少135万公顷，减少了38万公顷左右。

其四，针叶林面积蓄积比重下降，阔叶林面积蓄积比重上升。1964—1979年，四川省针叶林面积比重由75.5%下降到73.98%，蓄积总比重由96.38%下降到81.43%；阔叶林面积比重由24.50%上升到26.02%，蓄积比重由13.62%上升到18.57%。在优势树种林分资源变化中，冷杉林、栎类林面积蓄积减少，云南松林面积、蓄积增加。

从20世纪70年代末建立森林资源清查体系至2002年以来，这期间四川省森林资源变化总趋势是：有林地面积增加、无林地面积减少，森林覆盖率有所提高,林木总蓄积量有所增加,生长量超过了消耗量,实现了森林面积、蓄积的双增长,但森林资源质量有不同程度的降低。

1988—1992年间有林地面积由1087.21万公顷增加到1153.18万公顷,净增65.97万公顷,年均16.49万公顷,年均净增率1.51%。四川省森林覆盖率由19.21%提高到20.37%,上升1.16个百分点。林分面积由1988年的983.85万公顷,增加到1992年的1034.64万公顷。净增50.79万公顷,年均净增12.70万公顷,年均净增率1.29%。[①]

表6—2　　近五十年来云南省森林数据对比表(1949—2005)[②]

年份	林业用地面积（万公顷）	有林地面积（万公顷）	林分面积（万公顷）	活立木总蓄积量（万立方米）	林分蓄积量（万立方米）	森林覆盖率（百分比）
1949		1086.2		175564.1		28.4
1964	2326.4	968.1	873.4	153611.7	112659.3	25.30
1975	2750.1	954.6	921.1	138510.0	119045.2	24.95
1979	2612.4	920.2	872.1	132131.2	109703.2	24.05
1988	2501.23	932.74	859.33	134946.76	109656.83	24.38
1992	2435.97	940.42	860.28	136640.61	110528.18	24.58
1995	2380.79	1287.32	—	142391.06	128364.94	33.64
2002	2424.76	1501.50	1250.05（天然林）	154759.40	139929.16（天然林）	40.77

注：1949—1992年数据来源于：《当代中国森林资源(1949—1993)》；

1995年数据来源于：第五次森林资源连续清查；

2002年数据来源于：《中国森林资源图集》第132页。

[①] 注：以上部分主要引自林业部资源和林政管理局编著的《当代中国森林资源概况(1949—1993)》四川部分章节。

[②] 云南省森林资源从新中国成立初期开始虽经多次清查,但由于20世纪80年代前各次清查均为独立的清查,方法不一,技术标准不一,调查范围有差异,从调查数据看,不可能进行消长动态分析,经省林业规划院将各期资源数据进行了整理、分析、调整,但仅可进行资源变化趋势分析,80年代连续清查体系建立后,按其复查资料可进行资源消长变化的动态分析。

1992—2002年间有林地面积由1153.18万公顷增加到1234.24万公顷。净增82.06万公顷，年均8.2万公顷，年均净增0.71%。四川省森林覆盖率由20.37%提高到30.27%，上升9.9个百分点。由于统计口径的变化以及重庆市的直辖，致使这三次数据的整体可比性降低，但是四川省的有林地面积、天然林蓄积量都有不同程度的增加了。

据1949年、1964年、1975年整理复原后的资源数据和1980年清查成果数对比分析，云南省从新中国成立初到1980年期间，云南省森林资源总的趋势是逐年下降。

总的来说，云南省1949—1980年的三十年间，森林资源变化有以下三个特点：

其一，森林覆盖率持续下降，特别是在20世纪50年代有一次比较大幅度的下降。1949年云南省森林覆盖率为28.4%，1954年下降为25.30%，1975年再次下降为24.95%到1980年则降为24.05%。30年共下降了4.4个百分点。按森林类型地区分析：多林地区为下降趋势，如滇西北高山针叶林区由1964年的38.6%降到1980年的29.9%，16年内下降了8.7%，少林地区森林覆盖率呈上升趋势，如滇中、滇东北云南松林区，森林覆盖率由1964年的14.4%提高到1980年的18.8%，净增4.4个百分点。

其二，有林地面积持续减少。有林地面积1949年云南省有林地面积为1086.2万公顷，到1980年清查为920.2万公顷，净减166万公顷，其中前15年即1949—1961年间减少量最多达118.1万公顷，其原因主要是在1958—1960年，三年大跃进、大炼钢铁期间所采伐消耗的面积占总消耗约55%，多属于破坏性消耗，是云南省森林资源消耗的高峰阶段，森林遭到严重破坏。到1964—1975年间，消耗减缓，期间森林面积减少13.5万公顷，1975—1980年的五年间减少34.4万公顷，消耗又趋增加，其原因主要是自1973年起，先后开发云、冷杉林区，森林更新困难，迹地更新欠账较多，其次是由于木材需求与日俱增，以及对毁林开荒制止不力等原因所致。

其三，林分面积蓄积减少，疏林面积蓄积增加。从1949年到1980年，云南省林木蓄积逐年减少，处于持续下降状态。活立木蓄积量由1949年的175564.1万立方米下降到1980年的132134.2万立方米，年均减少1400万立方米。云南省林分蓄积由1949年的168177.1万立方米下降到1980年的109703.2万立方米，年均减少1886.3万立方米，其减少幅度大于活立木总蓄积的减幅。云南省年消耗量大于生长量,出现资源"赤字"。灌木林地面积大幅度增加,森林质量下降。云南省灌木林地面积由1964年181.4万公顷增加到1975年的498.0万公顷,到1980年又增加到553.0万公顷,呈逐年增长趋势,由于资源管理薄弱,森林资源屡遭破坏后,次要树种占据优势,残次林相,导致林木稀疏,单位面积蓄积减少,森林质量降低。针叶林比重下降、蓄积持续减少,阔叶林剧增。

从20世纪70年代末至2002年以来,云南省森林资源变化总趋势是:有林地面积增加、无林地面积减少,森林覆盖率下降趋势得到遏制并有所提高,林木总蓄积量有所增加,生长量超过了消耗量,实现了森林面积、蓄积的双增长。但森林资源质量有不同程度的降低。

云南省林业用地面积由1988年的2502.18万公顷降到1992年的2435.97公顷。到2002年增长到2424.76万公顷。但是1988—1995年间有林地面积由932.74万公顷增加到1287.32万公顷。净增354.58万公顷,年均50.64万公顷,年均净增率5.4%。云南省森林覆盖率由24.38%提高到33.64%,上升9.26个百分点。[①]

1995—2002年间有林地面积由1287.32万公顷增加到1501.50万公顷。净增214.18万公顷,年均30.60万公顷,年均净增2.40%。云南省森林覆盖率由33.64%提高到40.77%,上升7.13个百分点。活立木蓄积量、林分蓄积量同比增长。

根据贵州省20世纪50年代到80年代中期各次森林资源调查成果数据分析:

贵州省森林面积、森林蓄积的变化过程有升有降,其中尤以蓄积变化基本是持续下降趋势。据资料分析,从20世纪50年代到70年代中期,贵州多林地区森林面积尚保持相对稳定,少林地区有所增长,主要是1957—1967年约十年时间内,贵州省相继成立国营林场88个,在国营林场的带动下,至70年代中期,前后涌现3900余个个体、社队林场,人工造林、社会造林、封山育林和天然更新等。从70年代中期以后,尤其是80年代前期林业政策放宽以后,管理体制不顺,管理松懈,加上不法分子乱砍滥伐,致使森林又受到较大破坏,森林面积、森林蓄积再次下降。

---

① 注:以上部分主要引自林业部资源和林政管理局编著的《当代中国森林资源概况(1949—1993)》云南部分章节。

表 6—3　　　五十多年来贵州省的森林数据对比表 (1949—2000)①

年份	林业用地面积（万公顷）	有林地面积（万公顷）	林分面积（万公顷）	活立木总蓄积量（万立方米）	林分蓄积量（万立方米）	森林覆盖率（百分比）
1949	—	211.36	—	18217	—	12
1962	959.2	229.0	206.4	18814	15716	12.97
1975	915.00	256.38	228.95	15796.3	12510.0	14.52
1979	901.00	230.93	206.69	15940.9	12640.5	13.10
1984	844.91	222.06	195.52	13968.86	10801.03	12.58
1990	739.88	260.28	219.51	13777.94	9391.18	14.75
1994	740.71	367.31	—	17022.35	14050.18	20.81
2000	761.83	420.15	236.65	21022.16	17795.72	23.83

注：1949—1992 年数据来源于：《当代中国森林资源 (1949—1993)》；

1994 年数据来源于：第五次森林资源连续清查；

2000 年数据来源于：《中国森林资源图集》第 128 页。

总体而言，贵州省森林资源在 20 世纪 50 年代至 80 年代变化有以下三个特点：

其一，有林地面积增加，但森林覆盖率下降。从 1960—1984 年 20 多年间贵州省有林地面积比较稳定且缓慢上升，1962 年有林地面积 229.0 万公顷，上升到 1975 年的 256.38 万公顷，然后从 20 世纪 70 年代中期开始又逐渐下降，1979 年下降到 230.93 万公顷，到 1984 年为 222.06 万公顷。森林覆盖率由 1975 年 14.52% 下降到 1984 年的 12.58%，森林覆盖率在 80 年代初下降更为显著。

其二，森林蓄积量由比较显著下降到相对稳定，然后再到显著下降的趋势。其中活立木总蓄积量 1962 年统计为 18814 万立方米，1975 年统计下降为 15796.3 万立方米，林分蓄积 1962 年统计为 15716 万立方米，随

---

① 贵州省森林资源从新中国成立初期开始虽经多次清查，但由于 20 世纪 80 年代前各次清查均为独立的清查，方法不一，技术标准不一，调查范围有差异，从调查数据看，不可能进行消长动态分析，经贵州省林业勘察设计院将各期资源数据进行了整理、分析、复原、调整，但仅可进行资源变化趋势分析，80 年代连续清查体系建立后，按其复查资料可进行资源消长变化的动态分析。

后到 1975 年为 12510 万立方米，下降显著，与 1979 年 12640.5 万立方米基本持平，到 1984 年又显著下降为 10801.03 万立方米，但森林蓄积的消耗量大于生长量，出现森林"赤字"。

其三，优质树种针叶树种资源呈现下降趋势，阔叶树资源呈上升趋势。在针叶树种中，杉木林资源和云南松资源，无论是面积还是蓄积，均呈现持续下降的趋势，马尾松资源的变化，蓄积呈持续下降，面积则在 20 世纪 50 年代到 70 年代期间基本持平，但到 70 年代后期至 80 年代中期则呈下降趋势，阔叶树资源的变化从 50 年代到 70 年代末，面积蓄积均呈现持续上升趋势，到 80 年代中期又有所下降。

20 世纪 80 年代后期至 2000 年以来贵州省森林资变化总趋势是：1984—1990 年间，林业用地面积自 1984 年后基本保持稳定，森林资源面积有所增加，森林覆盖率有所提高，但林木蓄积仍然下降，年消耗量大于年生长量，而且林分质量降低。1990—2000 年间有林地、主要林种面积呈上升趋势。其中防护林、经济林、特用林增长较快有林地面积大幅增加、无林地面积逐步减少，人工林的面积和蓄积量增长都较快，天然林面积基本呈上升趋势。林木总蓄积量有所增加，生长量超过了消耗量，扭转了森林"赤字"，实现了森林面积、蓄积的双增长。但森林资源质量有不同程度的降低。

根据湖北省各时期森林资源概况的各项数据表明，从新中国成立初到 20 世纪 70 年代中期，湖北省森林消长变化的总趋势是下降，从 70 年代后期到 80 年代后期，湖北省森林资源消长变化总趋势是逐渐回升。这基本上反映了湖北省森林资源新中国成立以来 40 年的变化趋向。

总的来说，湖北省 1949—1975 年的 20 多年间，森林资源变化有以下两个特点：

从新中国成立初到 1975 年，湖北省森林资源消长变化呈下降趋势，其特点是森林面积、蓄积、森林覆盖率持续下降，人均占有森林面积、蓄积逐年减少，林分结构趋向不合理。

其一，有林地面积、森林覆盖率持续下降。从 1949 年到 1975 年有林地面积由 518.7 万公顷下降到 436.4 万公顷，26 年中下降 112.3 万公顷，减少了 20.5%，年均下降 4.32 万公顷，同期森林覆盖率由 29.52% 下降到 23.17%，减少了 6 个百分点。

表6—4　　五十多年来湖北省的森林数据对比表（1949—2000）[①]

年份	林业用地面积（万公顷）	有林地面积（万公顷）	林分面积（万公顷）	活立木总蓄积量（万立方米）	林分蓄积量（万立方米）	森林覆盖率（百分比）
1949	—	518.7	518.3	27726.76	24876.96	29.52
1958	990.83	500.17	464.16	21072.48	18798.48	26.91
1964	—	—	—	—	—	—
1975	810.76	436.39	377.22	9629.60	8019.26	23.17
1978	740.27	377.90	317.01	11782.67	9860.41	20.33
1984	757.92	385.37	321.81	12402.99	10708.09	20.73
1989	755.13	395.22	333.03	13861.31	11956.96	21.26
1994	764.09	482.84		14759.04	13223.82	25.98
1999	766.00	497.23	351.33	17518.13	15406.64（天然林）	26.77

注：1949—1989年数据来源于：《当代中国森林资源（1949—1993）》；

1994年数据来源于：第五次森林资源清查；

1999年数据来源于：《中国森林资源图集》第100页。

其二，森林蓄积量下降显著。活立木蓄积量由1949年的27726.76万立方米下降到1975年的9629.60万立方米。林分蓄积量由1949年的24876.96万立方米下降到1975年的8019.26万立方米。26年共下降16857.65万立方米，年均减少648.37万立方米。森林蓄积的消耗量大于生长量，出现严重的森林"赤字"。

[①] 湖北省1956—1962年七年中对55个县的森林资源调查资料，自从1964年第一次对全省森林资源进行了整理分析、统计。但由于森林资源调查标准、调查时间、质量要求不一，其成果难以反映湖北省这个时期森林资源的真实概况。为了反映客观。20世纪80年代后期由省林业勘察设计院对这些资料进行了整理，在分析研究的基础上，复原了这个时期（以1958年为代表的）森林资源数据。其中从1949—1975年期间，由于各次森林资源清查方法、技术标准不一，调查范围也有一定差异，因而其调查成果缺乏可比性，只能从中大致分析森林资源变化的总趋势，而1978—1988年期间，全省建立了森林资源连续清查体系，并先后进行了两次复查，因而各次清查成果均能客观反映资源消长变化动态，并具有系统性和可比性。

从20世纪70年代末至1999年以来,湖北省森林资源变化总趋势总体而言,有以下两个特点:

其一,森林面积和森林覆盖率有所提高。从1978年初查到1984年第一次复查有林地面积由377.90万公顷,增加到385.37万公顷,六年间增加7.47万公顷,年均增加1.25万公顷,年净增率0.33%。从1984年到1989年湖北省林业用地面积由757.92万公顷减少到755.13万公顷,年均减少0.56万公顷。有林地面积由385.37万公顷,增加到395.22万公顷,共增加9.85万公顷,年均增加1.97万公顷,年均净增率为0.5%。其中林分面积由321.81万公顷增加到333.03万公顷,共增加11.22万公顷,年均增加2.24万公顷,年净增率为0.7%。表明森林质量得到提高。同期森林覆盖率也从1978年的20.33%持续增加到1999年的26.77%,增长显著。

其二,森林蓄积量增长明显,活立木总蓄积量从1978年11782.67万立方米增长到1999年的17518.13万立方米。21年间增长了5735.46万立方米,年均增长273.12万立方米,年净增长率为2.32%。林分蓄积量也由1978年的9860.41万立方米增加到1999年的15406.64万立方米。21年间增长5546.23万立方米,年均264.11万立方米,年均增长率为2.68%。生长量超过消耗量,森林"赤字"得到扭转。

(二)长江上游各自然区域的森林资源变迁

1. 江源地区

长江江源地区气候属于高原高寒气候,年平均气温2.9℃以下,年降水量267.6—638.4毫米,降水多集中在6—7月,大风日数较多,环境恶劣,属传统游牧经济与农耕经济的交界地。由于西北大部分地区海拔达4000米以上,已达森林生长极限,植被多以草本为主,形成高寒草甸。而东南部平均海拔在3500—4000米之间,[①] 由于长江及其各大支流的急流切割,形成高山峡谷地貌,生态环境恶劣,森林资源稀少,多数地区为高山灌丛,只有部分峡谷地带分布有少量片状自然乔木林。

据统计,1949年以前,青海省江源地区森林主要分布在金沙江流域

---

① 董得红:《长江江源防护林体系的现状与发展》,《中南林业调查规划》1997年第2期。

和与之相邻的澜沧江流域，以寒温性针叶林为主。树种有川西云杉、大果圆柏、细枝圆柏和少量桦树等。乔、灌木林面积为 33.94 万公顷，林木蓄积为 500 万立方米，①森林覆盖率约为 2%。20 世纪 50 年代以来，青海省江源地区部分州、县相继设立了林业局、农林局或林业站，分别负责管理青海省和江源的林业建设和开发，兴办一批国营和集体林场，开发江源玛可河等新林区，对江源地区的天然林区进行开采，在"共产风"和十年动乱期间，为片面提高产量和满足生存所需，经常进行超量采伐，天然森林资源遭到极大破坏，以至于长江发源地青海省玉树藏族自治州 1978 年森林覆盖率下降为 1.60%。②

为挽救江源地区森林资源的急剧减少，人工林的建设显得尤为重要。1953 年，我国提出了种草种树的战略方针。"第一个五年计划"期间青海省总计造林 447371 亩。"二五"期间总计造林 720575 亩。到 1975 年，"四五"期间总计造林 296101 亩，"六五"期间，青海省共完成造林播种作业面积 188 万亩，1978 年，青海省江源地区纳入"三北"防护林体系，至 1985 年，累计封山育林 188 万亩，约 57 万亩荒山、残次林恢复了林草植被。"三北防护林"的建造使江源生态环境得到部分改善，500 多万亩的水土流失地区初步得到治理，③但由于该地地处高寒地区，森林恢复较困难。

20 世纪 90 年代前期，长江河源地区有林业用地 2.9 万公顷，其中有林地 3.3 万公顷，疏林地 0.5 万公顷，灌木林地 18.6 万公顷，宜林地 16.8 万公顷，森林活立木总蓄积量 487.1 万立方米。董得红对这一地区的森林资源的主要特点进行了总结：第一，高寒性质突出，森林分布海拔高，分散；第二，灌木林多，乔木林少，分布范围广；第三，逆向演替大于顺向演替；第四，森林的原始性强。据统计，90 年代末期，该地区的森林覆盖率只有 2.1%，其中乔木林覆盖率 0.1%，主要为玛可河林区、多可河林区和东仲河林区。其中位于大渡河上游的玛可河林区是青海省唯一的以采运为主的森工企业。自 1965 年林区开发以来，至 90 年代末已生产木材 72 万立方米。同时，由于该地区居民生活樵采、过度放牧，使森

---

① 林业部：《中国林业年鉴 1949—1986》，中国林业出版社 1987 年版，第 462 页。
② 青海省地方志编纂委员会：《青海省志·林业志》，青海人民出版社 1993 年版，第 11 页。
③ 林业部：《中国林业年鉴 1949—1986》，中国林业出版社 1987 年版，第 463 页。

林植被遭到大面积的破坏。近年采矿业的发展也使森林和草场严重被毁。这一地区高原气候恶劣,灾害性气候较多,森林植被被破坏以后很难恢复。

1998年长江中上游防护林体系建设工程被列为国家重点林业生态工程正式启动,青海省被列为重点建设区,玉树、称多、班玛3县和可玛河林业局被列为一期工程建设县。计划完成规划建设总面积12.67万公顷,其中人工造林2万公顷,封山育林10.67公顷。工程建设完成以后,省境内长江流域森林覆盖率由2.1%提高到2.5%。其中主要建设区的玉树、班玛县分别由15.6%、19.4%提高到18.4%、22.8%,称多县也在原来的基础上增加了2.2%。

表6—5　　　　　近五十年青海及江源地区森林覆盖率变迁表　　　　单位:%

年代	40年代末 (青海省数据)	70年代末 (青海省数据)	80年代末 (青海省数据)	90年代末 (江源地区数据)
森林覆盖率	2	0.3	2.65	2.1

注:数据出自《中国林业年鉴1949—1986》第462、464页;《中国林业年鉴1988》第509页、董得红《长江江源防护林体系的现状与发展》。

表6—6　　　　　　　　近五十年青海人口增长表　　　　　　　　单位:人

年代	40年代末 (青海省数据)	60年代末 (青海省数据)	70年代末 (青海省数据)	80年代末 (青海省数据)	90年代末 (青海省数据)
人口数量	1483282	2719267	3720230	4073768 (1985年数据)	5028000 (1999年数据)

注:40—80年代数据来源于:《中国人口(青海分册)》第75页;

90年代数据来源:《中华人民共和国年鉴(1999年)》。

从表6—5和表6—6中我们可以看出,50—70年代中"大炼钢铁"和人口的增长带来的用材压力,使青海省的森林资源由2%迅速减至0.3%,这对长江上游的水土保持工作带来了极大的困难。80年代以来由于防护林的建设等政策的实施,虽使森林覆盖率在量上恢复到了2%以上,但这其中主要是人工抚育的幼林面积。长江江源地区气候寒冷,高山土层薄,极不利于森林的生长,这部分人工林是否能长成成熟林,真正具备水土涵养的功能还有待时间的检验。

2. 川西北高原山地地区

川西北高原山地地区位于四川省西部，行政区包括阿坝藏族自治州、甘孜藏族羌族自治州，总面积约24.4万平方千米，占四川国土面积的50.46%。全区地貌以高山峡谷和高原为主，是一个高原、山地、丘陵、平坝等地形兼有的地区。为温带季风气候，高山地区气温垂直变化显著。由于地形、气候类型多样，森林植被也种类纷呈。在比较干旱的河谷地区，分布着稀树灌木草丛植被；在湿润的河谷地带，生长着多种乔、灌木和稀树灌木草丛；在坡谷地带，是森林植被；在海拔2300米至2800米的地区，为针、阔叶混交林带；2800米以上至4000米地段为针叶林带；4000米以上至雪线以下为高山灌丛草甸带。该地区森林主要呈块状和带状分布，主要树种有冷杉、云杉、圆柏、落叶松及少量桦类和其他阔叶林，另外我国许多的珍贵树种，如珙桐、银杏、黄杨树、红杉等在这一地区都有分布。

该地区是涪江、沱江及青衣江的发源地，也是金沙江、雅砻江、大渡河等江河流域的主体，是长江流域及四川的重要水源涵养地；该地区森林资源丰富，本区林地面积占四川林地总面积的48.13%，活立木蓄积量占四川总量的52.3%，是我国西南林区的主体和四川天然林保护工程的重要区域。

川西北地区森林资源自20世纪50年代以来，为支援国家经济建设，先后建立了28个国家国有森工企业，成为当时全国生产木材最多的林区之一。20世纪80年代后，又出现了"五斧相争"的局面，多数林区集中过伐、重采轻育，导致森林资源锐减。如雅砻江、大渡河等流域主要林区近40年木材采伐量约为同期森林生长量的4倍，有10多个县的森林覆盖率由解放初期的50%左右下降到10%以下。森林资源锐减是四川乃至长江流域生态环境恶化的重要原因。[1] 以大渡河上游林区三县金川、马尔康、壤塘为例，自1950年初开始大面积采伐，是四川森林开发最早的区域之一，至90年代末累积采伐面积已占该区森林面积的70%以上，如果以原始林为参照，至1999年8月，该区森林退化面积已占该区林地面积

---

[1] 王锡桐：《建设长江上游生态屏障对策研究》，中国农业出版社2003年版，第185—186页。

的65.5%。其中壤塘60%，马尔康64%，金川67%。从近30年来森林退化看，森林退化速度快，1960年森林消失了10%—20%，至1997年森林消失了60%—70%。森林退化经历了由突变至渐变的过程，森林采伐使局部森林环境条件猛烈改变，随着采伐面积的不断扩大，整个林区环境不断恶化，水土流失加剧。至20世纪90年代末，三县森林面积只有41.724万公顷，占该区林地面积的47.62%左右，森林覆盖率为22.11%，总的林木蓄积量只有3196万立方米，表明该区虽然林业用地丰富，但森林覆盖率低，森林资源有限。而且主要森林是残存的天然暗针叶林，大多呈斑块状（岛状）分布于河流源区、陡坡、山脊、深沟谷等局部地段以及自然保护区和风景区。但是人工林抚育成功率在高山同峡谷区不足30%，高丘区不足15%；造林树种单一，造林密度过大，抚育管理不力，人工林质量低下，[①] 森林覆盖率上升有限。

同样在岷江上游也如此，解放初期岷江上游有森林74万公顷，森林覆盖率为32%，森林蓄积量为2亿立方米。50年代为满足国家建设需要，开始大量采伐森林，经过30年的采伐，至1980年，岷江上游森林面积减少到46.7万公顷，森林覆盖率下降为18.8%，森林蓄积约余1.05亿立方米，平均每年减少森林面积0.9万公顷、森林覆盖率0.4%、森林蓄积量320万立方米，递减速度超过之前的任何时期。80年代以后，随着对木材需求量增加，国家、地方、集体、个人"几把斧子"一齐砍，对森林采取掠夺式的砍伐，致使森林面积大幅度减少，森林覆盖率下降至约17%。到了90年代中后期，川西北的森林基本被砍光，森林面积减少至27.8万公顷，森林覆盖率下降至12%，森林蓄积量仅为0.80亿立方米，致使岷江从1996年开始，冬春季节出现断流。[②]

随着20世纪90年代国家实行"退耕还林"、"退耕还草"以及长江上游天然林保护工程的实施，逐步减少了对天然林的砍伐，同时加快人工林的抚育工作，使得各区县的森林资源退化的趋势得到了遏制，并且在部分县的森林覆盖率有了一个缓慢上升。但森林资源仍然未得到根本性恢复重建，目前森林资源仍然较少，依然存在大面积退化迹地和灌丛地，水土流

---

① 包维楷等：《大渡河上游林区森林资源退化及其恢复与重建》，《山地学报》2002年第2期。

② 满正闯等：《岷江上游森林涵养水源的能力变化分析》《水土保持研究》2007年第3期。

失未能得到根本控制。

甘孜藏族自治州森林资源丰富，森林蓄积量占四川省森林蓄积量的三分之一。森林主要分布在州内的雅砻江、金沙江、鲜水河、大渡河流域的中山部位和源头、沟尾，是重要的水源涵养林区，50年代初森林覆盖率达到30%—40%。近几十年来，由于大规模采伐和森林火灾等原因，使森林资源急剧减少。70年代开始封山育林，"截至1979年，已成片造林19万多亩，迹地更新3万多亩。"① 到1990年止甘孜州先后建立了省州采伐企业8个，地方小型采伐企业22个，为国家提供木材1632.95万立方米。② 80年代甘孜州森林覆盖率为9.4%，木材蓄积量达4亿2千多万立方米。③ 经过多年的植树造林，保护原有森林面积，到了2004年甘孜州森林覆盖率达到12.7%，④ 但仍然没有达到20世纪50年代的水平。

据20世纪50年代调查，阿坝藏族羌族自治州有林地面积220万公顷，活立木蓄积量达3亿4千多万立方米，森林覆盖率为26.6%，⑤ 是西南木材蓄积的重要基地。50年代初期，阿坝州林业建设在生产中坚持留母树，重植造，禁止乱砍滥伐，基本上保持了生态平衡。1951年至1955年，平均年采伐量不超过12万立方米；1956年采伐了49万立方米。这不仅适应了森林消长的自然规律，也为国家经济建设提供了大量的木材。但从50年代末期起，林业政策失误，出现了"重采轻造"，1958年到1960年，年采量猛增到230万立方米至290万立方米，使阿坝州的森林资源迅速缩减。20世纪90年代前期，阿坝州实际森林覆盖面积下降到117万公顷，森林覆盖率仅为14.1%，可利用木材蓄积只有1.8亿立方米。同时雨量逐渐减少，水土流失日趋严重。⑥ 90年代后期，随着森林保护力度的加强，有林地上升163.3万公顷，森林覆盖率上升到19.7%，

---

① 甘孜藏族自治州概况编写组：《甘孜藏族自治州概况》，四川民族出版社1986年版，第192页。
② 甘孜州志编纂委员会：《甘孜州志》，四川人民出版社1997年版，第1099页。
③ 甘孜藏族自治州概况编写组：《甘孜藏族自治州概况》四川民族出版社1986年版，第13页。
④ 四川年鉴社：《四川年鉴》（2005年），四川年鉴社2005年版，第531页。
⑤ 根据阿坝州总面积为82700平方公里推算。
⑥ "阿坝藏族自治州概况"编写组：《阿坝藏族自治州概况》，四川民族出版社1985年版，第149—151页。

活立木蓄积量达到4.15亿立方米。[1] 到2004年阿坝州天然林保护完成人工造林21.4万亩、封山育林22.91万亩,森林覆盖率上升到22.59%。[2]

理县隶属于阿坝州,属于四川省川西高山防护林、用材林区的川西高山峡谷水源林、用材林亚区,是岷江上游的重要水源涵养林地带,森林资源丰富,为四川省重点林区之一。在1952年中央森林调查队对理县森林进行了调查,1984—1989年理县进行森林资源"二类"调查,基本查清了理县森林面积129937.8公顷,推算森林覆盖率为30.12%,其中防护林面积107046公顷,占森林总面积的82.45%;现有森林资源中,有林地面积129937.8公顷,森林覆盖率为30.07%。[3] 到2005年止森林覆盖率达40.7%,新封山(沙)育林7337公顷。[4]

表6—7　　川西北高原山地主要州县森林覆盖率分布变化表[5]　　单位:%

年代 地名	50年代初	60年代	70年代	80年代	90年代	21世纪以来
甘孜州	30—40	—	9.4	9.4	9.61	12.7
阿坝州	26.6	—	14.1	15.8	14.1	22.59
理县	34	35	47	30.12	30.07	40.7

注:以上各数据来源于:各县志、地名录、州志、四川林业志、四川年鉴等。

总的来看,这个地区海拔高,地势险峻,森林资源丰富,加之主要为少数民族聚居区,历史上相对而言少有对森林的破坏。从近代开始由于平原、低山地区的森林基本已经采伐殆尽,才开始对该地区森林的开发。50年代以来,为了支持国家社会经济建设,在该地区设立了数十个大中型的森工企业,随着采伐、运输木材技术的现代化,这个地区的森林采伐量扩大。在60—70年代期间因为种种原因,各地森林覆盖率都急剧下降,直

---

[1] 国家民族事务委员会经济司,国家统计局综合统计司:《中国民族经济》(1993年),中国统计出版社1993年版,第96—97页。
[2] 四川年鉴社:《四川年鉴》(2005年),四川年鉴社2005年版,第451页。
[3] 理县地方志编纂委员会:《理县志》四川民族出版社1997年版,第3、400、402页。
[4] 四川年鉴社:《四川年鉴》(2006年),四川年鉴社2006年版,第551页。
[5] 数据主要来自:王继贵主编《四川林业志》,第36—37页,以及各县志、州志、年鉴等。

到改革开放后，林权稳定，下降趋势得到遏制。在20世纪90年代以后至21世纪，由于对森林的生态作用得到新的认识，对森林的保护得到加强，森林覆盖率得到持续上升！

3. 成都平原及盆地西缘山地地区

成都平原自古是四川地区经济最发达和人口最密集的地区。早期成都平原森林植被复杂多样，但由于历史时期的开发，受到人类活动的干扰，使群落发生了很大的变化，天然森林资源在20世纪50年代后几乎消耗殆尽，到20世纪90年代末森林植被多演替为次生林或人工植被，而且平原区多为城镇建设用地，受城市化进程和农业影响，林地呈现零星分布的状态。成都市位于成都平原的中心，是四川盆地的经济文化中心。至70年代末，成都市森林覆盖率已由新中国成立初的21%下降到10.2%左右。[①]盆地西缘中低山地由于雨量充足，气候温暖湿润，形成大面积的亚热带常绿阔叶林和历年营造的杉木、柳杉人工林，而平原地带则宅旁多慈竹、树竹环绕，路旁渠旁杨树、桤木成排成行。成都市森林地域分布不均，区（市）县中森林覆盖率超过成都市平均覆盖率20.29%（1989年数据）的只有西部丘陵山地的大邑（37%）、都江堰（30.08%）、蒲江（27.84%）、邛崃（24.38%）、龙泉驿（21.19%）等5个区（市）、县。其余平原区县均在20%以下，其中在10%以上的有彭县、金堂、新津、崇州、双流等5个县市。其余各区、县均在10%以下。[②]根据成都市农业区划办公室1987年统计，成都市土地总面积为1858.44万亩，其中有林地面积只有234.3万亩，约占成都市面积的12.6%，是四川一个突出的少林区。据1987年统计，成都市森林覆盖率分布在高山区为38.4%，中低山区26.8%，丘陵区5.9%，平原区2.9%。[③]到1998年，成都市森林覆盖率虽然上升为31%，但是分布也不均匀，西北部的龙门山、邛崃山区最高，达59%，东部低山、丘陵为12.7%，平原地区只有3%，[④]这与历史上成都平原区森林覆盖率达到20%相去甚远。成都市用材林主要分布于大邑、

---

① 成都市地方志编纂委员会：《成都市·林业志》，方志出版社1997年版，第4页。
② 成都市地方志编纂委员会：《成都市志·地理志》，成都出版社1993年版，第11页。
③ 同上书，第202页。
④ 成都市地方志编纂委员会：《成都市志·总志》，成都出版社2008年版，第78页。

邛崃、彭县、蒲江、灌县、崇庆等县海拔800—2200米的中低山河丘陵区，面积和蓄积量均以大邑、邛崃、灌县为最多。而防护林则主要分布在西北部的高山等大江源头地区，以大邑、彭县最集中。经济林以蒲江、大邑、灌县、双流、金堂等县面积最大，以海拔800—1000米的低山和丘陵为主。特用林以灌县和龙泉驿区为主。竹林则以邛崃、新建、灌县3县最多，大多分布于宅院地区。

金堂县为成都市森林分布的主要郊县之一，因人类活动等因素的影响，除局部低山、陡坡及寺庙所在地仍保存有少许天然植被外，平坝、浅丘、台地、宽谷、缓坡、垄岗均已被开垦为农田。天然植被为农田植被或人工林所取代。1952年县林业工作组调查测算，1949年金堂森林面积为213210亩，森林覆盖率为20%。1965年，林业局综合查出1公顷以上成片有林地94095亩。1975年，县成立森林资源清查领导小组测算金堂县有林地面积192767.8亩。1982年调查得出境内有林业用地面积459221亩，占幅员面积的26.5%，其中包括有林地263752亩，疏林地46498亩。四旁树占地53272.5亩。当年，林业部科学技术委员会按森林覆盖率计算方法的规定测算，金堂县有林地占幅员面积15.31%，其中包括经济林中的果树幼林（计算时已扣除）。森林覆盖率为12.28%。1990年，金堂县林地面积为306630亩，占幅员面积的17.72%。[1]之后"通过实施长防林、世界银行贷款多功能防护林、退耕还林工程等，到2000年金堂县森林覆盖率已经升至27.8%，形成了以经济林、用材林、水土保持林为主体，农田防护林、游园风景林、城市园林、道路和水系绿化相结合的绿化体系"[2]。

大邑县在民国时期，县山林大都是天然林，人工林很少，人们不实行封山育林。20世纪50年代初县森林资源较为丰富，大邑县森林覆盖率为36.8%，故到处郁郁葱葱。"大跃进"中大邑森林遭到严重砍伐。1964年至1978年的15年间，县里毁林开荒面积约有15000亩。为了尽快恢复森林，开始封山育林的工作，到1985年，大邑县封山育林有效面积约3万亩，从1952年至1985年，大邑县在荒山荒地人工造林累积346073亩，保存面积190349亩。到1991年12月，大邑县被评为全国平原绿化先进

---

[1] 金堂县地方志编纂委员会：《金堂县志》，四川人民出版社1994年版，第23、129页。
[2] 李洪仁主编：《四川年鉴》（2001年），四川年鉴社2001年版，第361页。

单位，同年，速生丰产用材林基地第二期工程建设成效，也经四川省、成都市检查验收合格。至1992年末，大邑县平原区森林覆盖率为11.6%，丘陵区37.2%，山区68.4%，①也凸显出大邑县森林植被分布的不均匀。

崇庆县（现崇州市）在新中国成立初有森林面积55.28万亩，森林覆盖率为33.48%。由于十年动乱时期，林业遭到严重破坏，到1975年森林资源清查时，森林降低至13.73万亩，森林覆盖率为8.4%（1979年为最低，仅7.7%）。十一届三中全会后，为落实林业政策，大力植树造林，至1985年有林面积增加到16.05万亩，森林覆盖率为12.2%。其中成片林主要分布在山丘地区，平坝"四旁"则有零星植树种竹。据统计，1985年崇庆县森林覆盖率平坝区为7.1%，丘陵区为27.7%，中高山区为35.8%，凸显出森林植被分布的不均。由于多年的城镇绿化成就，1983年10月，崇庆县被评为全国平原绿化先进县。②经过多年的努力至2000年底，崇州市有林业用地62万亩，其中有林地上升到16万亩，林木覆盖率达41.8%。但是成片森林主要分布在中高山和丘陵林区，平坝区的林木覆盖率只有8.4%，也以四旁植树为主。③

德阳市地处成都平原东北边缘，属中亚热带气候区，为常绿阔叶林。但由于长期开垦砍伐，地带性植被已破坏殆尽，大部分植被为次生林和人工林，1992年植被覆盖率仅2.4%，主要零星分布于丘陵地区。④1996年德阳市中区森林覆盖率由1976年的2.4%上升到30.4%，但是有林地分布仍然很不平衡，平坝区林地面积所占比重不大，且分布零散，主要集中"四旁"，主要树种有樟楠、女贞、油桐等。⑤至1998年末，德阳市林业用地资源148270公顷，占德阳市幅员面积的24.89%；有林地95474公顷，活立木总蓄积资源683.10万立方米，森林覆盖率16.03%。⑥到2005年，在退耕还林、天保林、长防林和人畜饮水工程建设取得重大成果后，

---

① 四川省大邑县志编纂委员会：《大邑县志续》，四川大学出版社1996年版，第238页。
② 四川省崇庆县志编纂委员会：《崇庆县志》，四川人民出版社1991年版，第356—357页。
③ 四川省崇庆县志编纂委员会：《崇州市志1986—2000》，四川人民出版社2004年版，第372页。
④ 德阳县地方志编纂委员会：《德阳县志》，四川人民出版社1994年版，第81页。
⑤ 德阳市中区国土资源志编纂委员会：《德阳市中区国土资源志》，1997年版，第13页。
⑥ 德阳年鉴编纂委员会：《德阳年鉴》（1999年），四川科学技术出版社1999年版，第273页。

德阳市25度以上坡耕地的退耕还林工程和天保工程建设任务基本完成,森林覆盖率达到37.41%。[①]

绵阳市位于四川盆地西北部,涪江中上游地带,市境地带性植被为亚热带常绿阔叶林,由于平坝、丘陵、低山长期的垦殖,常绿阔叶林已经砍伐殆尽。自然植被大都被人工林取代。到20世纪90年代市境内南部丘陵地区植被覆盖率仅有百分之几到十几,且以次生的马尾松、柏树纯林或与桤木、栎类混交林为主,多分布于沟旁、河岸、坡脚等湿润地区,人工营林以针叶纯林为主,占人工营林的96%,混交林占4%。其中在东南部已全部为人工次生林取代,竹类和其他树种主要分布于平原区宅旁。总体上,绵阳市森林覆盖率在38.3%以上,[②]但是有林地面积90%以上分布在北川、平武及安县、江油四县市,其余县(区)不到10%。50年代初,平武、北川的森林覆盖率为80%以上,经过数十年的开发利用,以上各县的原始森林面积也大幅度减少,森林植被的组成已经发生了质的变化。江油、平武、北川、安县低山、中山区原以马尾松、华山松占优势的针叶林演替为以山毛榉科栎类及其他灌丛、草丛占优势的次生林;高山以云杉、冷杉为主的暗针叶林也有一部分演替成了桦木、高山杨树为主的阔叶林。[③]市中区森林覆盖率已由50年代的20%下降到80年代初的5.1%。[④]过度的砍伐森林,造成严重水土流失。如平武县从50年代到70年代,每年毁林开荒4—5万亩,1960年高达12万亩。使得森林覆盖率由解放初期的52%下降为80年代的34%。同时涪江平武段最大流量10年间由1200—2000立方米/秒增大到5300立方米/秒,输沙量也由50年代的270万吨/年增加至80年代的915万吨/年,增加了两倍多。平武县70年代降水量比60年代减少,旱灾增加,平均10年有春旱8次,夏旱8次。据资料测算,市境内土地平均每亩每年要被冲走泥土250公斤。

江油位于绵阳西北部,中南部为涪江冲积平原,新中国成立前森林植

---

① 德阳市地方志暨《德阳年鉴》编纂委员会:《德阳年鉴》(2006年),方志出版社2006年版,第89—90页。

② 《绵阳年鉴1999》,成都科学技术出版社1999年版,第25页。

③ 《绵阳市自然地理志》编辑部:《绵阳市自然地理志》,四川辞书出版社1987年版,第467、470、479页。

④ 绵阳市地方志编纂委员会:《绵阳市(县级)志》,四川辞书出版社1999年版,第60页。

被茂盛。根据20世纪50年代初的资料记载，江油当时森林面积尚有122万余亩，覆盖率为27.5%。多分布在境内东北和西北部山地。在"一五"期间，采伐调运木材15.48万立方米，同期造林62983亩，森林资源基本保持平衡。但1958年大炼钢铁，"大办食堂"，乱砍滥伐，毁林4362983亩，占江油林地面积的46.65%，森林覆盖率下降到19.8%。"文化大革命"开始后，乱砍滥伐成风，森林植被遭到严重破坏，到1976年"四五"资源清查时，江油森林面积已不足50万亩（其中人工林面积约10.3万亩），覆盖率下降到12.2%。1979年贯彻《森林法》、落实林业两制，使江油的森林资源走上正轨。这期间，开展工程造林和飞播造林，对部分山区封山育林，加快了林业建设步伐，到1986年，有林地74万亩，森林覆盖率为18.13%，但仍比20世纪50年代初下降了9.37个百分点。[①] 此后由于坚持森林资源保护，科技兴林和依法治林，造林、护林、抚林等得到了加强，截至2005年底，江油有林地面积13.4万公顷，其中，天然林保护面积12.9万公顷，活立木蓄积450万立方米，森林覆盖率恢复到43.2%。[②]

安县位于绵阳西北部，境内山地、丘陵、平坝兼有。1949年安县森林面积为54.46万亩，森林覆盖率为29.2%，活立木蓄积量400万立方米。"大跃进"毁林伐木，据1961年统计，"大跃进"中乱砍滥伐森林共4.4万亩，森林面积下降为25.4万亩。"文革"中，林权屡变，乱砍滥伐。到70年代末统计境内有森林约15万亩。[③] 1979年后，林业开始恢复，至1985年有森林面积60.01万亩。比1949年增加10.2%。其中有用材林27.76万亩，经济林4.55万亩，竹林4.38万亩，村旁、路旁、宅旁、水旁树木3.59万亩，郁闭度0.4以上的灌木林19.73万亩，森林覆盖率为28.5%。由于人口增加，林地更新时间不久，均多为次生和人工中幼林。[④] 从1950—1985年的36年间，安县总计造林40.4万亩，成林11.27万亩。1952—1985年，安县四旁植树1.11亿株，因为林权多变，

[①] 江油地方志编纂委员会：《江油县志》，四川人民出版社2000年版，第2、161、162、572页。
[②] 《江油年鉴》编辑部：《江油年鉴》（2006），2006年版，第128页。
[③] 四川省安县地名录领导小组：《四川省安县地名录》，1982年8月编印，第5页。
[④] 安县地方志编纂委员会：《安县志》，巴蜀书社1991年版，第228、237、239、244页。

管理不善，仅保存1610万株，占栽植总数14.5%。[1] 此后，随着天保工程的推进，着力加强生态建设，生物多样性得到有效保护，安县累计完成退耕还林10.9万亩、配套荒山造林11.7万亩，到2004年森林覆盖率达到44.5%。[2]

表6—8　　成都平原及盆地西缘山地地区森林分布变迁表　　单位:%

地名＼年代	50年代初	70年代	80年代	90年代	21世纪以来
成都市	21	10.2	12.6	31	35.5
都江堰市	—	—	30.08	—	53.7
金堂县	20	—	26.5	17.72	27.8
郫县	13	—	9	9.1	14.49
德阳市	—	—	2.4	11.1	37.41
绵阳市	—	15.8	—	38.3	45.71
安县	25.9	12.1	17.3	28.5	44.5
平武县	35—47	34.6			77.5
青川县		38.1			42.3
北川县	55.81	36.51	40.32	46.93	76.2
江油市	27.5	12.2	18.13	—	23.8
新津县	—	—	11		24.51
新都县			7.4—10.9		—
崇庆县（现崇州市）	33.4	7.7	12.2		40.41
乐山市中区	22.4	—	14.04	33.57	35.22

注：以上各数据来源于：以上各县志、州志、四川林业志、四川年鉴等。

乐山地区（现乐山市）在80年代初统计有森林面积2919平方公里（合437.85万亩），植被率约为17.91%。但原始森林主要分布在高山区的峨边、马边等县。洪雅、峨眉、沐川山区和深丘多为天然次生林，浅丘和平坝均为少量散生林。其中马边县大风顶自然保护区林地有45万亩。[3]

---

[1]　安县地方志编纂委员会：《安县志》，巴蜀书社1991年版，第113—115页。
[2]　四川年鉴社：《四川年鉴》（2005年），四川年鉴社2005年版，第433—434页。
[3]　四川省乐山地区地名录领导小组：《四川省乐山地名录》，1985年10月编印，第4页。

经过多年的努力，到1997年乐山市森林覆盖率上升到27.49%。[①] 到2005年森林覆盖率达到50.46%，完成退耕还林14万亩。[②] 乐山市中区1949年统计时，森林覆盖面积410029亩，覆盖率为22.4%，1958年至1960年，在大炼钢铁、大办公共食堂中，万斧齐下，树木难存，仅二三年间，除交通不便的高山森林之外，平坝、丘陵林木几乎砍光，使森林覆盖率猛降。1982年林业调查时，森林覆盖面积仅为41万亩，森林覆盖率下降到14.04%。此后多方努力植树造林，至1995年森林覆盖率上升为33.57%。[③] 此后，由于行政区划调整，林业用地面积有所下降，但是到2004年，市中区完成造林面积900公顷，实现退耕还林867公顷，森林面积24395公顷，森林覆盖率上升到35.22%。[④]

总的来看，这个地区自然条件良好，自古以来就是四川盆地经济最为发达、人口密度最大的地区，历史上森林植被破坏严重。但由于气候条件好，易于植被生长，特别是90年代中期后对城镇绿化投入的加大，使该地区部分低山区丘陵地带森林植被也有不同程度的恢复，尤其是城镇森林覆盖率有较大提高，但多为人工观赏林和经济林。

4. 川中盆地丘陵地区

川中丘陵又称盆中丘陵，位于四川盆地的中部，西迄四川盆地内的龙泉山，东止华蓥山，北起大巴山麓，南抵长江以南，地处长江以北和沱、涪、嘉（陵）、渠诸江的中下游，面积约8.4万平方公里。其范围包括内江、南充、遂宁、自贡市的全部，以及宜宾、乐山、达县、重庆市部分地区共计50余个县、市。

川中盆地丘陵地区是四川乃至全国的农业发达的地区，"区内人口密度大，平均人口密度达每平方公里600余人，是长江上游人口最为密集的典型农业区。"[⑤] 该区土地垦殖指数高，由于长时期的农业耕作开发，使得天然原始的亚热带常绿阔叶林基本破坏殆尽，只有在部分山区残存着，全区植被稀疏，森林覆被率不到7%，有的县份仅1%，为四川森林覆被

[①] 刘国光主编：《中国城市年鉴》（1998年），中国城市年鉴社1998年版，第562页。
[②] 四川年鉴社：《四川年鉴》（2005年），四川年鉴社2005年版，第455页。
[③] 四川省乐山地区地名录领导小组编：《四川省乐山地名录》，1985年10月编印，第4页。
[④] 四川年鉴社：《四川年鉴》（2005年），四川年鉴社2005年版，第456页。
[⑤] 雷孝章等：《川中丘陵区"长治"工程的减沙效益研究》，《泥沙研究》2003年第1期。

率最低地区。同时丘陵的中生代紫红色砂岩和泥岩，质地松脆，极易遭受侵蚀和风化，故土壤中多沙和碎石。

据不完全统计，20 世纪 50 年代初四川盆地大部分丘陵地区林木遭到不同程度的破坏，大部分丘陵县森林覆盖率为 20%—30%，有些县不足 20%。离县城和居民点较远的山区，森林仍保存较好。随着人口增加和农业生产力的发展，丘陵区垦殖指数由 50 年代初的 20%—30% 增加到 70 年代的 50% 以上，有的县高达 60% 以上。山区由 50 年代初的 4%—5% 增加到 90 年代的 15%—25%，森林覆盖面积大大减少。[①] 据 1975—1976 年四川省第一次森林资源清查数据显示：在该区域中简阳、资中、乐至等地，森林覆盖率仅为 4.3%，南部、盐亭、射洪、潼南、岳池等地，森林覆盖率仅 5.3%，遂宁、蓬溪、乐至等地，森林覆盖率均不到 1%。到 90 年代该区的森林面积一般比解放初期减少 60%—70%，有的达 80% 以上。如蓬溪县比过去减少 84%，武胜县 1958 年前森林面积 15 万多亩，到 1976 年只有 800 多亩，减少 99.3%。区内沱江、涪江、嘉陵江三条流域，森林覆盖率仅 5.1%—13.7%，每年冲走的泥沙达两亿五千多万吨。其中嘉陵江年平均含沙量为 2.54 公斤/立方米，流域内年平均单位面积冲刷量达 1 公斤/平方米，[②] 使得嘉陵江成为长江上游泥沙的重要来源。

90 年代以后，由于林业政策稳定，林业"两权"的具体落实和实施，林业发展迅速，森林覆盖率下降的趋势得到了很大的遏制，森林植被得到了部分恢复。以盐亭县为例，1976 年森林覆盖率只有 3.4%，旱涝灾害相当严重。通过连续多年植树造林，到了 20 世纪末森林覆盖率上升到 54.6%，生态环境明显改善，水土流失面积减少 88.6%，表土流失减少 98%，塘、库、堰增加蓄水 561.6 万立方米，土壤含水量增加 20%。[③]

南充县（现南充市高坪区和嘉陵区），在 1950 年有森林面积 73 万亩，森林覆盖率 20.3%。1958 年大办食堂，林木遭到乱砍滥伐，1960—1961 年，又有不少地区毁林开荒，到 1975 年森林资源调查时，南充县 15 亩以

---

① 钟祥浩：《长江上游环境特征与防护林体系建设（川江流域部分）》，科学出版社 1992 年版，第 4 页。
② 邱进贤：《四川盆地中部林业现状及规划意见》，《四川林业科技》1980 年第 1 期。
③ 隆孝雄：《论发展四川林业和治理长江水患的关系》，《四川林业科技》2006 年第 1 期。

上的林业用地只有 14.15 万亩，占幅员面积 364.85 万亩的 3.88%。其中森林面积 18.6 万亩，森林覆盖率为 5.1%。1978 年后，落实林权，植树造林，林业用地面积显著增加，1980 年森林覆盖率由 1978 年前的 8% 上升到 8.4%。到 1985 年，南充有森林面积 34.5 万亩，森林覆盖率 9.46%，林业用地与 1950 年相比仍少 52.47%，森林覆盖率减少了 10.84%。① 从 1952—1985 年南充县在四旁零星植树，合计达 112042 万株，成片造林 87.16 万亩，但是在 1978 年以前，管理不善，成活率和保持率极低。到 1985 年，市郊林地面积达 1365.45 公顷，其中，有林地面积 907.45 公顷，未成林造林地 324.47 公顷，宜林荒地 130.62 公顷，森林覆盖率 10.46%，比 1978 年上升 2.46%。②

射洪县位于川中丘陵区北缘，涪江中游，县境属丘陵低山植被区，现自然植被除灌木外，只有少量残存的柏木林，其次是次生灌木丛和亚热带低山禾草丛。据统计 1949 年射洪县宜林地面积 75.5 万亩，其中有林地 38.58 万亩，疏林地 19.4 万亩。1954 年调查，有林地面积 385876 亩，覆盖率为 17.19%，多散生，无大森林；50 年代后期至 60 年代初，林权不稳定，乱砍滥伐、毁林开荒、过度采伐，林业资源遭到毁灭性的破坏，有林地由 1949 年的 38.58 万亩下降到 27.08 万亩；森林覆盖率由 1954 年的 17.3%下降到 1982 年的 6.05%。直到 1981 年后，落实林业两制，造管结合，森林植被才得到有效的恢复，1985 年底统计有 66.08 万亩林业用地，有成片用材林 11.5 万亩，其中柏木，面积 11.2 万亩，占 83.1%，森林覆盖率由 1982 年的 6.05%提高到 1985 年的 15.9%。③ 到 1990 年，射洪县森林覆盖率达 21.3%，④ 到 2001 年实施退耕还林还草 3 万亩，封山育林 35 万亩，森林覆盖率上升到 39.22%。⑤

大足县境内广大丘陵地区主要林木是柏、栎、油桐和其他阔叶树，低山地区主产慈竹、松、杉和阔叶树，浅丘平坝以大叶桉、柏、香樟为主。近 50 年来县内森林经过几次兴衰。50 年代"土改"后，农民积极性提高，林权明确，管理落实，林业发展较快。1955 年农业合作化，私有山

---

① 四川省南充县志编纂委员会：《南充县志》，四川人民出版社 1993 年版，第 186 页。
② 南充市地方志编纂委员会：《南充市志》，1994 年版。
③ 射洪县县志编纂委员会编：《射洪志》，四川大学出版社 1990 年版，第 128、130 页。
④ 射洪县地方志编纂委员会：《射洪年鉴》(1986—1990 年)，1990 年版，第 67 页。
⑤ 四川年鉴社：《四川年鉴》(2002 年)，四川年鉴社 2002 年版，第 394 页。

林折价入社，出现乱砍滥伐现象。1958年大炼钢铁和大办公共食堂，森林遭到严重破坏，1959年，森林覆盖率仅为8.5%。60年代初大足由木材自给自足变为缺材县。十年"文化大革命"，成材林木砍伐几尽，1975年森林覆盖率下降到3.2%，立木蓄积量为10.7万立方米。1979年落实林业两制，林业得到恢复。1985年林业用地面积22万亩，有林地18.2万亩，森林覆盖率为8.7%，立木蓄积量14万立方米。[①] 到1995年统计时，大足县有林业用地17万亩，森林覆盖率恢复到19.6%，木材积蓄量为43.8万立方米。[②] 2003年大足县森林覆盖率达到24.96%，城市绿化率达39.9%，[③] 到了2006年大足县森林采伐限额控制在1.4万立方米以内，森林覆盖率提高到29.2%。[④]

荣昌县位于四川盆地中部，幅员面积1079.01平方公里，境内中北部为丘陵区，南部为岭谷区。近百年来，县境内天然林已绝迹，只有各种次生林和人工林。20世纪90年代，荣昌县有林业用地面积6412.5公顷，森林覆盖率为11.4%。[⑤] 到1995年时，荣昌县森林覆盖率提高到18.5%。[⑥]

宜宾市位于四川盆地南部，境内现存的原始植被很少，绝大部分为人工植被和原始植被遭破坏后的次生植被。到90年代末，宜宾森林覆盖率为29.6%，林业用地面积601.08万亩。境内亚热带次生性常绿针叶林植被分布较广，竹林是境内植被一大特色。[⑦] 到2000年宜宾市森林覆盖率已达30.03%。[⑧] 在2005年统计时，完成退耕还林5781公顷，生态环境进一步改善，森林覆盖率上升至37.36%。[⑨]

自贡位于四川盆地南缘丘陵，属于浅中丘陵地带，幅员面积4372.6

[①] 大足县地方志编纂委员会：《大足县志》，方志出版社1996年版，第328页。

[②] 国家统计局、国务院发展研究中心：《中国县域经济》（1996年），中国统计出版社1996年版，第46—47页。

[③] 重庆市社会科学界联合会：《重庆社会科学年鉴》（2004年），中国三峡出版社2005年版，第90—91页。

[④] 大足年鉴编纂委员会：《大足年鉴》（2007年），2007年版，第220—221页。

[⑤] 荣昌县地方志编纂委员会：《荣昌县志》，四川人民出版社2000年版，第1—2页。

[⑥] 重庆统计局：《重庆统计年鉴》（1996年），中国统计出版社1997年版，第222页。

[⑦] 《宜宾年鉴（1998）》，四川科学技术出版社1998年版，第43页。

[⑧] 中国城市经济学会：《中国城市发展报告》（2000年），中国言实出版社2000年版，第221—222页。

[⑨] 宜宾市人民政府：《宜宾年鉴》（2006），方志出版社2006年版，第128—133页。

平方公里。气候属亚热带湿润季风气候区。70年代末统计自贡比较的集中的林地有34.7万亩，其中天然林有25万亩，森林覆盖率8.55%，集中成片的林地，主要分布在荣县的西北部和东南部。[①] 到了90年代，自贡有林地123.58万亩，占总土地面积的18.84%。林地中的森林占有林地的51.7%，森林覆盖率为9.8%。[②] 截至1995年，自贡市有森林面积53378.2公顷，森林总蓄积量308.6万立方米，森林覆盖率恢复到18.7%。[③] 此后坚持兴林，继续实施长防林工程建设，到2000年新增长防林6万亩，森林覆盖率达到21%。[④]

眉山属亚热带常绿地区，是川中散生林区之一。眉山1954年有森林面积60万亩，森林覆盖率为30%。50年代末至60年代初，"大跃进"中大炼钢铁、大办公共食堂，滥伐森林，原始森林荡然殆尽。1975年眉山县森林普查，林区面积为35万亩，森林覆盖率仅为17.53%。1982年统计，眉山县林地降至317407亩，森林覆盖率仅为15.90%。以后年年种树造林、封山护林，到1987年恢复到38万亩，森林覆盖率提高到19.04%。[⑤] 到1997年，眉山市完成成片造林1.47万亩，森林覆盖率达到23.2%，[⑥] 到2005年，新造竹林5486.7公顷，封山育林5226.7公顷，完成"四旁"植树939.1万株，森林覆盖率达到36.55%。[⑦]

遂宁位于亚热带常绿阔叶林区，历史上曾是林木繁茂的农区。由于多年的垦殖境内植被类型不多，除广布的农作物植被外，宜林荒山上仅有人工营造的以柏木为主的常绿针叶林或松、柏、株、槐常绿针、阔叶混交林，森林植被群落外貌终年常绿，群系单一。到1957年，遂宁县宜林地面积63万亩，占土地总面积的22.7%，有林地38万亩，森林覆盖率13.7%。由于1958年以来，大跃进时期，毁林开荒，乱垦乱砍，植被遭到严重破坏。据1963年调查，遂宁县有林地24.22万亩，森林覆盖率降

---

① 四川省自贡地名领导小组：《自贡地名录》，1982年8月编印，第3页。
② 《自贡市农业志》，成都科技大学出版社1994年版，第25页。
③ 自贡年鉴编辑委员会：《自贡年鉴》（1995年），四川大学出版社1996年版，第177页。
④ 自贡市人民政府：《自贡年鉴》（2001年），四川科学技术出版社2001年版，第106—108页。
⑤ 眉山县地方志编纂委员会：《眉山县志》，四川人民出版社1992年版，第113页。
⑥ 四川省眉山县地方志办公室：《眉山年鉴》（1997），1997年版，第258页。
⑦ 眉山年鉴编辑委员会：《眉山年鉴》（2006年），方志出版社2006年版，第259页。

到8.7%。"文化大革命"中林权不稳,乱砍滥伐,据1974年森林资源调查,遂宁有林地下降到1.39万亩(面积1公顷以下的有林地未统计在内),森林覆盖率仅0.5%。1982年落实林业两制后,林业生产逐步恢复和发展,遂宁县有林地14.28万亩(含面积1亩以下的有林地,其中森林7.71万亩,竹林6.57万亩),森林覆盖率恢复到5.15%。到1985年,遂宁县森林覆盖率恢复到8.49%。[①] 十多年来,由于退耕还林政策实施、燃料换代、生态意识强化、农村人口外迁等因素,到2005年,森林覆盖率达到32%,比建市时的7.12%提高了24.88%。[②]

表6—9　　　　四川盆地丘陵地区市县森林分布演变表　　　　单位:%

地名＼年代	50年代初	60年代	70年代	80年代	90年代	21世纪以来
大足县	—	8.5以下	3.2	8.7		22.1
荣昌县[③]	21.1	4.9	3.4	9.9	11.4	—
宜宾市	—	—	7.2	—	29.6	34.03
南充市	12.5	—	8	10.46	—	30.1
自贡市	25	2.2	8.55	—	9.8	23
眉山市	30	—	17.53	15.9—19.04	—	29.59
内江市	—	3.3	—			21.44
遂宁市				8.49		32
资阳市				6.54	10.45	33
射洪县	17.19			6.05	21.3	39.22

注:以上各数据来源于:各县志、州志、四川林业志、四川年鉴等。

资阳位于川中丘陵地带中部。由于多年来的垦殖,到1982年7月普查,有林业用地面积25.97万亩,有林地面积15.95万亩,活立木蓄积量20万立方米,森林覆盖率为6.54%。[④] 到1996年时,资阳有林业用地39万亩,有林面积25.6万亩,蓄积林木33.8万立方米,树种147个,森林

[①] 遂宁县地方志统编纂委员会:《遂宁县志》,巴蜀书社1993年版,第37、39页。
[②] 遂宁市地方志办公室:《遂宁年鉴》(2006),第81—87页。
[③] 荣昌县地方志统编纂委员会:《荣昌县志》,四川人民出版社2000年版,第222页。
[④] 资阳县地方志统编纂委员会:《资阳县志》,巴蜀书社1993年版,第267页。

覆盖率10.45%，① 随着退耕还林政策实施、燃料换代、生态意识强化、农村人口外迁等因素，到2006年时森林覆盖率上升到33%。②

这个地区为四川主要的丘陵农耕地区，清中叶以来垦殖系数一直较高，20世纪50年代以来人口密度越来越大，垦殖指数越来越高，加上政策等的因素，森林覆盖率下降幅度较大，也是长江上游水土流失的重要地区。但应当看到，此地区土壤、光水热条件较好，有利于森林的恢复。十多年来，由于退耕还林政策实施、燃料换代、生态意识强化、农村人口外迁等因素，森林覆盖率回升较快，但多为人工林和次生中幼林。

5. 川北山地地区

川北山地地区位于秦岭—大巴山区南段，主要包括巴中、达州、广安等3市所辖县以及广元、南充、部分辖县，行政区域面积约6.4万平方公里。历史时期该地区森林资源十分丰富。但20世纪50年代后，由于国家经济社会发展对木材的需求量增大，以及在1958年到1988年特定历史条件下，不合理的林业政策，森林资源消耗量超过生长量，对森林超量开采，造成了森林覆盖率由新中国成立之初的山区县30%以上急剧下降到80年代中期的不足10%。在80年代后，由于落实稳定的林业政策，森林覆盖率在缓慢上升，到21世纪初达到25%。

巴中属大巴山常绿阔叶林和山地常绿阔叶落叶林区，1949年以前森林资源十分丰富。据统计20世纪50年代巴中约有森林面积116万亩，森林覆盖率30.2%。1956年以后，由于林权多变，管理混乱，乱砍滥伐使森林遭受到很大的损失，1964年森林面积下降到63万亩，覆盖率下降到16.4%，木材蓄积量由20世纪50年代初的450万立方米下降到103万立方米。到1975年统计，森林面积增加到了86万亩，森林覆盖率增加到24.81%（一说22.58%），木材蓄积量增加到264万立方米。到1980年清查时，森林面积达到96万亩，森林覆盖率达27.56%。③ 十多年来，由于退耕还林政策实施、燃料换代、生态意识强化、农村人口外迁等因素，

---

① 国家统计局、国务院发展研究中心编：《中国县域经济》（西南、西北卷1996年），中国统计出版社1996年版，第70—73页。

② 四川年鉴社：《四川年鉴》（2007年），四川年鉴社2007年版，第487页。

③ 巴中县林业局编：《巴中县林业志》（内部资料）序言，1989年12月，第2页。巴中县地方志编纂委员会：《巴中县志》，巴蜀书社1994年版，第280页。

2000年底,有林地面积441788公顷,占林地面积600707公顷的73.54%,森林覆盖率达35.91%,活立木蓄积2152万立方米。①

通江县山高水险,历史时期多数为原始林区,其海拔1300米以下为基带植被,代表类型为常绿阔叶林,以青杠、枹包、石栎为主。海拔1300—2000米,代表类型为常绿和落叶阔叶混交林。海拔2000米以上,代表类型为亚高山针叶林,主要为巴山冷杉林、铁杉等。1951年调查计算通江县森林覆盖率为41%,但是到1959年减少至25%。到1975年一类资源清查森林覆盖率仅为21%,到1982年通江县覆盖率则少至15%,② 到了近几十年的最低点。此后多年的植树造林,林业发展迅速,到1999年通江县有森林面积255万亩,森林覆盖率达到38.1%,自然保护区幅员面积4116平方公里。③ 至2003年调查时通江县有林业用地226373公顷,有林地1216公顷,活立木蓄积量581万立方米,森林覆盖率46.7%。④

达州位于四川省东北部,大巴山南边,地形以丘陵、山地为主,历史时期植被也较好,但到80年代,市区森林覆盖率降为15.1%,植被多为次生林和人造林,其余为灌木丛等。⑤ 自1999年起,实施退耕还林工程,森林植被有了较快恢复。到2004年达州共成片造林250多万亩,森林面积达到52.4万公顷,森林蓄积增加到327万立方米,实现了"森林资源"双增长,森林覆盖率达到31.65%。⑥

表6—10　　　　　　川北山地地区森林分布变化表　　　　　　单位:%

年代 地名	50年代初	60年代	70年代	80年代	21世纪以来
巴中市	30.2	16.4	24.81	27.56	35.21
通江县	41	25	21	15	—
达州市				15.1	31.65

注:以上各数据来源于:各县志、州志、四川林业志、四川年鉴等。

---

① 巴中年鉴编纂委员会:《巴中年鉴》(2001年),第198页。
② 通江县林业局编:《通江县林业志》,云南大学出版社1990年版,第65页。
③ 通江县地方志办公室:《通江年鉴》(1999年),第197页。
④ 通江县地方志办公室:《通江年鉴》(2003年),第144—145页。
⑤ 达县地方志编纂委员会:《达县市志》,四川人民出版社1994年版,第88页。
⑥ 四川省人民政府救灾办公室:《四川减灾年鉴》(2001年),第330—331页。

总体上看，这个地区处大巴山区，经济开发较为落后，垦殖指数相对较低，对森林的破坏相对较轻，虽然经过六七十年代的各种砍伐，至今仍有较大面积的天然林存在，森林覆盖率在盆地内属较高的地区。

6. 川东平行岭谷地区

川东平行岭谷区位于四川盆地东部，今川渝交接处，又称盆东平行岭谷。北起于大巴山南麓，南到云贵高原北侧，北部为渠江上源地区，南部水系大多直接汇入长江。包括四川盆地内的华蓥山及其以东地区，行政区上包括四川省广安市和达县市少部分县，以及重庆北部部分区县，面积5.3万平方公里。这个地区历史时期森林分布就极不平衡，岭谷间的丘陵和平坝地区人类开发较早，经济较为发达，森林植被稀少，但在岭谷地区的山地上山高水险，林木深茂。

近五十年来，重庆市是长江上游地区经济中心，垦殖系数高，经济发展的同时也给森林资源带来很大压力。解放初期，市境内有森林面积640多万亩（约42.67万公顷），森林覆盖率为19.1%。[1]但后来由于"大炼钢铁"、"大办粮食"和"十年动乱"的影响，到80年代除少数几处边远地区外，森林几乎荡然无存了，森林覆盖率下降为9.9%。[2]到1997年重庆市成为直辖市前，当时重庆全市有林地面积168.7万公顷，活林木蓄积7125万立方米，森林覆盖率上升到20.43%。[3]成为直辖市后，重庆市辖区面积扩大，但森林资源的地区分布不均匀，沿江两岸和西部丘陵地区，森林覆盖率仅为10%以下，主要分布在万州和黔江开发区。随后在保护现有天然林资源的基础上，实行退耕还林还草和荒山造林种草，实施了长江上游防护林工程、中德合作造林工程、生态林工程和水土保持工程，2000年重庆市森林覆盖率上升至24.0%，比1995年增加了3.5%。[4]到

---

[1] 重庆市地方志编纂委员会总编辑室：《重庆市志》第一卷，四川大学出版社1992年版，第636页。

[2] 重庆土壤普查办公室编：《重庆土壤》（内部资料），1986年1月，第414页。

[3] 中国农村能源年鉴编辑委员会编：《中国农村能源年鉴》（1997年），中国农业出版社1998年版。

[4] 国家统计局城市社会经济调查总队，中国统计学会城市统计委员会编：《2001中国城市发展报告》，中国统计出版社2002年版，第114—118页。

2005年重庆市新造绿化林地164万亩，完成三峡库区周边绿化32万亩，森林资源总量超过1亿立方米，森林覆盖率达到30.0%。①

大竹县森林属中亚热带常绿阔叶林。据估计，50年代初森林面积约有131.12万亩，覆盖率为42.1%，蓄积量552万多立方米，竹木自给有余。1958年大炼钢铁，伐木烧炭炼钢，烧掉木材233万立方米，加上大办公共食堂烧掉30多万立方米，林业资源遭到极大破坏。60—70年代，强调"以粮为纲"，毁林种粮，乱砍滥伐，森林资源逐渐减少。1975年清查时，有林地面积59.07万亩，木材蓄积量42.2万立方米，覆盖率下降到19.9%。以后，经过多年的造林和保护，林地面积虽有所减少，林木蓄积却有所增长。1982年有林地面积61.73万亩，蓄积量64.06万立方米，覆盖率为20%。到1985年，国有林地面积继续有所增长，但集体林中，乱砍滥伐现象却十分严重，部分密林已变为疏（残）林或荒山。② 到1991年统计时大竹县，有林地88.5万亩（包括竹山15.5万亩），森林面积65.31万亩，森林覆盖率21.06%。③ 到1995年末，森林覆盖率达到32.5%。被命名为"全国首批造林绿化县"。④ 到2002年，大竹县森林覆盖率为28.67%。⑤

南川地处四川盆地东南缘大娄山脉西北侧，境内地势由东南向西北倾斜，南部属大娄山褶皱地带，北部系川东平行岭谷区。境内历史上自然环境优越，林木有以马尾松为主的用材林，金佛山区还保存有银杉、珙桐等珍贵树种。1951年土地改革时，南川有林地为105万亩。1960年，四川省森林勘察队来县测量南川有林地面积76.7万亩。1975年林业资源调查，南川有林地面积为53.11万亩。1980年资源调查，南川有林地62.38万亩。1983年起开始落实林业所有制和责任制，到1985年测量南川有林地面积为82.67万亩。⑥ 据南川市林业局公布数据，2005年南川有森林面积85708公顷，活立木蓄积477万立方米，森林覆盖率达37.03%。

---

① 中华人民共和国年鉴编辑部：《中华人民共和国年鉴》（2006年），中华人民共和国年鉴社2006年版，第997页。
② 大竹县地方志编纂委员会：《大竹县志》，重庆出版社1992年版，第282页。
③ 大竹县地方志领导小组：《大竹年鉴》（1986—1991年），第471页。
④ 四川年鉴社：《四川年鉴》（1996年），四川年鉴社1996年版，第564页。
⑤ 大竹县人民政府：《大竹年鉴》（2002年），第248—254页。
⑥ 南川县地方志编纂委员会：《南川县志》，四川人民出版社1991年版，第177页。

广安以山地、丘陵为主，平坝极少，整个地域被蜿蜒而过的渠江划分成东西两部。从清末至民国，华蓥山县境内森林面积保持在 34 万亩左右，占山区面积（自外麓算起）的近 85%。50 年代初时广安森林面积为 68.98 万亩（含四旁林木占地 23.39 万亩），森林覆盖率为 26.9%，活立木蓄积量计 455 万立方米。1952 年土地改革后，调动起了农民种树的兴趣。1957 年，广安有林地增加到近 70.4 万亩，森林覆盖率上升为 27.36%，活立木蓄积量计 485 万立方米。1958 年，实行林木折价入社，有的社员在折价前砍伐树木备用或出售，"四旁"树木减少。同年秋，南充专区在华蓥山县境内大炼钢铁，劈山筑路，不少森林被毁。到 1963 年，广安林业用地仅 31.7 万亩，其中有林地 21.7 万亩，活立木蓄积量 22 万立方米，森林覆盖率下降到 8.61%。"文化大革命"中乱砍滥伐、毁林开荒，到 1975 年森林资源清理，广安林业用地面积仅有 19.27 万亩，其中有林地 5.18 万亩（含白夹竹 1.5 万亩），四旁树（2483 万株）占地 6.03 万亩，活立木蓄积量减至 16 万立方米，森林覆盖率下降到 2.1%。1978 年境域变动后，广安林业用地减少。1979 年 2 月，国家公布《森林法》，全面落实林业所有制和林业生产责任制。到 1982 年造林植树，全县林业用地增至 39.55 万亩，其中有林地近 14.3 万亩，四旁树 1047.73 万株，森林覆盖率回升到 6.02%，但以幼树居多。到 1985 年，广安林业用地增至 46.63 万亩（含四旁树占地），有林地 16.73 万亩，森林覆盖率上升到 7.1%，活

表 6—11　　　　　川东平行岭谷地区森林分布变迁表　　　　　单位：%

地名＼年代	50 年代初	60 年代	70 年代	80 年代	90 年代	21 世纪以来
重庆市	19.1	—	10.4	9.9	20.98	30.0
广安市	26.9—27.36	8.61	2.1—6.02	7.1	15.76	42.3
大竹县	40	—	19.9	20	—	30.28
南川市	30.5	19.6	13	16—21.5	—	37.03
潼南县	—	—	1%以下	3.05		22.06

注：南川 1980 年资源调查数为 16%，1985 年落实林业两制调查数为 21.5%。以上各数据来源于：各县志、州志、四川林业志、四川年鉴等。

立木蓄积量16万立方米。① 到2000年,广安森林覆盖率为22.5%。截至2005年,广安完成退耕还林4867公顷,森林覆盖率上升至30.8%。②

总的来看,这个地区历史上垦殖指数较高,由于经济开发,在向斜的宽谷地区人类活动频繁,森林覆盖率较低,只有在背斜中低山地区才保持有少量天然林的存在。

7. 三峡地区

历史上三峡地区森林植被富饶,但随着明清山地垦殖运动的进行,长期毁林开荒,植被屡遭破坏,特别是在近五十年内,三峡地区已经失去西南地区用材林地区的地位。目前三峡地区以典型的原生常绿阔叶林为主的自然植被已经日渐缩小,基本上仅残存于交通不便的山地峡谷之中,其他低山丘陵、平原和盆地几乎已经为次生植被和人工植被所取代。其中除了有相当面积的荒山灌木草丛之外,主要有马尾松林、经济林和农田栽培植被。库区内森林覆盖率20世纪50年代仍达20%,但到80年代仍不足10%,③ 库区随着植被的破坏,土壤侵蚀量以农耕地最高达60%,林地仅占6.19%,灌丛占10.76%,草地占23.05%。④ 有些地方农村基本薪材都不能满足,只有在悬崖上去砍伐灌丛茅草。现在库区森林资源较少,分布不均匀,呈"岛状"和"斑块状",特别是江岸两侧海拔800米以下地区很少分布有森林,沿江两岸森林覆盖率仅有5%,导致库区水土流失面积占土地总面积的58.2%。⑤ 受农业开发和人类活动的影响,丘陵低山植被破坏严重,库区森林覆盖率低,除鄂西三县森林覆盖率在20%外,其余各县森林覆盖率仅有7.5%—13.6%。⑥

黔江地处四川盆地东南部,为巫山、大娄山之间的中低山区。50年代初,县境内森林资源保护较好。1956年测算,黔江有森林面积112.8

---

① 广安县地方志编纂委员会:《广安县志》,四川人民出版社1994年版,第356—366页。
② 四川年鉴社:《四川年鉴》(2006年),四川年鉴社2006年版,第508—509页。
③ 董有浦等:《长江三峡库区坡耕地的侵蚀》,《济南大学学报(自然科学版)》2009年第1期。
④ 四川省林学会专题调研组:《四川省防护林建设的研究与实践》,《长江中下游防护林建设论文集》,中国林业出版社1991年版。
⑤ 王鹤程:《三峡库区森林植被水源涵养功能研究》,中国林业科学院博士论文2007年。
⑥ 重庆市社会科学界联合会:《重庆社会科学年鉴》(2001年),西南师范大学出版社2001年版,第138—140页。

万亩，森林蓄积 668.1 万立方米，森林覆盖率为 31.3%。1958—1960 年大炼钢铁，砍伐木材，毁林开荒和森林火灾。至 1962 年，全县森林面积减少到 55.2 万亩，森林覆盖率下降到 15.3%。此后，随着人口增长，大量木材用于生活，加之纵伐超购，致使森林资源持续下降。至 1982 年时黔江有林地面积减至 30.47 万亩，森林蓄积量为 106.21 万立方米，森林覆盖率降至 12.4%。90 年代以后，加大森林保护力度，森林资源得到部分恢复，到 1999 年，黔江有林面积回升到 87.89 万亩，森林蓄积增至 313.56 万立方米，森林覆盖率回升到 29.6%。[1] 十年来，由于退耕还林政策实施、燃料换代、生态意识强化、农村人口外迁等因素，据黔江区林业局资料，黔江区有林业用地面积 178 万亩，2003 年黔江森林覆盖率已经回升至 35.19%。[2]

涪陵宜林面积宽广，森林资源比较丰富。1957 年涪陵森林覆盖率 30.2%，木材蓄积量 1200 万立方米。经过"大炼钢铁"和"文化大革命"两度乱砍滥伐之后，1978 年境内森林面积下降到 51.6 万亩，覆盖率下降到 11.5%，木材蓄积量 145.85 万立方米。到 1985 年，用材林、防护林、经济林、薪炭林、竹林面积 51.64 万亩，森林覆盖率仍只有 11.7%，活立木总蓄积量 145.85 万立方米。[3] 十多年来，由于随着退耕还林政策实施、燃料换代、生态意识强化、农村人口外迁等因素，到 2001 年涪陵现有林业用地 146.6 万亩，占总面积的 33.08%，其中有林地 121.8 万亩（马尾松面积占 80% 以上），疏林地 3.9 万亩，未成林造林地 9.5 万亩，荒山荒坡地 10.4 万亩，应退耕还林面积 31 万亩，森林覆盖率 27.6%，属重庆市重点林业区县之一。[4] 森林资源二类调查及其评审结果表明，涪陵区成立以来，全区累计营造林 60.55 万亩，森林面积增加 22.7 万亩，增长了 18.6%；森林蓄积上升 174 万立方米，增加了 37.3%；森林覆盖率达到 32.8%，提高了 5.2%。[5]

石柱县在 1956 年调查时森林覆盖率为 23.3%，"文化大革命"中森林管理混乱，到 1962 年降为 18.3%，在 1975 年再次降为 11.3%，到

---

[1] 黔江县林业志编纂委员会：《黔江县林业志》，花城出版社 2001 年版，第 1—2 页。
[2] 刘万平：《黔江林业谋划新跨越》，《中国林业》2005 年第 12 期。
[3] 涪陵地方志编纂委员会：《涪陵市志》，四川人民出版社 1995 年版，第 401 页。
[4] 涪陵年鉴编辑部：《涪陵年鉴》（2001 年），第 224—225 页。
[5] 涪陵年鉴编辑部：《涪陵年鉴》（2004 年），第 170 页。

1984年降低到历史的最低点，仅为10.97%。① 以后随着林业政策的稳定，林业发展，到1996年石柱森林覆盖率达到45.5%，木材积蓄量356万立方米。②

垫江县1953年有林地面积43万亩，活立木蓄积量65.7万立方米，森林覆盖率18.92%，县民用材、烧材基本自给。1958年，大炼钢铁，大办公共食堂，导致过度采伐，1962年4月森林资源进行清查，仅有林地面积20万亩，森林覆盖率下降了一半。"文化大革命"中，乱砍滥伐林木成风。1975年5月到1976年8月，开展森林资源普查，有林业用地24.8万亩，其中有林地16.3万亩，活立木蓄积量43.7万立方米，森林覆盖率下降为7.17%。1981—1982年，对森林资源再次普查，县林业用地为39.51万亩，占土地幅员面积的17.37%。在林业用地中，有林地22.8万亩，占57.7%，疏林地1.05万亩，占2.7%，宜林荒地15.62万亩，占39.5%，活立木总蓄积量44.96万立方米，森林覆盖率恢复到10.04%。③ 最近20年来，大力植树造林，特别是在直辖后，国家政策支持。随着退耕还林、三峡库区周边绿化带建设工程、长江上游防护林工程和天然林保护工程的实施，到2003年，垫江县森林面积达到45.7万亩，森林覆盖率达20.1%，森林蓄积160.4万立方米，分别比直辖前增加32.8%、2.9%和70.5%。④

彭水县地处武陵山系与大娄山系交汇的褶皱地带，山岭连绵，东北略向西南倾斜。历史上彭水是川东南主要的木材产地之一，森林资源十分丰富，曾有森林宝库之称。20世纪50年代前，全县森林覆盖率达40%以上。1956年调查，尚保持到23.8%。但到1974年"四五"森林资源清查时，仅为12.5%。到1983年林业区划调查时，更下降为9.96%，出现日益下降趋势。⑤ 近十几年来，由于退耕还林政策实施、燃料换代、生态意识强化、农村人口外迁等因素，森林覆盖率回升较

---

① 石柱县地方志编纂委员会：《石柱县志》，四川辞书出版社1994年版，第154页。
② 国家统计局、国务院发展研究中心编：《中国县域经济》（1996年），中国统计出版社1996年版，第122—124页。
③ 垫江县地方志编纂委员会：《垫江县志》，四川人民出版社1993年版，第377页。
④ 垫江年鉴编辑部：《垫江年鉴》（2003—2004年）2006年8月，第204—205页。
⑤ 彭水地方志编纂委员会：《彭水苗族土家族自治县概况》，四川民族出版社1989年版，第94页。

快。据重庆市林业局公布信息，2004年彭水县森林覆盖率已由19.52%提高到31.6%。

1956年丰都县航测林地为99.1万亩，森林覆盖率为22.7%。1958年"大炼钢铁"森林多被毁，1959年清查，森林面积为31万亩，森林覆盖率下降为7.2%。到1975年全县林地面积33万亩，森林覆盖率也仅为7.6%。1983年，四川省林业厅调查队调查表明，丰都林地面积51万多亩，森林覆盖率回升为10.3%。① 近十几年来，由于退耕还林政策实施、燃料换代、生态意识强化、农村人口外迁等因素，森林覆盖率回升较快，特别是三峡库区周边绿化带建设工程，"天保"工程的进行，2004年丰都林业用地面积达到132400公顷，其中森林面积90333.33公顷，活立木蓄积558.1万立方米，森林覆盖率上升到32.5%。②

巫溪县50年代中叶森林覆盖率为30%，到1957年下降为24%，1975年下降为8.94%，1988年经过恢复才达到30%。③ 到1997年全县有林地面积13.56万公顷，森林覆盖率33.2%。④

神农架林区处长江之北，汉水之南的广阔山地，总面积为3250平方公里，其中山林面积223968公顷，占全区面积的66.92%，全区有森林面积434万亩，森林覆盖率达88.9%。⑤ 是中国中纬度地区森林植被保存最完好的地区之一。

宜昌市1956年航测的森林覆盖率有20%，⑥ 此后林业发展经过一些曲折。到1996统计时，宜昌市有林业用地24.4万公顷，有林面积12.1万公顷，森林覆盖率已达32.3%，林木蓄积量为377万立方米，尚有5.73万公顷灌木林地可供开发改造。⑦ 根据1999年森林资源二类调查结果显示，宜昌市国土面积为212.72万公顷，林业用地面积（含荒山、荒地面积）141.2万公顷，占国土面积的66.4%，其中有林地面积100.8万

---

① 丰都县地方志编纂委员会：《丰都县志》，四川科学技术出版社1991年版，第117页。
② 丰都年鉴编辑委员会：《丰都年鉴》（2004年），第295页。
③ 巫溪县地方志编纂委员会：《巫溪县志》，四川辞书出版社1993年版，第178页。
④ 万县地区地方志编纂委员会办公室：《万县市年鉴》（1998年），成都科技大学出版社1998年版，第361页。
⑤ 詹亚华主编：《中国神农架中药资源》，湖北科学技术出版社1994年版，第1页。
⑥ 宜昌市林业局：《宜昌市第三次森林资源普查汇编》（内部资料），第7、9、105页。
⑦ 国家统计局、国务院发展研究中心：《中国县域经济》（中南卷）（1996年），中国统计出版社1996年版，第127—129、447页。

公顷,含灌木森林覆盖率为 49%。① 到 2005 年,宜昌市森林覆盖率上升为 55.3%。②

表 6—12　　　　　　　　三峡地区森林分布变迁表　　　　　　单位:%

地名＼年代	50 年代初	60 年代	70 年代③	80 年代	90 年代	21 世纪以来
黔江区	31.3	15.3	—	12.4	29.6	35.19
涪陵区	30.2	—	8.8（原涪陵地区数）	11.7	—	32.8
垫江区	18.92	—	7.17	10.04	—	—
彭水县	23.8	—	12.5	9.96	19.52	31.6
丰都县	22.7	7.2	7.6	10.3	19.52	31.6
万州区	—	—	10.1（原万县地区数）	—	25.2	36.4
巫溪县	30	—	8.94	30	33.2	—
宜昌市	20	—	—	—	48.5	49
恩施市④	55.8	44	32.72	40.15	—	—
巴东县	—	—	—	52.53	58.5	—
神农架林工区	—	—	—	—	68.92	69.5

注:以上各数据来源于:各县志、州志、四川林业志、四川年鉴、湖北年鉴、宜昌地区志、恩施市志等。

恩施历史上天然繁衍的森林资源十分丰富。20 世纪 50 年代,森林面积有 260 万亩,森林覆盖率达 56%。近五十年来,随着人口的增长,建设的发展,对木材和其他林产品的需求量不断增加,还有支援国家建设的任务,多年来的过量索取导致森林的面积、蓄积、覆盖率持续下降,1985 年的森林面积仅 177.38 万亩,森林覆盖率下降为 40.15%。⑤ 到 21 世纪

---

① 国家统计局:《新中国五十年》(1949—1999 年),中国统计出版社 1999 年版,第 447 页。
② 宜昌市统计局:《宜昌统计年鉴》(2006 年),中国统计出版社 2006 年版,第 68—70 页。
③ 王继贵主编:《四川林业志》,四川科学技术出版社 1994 年版。
④ 恩施市地方志编纂委员会:《恩施市志》,武汉工业大学出版社 1996 年版,第 242 页。
⑤ 同上。

初，恩施森林面积增加，2001年有林地面积106.31万公顷，森林覆盖面积1483.06千公顷，森林覆盖率61.54%。①

巴东县在长江三峡境内，位于湖北省鄂西土家族苗族自治州东北部。由于多年来的不合理利用，森林资源迅速下降，到1972年森林覆盖率仅33%，经过多年的植树造林，到1985年森林覆盖率上升为34.88%。②到2005年，巴东森林覆盖率仅为45.1%。③

总的来看，这个地区在50年代初期普遍森林植被状况良好，但后来森林资源的采伐量较大，再加上传统的陡坡垦殖，森林资源覆盖率下降较快，近年有所恢复，但以次生林、中幼林为主，仅在神农架林区还有较好的原始林。

8. 川滇高山峡谷区

川滇结合部的高山峡谷地区，植物种类繁多，是我国森林资源丰富的地区。云南省虽然森林资源较为丰富但在近几十年开发后，森林资源分布也不均，从表6—13中可以看出，云南省森林资源主要分布在西南部，而滇东北的九个县、市虽然历史上山高林密，但20世纪70年代森林覆盖率大多都在10%以下，属于少林地区。由于金沙江两岸陡坡地森林植被少，在加之地质结构和地形等因素，极易发生水土流失现象，甚至发生泥石流等自然灾害，滇东北成为金沙江流域泥沙的主要来源区。

凉山彝族自治州（包括原凉山彝族自治州和西昌地区）地域辽阔，地形复杂，植被类型多种多样，曾是森林资源十分丰富的地区，但是到50年代末经调查，有林地面积1.4万公顷，森林覆盖率仅17.3%。1975年森林资源调查，有林地面积149.35万公顷，森林覆盖率16.4%。1990年森林资源二类调查，有林地面积162.44万公顷，森林覆盖率恢复到26.9%。1998年全州有林地面积增加到173.45万公顷，森林覆盖率恢复到28.6%，高出全省4.4个百分点，活立木蓄积量2.37亿立方米，占全

---

① 国家统计局：《中国西部统计年鉴》（2001年），中国统计出版社2001年版，第82—85页。
② 巴东县地方志编纂委员会：《巴东县志》，湖北科学技术出版社1993年版，第41、102页。
③ 朱传忠：《巴东森林资源现状与林业发展对策探讨》《防护林科技》（增刊）2005年5月。

表6—13　　1975年云南金沙江流域各市州县森林覆盖率表[①]　　　单位:%

省、各市、州森林覆盖率

全省	24.9	大理	27.6	—	—
丽江	30.4	临沧	21.0	曲靖	25.7
迪庆	36.4	玉溪	26.6	昭通	6.7
楚雄	24.1	昆明	25.2		

各县的森林覆盖率情况

30%以上

剑川	46.7	中甸	38.6	武定	30.6
沾益	45.6	兰坪	37.4	普洱	32.6
镇源	44.6	陇川	37.3	南华	31.4
祥云	42.4	云龙	37.7	石屏	34.8
景谷	44.2	丽江	39.9	禄丰	30.0

10%以上

曲靖	23.3	呈贡	27.0	宜良	26.9
玉溪	25.8	泸水	25.8	寻甸	25.1
嵩明	25.1	禄戏	24.5	楚雄	24.3
罗平	13.4	陆良	18.0	晋宁	16.1
下关	15.7	屏边	14.7	泸四	14.3
牟定	14.0	绥江	18.3	鲁甸	10.1
昭通	10.3	—			

10%以下

盐津	3.2	永善	3.4	镇雄	4.5
东川	4.8	巧家	4.9	元谋	6.4
大理	6.3	江	7.8	—	—

省的16.2%,是全省三大林区之一。其中木里县活立木蓄积量1亿多立方米,居全省之首。[②] 但由于该区地处高山陡坡地区,极易发生水土流失。90年代,凉山州水土流失面积达293.4万公顷,占幅员面积601.1万公顷的48.8%,高于全国(15.6%)和全省(43.3%)水平。年侵蚀

[①] 《云南森林》(内部初稿)1981年,第32页图2—1、第33页表2—3。
[②] 《凉山彝族自治州林业志》,电子科技大学出版社2001年版,第3页。

模数1815吨/平方公里，也高于全国（521吨/平方公里）和四川省（1082吨/平方公里）。年侵蚀土壤厚度1.07毫米，亦高于全国（0.31毫米）和四川省（1.06毫米）。土壤年流失量10913万吨（土壤容重按1.7吨/立方米计算），居四川省各市、州、地第二位，是四川省水土流失最严重的地区之一。[1] 近十多年来，由于退耕还林政策实施、燃料换代、生态意识强化、农村人口外迁等因素，森林覆盖率回升较快，凉山州森林覆盖率又提高了3.5%，水土流失面积减少2030平方公里，流失量减少0.17亿吨。[2] 随着天然林资源和野生动植物资源得到有效保护，2005年完成成片造林51.27万亩，新增封山育林75.31万亩，4272万亩天然林得到有效管护，凉山州森林覆盖率达到32.06%。[3]

西昌原本森林茂密，人为因素使茂密的常绿阔叶林，遭到严重破坏。到20世纪中叶，境内森林覆盖率只有17%，城郊不到5%。被毁林地难以自然恢复，大部分成为荒山草坡，有的被耐旱耐瘠、适应性强的云南松所取代。在"大跃进"、"文化大革命"时期，由于林业政策废弛，安宁河两岸的森林下线上升500米，森林覆盖率再次下降。20世纪80年代，我国颁行了《森林法》，制止乱砍滥伐，开展义务植树、工程造林取得成效，森林覆盖率又稳步回升，1990年已达32.62%，但分布极不均匀。如地跨西昌市和喜德、昭觉两县的东、西河流域飞播防护林，到1972年成林49.1万亩，覆盖了大片荒山秃岭，有效控制了东、西河洪水、泥石流灾害，但是成林之后，人为的各种因素对飞播林又形成威胁。从70年代的"开天窗"到80年代成片毁林，到21世纪初，林缘已普遍上升200米以上，总面积不足30万亩。[4] 经过近十年的努力，到2005年，西昌完成退耕还林266.7公顷，森林覆盖率上升到33.4%。[5]

据1953年昭觉县林业工作站的工作报告，估计20世纪50年代初，

---

[1] 《凉山彝族自治州林业志》，电子科技大学出版社2001年版，第95页。
[2] 凉山年鉴编辑部：《凉山年鉴》（2003年），电子科技大学出版社2004年版，第66—67页。
[3] 四川年鉴社：《四川年鉴》（2006年），四川年鉴社2006年版，第575页。
[4] 西昌市地方志编纂委员会：《西昌市志》，四川人民出版社1996年版，第121—122页。
[5] 四川年鉴社：《四川年鉴》（2005年），四川年鉴社2005年版，第552页。

昭觉县森林面积约 1.2 万亩，至多不超过 1.5 万亩。1959 年，四川省林业厅勘察设计院清查，昭觉县有林业用地面积为 204.98 万亩，其中天然林 8.11 万亩，疏林地 6.27 万亩，灌木林地 28.98 万亩，宜林荒山荒地 140.93 万亩，森林覆盖率仅为 2.4%，活立木蓄积量 25.24 万立方米，林木总蓄积 41.04 万立方米。到 1964 年，县林业局调查结果为，全县有林地面积 70.94 万亩。其中，有林地 14.97 万亩，未成林地 26.52 万亩，灌木林地 29.45 万亩，森林覆盖率也仅为 4.2%，活立木蓄积量 33.80 万立方米，林木总蓄积量 80.65 万立方米。到 1975 年清查时，昭觉县有林地面积 230.10 万亩。其中，有林地 22.25 万亩，疏林地 3000 亩，灌木林地 61.63 万亩，森林覆盖率为 4.2%，活立木蓄积量 133.85 万立方米，倒木蓄积量 9000 立方米。1979 年，调查结果为，昭觉县有林地面积 230.10 万亩。其中，有林地 22.25 万亩，未成林地 2000 亩，灌木林地 61.63 万亩，森林覆盖率为 5.5%，活立木蓄积量 94.92 万立方米，林木总蓄积量 196.16 万立方米。1983 年，有林地面积 158 万亩。其中，有林地 48.61 万亩，未成林地 2.4 万亩，灌木林地 42.53 万亩，森林覆盖率上升到 12%，林木总蓄积量 156.49 万立方米。[1] 近十年来，随着长防林工程、天保工程的进行，森林覆盖率持续上升，到 2004 年森林覆盖率上升到 21%，增 8 个百分点。[2]

雷波县一带曾是采办皇木的高山深谷区，森林资源较为丰富，但是经过几百年的大量砍伐，森林资源受到极大影响，近些年才有所恢复。喜德县在 50 年代森林覆盖率仅 5.8%，到 1985 年也仅 11%。[3] 到 2004 年治理水土流失 20 平方公里，森林覆盖率上升至 22.78%。[4] 越西县在 1959 年森林覆盖率为 31.99%，到 1975 年仅为 19.07%，1987 年也仅为 16.55%，[5] 到 2004 年森林覆盖率上升至 32.1%，其中完成退耕还林 1.52 万公顷。[6]

昭通地区历史上森林资源较为丰富，1952 年森林覆盖率为 12.8%，

---

[1] 昭觉县地方志编纂委员会：《昭觉县志》，四川辞书出版社 1999 年版，第 196 页。
[2] 凉山年鉴编辑部：《凉山年鉴》（2005 年），四川科学技术出版社 2006 年版，第 383 页。
[3] 喜德县地方志编纂委员会：《喜德县志》，电子科技出版社 1992 年版，第 221 页。
[4] 四川年鉴社：《四川年鉴》（2006 年），四川年鉴社 2006 年版，第 486 页。
[5] 越西县地方志编纂委员会：《越西县志》，四川辞书出版社 1994 年版，第 167—168 页。
[6] 四川年鉴社：《四川年鉴》（2005 年），四川年鉴社 2005 年版，第 562 页。

林木蓄积量为880万立方米，但到1990年仅为8.71%。① 大关县在1964年森林覆盖率仅14.5%，永善县在1961森林覆盖率仅4.8%，1974年为3.4%，1983年仅次3.4%，1988年也仅7%。② 1985年，全区耕地总面积452.28万亩，其中旱地占88.6%，林地面积232万亩，森林覆盖率为6.9%，活立木蓄积量880万立方米；宜牧草山1000万亩，其中纯牧草山570万亩。通过近几年的造林育林和护林，1989年末全区实有森林面积322.25万亩，森林覆盖率已恢复到9.55%，但全区木材蓄积仅有1213万立方米，人均占有林地0.78亩、活立木蓄积3立方米，林业生产的严峻局面未能扭转。③ 自1989年以来的九年间，昭通地区共完成"长防工程"造林462.56万亩，封山育林358.2万亩，至1997年末，昭通地区有林地面积590万亩，森林覆盖率17.5%。④ 2000年末，先后组织实施了"长防"、"长治"、封山育林、天然林保护、生态建设重点县、退耕还林等生态保护与建设工程，治理水土流失面积4860.5平方千米，昭通地区森林覆盖率上升到18.7%。水土流失面积50.4%，比1989年下降9个百分点。⑤

楚雄彝族自治州多山多林。20世纪50年代初楚雄森林覆盖率，在30.5%—36.93%。据1985年森林资源普查，楚雄州有林业用地3174.52万亩，占总土地面积的74.4%；有林地1054.17万亩，覆盖率为24.7%。⑥ 1996年，楚雄彝族自治州森林资源清查结果表明，经过10年的艰苦努力，绿化造林取得显著成绩，楚雄州新增森林面积137万多亩，森林活立木蓄积量净增3025万立方米，达到6756万立方米，森林覆盖率

---

① 昭通地区地方志编纂委员会：《昭通地区志》，云南人民出版社1997年版，第474页。
② 大关县地方志编纂委员会：《大关县志》，云南人民出版社1998年版，第184页；永善县地方志编纂委员会：《永善县志》，云南人民出版社1995年版，第125页。
③ 云南省昭通地区地方志编纂委员会：《昭通地区年鉴》（1990年），云南民族出版社1990年版，第208—212页。
④ 云南省昭通地区地方志编纂委员会：《昭通地区年鉴》（1998年），德宏民族出版社1998年版，第193页。
⑤ 云南省昭通地区地方志编纂委员会：《昭通地区年鉴》（2000年），德宏民族出版社2000年版，第205—206页。
⑥ 楚雄彝族自治州地方志编纂委员会：《楚雄彝族自治州志》，人民出版社1995年版，第290页。

第六章　近五十年来长江上游森林分布变迁与水土流失　/　217

增长3.23%,上升至27.93%。① 截至2002年楚雄州森林覆盖率再次上升至39.5%。②

据1984年林业资源普查,东川地区林业用地面积108.4万亩,占总面积的68.5%。其中,有林地18.7万亩,疏林地9.5万亩,宜林荒地61万亩,森林覆盖率为13.3%,分布在海拔1600米以下干热河谷区的有林地为4.44%,覆盖率1.4%;海拔1600—2400米中山区的有林地为74.62%,覆盖率9.3%;海拔2400米以上高寒山区的有林地为20.94%,覆盖率5.3%。到1990年时,林业用地面积增加为126.9万亩。其中,有林地19.1万亩,疏林地9.2万亩,灌木林地22.1万亩,新造未成林地4万亩,宜林疏地72.5万亩,森林覆盖率上升为14.6%。③ 到1998年,东川森林覆盖率由1985年的13.3%上升到1995年的21.3%。1998年以来天然林保护和绿化造林取得新进展,造林5.17万亩,四旁植树180万株,封山育林5万亩,森林覆盖率提高到25.7%。④ 到2002年,据云南省规划院昆明分院对实施天然林保护工程总体规划调查,东川区的森林资源状况为,林业用地总面积83738.6公顷,占全区国土总面积的44.7%,其中：有林地面积为29935.5公顷,灌木林地面积为18754.6公顷,森林覆盖率为31.9%,活立木总蓄积量为790890立方米。⑤

丽江是云南省的重点林区之一,70年代初,丽江共有林业用地151万公顷,占国土面积的72.9%,森林覆盖率达40.3%。当时,由于丽江地广人稀,交通闭塞,森林植被和生态环境良好,充分发挥了森林调节气候、涵养水源、保持水土的作用,对长江上游流域的安全起到了应有的作用。由于在七八十年代的过量采伐森林和毁林开荒,致使该地区的天然林资源锐减,到1985年,丽江有林面积830.7万亩,森林覆盖率下降到26.9%,活立木蓄积量6301.3万立方米。⑥ 从80年代开始的植树造林、

---

① 云南年鉴编辑部：《云南年鉴》(1997年),云南年鉴杂志社1997年版,第191页。
② 《云南经济年鉴》编辑委员会：《云南经济年鉴》(2002年),德宏民族出版社2002年版,第227—229页。
③ 东川市地方志编纂委员会：《东川市志》,云南人民出版社1995年版,第268页。
④ 东川年鉴编辑委员会：《东川年鉴》(1999年),德宏民族出版社2000年版,第192—193页。
⑤ 东川年鉴编辑委员会：《东川年鉴》(2002年),德宏民族出版社2002年版,第225页。
⑥ 云南省志编纂委员会编：《云南年鉴》(1986年),云南年鉴杂志社1986年版,第76—78页。

封山育林和实行有计划的采伐使森林资源锐减的势头得到了初步的遏制，森林覆盖率持续上升，人工和飞播造林134.9万亩，到2005年，森林覆盖率达52.6%。①

表6—14　　　　　　川滇高山峡谷区森林分布变迁表　　　　　　单位:%

年代 地名	50年代初	60年代	70年代②	80年代	90年代	21世纪以来
凉山州	17.3	—	16.4	25	26.9—28.6	42
昭觉县	2.4	4.2	5—5.5	12	12.7	23.2
楚雄州	30.5—36.93	—	24.1	24.7	—	39.5
东川区	—	—	4.8	13.3	21.3	31.9
大理州	—	—	—	—	39.4	53.26
曲靖市	—	—	—	21	—	34.1
昆明市	—	—	—	28	51.2	—

注：以上各数据来源于：各县志、州志、云南年鉴等。

总体上看，这个地区多峡谷陡坡地形，陡坡处植被一经破坏，极易造成水土流失，而人们对森林的采伐主要都是在河谷陡坡处进行，因此该地区森林面积虽在总体上讲不少，但破坏已经较明显，特别是在金沙江下游的滇东北地区历史上森林茂密，但由于地质和人为垦殖等因素，森林覆盖率并不高，是长江上游水土流失最为严重的地区之一。

9. 贵州高原地区（长江流域部分）

贵州高原位于四川盆地与广西丘陵之间，为长江水系与珠江水系的分水岭。其中该地区主要是长江上游的支流赤水河、乌江所在，历史上这个地区主要为少数民族聚居地，石漠化明显，经济较为落后，加之20世纪50年代后长期对森林进行超量砍伐，造成森林覆盖率较低，植被破坏后，土地石漠化现象更严重。

在20世纪80年代森林资源清查时，统计得出1985毕节地区森林覆

---

① 丽江市地方志编纂委员会办公室：《丽江年鉴》(2006年)，云南民族出版社2006年版，第584—597页。

② 王继贵主编：《四川林业志》，四川科学技术出版社1994年版。

盖率仅为6.4%。① 到1989年毕节地区森林覆盖率也仅为9.8%，水土流失面积占总面积的52.6%。② 之后大力植树造林，1997年毕节地区植树造林面积3.6333万公顷，封山育林3.22万公顷，森林覆盖率上升到16.27%。③ "十五"期间，通过"退耕还林还草"、"长治"、"天保"等重点工程，共完成退耕还林面积255.4万亩，实施天然林资源保护工程公益林建设123.47万亩、"长治"工程面积852.61平方千米，新增治理水土流失面积1578平方千米，2005年森林覆盖率达33.9%，生态环境恶化的状况初步得到遏制。④ 毕节县属北亚热带常绿阔叶林带，植被多样，树种繁多，气候温和，适合树木生长。50年代中叶，毕节县有林地面积95.7万亩，森林覆盖率为18.7%。1958—1961年大炼钢铁，毁林开荒，森林资源遭到破坏。"文化大革命"期间，管理混乱，乱砍滥伐现象严重，致使解放后的20多年时间中，森林面积继续下降。据1975年森林资源清查，毕节县有林地面积242万亩，比1949年减少2.95倍，活立木总蓄积量54.3万立方米，森林覆盖率下降至4.73%。80年代以来，放宽了林业政策，进行林业体制改革，贯彻执行《森林法》，加强林政管理，林业生产得到恢复和发展。据1981年林业区调查，毕节县有林地面积28.8万亩，活立木蓄积量86.9万立方米，森林覆盖率为5.62%。1986年林业资源"二类"调查，毕节县有林地面积达31.8万亩，活立木蓄积量为80.6万立方米，森林覆盖率达6.21%。⑤ 以后随着退耕还林、长防工程的推行，农村燃料的更新换代，到2003年，毕节市（原毕节县）森林覆盖率上升为24.3%。⑥

20世纪50年代，威宁县有林面积为289.6万亩，森林覆盖率为37.76%，木材蓄积量400万立方米。"一五"期间，为修建贵昆铁路，开始对威宁地区进行采伐。伐木量最大的时间集中在1957年至1960年。经

---

① 张向阳主编：《贵州年鉴》（1985年），贵州人民出版社1985年版，第251、252、255、256页。
② 贵州地方志编纂委员会、贵州年鉴编辑部编：《贵州年鉴》（1989年），贵州人民出版社1989年版，第189页。
③ 贵州年鉴编辑部：《贵州年鉴》（1997年），贵州年鉴社1997年版，第752—754页。
④ 毕节地区年鉴编辑部：《毕节地区年鉴》（2007年），中国文联出版社2007年版，第108—126页。
⑤ 毕节县地方志编纂委员会：《毕节县志》，贵州人民出版社1996年版，第467页。
⑥ 贵州年鉴编辑委员会：《贵州年鉴》（2003年），贵州人民出版社2003年版，第711页。

过长久的采伐，到70年代威宁森林资源基本采伐殆尽。经威宁县农业局统计，到1980年止，威宁县共采伐和收购木材52.5万立方米，威宁县林业地剩下241万亩，木材蓄积量下降到了281万立方米，森林覆盖率下降到21.7%，其中成熟林仅占5.4%。[1] 原始林、成熟林、优材林基本上没有了。近年来通过植树造林，2005年威宁县有林地占幅员面积62%，森林覆盖率上升28.80%。[2]

遵义地区（现遵义市）北枕大娄山，南跨乌江，总面积5088平方公里。80年代统计，遵义地区森林总面积为669万亩，森林覆盖率为14.47%，林木蓄积量为2158.1万立方米，宜林面积为755.5万亩。[3] 经过多年的植树造林、退耕还林、长江防护林工程的实施，到90年代，遵义市森林覆盖率上升到21.40%。[4] 到2005年遵义市境内有森林面积807906公顷，森林覆盖率37.8%。[5]

50年代初，道真县境内山清水秀，林荫覆盖，数人合围的古木大树随处可见。到1957年，森林覆盖率达44.34%。从1958年"大跃进"开始，森林资源屡遭破坏，生态失去平衡。60年代据统计，道真县森林面积减少了605580亩，森林覆盖率下降到26.6%。再经过"文化大革命"十年的破坏，道真县森林覆盖率下降到14.78%。80年代以来，生产、生活用材增加，森林覆盖面积继续下降，到1986年，道真县森林覆盖率只有11.3%，立木蓄积仅有632889立方米。[6] 近二十年来，由于各种因素，道真县森林资源恢复较快，1998年道真县森林覆盖率上升至24.3%。[7] 进入21世纪以来完成造林面积4.85万亩、退耕工程3万亩，森林覆盖率

---

[1] 威宁彝族回族苗族自治县地方志编纂委员会：《威宁彝族回族苗族自治县概况》，贵州人民出版社1985年版，第169页。

[2] 贵州年鉴编辑委员会：《贵州年鉴》（2003年），贵州人民出版社2003年版，第711页。

[3] 贵州省地方志编纂委员会：《贵州年鉴》（1985年），贵州人民出版社1985年版，第204、206页。

[4] 遵义市地方志编纂委员会：《遵义市志》，中华书局1998年版，第806页。

[5] 遵义市年鉴委员会：《遵义年鉴》（2006年），贵州人民出版社2006年版，第73—74页。

[6] 道真仡佬族苗族自治县地方志编纂委员会：《道真仡佬族苗族自治县概况》，贵州民族出版社1987年版，第84—85页。

[7] 道真年鉴编辑委员会、道真自治县地方志编纂委员会：《道真年鉴》（1998年），1998年，第17—20页。

提高到43%。[1]

表6—15　　　　　云贵高原地区森林分布演变表　　　　　单位：%

地名＼年代	50年代初	60年代	70年代	80年代	90年代	21世纪以来
毕节县	18.7	—	4.73	6.21	14.94	31.88
威宁县	37.76	—	—	21.7	—	28.29
道真县	44.34	26.6	14.78	11.3	24.3	43
遵义市	—	—	17.4	—	—	37.8
黔东南苗族侗族自治州	56	—	—	26.67	54.4	62.78

注：以上各数据来源于：各县志、市志、贵州年鉴等。

总的来看，该地区地处高原，且地质土层较薄，石漠化明显，对森林资源丰厚度有所限制，而森林减少后极易造成水土流失。但近十多年由于各种因素的影响，森林生态环境开始向良性发展。

二　近五十年来的森林分布演变分期

（一）五六十年代：森林急剧减少期

根据20世纪50年代后对山林权属的规定："大森林、大水利工程、大荒山、大荒地、大盐田和矿山及湖、沼、河港等，均属国家所有。"（《中华人民共和国土地改革法》第十八条）。1950年，西南军政委员会农林部制定了《西南区大森林收归国有实施办法》，规定"凡符合以下情况之一的森林，一律收归国有，即：①非经人工抚育之天然林。②有关国防与国土保护性质之森林。③所有权不明之森林。④为战犯所有或侵犯之森林。⑤依土地改革法第三条规定应征收之庙宇、教堂、祠堂等

---

[1] 贵州地方志编纂委员会、贵州年鉴编辑部：《贵州年鉴》（2006年），贵州人民出版社2006年版，第402—404页。

土地所附属之森林。⑥地主所有之森林，其面积在500市亩以上者，收归国有，其面积不满500市亩者，暂归当地农协会代管，土改按照土地改革法办理"。

据《贵州省志·林业志》记载，1949年12月，贵州省人民政府接管了民国贵州省政府直属的团云关、长坡岭、镇远林场和马鞍山苗圃。1951年到1952年，贵州进行了土地改革，废除了封建的山林所有制，没收了地主的山林，分配给原来经营林木的农民或愿意经营林木的农民，区别山林的收益情况，尽量公平合理分配。贵州省农民从地主手中分得山林1200多万亩。并按照《土地改革法》中对大面积的荒山荒地和森林收归国家所有的规定，在此基础上，到1957年，贵州省建立国营林场25个，经营面积337.44万亩，其中有林地97.28万亩。此时的林权分属于国家和农民所有。

据《四川林业志》记载，四川省在1950年开始的土地改革中，依照《西南地区土地改革中山林处理办法》进行改革。凡属贫农、中农的山林，按照政策予以保留，仍归各自所有。没收地主、征收富农的山林，其中500市亩以上的收归国有。

1956年成立农业生产合作社，实行林木折价入社。1958年成立人民公社，开始大办公共食堂，大炼钢铁，砍伐大量的树木，山林权属混乱，森林遭到严重破坏，由此森林植被大幅度减少。50年代四川森林覆盖率约为20%，随后大规模采伐至60年代初，森林覆盖率下降到9%，从而出现水土流失加剧。① 特别是川中丘陵平原地区，部分区县的森林植被覆盖率下降至不足1%，贵州省森林覆盖率则由解放初期的30%左右下降至60年代"四五"清查时的22.8%，② 为此1961年中共中央特发出《关于确定林权、保护山林和发展林业的若干政策规定》，重申森林权属。

1966—1976年"文化大革命"期间，农村出现并社、并队，没收自留山、自留地、自留树，开展所谓"割资本主义尾巴"，取消社员家庭副业，将社员私有的林木作为资本主义的东西统统收归集体所有。在林权收归国家（集体）所有的同时，长江上游各地区建立起了大小不一

---

① 四川省林学会专题调研组：《四川省防护林建设的研究与实践》，《长江中上游防护林建设论文集》，中国林业出版社1991年版。

② 余剑如等：《长江上游的地面侵蚀与河流泥沙》，《水土保持通报》1991年第1期。

的国有林场,对森林资源进行集中开采,特别是西南高山峡谷地区,在人口规模和经济规模扩大的背景下,随着采伐工具的更新和运输方式的改进,森林采伐量大大增加,森林面积,特别是原始森林面积开始以更快的速度减少。

(二) 七八十年代:森林继续减少期

进入70年代,长江上游森林继续减少。至1975年左右,云南森林覆盖率为24.9%,贵州为14.9%,四川仅为14%,虽都高于当时全国的平均水平12.7%,但分布极不平衡。总体上是西部高于东部,山区高于平坝。全区以鄂西山地、川西、滇北高山峡谷区森林资源最为丰富和集中,如滇西北的迪庆州,森林覆盖率高达36.4%。四川盆地盆周地区次之,森林覆盖率在25%左右。其余地区为少林地区,如四川盆地盆中丘陵区,由于人口稠密,人类活动频繁,有的县森林覆盖率甚至不到1%。①

这个时期由于飞播造林、人工抚育等因素,人工林、经济林面积扩大很快,部分地区在一定时间内森林覆盖率一度比60年代上升,但从天然林面积上看这段时期森林减少的速度是惊人的。因此"八五"期间,国家在长江两岸营建0.066亿公顷以上的防护林,其中在四川营造166.18万平方公顷,贵州省森林覆盖率在1979年至1984年,从17.4%降至16.4%。②从《云南森林资源变动情况表》中可以看到虽然云南森林在第二次清查中比第一次清查在森林覆盖率上有所提高,但主要是在幼林的面积增长上,增加了12.7%,同时成熟林面积却下降了28.8%,总体而言森林资源呈下降趋势。

应该看到,由于在改革开放初期实行"包山到户"政策时,部分林地所有权和使用权不清晰,长江上游不少森林资源由于当地农民追求短期效益而遭毁坏。为保护森林资源,1984年9月颁布的《中华人民共和国森林法》。但由于经济效益的需求,社会上流行着"产值不够,砍树来凑",

---

① 杨宗干、越汝植:《西南区自然地理》,西南师范大学出版社1994年版,第184页。
② 贵州省统计局、国家统计局贵州调查总队:《贵州改革开放30年》(1978—2008年),中国统计出版社2009年版,第310页。

"号锤一响，黄金万两"的说法，长江上游的人们都把砍木头当作生财之道，乱砍滥伐现象十分严重。

表6—16　　　　　　　　云南森林资源变动情况表①

比较项	面积（万亩）		蓄积（万立方米）	
总面积总蓄积	第一次清查（1960年前）	第二次清查（1973—1975年）	第一次清查	第二次清查
	3906	3849	113104	98860
覆盖率				
不包括灌木林	22.57	24.84		
包括灌木林	22.57	24.82		
有林地	910	955		
幼林	114	258	3421	4199
中林	202	196	14553	15910
成熟林	477	340	74560	55082

在这种滥伐无度的情况下，连森林资源充沛的云南省损失也不小。80年代初，据统计云南省有森林面积1亿多亩，森林覆盖率为25%。1988年8月15日《人民日报》登载了新华社记者关于《金沙江两岸森林告急》的报道，云南金沙江林区乱砍滥伐的毁林事件、案件之多，规模之大已经达到了惊人的地步。长期以来的人为破坏，使得金沙江上游的水土流失不断扩大，江内泥沙量日益增加。但是在后期林权稳定后，民众的植树造林积极性有了很大的提高，森林得到有效管理，森林覆盖率下降的趋势得到了遏制，并在部分地区有不同程度的上升。

(三) 90年代中期以后：森林面积回升期

1998年长江流域发生了20世纪50年代以来仅次于1954年的一次全

---

① 转引自《云南森林》（内部初稿）表2—12，1981年。

流域特大型洪水，长江上游的植被恢复工作已经到了刻不容缓的地步。2003年1月开始实施《退耕还林条例》。同时，近十多年来在燃料换代、生态意识强化、农村人口外迁等因素影响下，长江上游森林覆盖率普遍上升。80年代末，四川有森林面积1087万公顷。① 在之后的十多年中，由于持续开展植树造林工程和天然林保护工程中，森林面积和森林覆盖率持续的上升，到2003年，四川省油森林面积1330.15万公顷，② 其中人工林面积为324.47万公顷，③ 森林覆盖率为23.50%，④ 森林资源生长量大于消耗量，以森林植被为主体、林草结合的国土生态屏障基本形成。

贵州省森林覆盖率1997年为32.63%，⑤ 在1999—2003年5年间，共完成造林任务3772.7万亩，自2000年开始实施退耕还林工程，4年已累计完成1037万亩，其中退耕造林520万亩。最近公布的数据显示，截至2003年底，贵州省森林覆盖率达到34.9%，森林面积达9200万亩。⑥

到90年代湖北省森林资源二类清查，结果显示湖北省主要林业指标出现三个同步增长：有林地面积达到7242.6万亩，活立木蓄积1.48亿立方米，森林覆盖率25.97%，分别比1989年增长22.17%、6.48%和提高4.71%。⑦ 其中森林覆盖率比1949年提高9.1个百分点。⑧ 1989年，湖北，森林面积为385万公顷。到2005年，湖北省森林覆盖率为26.77%，森林面积为497.55万公顷，⑨ 森林植被数量和质量呈现明显的好转。

---

① 国家统计局农村社会经济调查司：《中国农村统计年鉴》（1989年），中国统计出版社，第250页。

② 中华人民共和国国家统计局：《中国统计年鉴》（2004年），中国统计出版社，第443页。

③ 国家统计局国民经济综合统计司：《中国区域经济统计年鉴》（2004年），中国统计出版社2004年版，第6页。

④ 中华人民共和国国家统计局：《中国统计年鉴》（2004年），中国统计出版社2004年版，第443页。

⑤ 贵州省统计局、国家统计局贵州调查总队：《贵州改革开放30年》（1978—2008年），中国统计出版社2009年版，第310页。

⑥ 贵州省统计局、国家统计局贵州调查总队：《贵州统计年鉴》（2005年），中国统计出版社2005年版，第284页。

⑦ 中共湖北省委办公厅、湖北省人民政府办公厅、湖北省统计局：《湖北五十年》（1949—1999年），中国统计出版社1999年版，第161—163页。

⑧ 同上书，第27—31页。

⑨ 中华人民共和国国家统计局：《中国统计年鉴》（2006年），中国统计出版社2006年版，第433页。

云南省在1998—2004年六年间先后启动实施了天然林保护、退耕还林、防护林建设、生物多样性保护、用材林基地建设、农村能源建设等六大工程，共治理水土流失面积12646平方公里，年均减少土壤侵蚀量1630万吨，每年减少进入河流的泥沙量达980万吨；共完成造林3721万亩，封山育林2.5亿亩，义务植树7.9亿株；2004年云南省森林覆盖率由1998年的44.3%提高到近50%，[①] 森林面积上升至1287万公顷。[②]

表6—17　　　　长江上游省、区森林覆盖率变迁表　　　　单位：%

区域＼年代	50年代初	70年代	80年代	90年代	21世纪以来
四川省	22	12.03	13.2	24.3	27.94
云南省	50	24.9	23.2	44.3	50
贵州省	30	14.5	12.6	32.63	34.9
湖北省	—	20.3	21.26	25.97	26.77
岷江上游	35	—	18.8	—	—
沱江流域	15—20	—	3.5—5	—	—
嘉陵江流域	15	—	5.6	—	—

资料来源：《中国统计年鉴》、《中国林业年鉴》、《贵州年鉴》（1987年）、《湖北五十年》（1949—1999年）、蓝勇：《历史时期中国西南森林分布变迁研究》、《西南区自然地理》。

总的来看，近五十多年来长江上游森林资源分布经过一个马鞍形的发展轨迹，现在长江上游的森林覆盖率总体上已经超过了20世纪中叶，但是森林资源的分布和森林资源特质上与50年代有较大的不同，表现在水源林地区森林资源不论是从面积还是森林的原始性都不如50年代，但多数城镇四周植被明显比50年代好。在森林资源中，次生中幼林、人工经济林比例较大，森林的郁闭性差，森林生态群落性原始性差，生物多样性功能大大削弱，水土保持功能相对下降。

长江上游地形山高谷深，河流下蚀严重，地质结构松散，加之山区植

---

① 云南省政府网：http://www.yn.gov.cn/yunnan，china/75436393270083584/20040224/10084.html。

② 云南省统计局、国家统计局云南调查总队：《云南统计年鉴》（2004年），中国统计出版社2004年版，第11页。

被破坏严重，涵水保土能力下降，容易加剧山洪及暴雨触发的洪灾及滑坡、泥石流等灾害。50年代，长江上游水土流失面积仅为29.95万平方千米，占流域面积的28.4%，[1] 20世纪60年代至90年代初是长江上游水土流失最严重的时期。80年代后单是四川一省的水土流失量就相当于50年代全长江上游流域的水土流失量。长江上游输沙量一直在增长，到了80年代后期这种趋势才有所变化。根据1995年和2000年两期遥感调查资料对比，长江上游土壤侵蚀在面积和强度上有所减少或减弱。土壤侵蚀面积由1995年的49.63万平方千米，减少到2000年的43.83万平方千米，减少5.6万平方千米，年均减少1.12平方千米；到2002年下降到39.3万平方千米，占流域面积的37.3%。[2] 同时期，长江上游各地的森林覆盖率有所回升，陡坡垦殖被逐步限制，在个别地区水土流失有所减弱，但总体上水土流失程度仍然很严重。这一方面固然是因为大量人工林没有天然林固土的效能，另一方面是由于城市绿化虽然有所改善，但城市建设中引起新的水土流失日趋严重。

20世纪50年代后的五十多年，是长江上游森林资源变化幅度较大的时期。总的来看人类活动的规模大大扩大，使得从清中叶开始的森林递减趋势以更快的速度发展，整个长江流域的生态环境恶化，长江中下游地区也深受危害。人口迅速膨胀、经济发展带来的用材压力，开荒垦殖毁林，使长江上游天然林遭到毁灭性的采伐。而几次大的政策性的失误不仅对长江上游的森林，乃至全国的森林都带来严重的破坏。森林生态环境的持续恶化已经使我们饱尝苦果。90年代中期开始的对长江上游森林的硬性保护措施，又造成某些以林业为主要经济开发模式地区的经济危机和资源危机。随着保护措施的实施，近年来长江上游森林覆盖率虽有所上升，但应当看到主要是人工林、次生中幼林面积的增加，增加的地区多在城镇附近，广大水源林地区的森林植被形势仍较严重，故森林面积的回升一时还难以发挥如天然原始林的作用，对水土流失的防治和生态环境的改善作用还有一个过程。对此，我们要有清醒的认识。

---

[1] 向成华等：《长江上游退化生态系统的恢复与重建对策》，《四川林业科技》2002年6月。
[2] 郭索彦等：《分区考察成果及防治对策之二长江上游及西南诸河区》，《中国水利》2009年第7期。

表6—18 中国西南历代森林覆盖率变迁表

时代 地域		汉晋	唐末		元	明清	1935年	20世纪中叶		20世纪80年代中叶	
四川		60%以上	成都平原区	20%		覆盖率缓慢下降，但时有反复				成都平原	7%—8%
			川中丘陵区	35%				盆地丘陵	20%	川中丘陵	3%—5%
			嘉戎泸渝山地区	65%				宜宾地区乐山地区	50%	盆地南部区	宜宾 10.7%
			涪万峡区	80%	50%		34%	涪陵地区	23.1% 13.3%	盆地东部区	12.2%
	60%		大巴山地区	80%			20%	米仓山	58%	盆地北部区	8.9%
											米仓山 21.4% 30%
			行岭谷区							盆地平行岭谷区	8.9%
			川西北高原区	50%				邛崃山夹金山	40%	川西北高原区	20%
			川西南高山深谷区	80%				大相岭峨眉山		川西南区	24.4%

续表

时代 地域	汉晋	唐宋	元	明清	1935年	20世纪中叶		20世纪80年代中叶	
贵州	50%以上	云贵高原 50%		同上	30%	毕节	17.1%	毕节	5.8%
						威宁	36%	威宁	6%
云南	70%以上	滇东北区		同上	50%	西山	22.2%	西山	4%
						昭通地区	19.8%—23.2%	昭通地区	6.3%
		滇南区 70%				西双版纳	50%—70%(14%)	西双版纳	33.9%

资料来源：蓝勇：《历史时期西南经济开发与生态变迁》，云南教育出版社1992年版，第64—65页。

第六章图版

2003年三峡天柱峰　　　　　　　　　　　　清末三峡天柱峰

清末秭归县城　　　　　　　　　　　　2003年秭归县城

清末云阳县张飞庙　　　　　　　　　　20世纪末云阳县张飞庙

民国初年白帝城　　　　　　　　　　　　21世纪初白帝城

民国时期川南九丝城　　　　　　　　　　20世纪80年代川南九丝城

21世纪初川南九丝城　　　　　　　　　　20世纪80年代川南凌霄城

21 世纪初川南凌霄城

清末康定县化林坪植被

21 世纪初康定县化林坪植被

20 世纪 80 年代叙永县江门峡植被

21 世纪初叙永县江门峡植被

孙水河与安宁河交汇处泾渭分明,显现了
孙水河地区地形地貌对河流泥沙的影响

雅砻江与安宁河交汇处的泾渭分明，显现了安宁河流域人类垦殖对水土流失的影响

雅砻江与金沙江汇合处的泾渭分明，则显示了金沙江干热河谷特殊的地貌对河流泥沙的影响，而这种影响在某种程度上讲大于人类破坏的影响

安宁河边的土林景观，为历史时期人类活动破坏逐渐形成的水土侵蚀景观

云南元谋县江边沙沟箐为典型的干热河谷地貌

云南会泽县金沙江小江入口，小江来沙已经将金沙江紧逼为细流

云南小江流域山地泥石流景观

云南小江流域蒋家沟泥石流

云南省永善县金沙江北岸支流泥石流

四川雷波县美姑河（溜筒江）入金沙江口。美姑河河水比金沙江水更浑红，显现了美姑、昭觉一带的红土地貌和过渡放牧造成的水土流失

四川雷波县西苏角河与金沙江泾渭分明，显现了西苏角河一带森林植被较好和地貌差异的影响

四川屏山县西宁河入金沙江处泾渭分明，显现了雷波一带山地森林和地貌状况

凉山州昭觉县一带草坡的水土流失

岷江下游宜宾县泥溪河入岷江处的泥沙堆积

甘肃南部成县西峡栈道孔遗迹位置表明历史时期西峡河谷的河道远比现在低，反映了历史时期嘉陵江支流的水土流失对河床抬升的影响明显

嘉陵江上游河道与植被

嘉陵江下游钓鱼城水师码头的沙土堆积情况

重庆忠县中坝考古遗址的文化层深达七八米，早期文化层几乎与今天河床底平行，显现了历史时期干井河河床比现在应低得多，说明历史时期川江干流的水土流失明显

重庆云阳汤溪河的泥石流景观

1985年长江三峡新滩镇滑坡前的新滩镇后梯田纵横

滑坡后的新滩镇面貌（2002年）

21世纪初长江三峡干流典型的山地水土流失景观之一

21世纪初长江三峡干流典型的山地水土流失景观之二

河与长江交汇处的泾渭分明

四川北川县湔江河谷一带的山体滑坡现象（5·12地震前）

安宁河上游的泥石流 　　　　　　　　　　凉山州黄茅埂下的垦殖情况

黄矛埂上残存的古木 　　　　　　　　　　黄矛埂上残存的古木

黄茅埂上残存的古木 　　　　　　　　　　黄茅埂上残存的古木

美姑县马边挖黑河森林遗址

美姑县挖黑河残存的木桩

美姑县挖黑河植被

贵州威宁县石门坎退耕还林后的植被

汉源县永利乡水井湾草甸中的古乔木屑

雷波县马湖黄螂曾是重要商品林木采办之地

第 七 章

近两千年来长江上游森林分布与
水土流失原因

  长江上游大多数地区是典型的亚热带森林地带，历史时期如果没有人类活动的影响，森林植被的原生态应该十分完好，植物群落的复杂性也应十分典型，生物多样性应该十分明显。

  但是近两千年来，由于人类活动的影响，长江上游的森林资源在人类的各种社会经济活动影响下，在人类各种政策、制度影响下，森林分布发生了较大变化，森林资源的总量也发生明显的变化，森林植被类型和特质也有较大的变化。特别是在近一两百年来，随着人口的不断增加，工业文明的发展，森林资源遭受到更大的影响，灾害性的水土流失更加明显。

  从历史上来看，影响长江上游森林分布变迁的原因是多方面的。我们要知道，即使没有人类活动的影响，就是长江上游森林分布本身也可能随自然植被群落的周期变化会有所变化，自然的冲刷、侵蚀也会使土壤流失。正如历史地理学研究表明的，黄河流域历史时期70%的土壤侵蚀都是自然界本身的作用产生，人类活动的加速影响只占30%，只是长江上游在历史时期受自然与人类活动影响，森林资源和水土流失的比例可能并不一定与黄河流域相同，影响的方式可能也有所不同。叠加了人类活动的影响后，不同的地形地貌、不同的生产力背景、不同的文化背景、不同的政治制度相互交叉都会对森林资源产生不同的影响。

  就历史时期长江上游人类影响森林分布和水土流失来看，宏观方面包括文化传统、制度、政策的影响，中微观方面则来自人类具体行为的影响。可能就近两千年的时段内，自然界本身的变化对森林资源的影响虽然也客观存在，但影响所占比例是十分小的。

一 传统文化、制度、政策与森林环境变迁

"人地互动"是历史地理学的一个重要理念。在"人地互动"中，人类行为对产业结构、生态环境的影响是一个重要方面。应该看到，人类行为的影响是多层次的，一方面人类长期形成的文化传统和意识对森林生态环境有十分深远的影响，如中国传统的"农本主谷制"文化传统、佛道两教的人与自然的互通文化等，会长期而潜在地影响人类的具体行政、经济、技术政策行为；另一方面，直接通过具体的制度、政策来影响森林生态环境，如行政管理上的改土归流，经济政策上的一条鞭法、摊丁入亩、退耕还林、农民工流动等，科学技术上的燃料换代都会对森林生态产生直接的影响。

（一）传统文化意识与森林生态环境变迁

1. 传统"农本主谷制"意识和民族传统文化对森林生态环境的影响

从社会发展史的角度来看，人类确实普遍经历了一个从采集、狩猎、游牧、游耕向固定的精耕农业发展的过程。这个过程一方面从表面上显现一种生产力水平由低向高的发展过程，另一方面则是一种在生产力制约下的产业选择过程。这两个方面的实际意义是不同的。因为在生产力发展到一定水平后，种植业、畜牧业、林副业之间并不显现生产力水平之差，只显示生产产业与资源环境配置的互动之异。

但是，中国历史上却将这个从采集、狩猎、游牧、游耕、固定耕作的过程所显现的生产力水平由低向高的发展过程视作为具有普遍意义，简单认为农业的核心粒籽种植业是最先进的产业，是先进文明的代表，形成了一种潜在的思想，显露于言论，实施于行动。民以食为天，国以农为本，所以，中国历史上重农轻末、重农轻林、重农轻牧思想几千年相沿不变，根深蒂固。不难理解，中国历代政治家、经济学家也无不以垦荒种植为首要任务，而民间为减缓人口压力，将毁林开荒种粮视为天经地义的事。这样，"农本主谷制"在中国持续长久，历史上的围湖造田、围海造田、毁

林开荒、毁草开荒连绵几千年，直到近代的"以粮为纲"。

中国古代黄河文明产生时间之早、规模之大、影响之远、持续时间之长是中国其他地区文明所不能相比的，而这种产生于黄土地区的古代文明是以农业种植业为基础的。这种农业种植文明由中心向外推移的过程，实际上是以粒籽种植业为主导的农业文明向四周的拓展的过程。所以，中国历史上汉族向周边民族地区移民的历史，实际上就是一部农业粒籽种植文明的扩张史。

以前笔者曾提出，当生产力发展到一定程度时，产业的选择不在于产业间的先进与落后与否，而是在于：第一，产业是否与地区的资源、区位、环境相适应；第二，产业的科学技术含量是否高；第三，产业管理组织理念是否先进。① 这里的产业是否与地区的资源、区位、环境相适应，一方面是产业结构优劣问题，同时也是一个生态环境好坏问题。

从资源环境与产业最佳配置来看，长江上游绝大多数山地地区，林木丰茂，自然资源丰富，如果以近500年的生产力条件看，发展林牧副业才是最佳选择。也正是在这种情况下，山地地区的生态环境才能得到切实保护，人类可持续发展才能得以实现。

历史时期的长江上游山地地区，一方面生产力水平低下，表现为一种因开发不足导致的贫困；一方面在少数民族传统文化里，农林牧并重的思想比汉族更明显，这就客观上使民族地区产业多样性明显，森林资源也相对保存得较好，生态原始性更明显。万历《铜仁府志》卷2《风俗》记载，仡佬族"渔樵耕牧"，高度概括了长江上游民族地区地形地貌复杂条件下产业多样性与产出多样性的"农牧结合"的生态经济形态，也折射出当时森林生态环境的原生态保存较好的状况。在这样的背景下，许多长江上游少数民族仍多以畜牧为重，以"某有马几何群，牛与羊几何群"为标准论贫富，故有"重牧而不重耕，以牧之利息大也"的观念。② 许多少数民族往住将"树"作为第一崇拜的生产资源，十分注重林牧业与种植业并重的传统。如现在云南哈尼族地区许多山寨，山脚河谷及下半段山为梯田，中山腰为村寨，而村寨后山顶往往是森林茂密地区，下半段的梯田、中山腰的村寨、上半段的森林形成一个完整的农林牧生态系统，而且这种

---

① 蓝勇：《中国经济开发的历史进程与可持续发展的反思》，载《学术研究》2005年第7期。
② 檀萃：《滇海虞衡志》卷7《志兽》。

系统有哈尼族的古老规矩作为制度保证。① 在云南少数民族中，严禁破坏"神山"等森林带的传统是十分普遍的，这种传统被称为"云南少数民族中的普遍存在的现象"。② 如藏族普遍有对神山的禁忌，在牧区有"不动土"的原则，对鸟兽的捕猎也有许多禁忌。这些传统充溢着对自然的敬畏之情，往往会激发出保护自然生态系统理念的形成，进而演变成制度和政策，③ 这种文化传统为现实中的与自然生态相吻合的农牧结合经济格局提供了思想理念上的保证。

特别是云南兰坪县普米族的"山岳生态文化"的形成历史值得我们深思。有学者研究表明，普米族在从川西北迁入川滇之交的金沙江两岸过程中受中原民族"主谷制"的影响形成自己的农业耕文化，放弃了自己传统的畜牧业，由于产业与环境的不合，造成了生存环境的恶化，从而继续南迁到兰坪一带，形成了农耕、畜牧业协调发展的"以畜肥田，以草养畜"的"山岳生态文化"。④

少数民族的这种传统思想理念与汉族统治者、思想家、百姓在从思想到行动中只重粒籽种植业有明显差异，故在历史时期两者一直存在矛盾冲突。今天我们回过头来看，中国古代重农思想的核心实际上是重视粒籽种植业的思想，历代劝农文、奖垦令、免科令都是围绕着这些内容展开的。不可否认的是，在中国历史上，中原农耕民族文化在规模和技术含量上是一种强势文化，在这种强势文化的影响之下，不仅使周边的汉民族纷纷以农业垦殖为先进产业，而且许多少数民族也多"往往没有吸收农耕文化的高生产技术来发展自己的畜牧业，更多的是改弦易辙使自己成为农民，将草地变成农田"。⑤

毋庸置疑的是，历史时期中很长时期内产业形式与资源环境的合理配合是一种低水平层次上的吻合，正如我们讨论的，从投入与产出来看有效

---

① 于希贤、于希谦：《云南，人与自然和谐共处的人间乐园》，云南教育出版社2001年版，第153—156页。

② 王东沂：《云南民族农耕》，云南教育出版社2000年版，第155页。

③ 南文渊：《藏族传统文化生态概说》，马长富主编《西部开发与多民族文化》，华夏出版社2003年版。

④ 杨世鲜、和树军：《普米族原始山岳生态智慧》，《生态旅游理论与案例研究》，社会科学文献出版社2004年版，第291—297页。

⑤ 同上。

率，历史上的刀耕火种是在一种低水平上的高效率。同样，历史时期中很长时期内人类所处的生态环境原生态保存较好，原始森林太多、太原始，可能对一个特定地区人类来说，并不是最好的生存环境，可能并不完全是适合人类的生态环境，所以，对于古代森林生态，不是简单用"好"、"坏"两个字能概括的。

从历史的发展来看，在强人的中原农耕强势文化影响下，不论汉族移民或是少数民族都逐渐开始以粒籽种植业为先进，而视传统的畜牧林业为落后。在这种情形下，民族地区外来的汉族在技术投入上也主要集中在粒籽种植技术上。这就形成了在中国历史上汉民族农业文明不分地形地貌气候特征无限扩大的局面，"湖广填四川"、"闯关东"、"走西口"、移民台湾地区、屯田西南西北等重大移民浪潮无不以垦殖为主流，以粒籽种植业为主要生存方式。这个主流发展势头迅猛，一度形成农业粒籽种植业的扩展不分时期、不分地形地貌的无限制发展趋势，这不仅造成因产业与资源环境的不吻合而形成的"结构性贫困"，同时使长江上游地区的森林资源大量丧失，以致形成较重的水土流失。所以，长江上游许多汉民族文化影响较早的民族地区都呈现粒籽种植业为主的产业结构，"结构性贫困"更明显，森林资源更贫乏，而汉民族文化影响较晚的地区民族传统文化保存较多，"结构性贫困"相对不明显，森林生态环境保存较原始，森林资源更为丰富。

但我们在考察中发现，长江上游地区历史上夷汉交界的地区的生态环境最令人担忧。特别是在川滇交界地区（历史上的夷汉交界地区），除了自然背景的因素外，当少数民族接受了汉族农耕文化又失去了传统文化中的人地和谐理念后，农业垦殖对森林生态环境的破坏不仅比少数民族腹心地区严重，而且比许多汉族地区严重，这是值得我们继续研究的。

2. 中国传统宗教文化对生态环境的影响

泰戈尔曾说过："希腊的文明产生于黏土建造的砖屋里，而印度的文明则产生于森林之中。"据星云法师《佛教与森林》，释迦牟尼佛在创立佛教之前，一直在森林中修行，最后在菩提树下成佛，进而开始了他的教化。而且佛教的创立，最初并没有寺院，佛陀带领着弟子们沿途行化，森林成为出家人的休憩场所，往往在树下禅观冥思，精勤修道。因此，佛教认为森林能帮助修道者达到身心的宁静。

正是因此,我们常说的"深山藏古寺"、"天下名山僧占多"的现象本身显露着传统宗教的内涵。这不仅体现在僧侣在选择寺庙时以森林茂密之处为首选,而且在于佛教教义有着非常丰富的生态伦理思想,如"不杀生"、"不偷盗",本就是一种最基本的生态伦理思想,影响着僧侣们一直以培育和保护寺庙四周树木为己任。同样,中国古老的道教产生本身更是森林秘境为孕育的背景环境,道教中神仙们无不以身处密林来显现神仙的神秘性,而道教教义中的虚无的清静无为理论、人与自然的和谐论更使道士们对宫观四周森林倍加爱护和着力营造。

在这样的背景下,一般非僧侣道士出于对佛道寺观和宗教教义的敬畏,同样也不敢贸然染指寺观四周的生态环境。所以,即使在历史时期由于各种原因产生对森林资源的巨大破坏的时候,寺观四周的生态环境一般都保持着相对较好。

我们发现,清代后期中国城镇四周的森林生态环境非常差,这是一个普遍现象。我们曾看到西方人拍摄的清代末年湖北归州城的环境风貌照片,对当时的归州城的周边森林状况有准确的认识。从照片上看,归州城四周一片童秃,不见寸木,显现了清末人口剧增、燃料换代没能实现前州县城市森林生态环境的普遍规律。但是,我们发现,照片中只有城北寺庙处还有一些树木,显现出宗教在这样大的人类基本生存压力下对森林树木所起到的呵护!

我们注意到清代末年美国人罗斯《E.A.罗斯眼中的中国》记载:[①]

> 无论如何,和尚和道士都比较重视保护林木。在荒凉贫瘠的山顶上,笔者看到一座方十五英里茂密树林合围起来的寺庙,酷热阳光下,绿叶婆娑的景象与荒凉的山顶形成巨大的反差。这些树木正因为长在神圣的寺庙旁边才使滥伐者有所顾忌,否则的话,笔者今天也就不可能在这些高入云端的松树下享受片刻阴凉了。

这则记载显然可与上面谈到的归州城状况互为印证了。同样,清康熙五十三年昆明《小麻苴彝族村乡规碑》规定:"本村龙村庵,为阖村祝国祈年之所,凡有树林不得践踏,如有违者,罚香油二十斤,一万炷,贡奉

[①] [美] 罗斯:《E.A.罗斯眼中的中国》,重庆出版社 2004 年版,第 195 页。

三宝",[①]也反映出民间由对于宗教场所敬畏而产生的保护意识。

同样,经过历史时期人类活动的影响,今天长江上游地区最有特色的楠木生长已经非常少,可以说除个别地方外,楠木由于表现面积不够,林相残破,已经不能用森林来相称了。但我们发现在峨眉山、青城山、方山等佛道名山中的寺观周围还保留有大量楠木,有些地方还可以用楠木林相称。在峨眉山海拔900—1050米的万年寺至白龙观一带有一片面积达900多亩的乔木林,其中有大量桢楠树,还有细叶楠、润楠、黑叶楠、西南赛楠、小果润楠、峨眉黄肉楠等。[②]这些树木有的已经长达500多年,许多都是历代僧人栽植的。在青城山的道观附近,仍保留有株高大的楠木。四川泸州方山云峰寺四周楠木林茂密,在以浅丘为背景的川南河谷地区俨然是一方静土。

当然,从历史上来看,道士、僧侣们对森林植被的保护行为常常受到地方政治、经济发展的影响。道光时期南充县紫府观"道士孙合瑞植树满山,远自数十里皆可望见",但民国时期"被团邻侵毁殆尽",后来"因道士数以伐树与团争讼,经县署提为县有森林,永远禁伐,以杜觊觎"。[③]同样,南充县凤翔山"古柏参天,为消夏胜地,近因遭山邻侵盗,僧不能拒。绅首任步琼等立案,捐为县有。森林由实业局保护管理,残林赖以仅有存者"[④]甘露寺本来也是"四围松萝掩映,修篁荫蔽,风景清幽",但民国时"为兵所据,竹木尽"。[⑤]

据邹志伟研究表明,民国时期甘南藏族僧侣制度抑制了藏区人口增长,客观上吸收了过剩人口,减少了劳动人手,从而减轻对藏区环境的生存压力。[⑥]同样,云南傣族地区的小乘佛教的僧侣制度也有同样的效果。今天,云南西双版纳、德宏州一带森林资源丰富,成为亚洲象的重要栖息地区,除了其他原因以外,小乘佛教僧侣制度和佛教教义对社会的影响与制约可能是环境得到较好保护的重要原因之一。

---

① 参见曹善寿《云南林业文化碑文》,德宏民族出版社2005年版。
② 田家乐:《峨眉山》,中国建筑工业出版社1998年版,第32页。
③ 民国《南充县志》卷2《山脉》。
④ 同上。
⑤ 民国《南充县志》卷3《名胜》。
⑥ 邹志伟:《拉卜楞寺僧侣制度与甘南藏族生态环境》,《人类社会经济行为对环境的作用和影响作用》,三秦出版社2007年版,第279页。

不过，当周边森林资源极端缺乏时，僧侣往往为了维护寺院的基本生存与发展，也会出现砍伐树木之事。如隆昌县在清代已经没有大的森林资源可利用，嘉庆九年，隆昌庆云寺找不到修补山门的树木，只有采伐寺中明代留存的三株柏木，只是经过乡绅坚决反对才没有砍伐，[①] 而民国达县金刚寺"侧林木最盛，近年斫伐亦稍衰矣"[②]。

(二) 具体政治经济制度、政策对森林生态环境的影响

1. 民族自治政策对民族地区的森林生态环境影响

历史时期长江上游的民族地区，多采取与内地不同的行政管理模式，这客观上使民族地区的传统民族意识得到保护，进而使民族地区的森林生态环境得到保护。

在周代分封制度下，对四周民族地区有五服、九服的理念。在郡县制度下，汉代的都尉、属县、道制度，唐宋时期的羁縻州制度、元明清以来的土司制度，体现了民族地区相对独立的管理制度。在这种制度下，相对而言，受主谷制影响深刻的汉族移民相对较少，少数民族在产业上注重"渔樵耕牧"而形成的"农牧结合"的生态经济形态更加明显。

我们可以以明清时期的土司制度与改土归流为典型事例来讨论这个问题。

从明代开始，大量汉族移民进入长江上游地区开始了大规模的屯田。但是，就我们目前掌握的材料来看，屯田大多数集中在汉族聚居的平坝地区和部分台地上，绝大多数土司控制的民族地区的山区仍然保持传统的生产方式，林牧业所占的比例十分大。

据研究表明，明万历年间四川的人口密度在11.99%左右，边区的乌撒府、东川府、乌蒙府垦殖指数在1%左右，云南的人口密度在10.65%，许多山区垦殖指数在2%左右，贵州垦殖指数在1.254%左右。[③] 在这样的人地背景下，仍保持相对原始的生态环境。

《大明一统志》记载长江上游民族地区有的是"刀耕火种，不事蚕

---

① 同治《隆昌县志》卷41。
② 民国《达县志》卷2。
③ 陈国生：《明代云贵川农业地理》，西南师范大学出版社1997年版，第45—273页。

桑"，有的是"以射猎山伐为业"、"不事商贾，惟事农桑"，有的是"务农工猎，岩居谷处"、"性好捕猎"，有的是"日耕野壑"、"好带弓矢"、"善骑射"，有的是"垦山为田"、"刀耕火种，孳畜佃种"、"勤于耕稼"。从记载的土产也可看出当时农副产品、林牧产品兼有，显示了明代长江上游民族地区农林牧猎并重的格局。

受民族地区人口规模和传统生产方式的影响，许多土司管理的民族地区生产方式多以林牧业为主。明代长江上游地区的茶马贸易十分发达，长江上游地区的骡马生产在生产中的地位十分显要。乌蒙马、水西马、建昌马、大理马为重要的贸易品牌。据《明洪武实录》记载，明代贵州的安、田、杨、宋四大家土司每年都供马，有的土司一次贡马三百多匹，洪武十八年，仅在贵州、乌撒、宁川、毕节等地市马就达六千七百多匹。《明太祖洪武实录》卷162记载乌蒙、乌撒、芒部军民府赋税，其中除了粮草外，毡衫、马匹占的比例十分大（见表7—1）。

表7—1　　明代长江上游主要产马地区贡马、毡衫、粮草表

	乌蒙府	乌撒府	东川府	芒部
粮（石）	8000	20000	8000	8000
毡衫（领）	800	1500	800	800
马（匹）	4000	6500	4000	4000

从表7—1中可以看出，明代长江上游民族地区畜牧业的地位仍然十分重要，产业结构上呈现农林牧多种并存并重的格局。明代西南地区民族人口密度仍十分低。应该看到，明代长江上游民族地区绝大多数是山地，从生产方式与环境资源的配置来看，在较低的人口密度基础上发展农林牧三者相兼并重格局是最适当的。所以说，明代西南少数民族地区的人地关系如果不考虑生产力水平问题是基本适宜而协调的，产业与资源环境的关系也基本平衡。只是这种协调是一种低水平的协调。

清代初年，东川府虽已经改土归流，但由于"仍为土目盘踞"，结果是"膏腴四百里无人垦殖"，[①] 这说明土司统治下农业垦殖地位不高，从一个侧面显现了当时林牧业的地位显要。而"苗民只知耕种水田，所有山

---

① 魏源：《圣武记·雍正西南夷改流记》。

土悉皆抛弃。今所设屯军除不许侵占苗界外,其余附田山土,尽其垦种杂粮"①,也说明了这个问题。2000年笔者在贵州长顺县广顺场考察时发现,当地土著的耕田多为水田,地处平坝,而明清屯田多在山上台地上,这说明,在明清很长的时期内,贵州许多地区坡耕地农业种植的区域十分有限。

许多历史文献也记载了长江上游民族地区农林牧并重的产业格局。陆凉州有"艺荞畜马"之称,土著罗罗"虽高冈硗垅,亦力垦之,以种甜、苦二荞自赡。又以畜马为生,牧养蕃息"。②楚雄州彝族许多是"以牧养为业"③。

光绪《雷波厅志》卷26《边防》记载了改土归流前的产业情况:

> 越巂、峨边、马边、雷波四厅,汉地环之——四面皆峻岭老林,绝无门户,必翻大山,然后入一人。其中即多旷衍,产青稞、包谷、油麦、苦萝葡、红稻。以畜马、牛、羊、豕为富,不善耕种。散处崖谷,界乎夷汉间为熟夷,衣冠语言无异,与民耦居无猜。

这是明代及清代前期长江上游民族地区,特别是土司控制地区的产业结构典型现状,即产业结构上呈现农牧林三者并重格局,种植业在产业中的地位并不是十分突出。前述万历《铜仁府志》卷2《风俗》记载的仡佬族"渔樵耕牧",也高度概括了长江上游民族地区在地形地貌复杂条件下,产业多样性与产出多样性的"农牧结合"的生态经济形态。

随着明清以来改土归流的实施,汉族移民大量迁入,汉族文化大量渗透,这一方面使长江上游民族地区传统的注重"渔樵耕牧"形成的"农牧结合"的观念逐渐产生变化,同时也使该地区产业结构产生迅速变化,使长江上游地区生态环境,特别是森林生态环境也产生了较大的变化。这一过程体现了行政管理制度对长江上游民族地区生态环境的影响。

明清之际的战乱对长江上游地区的社会经济文化影响较大,但从目前来看,产生破坏的主要在长江上游四川的汉族聚居地区,清代前期的"湖

---

① 张广泗:《议覆苗疆善后事宜疏》,民国《八寨县志稿》卷28《艺文》。
② 景泰《云南图经志书》卷2。
③ 景泰《云南图经志书》卷4。

"广填四川"的移民历史过程也主要在这个地区进行，随之而来的康乾复垦也主要在这个地区。不论战乱或者是随后的"湖广填四川"移民运动对民族地区，特别是土司控制的地区的影响都相对较小。

但是，雍正以来的改土归流的政治经济政策对长江上游民族地区的社会经济文化的影响却十分深刻。我们知道，改土归流主要是废除元代以来实行的土司制度，改土官为流官，将土司地区直接归为中央政府控制的行政区建制中。从政治管理上，废除落后的土司管理制度，使国家处于高度的统一，一定程度上改变了少数民族地区闭塞落后的状态，革除了许多陈规陋习，是有利于这些民族地区的经济文化交流和社会经济文化发展的。[①] 改土归流后，清政府往往特别强调发展垦殖业，尤其是改土归流后大量汉族移民迁入，汉族的先进农业生产技术的大量传入，对这些地区经济的发展起了非常大的促进作用。

云南丽江改土归流后，雍正三年后的耕地为790顷，到1727年的雍正五年达到471余顷，雍正七年又增加55顷，共1318顷，比明末清初增加了3倍。[②] 雍正四年鄂尔泰"即通行各属劝民开垦"[③]，将东川土目革除后，首先就是"屯田东川"，在各地"垦辟旱莱，焚烈山林。久荒之土，亩收数倍"。[④] 鄂尔泰甚至自己出钱买水牛、盖房，给东川垦民现银，甚至还发盘缠之费，以鼓励垦殖。[⑤] 雍正十年，昭通府一带"本地田亩，颇多荒废，急宜开垦"[⑥]，而昭通、东川、元江、普洱为改土归流"新辟夷疆，人稀土旷"[⑦]。改土归流后，清政府下令"招徕远方之农贾"，不仅给予田亩，还发给粮食、耕牛等以鼓励垦殖。[⑧]

在这样的发展趋势下，到乾隆三十一年已经出现"滇省山多田少，水陆可耕之地，俱经垦辟无余，惟山麓、河滨尚有旷土"，所以开始"向令边民垦种，以供口食"，在政策上要求"嗣后滇省山头、地角、水滨、河

[①] 龚荫：《中国土司制度》，云南民族出版社1992年版，第152页。
[②] 云南各族古代史略编写组：《云南各族古代史略》，云南人民出版社1977年版，第163页。
[③] 《朱批谕旨鄂尔泰奏折》雍正五年八月。
[④] 魏源：《圣武记·雍正西南夷改流记》。
[⑤] 《朱批谕旨鄂尔泰奏折》雍正五年三月。
[⑥] 《清世宗实录》卷117。
[⑦] 《清高宗实录》卷54。
[⑧] 《朱批谕旨鄂尔泰奏折》雍正九年八月。

尾，俱著听民耕种，概免升科"，① 不过，到光绪三十二年，由于山地垦殖面积扩大，永善县新垦山地都要"按则升科"②。康熙时贵州采取了"不立年限，尽民力次第垦荒，酌量起科"③的政策。据记载，当时，在威宁城南海子开始用石灰暖土种植水稻。④ 到了乾隆六年"黔省山鲜平畴，凡山头地角、零星地土及山石挽杂，工多获少，或依山傍虽成丘段而土浅力薄段间年休息者，悉听夷民垦种，永免升科。至有水可引，力能垦田一亩以上，照水田例六年升科；不及一亩者，亦免升科。无水可引，地稍平衍，或垦为土或垦为干田，二亩以上照旱田例十年升科；不及二亩者，亦永免升科"⑤。乾隆年间金川改土归流以后，内地渠县、什邡、长宁、洪雅、天全、打箭厅等地汉民自带斧斤，到金川一带屯垦，清政府宣布"凡边省内地可以开垦者，悉听该地民夷垦种，免其升科"⑥。

必须指出的是，在同一时期就是在汉族聚居的山区，自雍正、乾隆、嘉庆以来，也同时形成了一场山地垦殖高潮，这本身是与当时的清政府鼓励垦殖的政策相关的。早在雍正末年，就有人提出"凡有硗瘠难垦之地，俱准照斥卤轻则起科"，而到乾隆时更是明确鼓励向"山头、地角、坡侧、旱坝、水滨、河尾零星土地"进军，而且是"不论顷亩，悉听开垦，均免升科"。⑦ 所不同的是在汉族地区农业种植业的地位已经十分牢固，山地没有垦殖开发主要是由于人地比率的原因，而土司地区除这个因素外，还受到少数民族农林牧并重的传统思想的影响。只是改土归流后，当地少数民族传统思想观念本身也受到了极大的冲击，许多当地少数民族地区也融入了汉族山地垦殖高潮的洪流之中了。

从文化背景上来看，改土归流后清政府开始了在长江上游民族地区大规模兴办儒学，传播汉族儒家文化，其中农本文化就是重要内容之一。研究表明，明清时期改土归流前，清政府对云南土司多仅是对土司及家族的儒学教育有规定，如规定土司世袭者必须到儒学学习，接受教育。从康熙

---

① 《清高宗实录》卷764。
② 《清德宗实录》卷554。
③ 《清圣祖实录》卷16。
④ 《朱批谕旨鄂尔泰奏折》雍正四年十二月。
⑤ 《清高宗实录》卷150乾隆六年九月初十日户部议复。
⑥ 《清高宗实录》卷1008。
⑦ 《皇朝经世文编》卷34。

六年改土归流设立开化府后,才拉开了在云南少数民族地区大量设立儒学序幕。① 儒学的大量兴办,儒家思想中的农本主义思想的灌输,对少数民族传统农林牧并重的思想观念产生极大的冲击,必然会加速民族地区生产方式和产业结构的变化进程。

现在看来,改土归流后随着农业垦殖的推进,长江上游民族地区产业结构发生了明显的变化,农林牧并重的产业格局逐渐消失,不仅使本地区的生态环境受到影响,森林资源大量丧失,而且与汉族地区一样,在经济结构上形成了一种"结构性贫困"。

据记载,马边县在嘉庆年间已经是"五方杂处,地狭民稠。业农者务尽地力,虽极陡险之区,皆为耰锄所及"②。而"湘、黔苗地,垦壁汗莱,焚烈山林,久荒之土,亩收数倍"③。东川以下金沙江沿线,深谷壁立,历史上一直少有种植业发展,但改土归流后,这些地区的大山已经开始有了大量耕地,形成"夹岸营汛分布,田庐相望"④ 的景观。这可以从乾隆《金沙江全图》所描绘的金沙江沿岸田土得到证明。据我们以前的研究表明,从雍正、乾隆开始到嘉庆年间,四川有一个从平坝、丘陵向周边山地垦殖的高潮,乾隆中叶以后,四川耕地突破60万顷,就开始主要以四周山地坡地垦殖了。⑤ 杨伟兵博士认为云贵两省在雍乾嘉时期耕地面积增长最快,主要是由于民田化田赋政策、鼓励开荒的减免政策。⑥ 实际上就民族地区而言,改土归流政策是一个重要条件。

光绪三年,云南南华县大马街沙坦兰彝族墓地石碑对明代改土归流后的产业变化作了记载:

> 南山中,林木茂,野兽多。我远祖,农耕少,猎事多,率众奴,逐禽兽,朝夕乐……当是时,夏衣麻,冬衣皮,朝食荞,晚食肉,得温饱。明洪武,土头薄,播种一,获八九;众此后,农事繁,猎事

---

① 蔡寿福:《云南教育史》,云南教育出版社2001年版,第286—291页。
② 嘉庆《四川通志》卷61《风俗》。
③ 魏源:《圣武记·雍正西南夷改流记》。
④ 《川陕总督尹继善等为遵旨会勘金沙江工程奏折》,《历史档案》2001年第1期。
⑤ 蓝勇:《乾嘉垦殖对四川农业生态和社会发展影响初探》,《中国农史》1993年第1期。
⑥ 杨伟兵:《云贵高原环境与社会变迁——以土地利用为中心》,复旦大学博士论文,2002年,第109页。

少，居住定，不再流。……楷祖时，嘉靖年，开沟渠，稻谷熟……

这里记载的过程，虽然是明代滇中地区改土归流后的情形，但同时也应是清代滇东北地区改土归流后的产业变化场景。对土司制度研究十分深入的龚荫教授也指出，明代贵州农业生产较好，但畜牧业仍很繁盛，但清代贵州的畜牧业记载已很少了，[①] 也体现了明清时期贵州地区在产业结构上的变化。

作为汉民族农业种植文明拓展史中的一个政策制度上的保障——改土归流，将民族地区归于中央政府直接管理，从生产关系角度来看，对于调整生产关系进而提高各民族的劳动积极性、提高和解放生产力的意义是十分明显的。但是，如果从资源与环境的角度来看，绝大多数土司控制的民族地区多为山地地区，林木丰茂，生物资源丰富，从资源环境与产业最佳配置来看，发展林牧副业才是最佳选择。在土司时期，一方面生产力水平低下，呈现为一种开发不足的贫困；一方面在少数民族传统思想里，农林牧并重的思想比汉族更明显，这就客观上使土司下的民族地区产业多样性明显。湖北鹤峰土官的官山原来森林茂密，严禁砍伐，但改土归流后，"土官之官山，任民垦种。其鱼塘、茶园、竹林、树木、崖腊等项，任民采用，一无严禁，并不存在公家之物，而了咸优游往取，视若己有矣"[②]。应该看到，这种现象在清代改土归流的过程中是十分普遍的。

清代以来，长江上游民族地区的林牧业地位明显下降。如明代传统的骡马的生产开始下滑，茶马贸易衰退；大量老林开始遭到破坏，成为玉米、马铃薯、红薯的种植地区。我们到滇东北、川西一些地区考察发现，许多明代原为森林茂密的民族地区，但清代汉族移民大量进入后，大量高山变成了草甸和耕地，许多深丘成为以灌木草丛为主的地区，少数民族不是被同化，就是被迁移，显现了一个从森林茂密的民族地区向一个种植业发达的汉族地区转变的过程。如川西汉源县皇木镇，明代原为少数民族地区（黎州土司管辖），曾是以高大冷杉为主的乔木林区，但经过明代及清代皇木采办和汉族移民垦殖，皇木镇附近演变成了耕地，海拔1400—1800米的山地区也为玉米种植地区，海拔2300—2700米的山地成为种植

---

① 龚荫：《民族史考辨》，云南大学出版社2004年版，第327页。
② 乾隆《永顺县志·原序》。

马铃薯的耕地，后退化为高山草甸，而居住已从少数民族地区演变成以汉人为主的地区。滇东北的水富县与盐津县交界处的滩头一带，明代曾是采办大楠木的地区，森林茂密，同时也是"夷人"、"佰夷"少数民族生活的地区，但现在是以灌丛为主的地区，坡耕种植业十分发达，而居民也完全以汉人为主。① 对此，以前就有学者谈到，清代西南地区畜牧业仍然有较大比例，特别是云南、贵州地区，只是显现了逐渐向固定农耕的演化趋势。②

必须指出的是，改土归流后，各地流官成为清政府鼓励垦荒政策的积极推行者，与以前土司拥有传统农林牧业并重的传统思想有区别。

几百年过去了，这些民族地区仍是中国最贫困的地区之一，在许多地区呈现的是我们以前谈到过的"结构性贫困"，产业与资源环境配置之间严重不合。整个清代长江上游民族地区的山地垦殖不仅对产业结构产生巨大的变化，而且由此在清后期加重了水土流失。以前我们曾讨论过传统的畲田（刀耕火种）在人少林多的条件下，有着相对较高的投入与产出比，而且并不会破坏生态环境。后来只是由于人口因素，使人地比率发生变化，畲田从轮作游耕逐渐变成固定坡耕，进而不仅产出相对减少，而且对生态环境影响也较大。③ 这个过程对长江上游民族地区的生态环境有较大的影响。

当然，我们在讨论这个问题时一定要清楚的是，中国历史上民族地区的自治行政管理虽然保护了民族地区"渔樵耕牧"并重的传统，使一定时期内产业与资源环境相协调，但这是在较低生产力水平上的产业与资源环境的协调。换句话说，就中国历史上民族地区的自治行政管理制度本身在保护了民族地区"渔樵耕牧"并重的传统的同时，也保护了较为落后的生产力。从这个意义上讲，改土归流的进行对提高长江上游民族地区生产力水平无疑是有明显的积极意义，而客观上使长江上游民族地区产业与资源环境不相符合，又有十分明显的消极意义。历史的发展进程往往是十分复杂的，这使得地方自治管理制度对森林生态环境的影响所显现的结果十分

---

① 蓝勇：《明清时期皇木采办遗迹考》，《中国历史文物》2005 年第 4 期。
② 萧正洪：《环境与技术选择——清代中国西部地区农业技术地理研究》，中国社会科学出版社 1998 年版，第 109—110 页。
③ 蓝勇：《刀耕火种重评》，《学术研究》2000 年第 1 期。

复杂，汉民族主流文化的推进使民族地区在产业选择优化与生产力水平提高之间产生了相悖的结果。

2. 赋税、人口、土地制度和政策对森林生态环境的影响

中国历代赋税制度十分复杂。我们知道，在明清一条鞭法和清代摊丁入亩之前，历史上的所谓户口记载多是政府征收赋税的单位而已。从汉代的口赋和算赋、唐代的两税法来看，人口是传统社会里一个十分敏感而重要的问题。在这种制度下的百姓都知道家庭人口多少与自己家庭收入相关，与承担政府赋税关系密切。所以，历代为躲避政府赋税的隐匿人口非常多。可能正是有这样及其他因素影响，一定程度影响了册载人口的增长率，故清代以前的2000多年，中国人口一直在波动，但册载人口增长率一直较为平稳。

人口历史研究显现，在以公元2年为起点至公元755年的750余年间，中国人口一直在7000万以下波动，北宋人口突破一亿，明代后期人口才突破2亿，宋明时期的人口低谷时一直低于7000万，清代前期的不到200年的时间内，人口却发展到咸丰元年的43610万，低谷时也达到36000万。但研究表明，清代的人口增长速度并不快，从1644年到1750年左右人口增长速度为7‰，并不算高。从1644年到1851年中国人口增长速度仅为4.9‰，低于唐代前期和北宋前期。由此专家提出，清代的所谓"人口爆炸"实际上是指在人口数量已经十分庞大的条件下的翻倍增长，符合"池塘水草"理论。这样，从公元2年以来到1951年内人口积累了5亿，而其近40年的时间内则增长了5个亿。[①]

我们认为中国历史上的人口增长绝不是简单的一个数学增长问题，由于受中国传统社会经济文化、自然资源和环境的影响，人口增长到一定时期所体现的内涵是不同的，造成增长的原因是不一样的，所带来的影响也是有所差异的。

从理论上讲，中国历史上的许多政策制度都可能对中国人口产生影响，进而左右人地关系，影响生态环境。但是在历史上，可能实际情况比理论复杂得多。

以赋税制度方面言，从汉代的算赋、北魏的租庸调制、唐代的两税

---

① 曹树基：《中国人口史》第5卷《清代》，复旦大学出版社2001年版，第831—837页。

第七章　近两千年来长江上游森林分布与水土流失原因 / 247

法,一直到明代的一条鞭法,人口一直是作为国家赋税单位存在的,而不是作为人口数量存在的。在这样的背景下,可能产生两种情况:一是民户为了逃避赋税,隐匿大量人口,而政府往往只对承担赋税的丁口感兴趣,对实际人口并不重视,使册载人口数量与实际人口相差甚大。二是中国传统社会是以多子多福为尊,重男轻女,这种传统观念往往与国家以丁口作为赋税单位相冲突,可能一定程度上制约了传统多子多福要求,客观上使人口增长速度不可能太快。

从总体上看,在东亚大陆的自然背景下,从公元2年到明末清初,中国农业生产力并没有本质上的变化,农业生产力在技术上没有根本的突破,传统的人力牛犁耕一直延续至20世纪上半叶。在这样的生产力背景下,由于自然灾害频繁、战争战乱频发,人口总量是不可能有大的突破的,人地关系上显然不可能出现太明显的对立矛盾。

清代前期,美洲旱地高产农作物的传入对中国传统农业生态人地关系产生重大影响,为清代人口总量的增加创造了条件,这可能是清代中国出现"人口爆炸"的物质基础。而明代开始实施"一条鞭法",将力役银与折色银一并征收,清代实行"滋生人丁,永不加赋"到"摊丁入亩",将地丁银完全取消,这实际上是承两税法后,将长期束缚人口增长的口与赋的紧密关系消除,使中国传统多子多福伦理在现实中实施可以没有制度制约。这可能是清代人口增长的制度和政策基础。

当然有的学者研究表明,清代实施"摊丁入亩"后,许多地区的人口增长率并不见有明显的增长,反而有的地区和有的时期还在下降,说明人头税对人口增长的作用可能并不像想象得那样大,而"摊丁入亩"在促进人口增长方面并没有起到立竿见影的作用。[①] 但是同时学者也提出,可能一方面增添人口要16年后入籍,客观上存在一个时间差,同时由于丁口失去赋税上的作用后,地方上感觉户口的重要性大大下降,一度出现编审废弛的现状。[②] 但是乾隆以后人口数量大增是十分明显的,所以学者也承认:[③]

> 因而经过一段时期后,其作用到乾、嘉、道年间才充分体现出

[①] 王育民:《中国人口史》,江苏人民出版社1995年版,第501—505页。
[②] 同上书,第502—504页。
[③] 同上书,第516页。

来。沿用了两千年的封建人头税完全取销后，赋税制度的征调不再与人口统计相关。广大农民既摆脱了长期压在他们头上的丁银负担，也无必要为逃避丁税而诡寄、隐漏、逃亡。正如嘉庆《无为县志》卷7《食货志·户口》所云："盖自续生之赋罢，丁有定数，征乃可摊；均摊之例行，丁有定税，审亦可息，民咸乐生，户口所以日蕃欤。"

王育民先生列出了几条人口增长的原因，如长达一个半世纪的生聚孳息、边疆地区的开发、农民人身依附关系的松弛、耕地面积的扩大和高产农作物的引进、商品经济的发展、户口编甲的普及。但这几个原因在逻辑关系上并不是并列的。其中，除高产农作物的引进和长达一个半世纪的生聚孳息外，其他几个原因都是与赋税制度改革有因果关系的。正是在这样的赋税制度下，农民人身依附减弱，农业人口与土地关系削弱，人口流动加大，边疆地区的开发才能更有移民动力，商品经济也才有更多的流动人口的支撑。而耕地面积的扩大和高产农作物的引进往往与人口增长互为因果。户甲制度的建立则完全是在摊丁入亩后的必然产物。

长达半个世纪的生聚孳息在历史时期并不鲜见，有些时期的人口增长率并不比清代前期低。但是对于清代来说，在2亿人口基础上的半个世纪的生聚孳息，则是以前不曾有的。因为我们知道受地理资源环境和生产力因素的制约，人口增长绝不可能无限制地增长。所以，我们讨论清代"人口爆炸"的意义正是在于研究实现这样的增长的原因以及人口增长对人地关系产生的影响。

我们知道，长江上游在明末清初饱受了战争摧残，人口大量不正常损耗，清初四川册载人口仅8万多人，实际人口可能也仅五六十万人。在这样的背景下，长江上游出现了最大的一次移民高潮——"湖广填四川"。这场移民运动，在时间上正好与美洲高产农作物传播和清代赋税制度改革的摊丁入亩是基本同步的，三者互相影响，使长江上游人口很快恢复到明代水平，而且迅速发展，出现了少有的增长高潮。据李世平研究表明，清代雍正二年到康熙二十四年间人口年均增长率为36.8‰，而到乾隆后期及嘉庆年间每年增长率仍高达20‰—30‰。[①] 这种增长显然不是简单的自然增长，而主要是"湖广填四川"移民运动的机械增长。同时，清代四川

---

① 李世平：《四川人口史》，四川大学出版社1987年版，第160—162页。

人口增长的区域主要是深丘地区和四周山区,[①] 笔者认为,这种区域增长的地域特征,正好显示出了美洲高产农作物对人口增长的促进作用。

由此可知,就长江上游地区而言,清代前期赋税制度本身可能对人口增长的影响并不是很大,即使有影响,也可能是"盛世孳生人丁,永不加赋"的大背景和直接的田赋起科减免政策增大了移民迁入四川动力的结果。

应该看到,清代许多人已经看到人口不断增长对于资源环境产生的影响,但是就整个社会而言,直到20世纪80年代前,中国人的人口与资源环境意识也是不明显的。所以,在清代后期,仍有大量移民进入长江上游地区,而那时长江上游许多深丘和山地已经被开垦成大量的坡耕地,人地矛盾已经较为突出了。但是,感觉到人多地少的意识最多仅是对耕地资源的缺乏而衣食之愁的忧虑,而少有感受到人口增多对生态环境压力的紧迫感的。

经过近代开埠通商、抗日战争移民大后方、三线建设等移民后,长江上游地区的许多地区人多地少的格局形成,许多山地的平均人口密度已经达到每平方公里300人以上。在这个过程中,在人多力量大的思维的影响下,形成政策上对人口增长的无意识控制和潜意识的鼓励多生,使四川地区人口剧增,一度成为中国人口最多的省区,也是山地地区人口密度最大的地区。在这样的背景下,长江上游森林资源损失十分大,20世纪50年代以前川东地区(今重庆地区)是重要的木材生产基地,但60年代以来已经不复存在,水土流失越来越严重。就近2000年来看,长江上游森林资源在清代后期到20世纪80年代中期以前,可能是受破坏最严重而森林生态环境最差的时期。

到改革开放农村实行包产到户初期,林权不明,一些农村村民对森林资源的保护意识削弱,出现砍伐森林现象甚多。其实这种现象在民国时期就出现过,如民国《犍为县志》卷11《经济志》记载:

> 盖犍农所耕之地率由租佃而来,为时久暂不能一定。而造林事业获利,又往往在十年之后,设从事经营一旦发生换佃等事,则所造之林须随之移转,前此心血即归于无,何有之乡。故除自耕农外鲜有培

[①] 李世平:《四川人口史》,四川大学出版社1987年版,第178页。

植之者。据调查所及如铁炉寺、榨鼓场之杉，箭板、麻柳之桤，么姑场、龙孔场之青杠，石板溪、磨子场之枞之柏，清水溪、西坝之竹木，无雩场、罗城场之杂木，皆属著名大宗产料，或为地主之培植，或为寺观所树艺，然皆一垄一邱，因地而植。若夫长林密箐匝地参天蓊郁葱茏，连岗满谷为一方之大森林则绝无仅有，未常见者也。

近几十年来，对森林生态环境有积极影响的政策主要是计划生育政策和退耕还林（草）政策。20世纪80年代以来，得到强化的计划生育政策对原来人口密集的城市和发达地区农村的人口增长产生了极大的制约作用，对于这些地区森林生态环境的保护创造了较合理的人口基础。同时，20世纪环境保护意识越来越增强，特别是这种意识在近20年融入各种法律法规，对森林生态环境的保护产生了更为积极的意义。这其中影响最大的当属20世纪末推行的退耕还林政策。在这种政策的影响下，长江上游的城市和许多较发达农业地区森林植被已经好于清代后期的状况，但一些偏远地区森林资源的原生态和面积都还不如清代，但森林生态环境恢复的趋势是明显的，这表明退耕还林政策对森林生态环境良性发展产生的影响极大。

应该看到，这个恢复过程中的生态重建是一个十分复杂的工程。在退耕还林政策下，许多地区森林覆盖已经大大扩大，但多为次生中幼林和人工中幼林，森林的郁闭性差，生态原始性不明显，生态链不健全，水土保持的功用相对下降。

值得注意的是，一些地区在退耕还林基础上出现野猪成群侵吞农作物的新的生态现象。其实这种生态现象在清末一些地区就已出现。据清末《柏格理日记》记载，当时贵州威宁石门坎一带熊、老虎经常进村寨偷袭人畜，吃百姓的玉米和各种农作物，[①] 但我们知道，一般而言，这类猛兽一般是不主动袭击人畜的，除非基本的动植物食物严重缺乏。同样我们从清代石门坎附近照片也可以看出，石门坎附近森林植被并不是十分好，当地人种植玉米、土豆等作物，已经将野生猛兽的生物链打破，使原始生态受到一定影响。在这样的生态链下，由于原始生态的失去，野猪食物链上层的天敌不复存在，也没有足够食物链下层原有小动物，而农民在人口压

---

① 柏格理等：《在未知的中国》，东人达等译，云南民族出版社2002年版，第760—772页。

力下在山地种植的玉米、马铃薯成为野猪的天然食物,再加上人类野生动物保护政策的影响,所以出现野猪成群而偷吃人类农作物为害一方的矛盾境界。这一现象说明了制度、政策对森林生态环境影响的复杂性。

同样,历史时期长江上游许多地区都曾是烟瘴之地,瘴气作为一种自然现象是客观存在的。当然,学术界研究表明,瘴毒应是南方森林地带各种动物、植物、矿物、水体、土壤等产生的毒素(笔者认为由于古人对高原反应的科学意义认识不清,也认为是一种瘴,称冷瘴),瘴病实际上是由毒素引起的所有疾病总称。[1] 我们要知道的是,一方面历史时期由于森林郁闭性强,生态原始性明显,生物多样性明显,原始生态群落完整,产生毒素的动植矿物源更多,且郁闭性强不易散发;一方面人们以前受生产条件、卫生条件限制,人们受瘴毒感染的概率大,故古代长江上游许多地区瘴疠横行。如宋代蜀人有"一生三浴"之称,卫生习惯十分差。清代以来云南的"三不"风俗,即不洗澡、不起早、不讨小。笔者认为,可能是野外水体多瘴毒故不在野外洗澡,早晨瘴气最盛故不起早,讨小老婆亏空身体难防瘴毒故不讨小。现代许多地区森林覆盖率虽然已经回复到20世纪上半叶以前,但现在森林多是人工和次生中幼林,其中经济林比例较大,故森林的郁闭性差,森林中的生物多样性差,动植物群落不完整,不仅瘴毒的来源大大减少,即使存在挥发也较快,不易致病。同时由于现代卫生条件大大改善,也使瘴毒对人的影响相对下降。

所以,我们要清楚的是,自从有了人类的影响后,人类对自己生存的森林生态环境的重建绝不是一种简单回归重建!

3. 中央采办政策对森林生态环境的影响

在中国历史上的明清时期曾有"西南资源东运工程",其实际上是一种资源东西部跨区域调配工程。这些资源主要包括西南地区木材(含皇木采办、商业板木)、滇铜、黔铅、川米、犀象、药材等物质。其中,皇木采办、滇铜京运、贡象制都是十分典型的事例。[2] 这些工程对长江上游的森林生态都造成大小不一的影响。

---

[1] 周琼:《清代云南瘴气与生态变迁研究》,中国社会科学出版社2007年版。
[2] 蓝勇:《历史上中国西部资源东调及对社会发展的影响》,《光明日报》2005年11月29日。

特别要指出的是，明清以来，东部地区重大营造的大木采办主要集中在西南地区，形成了历史了著名的"皇木采办"。研究表明，明代就有近二十次大的采办，有的一次采办大楠杉就在两三万根。清代的采办次数更是众多，一次采办的大楠杉也在几千根以上，而其中浪费的木材往往为采办量的数倍。这些木材通过长江、大运河源源不断转运到东部北京、南京等地区，长江上由此形成"巨筏蔽江"的热闹场面，而大运河则形成"排筏相接"的繁忙景象。皇木采办使长江上游许多地区"山林空竭"，大量原始森林核心部分受到破坏。[①] 近十年来，我们考察了大量皇木采办遗址，发现皇木采办对长江上游森林资源影响明显。不过，从这些考察案例来看，这种影响多是对原始森林中的巨大楠木、杉木资源的影响明显，一定程度上影响了原始森林的郁闭性，但总体上明清时期长江上游森林资源还是相当丰富的，清中叶以来人类的垦殖、商业采伐才是森林生态被破坏的最大祸首。

这些年来，我们在西南地区考察了许多皇木采办的遗址，有大量典型案例证明了这个规律。

四川雷波县黄螂镇一带曾是采办皇木的密林深山，但现在一带多仅是以灌丛为主，垦殖指数较高

（1）四川屏山马湖神木山个案

明代采办皇木在长江上游曾设有三大木场，即四川的马湖木厂、湖广的龙山木厂、贵州绥阳南宫木厂。马湖木厂应在明代马湖府内。从历史记载来看，屏山县中都镇有神木山和神木山祠，应该是明代皇木采办的马湖木厂之地。

《大明一统志》卷70记载："神木山，在沐川长官司西二十里，旧名黄种葛溪山，本朝永乐四年伐楠木于此山，岁时祭之……南现山，在沐川长官司北，永乐五年建祠于上。"其他如嘉靖《四川总志》卷10、万历

---

① 蓝勇：《明清时期的皇木采办》，《历史研究》1994年第6期。

《四川通志》、嘉靖《马湖府志》、乾隆《屏山县志》、嘉庆《四川通志》及《明史》卷28都有类似记载。

据记载，清末这个神木山祠还是保存完好的。经过考证，历史上的神木山即今天屏山中都镇一带的九重山。通过2000年的考察我们发现了历史上的神木祠遗迹，特别是发现了明代的《神木山祠碑》。明代九重山一带为明代三大采木厂之一，森林十分茂密而原始。我们发现中都镇的雷音寺气势显得十分宏大，寺中的大量横梁立柱都是巨大的楠木，这些楠木自然是附近采伐的。考察中发现在中都山上有一个地方叫老林口，可能就是森林密布之地。在安全乡附近还有一地名称为楠木沟，原产楠木。白塔乡还有一个地名板厂沟，可能是历史上的一个解木场。据记载明代沐川长官司仅编户2里，人口可能十分稀少。

明代采办皇木对森林有明显的影响，但可能仅是对一些珍贵大木的影响。清代中叶以来，大量人口迁入进行垦殖，在山地种植玉米、马铃薯等，森林才开始大量消失，故乾隆《屏山县志》记载屏山县楠木"今少"了。可能直到清末中都河两岸其他林木都还较多，故光绪《屏山县续志》中就记载夷都山"林深菁密"。据悦登源老

四川屏山五指山以前曾是原始森林丰茂的大山

中都镇九重山，即历史上的神木山

新发现的明代神木山碑

人讲，民国时期牛儿山以上还可以砍伐薪材，森林还较多。但我们2000年考察时环视四周，中低山多为赭色，其间多种植包谷，已无森林可言，极高山也只有低矮的灌丛和次生幼林。400多年的沧桑，山色已变，但见中都河两岸农舍点缀，坡度50度以上的赭色坡耕地随处可寻，时现"白云深处有人家"景观，我们已经只有通过历史想象来追忆当时的自然环境了。①

被破坏了的神木山祠碑拓片

（2）云南昭通盐津县滩头个案

滇东北地区历史上也是重要的皇木采办地区，从历史文献的记载来看，明代永乐年间、嘉靖年间都曾采办皇木。② 2004年4月，我们在云南盐津县滩头乡界牌村营盘溪发现了洪武年间和永乐年间在盐津县境采办皇木的重要摩崖题刻，为我们了解明代皇木采办地区森林变迁提供了直接材料。

前住营盘溪的路上

营盘溪洪武年间的皇木采办摩崖共45字："大明国洪武八年乙卯十一月戊子上旬三日，宜宾县官部领夷人夫一百八十名，砍剃宫阙香楠木植一

---

① 蓝勇：《四川屏山县神木山祠考》，《四川文物》2001年第2期。
② 参见《明太宗实录》卷57、卷152；《明史·食货志》；《明世宗实录》卷477、卷462；嘉庆《四川通志》卷71《木政》。

第七章 近两千年来长江上游森林分布与水土流失原因 / 255

百四十根。"在此石刻左方还有永乐年间题刻44字并不引起人们重视，全文共如下："大明国永乐伍年丁亥四月丙午日，叙州府宜宾官主簿陈、典史何等部，领人夫八佰名拖运宫殿楠木四佰根。"紧随其后还有24字："夷人百长阿奴领夫长佰夷拾名在此拖木植，

皇木采办摩崖文字

永乐五年六月。"其左下角还有一段七言四句打油诗称"八百人夫到此间，山溪险峻路艰难。官肯用心我用力，四百木植早早完。"

明初滩头皇木采办摩崖石刻除了印证了历史上明代初年的皇木采办外，对于研究森林环境变化史有十分大的价值。当时能在当地一次采办140根至400根大楠木，可知明代滇东北川南山地地区森林资源仍十分丰富，高大乔木十分多。应该看到，皇木采办虽然对森林资源的影响明显，但对于有众多高大楠杉资源为核心的亚热带

皇木采办摩崖文字

林区，仅仅是采办一些高大的乔木，并不可能对森林的整体群落造成毁灭性的影响，故其森林的水土保持的基本功能不会受到太大的影响。

我们注意到这里谈到的人夫均为"夷人"、"佰夷"等少数

观察摩崖文字

民族，说明当时这些地区还是少数民族地区，而现在这些地区主要是汉族居住地区，显现了600多年来汉族移民对滇东北和川南地区的影响深刻，同时也显现出汉族移民进入后人口增加背景下的垦殖才是真正破坏滇东北森林的主要原因。今天，摩崖石刻附近的横江两岸的原始森林已经不复存在，题刻附近的滩头界牌村营盘溪一带多是灌木和次生中幼林，山坡上到处都种植有包谷等作物，山地间时有小块小块的水田，垦殖指数也相当高。岁月沧桑，江山巨变，人类垦殖活动对森林资源的影响可见一斑。[①]

现在营盘溪植被

（3）四川雅安市汉源县皇木镇个案

四川省雅安市汉源县皇木镇，是明清皇木采办后唯一一个遗留下来的历史地名，但以前学术界对这个地方的皇木采办情况所知甚少。

据民国《汉源县志·祥异》记载："黄木

皇木镇万盛村

厂名称考。黄木厂，原为夷人之大堡子，与今之场西北小堡子两相对峙，清嘉庆时与峨边属矿朵同辟为场，名万盛场，矿朵名永盛场，夷乱场停。道光末年夷汉协同开场，定场期为二五八，原因嘉庆时采办皇木之地，故传名为黄木厂。"为此，

从皇木坪上远眺皇木镇万盛村

---

① 蓝勇：《寻找皇木采办之路》，《中国人文田野》第2辑，巴蜀书社2008年版。

第七章 近两千年来长江上游森林分布与水土流失原因 / 257

2003年夏，我们进行了一次考察，初步了解了这个地区皇木采办遗留情况，为我们复原历史时期川西山地的森林植被状况提供了依据。

我们发现今天的皇木镇政府位于海拔1950米左右，在大渡河峡谷上的一个缓坡地带，缓坡上垦殖指数较高，种植有大量玉米。据考察历史上的皇木采办并不是在这个缓坡上，而是在海拔2300—2700米的皇木坪。

皇木坪在距皇木镇2千米左右的山上，为一开阔的缓坡，但与皇木镇相比垂直高差十分明显。调查中发现，当地百姓相传，明代万历年间，有人采办皇木于此，还留有坟墓，与民国《汉源县志》的记载采办皇木在时间上有出入。考察中我们一直没有发现有明代坟墓存在，但明清时期皇木镇一带属雅州管辖，而历史文献确实记载了明代嘉靖年间在雅州采办皇木之事，故民国《汉源县志》的嘉庆可能是嘉靖之误。

不过，今天的皇木坪

皇木坪全景

皇木坪上还能见到田坎

皇木坪上曹家沟老房基

已经完全是一片高山草甸的自然景观，一点没有高大乔木林区的影子。不过，在皇木坪上有一个大水井，现已经崩塌为一个小水塘，据说以前经常发现盆口粗的树根。到20世纪七八十年代，仍有许多七八寸的冷杉树生存。

显然，皇木采办本身对这个地区的森林资源影

皇木坪上的大水井

响有限，对该地区森林资源影响最严重的是近几十年来的人类经济活动，特别是人类垦殖活动对皇木坪植被影响非常大。20世纪70年代的皇木七队就在皇木坪上。今皇木坪上一个叫曹家沟之处还有一些房基遗址，附近有大量垦殖的田坎遗迹，就是当年种植马铃薯的遗迹。这个皇木七队也是21世纪初退耕还林才从皇木坪上面迁移下来的。这就是说历史上的皇木坪肯定曾生长着大量高大的乔木，应该是高山冷杉林与草甸混交地带。只是由于400多年来人类活动的影响，才使高大的乔木森林景观演变成一片纯高山草甸地区，可谓沧海桑田。①

（4）四川汉源县永利水井湾个案

四川汉源县皇木镇东边的永利乡水井湾，位于蓑衣岭下，海拔2365米左右，是明代从四川盆地嘉州进入西部高山地区的一条盐道所经。

据当地传说，水井

汉源县永利杉木村

---

① 蓝勇：《寻找皇木采办之路》，《中国人文田野》第2辑，巴蜀书社2008年版。

湾附近的杉树村（海拔2150米）的叶氏家族是明清时期采办皇木到那一带的。据我们实地考察发现，当地人称在修公路时发掘出巨大的树根，并且出土了四根据说是采办皇木留下的木材。考察中我们发现了他们称的树根和四根圆木。通过对圆木进行科学测年，发现圆木的死亡时间距今已经500多年了，可以肯定主要是明代砍伐的。2010年我们再次对水井湾进行了考察，对遗址进行了试掘，又发掘出一根圆木、一块片木和许多木屑和树根。考虑到2008年也曾挖到树根和老乡谈到附近在四五十年前曾有大量杉木，而且本身就有杉树村的地名来看，可以肯定永利乡火烧坡水井湾一带在历史上曾有大片乔木林。

汉源县永利水井湾

表7—2　　中国科学院地球环境研究所西安加速器质谱中心 AMS^{14}C 年龄测定数据报告单

实验室编号 Lab. Code	野外编号 Sub. code	δ^{13}C‰ δ^{13}C	Error (1σ)	pMC % pMC	Eroor (1σ)	^{14}Cage (a BP) ^{14}C Age	Error (1σ)
XA4393	木头1	−22.33	0.44	95.48	0.31	372	26
XA4394	木头2	−20.82	0.38	94.95	0.30	416	25
XA4395	木头3	−23.25	0.65	95.69	0.34	354	28
XA4396	木头4	−19.58	0.44	87.48	0.28	1074	26

皇木采办对这些地区的森林核心林木有明显的影响，但从总体上来看，真正影响环境较大的还是当地的垦殖活动。叶氏家族确实是采木而至，后来的生活显然是依靠垦殖才能生存。由于当地仍有清代嘉庆道光时期的叶氏祖墓为证，可以肯定从清中叶以来就有叶氏居民在这些地区垦殖生活了，对当地的森林植被的破坏就出现了。至今在杉树村到水井湾一

线，叶氏家族仍种植有玉米、马铃薯、高山白菜等，水井湾一带已经是典型的高山草坡、湿地为主的景观了。

表7—3　　中国科学院地球环境研究所西安加速器质谱中心
AMS^{14}C 年龄测定数据报告校正年龄表

样品编号	Libby Age		校正年龄	Median
	Age	Uncertainty	(one Sigma Ranges)	Probability (AD)
木头1	372	26	1455—1617AD	1508
木头2	416	25	1441—1472AD	1459
木头3	354	28	1474—1626AD	1551
木头4	1074	26	902—1013AD	974

总的来看，这一带在历史上曾是乔木林与草坡混交的景观。从明代以来这一线开辟成为从嘉州进入西部的通道后，人类活动的影响更大了，植被开始受到影响。其间明代及清代中前期的皇木采办可能将乔木林中巨大的杉木（云杉）大木破坏，接下来的叶氏家族等的垦殖活动，可能进一步对森林产生了破坏，特别是由于种植马铃薯、玉米等农作物的需要，将地下树根的挖除，使森林复原十分困难，才逐渐演变成为今天的纯草坡灌丛的景观。[①]

汉源县永利乡皇木坪　　　　　汉源县永利采办皇木遗木

---

① 蓝勇等：《四川汉源县水井湾皇木采办遗迹考》，《四川文物》2010年第6期。

第七章 近两千年来长江上游森林分布与水土流失原因 / 261

研究生赵振宇、韩平在汉源县永利乡考察中

蓝勇教授在四川汉源县永利乡水井湾考察中

试掘之中

挖出了圆木

(5) 云南永善县团结乡个案

云南永善县历史上也是皇木采办的重要地区。明代虽然多次记载乌蒙府采办皇木，但清代才有在永善县各地采办皇木的准确记载，具体的采办地点有洗马溪、沙河、朋兴沟、鱼焦坪、雾露沟、燕子岩、花蛇溪、干沙坝、高岩老林等地，时间是在乾隆至嘉庆年间。[①]

2004年4月，我们在云南永善县进行考察，在永善县团结乡和黄华乡找到一点清代采办皇木的遗迹。

清代记载采办皇木的永善县白水孔之地，远处山地植被仍较原始

据当地文献记载，永善县团结区新田乡的香楠树干上，还存有"皇木"二字的标记。考察中我们发现，金沙江支流大毛滩河双河处分支河流就是历史上的洗马溪。据当地人称洗马溪的白水孔一带就是采办楠木的地区。今天，白水孔一带植被并不高大，但较为茂密原始，显现昔日生态环境的原始性，透露出昔日森林的良好的原始生态状况。

永善县白水孔附近的楠木

我们在新田乡白水孔附近的芭蕉园发现了三株大楠木，胸围两人合抱，估计有两三百年的历史，可能为明清采办楠木所遗留的次生中幼树长成。值得注意的是楠木附近有清代中叶移民墓碑，附近大量坡地开垦种植玉米、马铃薯，山顶上的森林植被状况也不尽如人意，以灌丛和次生中幼林为主。从历史上来看，这一带在唐宋时期应是马湖夷居住地区，但清代以来这一带已经主要是汉族

白水孔附近的清代移民墓碑

---

① 蓝勇：《明清时期皇木采办研究》，《古代交通、生态研究与实地考察》，四川人民出版社1999年版，第536—537页。

第七章 近两千年来长江上游森林分布与水土流失原因 / 263

居住为主了，显现了清代汉族移民垦殖对这个地区森林生态的影响之大。①

（6）四川古蔺石夹口个案

据文献记载，明代曾三次到蔺州采办皇木。第一次是明代永乐年间，内宫少监谢安在蔺州石夹口采办皇木。据嘉庆

团结乡的木沉村

《四川通志》卷71《木政》记载永乐年间："少监谢安在蔺州石夹口采木，亲冒寒暑，播种为食，二十年乃还。"对于永乐年间在四川采办皇木，《明太宗实录》卷57和卷152有记载，可知为信史。

第二次是正德年间，到蔺州石夹口再次采办皇木。嘉庆《四川通志》卷71《木政》："正德六年，建乾清宫，命工部侍郎刘丙督木营建，十一年又遣郎中李寅催督。"对于正德年间在四川、贵州、湖广等地采办皇木，《明武宗实录》卷117、卷136、卷174都有记载。

第三次是嘉靖年间，在蔺州采办皇木。据嘉庆《四川通志》卷71《木政》记载："（嘉靖）二十年，宗庙灾，遣工部侍郎潘鉴、副都御史戴金于湖广、四川采办大木，二十六年复遣工部侍郎刘伯跃采木，一省费至三百三十九万余两。"据所附归有光《左副都御史李公行状》记载这次采办是派"参

杉木河两岸垦殖指数已经较高

---

① 蓝勇：《寻找皇木采办之路》，《中国人文田野》第2辑，巴蜀书社2008年版。

政靳学顾入永宁迤东蔺州儒溪"。对于嘉靖二十年至三十三年间在四川、贵州、湖广等地采办皇木,《明世宗实录》卷249、卷276、卷462、卷477也多有记载。

由于蔺州石夹口之名,至今仍保留下来,即今古蔺县石屏乡的旧称。所以,2008年,我们对石屏乡进行了考察。据考察,石屏乡最大的家族为王氏家族。据石夹口《太原王氏族谱》记载王氏祖籍山西,明代居今江西南昌,万历以孝廉游历四川,受到朱燮元赏识,升为参谋。后在镇压奢崇明后见松林坳一带山川秀美,于是在当地娶妻生子。到天启年间二世王登朝也因同随朱燮元征战有功时才受封在石夹口一带的蚂蟥沟、许家沟、锅厂坝一带,繁衍成石夹口一带的最大的家族。从这则记载来看,可能石夹口一带明万历以前几乎为人烟稀少的原始林区。

现在石屏乡政府,即古代石夹口

王氏家族的王康老人说20世纪40年代时,石夹口一带森林还十分茂密,有许多杉木、柏木。石夹口后面山上原来杉木很多,还砍来建了一个泰山庙。20世纪50年代初因修铁路、建硫黄厂大量砍伐,才所剩无几了。据考察,石夹口海拔在800米左右,我们登上高约900米的山口,鸟瞰石夹口在脚下,回望高山绵绵不断,但多为灌丛和次生人工幼林,多数坡地开垦种植了大量包谷。对面的山岩叫杉木岩,山下面的河沟称杉木河,以前这些地方应为高大的杉木覆盖。查《四川省古蔺县地名录》记载石屏乡:"杉木岩,早年村外的岩石上杉树成荫。"以上资料可以证明,明代前期石夹口一带人烟稀少,原始森林中杉木分布广阔。石夹口一带的森林主要是被清代移民及明代移民后代农业垦殖破坏的。我们观察石夹口一带,多为海拔700—1000米的山地,现在居民众多,垦殖指数较高,多数坡地都垦殖种植了包谷。我们在海拔700米左右发现了王氏家族的两座祖墓,一座是清代嘉庆年间的,一座是清代咸丰年间的,可肯定早在清中叶以前，王氏后代已经广布于石夹口一带耕种了。①

(7) 贵州赤水县两河乡个案

明清时期在今赤水市境也采办过皇木。不过，明代正史中最早记载在播州境采办皇木是在嘉靖以后，对此《明世宗实录》和嘉庆《四川通志·木政》引明代归有光《左副都御史李公行状》中有记载。

据道光《增修仁怀厅志》卷8《艺文》引道光时陈熙晋《之溪櫂歌》："洞中十丈锁云烟，谢监栖迟廿五年。采木使臣归未得，山中开菁已成田。"自注称："明永乐四年少监谢安以采木至石夹口、十丈洞，亲冒寒暑，播种为食，廿五年始还。"今天赤水市凤溪河两岸并无石夹口一名，② 所谓谢监的二十五年也与嘉庆《四川通志》记载的二十年相左，将少监谢安称谢监也不妥。特别是《明实录》并无在永乐年间在播州采办皇木的记载，疑此处为附会之说。

香溪水库将堆放皇木的皇木坝淹掉

陈熙晋《之溪櫂歌》又称："班鸠井下弄潺湲，菁雾墟烟自吞吐。犹忆蜀中旧金事，欲因采木此寻源。"自注称："赤水源出镇雄斑鸠井，明嘉靖中金事吴仲礼入永宁迤西落洪斑鸠井镇雄采木。"后一首称："匹马归来虎豹丛，王家太仆足阴功。深潭留得前朝木，指点飞花说落红。"自注："明贵州参议王重光嘉靖岁甲寅采木至赤水夷蛮，方命重光率指挥千户至落红，立诛一二人，余皆贳之。落红即今名太平渡场。"据明代归有光《左副都御史李公行状》记

博士生姜立刚拥抱楠木

---

① 蓝勇：《寻找皇木采办之路》，《中国人文田野》第2辑，巴蜀书社2008年版。

② 《读史方舆纪要》卷73《四川永宁宣慰司》载："所谓江门峡也，或谓之石夹口，永乐中，少监谢安采木于此，二十年乃还。"看来，明末清初对于石夹口之名的地点就有误解了。

266 / 近两千年长江上游森林分布与水土流失研究

载曾在播州采木,但具体地点不明。《行状》中谈到是派佥事吴仲礼到永宁迤西落洪班鸠井、镇雄采木,与靳学顾入永宁迤东蔺州儒溪采木相对。这里的落洪应在永宁以西,与自注称班鸠井在镇雄吻合。显然,虽然今天古蔺太平场有落洪之称,但可能这里采木之地不是这个落洪。

现在看来,直接记载在仁怀境采办皇木的是在清代初年,如嘉庆《四川通志》卷七十一

朱圣钟副教授拥抱楠木

《木政》记载康熙六年至八年、二十一年至二十四年在遵义府采办皇木、雍正四年至十一年到仁怀采办皇木修陵寝。所以,今天赤水县的皇木采办遗迹可能是明代嘉靖至清代采办的遗留。所以才有记载仁怀知县

转运皇木的皇木坪旧址

王炳上书督抚关于仁怀县境楠木资源的情况。①

据我们2008年考察,赤水城门外赤水河边的皇木沟是当时堆放皇木的集散地,当时为流入赤水河的一个小河,但现在淤塞后又修上公路,仅能见到一个小小的排水沟。在赤水县两河乡风溪河香溪口水库的右拐处下是采办皇木

植被原始的皇木沟

① 苏林富:《赤水与"皇木"》,《赤水市报》2002年12月6日。

的皇木坝,据说是当时采办皇木的第一个堆放地,但今天已经淹入水库下。所谓皇木坝附近植被仍较好,有一部分原始林,但多为次生林,不过较为丰茂。香溪水库附近的塘子上仍有四株楠木生存,其中两株树龄在一两百年左右。十丈洞瀑布边坡上为皇木坪,据传是当时转运皇木因避开十丈洞瀑布,以防将木材摔坏,将木材转运到这个坪子而得名。凤溪河岸边还有一个皇木沟,沟深林密,沟下以竹林为主,山顶多有乔木,生态较为原始,仍可窥见昔日乔木密布之状。

(8) 贵州绥阳南宫山个案

明代采办皇木在长江上游曾设有三大木场,即四川的马湖木厂、湖广的龙山木厂、贵州绥阳南宫木厂。根据以前我们的研究,已经确定四川马湖木厂在屏山县中都镇,但是对湖广龙山木厂和贵州绥阳南宫木厂的具体位置并不清楚。

南宫山远眺

南宫山坪上植被

蓝勇教授带博士生陈季军在贵州绥阳南宫山考察途中

2008年通过实地考察和对文献的研究,证明绥阳县金钟山一带明清时又称为南宫山、北扫山,可能只是到了清末金钟山寺重建而香火大盛后,人们更习惯称为金钟山了,反而将昔日的南宫山、北扫山之名忘记了。总的来看,所谓南宫木场的核心在金钟山坪上一带，但采木地区应该包括北哨河东金钟山的广大林区，可能还包括今宽阔水茶场的林区。

据考察这个地区在20世纪四五十年代还曾有高大的乔木林存在，显现古代应该是大片原始阔叶乔木林，明代成为皇木采办三大木场之一在情理之中。但20世纪50年代以后人类活动大量砍伐森林，许多移民上山种植马铃薯和玉米，一度变成草坡灌丛。只是近十年来封山育林后才形成现在的较为茂密的次生中幼林。所以，我们发现，贵州学术界在之前均不知道明代南宫木场之事，更不知南宫木场在何处。①

绥阳北哨河

绥阳楠木（润楠）

(9) 通江县长胜乡石洞口个案

《四川历代碑刻》曾记载有明代采办皇木碑。经过我们考察发现，所谓碑刻在通江县长胜乡石洞口一个巨大的岩壁下，实际上应该上一个摩崖石刻，并非碑刻。大石边有后人修的一个房屋残墙，可能曾为人居住过。摩崖准确位置是位于大通江支流肖口河（下游又名月滩河）南岸的一片岩石下，距长胜乡治地4公里左右的位置。细看摩崖文字，见全文87字，隶书，内容如下："永乐四年八

通江县肖口河上

---

① 蓝勇、陈季军：《贵州绥阳南宫木场考》，《西南史地》第1辑，巴蜀书社2009年版；陈季军：《贵州绥阳南宫木厂访寻记》，《中国人文田野》第3辑，巴蜀书社2009年版。

第七章　近两千年来长江上游森林分布与水土流失原因　/　269

月十三日，钦奉圣旨采办木植。本县原差总甲马延吏管领仓谷悍夫人等，前在白崖山场内采办堪中楠木十筏，致十二月拖拽直低（抵）肖河口，下运赴重庆，接运赴京交割。太岁次丙戌年十二月二十一日记。"1990年出版的《四川历代碑刻》一书收录此碑文，但碑文中"木植"二字中的"植"字空缺。经过考察辨认，将其补上。同时，我们发现，在此摩崖题刻左边崖壁上，还有一些摩崖题刻，字迹漫蚀不清，个别题刻可辨认出为清代题刻，但内容不明。

前往肖口河石洞口路上

蓝勇教授与研究生在皇木采办摩崖前留影

我们知道，明代采办定制一般是一筏80根，按此惯例，仅此一次应采办楠木800根左右。摩崖谈到的白崖山场的位置不明。通江张浩良先生认为，月滩河两岸东经107.20°至107.23°和北纬32.7到32.3间有4个白崖地名，白崖山场应在其中。其中罗后坪、阎家坟园一带可能性最大，至今还有以前运输木材放洪的"洪道"、"洪口"。① 不过，细想起来，虽然采办拖运十分危险而缓慢，但罗后坪一带到肖口仅10里路左右，拖运了两个

摩崖全文

---

① 张浩良：《通江林木碑文》，云南大学出版社1990年版。

现在肖口河植被

月,似显太久。如果按明清顺河采办拖拽的运输程序,这个白崖山也有可能在今通江县杜家坪、庙坝场一带海拔1000—1400米的山中。

我发现,石洞口一带肖口河道宽在50—100米,大通江水库抬高后,石洞口以下河道平稳,但以上河道没有渠化,水流湍急,落差较大。今石洞口、罗后坪一带主要是以灌丛和次生中幼林为主,垦殖指数较高,人口较为密集。而杜家坪、庙坝场一带除五台山林场、黄柏厂林场外,植被状况也与罗后坪一带相差不大。明代初年能在如此短的时间内在这个地区采办800根楠木,可以想见当时肖口河两岸原始森林十分丰茂而人口十分稀少。

以上个案主要反映的是明代长江上游地区山地植被情况。其实在这样的背景下。当时明代四川盆地丘陵地区的森林植被仍较好,盆地内许多浅丘为主的区县多有森林山货作为土贡。据记载明代嘉靖年间营山县的老虎仍列为野生动物之首。[1] 同时明代蓬州土贡麂皮288张,其中生皮103张,白硝带毛软皮93张,带毛皮75张,白硝皮17张;而蓬州营山县土贡麂皮248张,其中生皮120张,带毛软皮65张,白硝皮63张。[2] 这一方面说明明代四川盆地仍有较好的森林植被,另一方面也反映了上贡对四川盆地内的森林植被也有一定的影响。

西南地区自古产大象,象牙自古以来成为中原猎取的珍贵资源,而中原地区征战、运输、礼仪中也需要大量活象,为此形成了一条重要的"贡象之路"。宋代川西南邛部川还进贡象牙。据研究,明代有记载的贡象就达4000多只。这些贡象运输主要通过海路从广东或者从云南、湖广由长

---

[1] 嘉靖《营山县志》卷3《食货志》。
[2] 正德《蓬州志·贡赋》;嘉靖《营山县志》卷3《食货志》。

江中游转运京师，形成又一个庞大的转运工程。① 同时，西南地区犀牛制品也源源不断地转入内地，犀角、犀革成为重要的物资，成为重要的药材、皮革服饰的重要材料。这些犀象资源的东运形成的伐猎，必然会影响森林生态的完整性。

清代"滇铜京运"工程巨大，如果加上云南转运到江西、贵州、江苏、湖北、陕西、广西、湖南、四川、浙江、福建、广东等地的铸币采买，每年转运的滇铜在1000多万斤，形成与"皇木采办"转运一样规模庞大的滇铜转运工程。同样，贵州以出产铅著称，也是重要的铸钱原料。清代贵州最多产铅达1400斤以上，这些铅同样大多数也是通过长江和大运河北运到东部地区，如雍正年间贵州每年仅东输到北京和湖广的白铅就达700多万斤。另外，历史四川的井盐除满足本省消费外，还东运到长江中游地区，南运到云贵地区，而云南个旧的锡早在明代就转运到内地。需要指出的是，扩大矿产开发利用的积极意义不言而喻，但我们也应该看到这个过程一方面直接要破坏大面积森林资源，同时通过对燃料的大量取用也影响了森林资源，故也有一定的负面影响。

明清以来，长江上游地区资源的东运多是一种无偿的资源调配。如历史上的皇木采办大都是"例不给价"、"官不给价，只给脚钱"。一遇经费短缺，往往加赋于民间，使本来已经十分脆弱的经济更加残破。如"滇铜北运"，从表面上看，清政府每年要付出100多万两银支撑这个庞大的转运工程，对云南地方经济有一定的促进作用，但面对这样一个政府工程，地方政府在人力、时间等投入上是难以计算的，其对长江上游地区总体的社会经济发展的影响十分复杂。历史上的一些进贡往往是无偿的，即使中央政府给予了许多回赐。但由于回赐品多为奢侈品，并没有流入长江上游地区的生产领域，对长江上游地区的社会经济发展的正面影响并不明显，并在一定程度上削弱了长江上游地区森林生态恢复的能力。

近几十年来，国家在西部地区实行"西电东输"、"西气东输"，虽然十分关注生态环境问题，但并没有形成行之有效且力度较大的对输出地区社会经济可持续发展的整体支助体系，甚至连相应的补偿机制也不健全。所以虽然在长江上游地区大坝林立，但还没有哪一个大坝地区，

---

① 蓝勇：《明代贡象考》，《安徽史学》1995年第3期。

包括三峡地区，完全可能依靠大坝建设使地区社会经济结构得到有效调整，社会经济得到可持续发展，从而摆脱贫困的例子，反而因众多的建设工程对长江上游的森林资源、土地资源、水资源造成破坏。这是值得我们反思的。

二 人类具体行为对森林资源的影响

（一）人口波动与森林资源和水土流失

在传统社会里人口因素是影响森林资源的最重要的因素之一。这里谈的人口因素主要是指人口的密度、分布状态、人口迁移等。在传统社会里，人口的多少是与自然资源的获取多少成正比例关系的，如与垦殖面积、木材的取用数量、生活生产用水的数量都是处于正相关的。以对木材取用为例，建房、器用、薪材都与人口的数量关系密切。这样，一定区域内人口的分布变迁，也是左右影响生态环境的重要因素。早期人类可能更多是散居在平坝从事农耕，城镇具备商品经济功能以后，许多人口聚居到了城市。传统社会后期的山地垦殖高潮，许多人迁到山地居住。近代大量人口迁入城市，城市化的进程使城乡人地关系发生变化。这些不同时期人口的分布差异都会对森林资源产生不同的影响，形成不同的人与森林的关系。

1. 明末清初的森林生态原始状态

在中国历史上，战乱是影响人口的一个重要因素，而在传统社会里人口的增减则对森林资源的影响明显。以长江上游为例，如汉晋时期的僚人入蜀、宋末蒙古军与宋军的征战都对人口有较大的影响，进而对森林资源产生较大的影响。

当然，近2000年来长江上游战乱影响人口进而影响森林资源最明显的当属明末清初的战乱。

明末清初四川战乱酷烈，有称"三百年江山自此残破"。战乱以后，四川人口大量损耗，社会残破，经济凋敝，田土荒芜，大量的地方志对此记载多是"靡有孑遗"、"人烟断绝"。清代初年，四川册载人口仅有

18000多丁口，如果折算人口也仅8万左右，虽然现代学者经过修正，清初四川实际人口应在60万人口左右，但整个四川的人口也仅相当于现在一个中等县的人口。研究表明，清代雍正年间夔州府人口密度每平方公里仅为3.37人，乾隆四十八年每平方公里也仅8.09人，宜昌府每平方公里仅为16.54人，三峡地区人口密度每平方公里仅为12.17人。[①]

长江上游地区多为亚热带季风气候影响的地区，土壤较为深厚，气候较为温暖湿润，亚热带常绿针阔叶林丰富，如果没有人类活动的影响，森林植被的自然复茂功能十分强，自然复茂速度也快。故在清代初年的人口背景下，大量田亩荒芜，显现为林木自然复茂，虎患酷烈，出现了四川历史近3000年来最严重的一次生态环境回归原生态，森林植被回复到近2000年来最茂密最原始的时期。

佚名《鹿樵记闻》记载当时长江上游地区"所在蒿莱满目，狼虎成群"，吴伟业《绥寇纪略》则记载"荒城遗民几百家，日必报为虎所害，有往数日而县之人俱食尽者"，费密《荒书》记载当时是"州县皆虎"。

成都平原是受战乱影响较大的地区，清代顺治年间成都城内"草木蔽寒，麋鹿豺虎，纵横民舍"，连蜀王府也是"野兽聚集"，[②] 而汉州、新都一带也是"虎迹遍街"[③]，新津一带是"虎迹纵横"。[④]

明清时期重庆已经是四川社会经济较为发达的地区，战乱的影响也十分大，所谓"重庆当流贼残杀之后，几不遗民"，一时"群虎白日出游"，康熙年间出现了虎闯入城区的事件。[⑤]

川北地区在明末清初是最重要的战场，饱受战争摧残，"城市鞠为茂草，村疃尽变丛林，虎种滋生"[⑥]，有时群虎出山一下可达上千只，[⑦] 显现当时生态环境的原始状态。

四川盆地地区是传统农业垦殖区，农业较为发达，但经过战乱的影响，也是虎患大作，荣昌县知县到县城上任，只见"蒿草满地"，到了晚

[①] 蓝勇：《长江三峡历史地理》，四川人民出版社2003年版，第212页。

[②] 王培荀：《听雨楼随笔》卷1。

[③] 方象瑛：《使蜀日记》。

[④] 王士禛：《蜀道驿程记》。

[⑤] 道光《重庆府志》卷9。

[⑥] 《明清史料甲编》六本顺治七年《四川巡按张春揭帖》。

[⑦] 赵彪诏：《谈虎》。

上"群虎拦至,攫食五人"。① 川南沿长江一线,在明代是一个新开发的经济区,经过战乱的影响,城市郊外多为"茂林丰草"②,虎患酷烈,故欧阳直曾谈到在川南行船,见长江岸边老虎数十成群"鱼贯而行"的场面。③

应该看到,在人类传统经济开发区产生如此严重的虎患,是罕见的,所以清代欧阳直《蜀乱》也认为"此古所未闻,闻亦不信"。在这样的背景下形成自然复茂的森林生态环境,也是十分罕见的。

首先广大平原和浅丘地区主要是农耕垦殖区和城市生活区,以往没有完整的植物生态群落基础,原有的城市绿化林盘毁坏以后,又不可能很快地人为地有意识培植,这样,这些地区的森林复茂短期内是以浓密的灌丛、次生林和茂草为主。

从城市来看,史书记载清初"城市鞠为茂草,村疃尽变丛林"④、"城高杂树成林"⑤、"灌莽塞衢"⑥,可以说是当时城市生态环境的真实写照,即城市中多为灌木、茂草、树木覆盖。如繁荣的成都城"城中杂树翳郁成林"⑦,今成都青羊宫一带当时"尽成草莱,山麋野豕交迹其中"⑧,而城中今武侯祠成为樵采之地。荣昌县城"蒿草满地"⑨,而"东川诸州邑遭乱既久,城高杂树蓊荟成林"⑩。康熙十一年王士禛从陕西到四川记载"自巴阆走成都至眉千余里,名都大邑鞠为茂草"⑪,就是十分真实的记载了。

长期垦殖的传统垦殖区此时也多为灌丛、茂林覆盖,如温江地区"榛榛莽莽,如天生初辟"⑫,重庆一带康熙初年"丛山荒邑伐木除道"⑬,潼

---

① 顾山贞:《客滇述》。
② 嘉庆《长宁县志》卷12。
③ 欧阳直:《蜀乱》。
④ 《明清史料甲编》六本顺治七年《四川巡按张春揭帖》。
⑤ 刘石溪:《蜀龟鉴》卷3。
⑥ 民国《中江县志》卷21《王乃微王氏奇锡公字传》。
⑦ 彭遵泗:《蜀碧》。
⑧ 王沄:《蜀游纪略》。
⑨ 彭遵泗:《蜀碧》。
⑩ 孙锽:《蜀破镜》。
⑪ 王士禛:《蜀道驿程记》。
⑫ 民国《温江县志》卷3。
⑬ 王沄:《蜀游纪略》。

川州一带"沃野千里尽弃,田中树木如拱"①,三台县秋林驿"在深箐中"②,许多旧房已经没入榛莽之中,③ 故长宁县清初城郊多"丰草茂林"④,南充县清初"地旷人稀,森林甚富"⑤。

研究表明,唐宋时期成都平原的森林覆盖率在20%左右,但清代初年成都平原的环境是在特殊的条件下产生的。以华南虎生存的基本生存生态条件来看,当时成都平原的灌丛林和次生林的覆盖率回复到50%左右是可信的。川中盆地丘陵地区在唐宋时期的森林覆盖率在35%左右,其中盆地地区仅偶尔发生虎患,从虎患的范围和酷烈程度来看,清初四川盆地长期的经济开发区中的灌木林和次生林可能一度恢复到50%以上。

其次,四川盆地四缘山地山区原来就有原生型的植物群落的基础,由于人为生活和经济活动干扰的减弱,森林的复茂以乔木和各种灌丛的自然复茂为主。虽然为了躲避战乱也时有人到山林中垦殖,但其影响毕竟十分有限。故有记载说安县"明末遭献逆之乱,人民绝迹者数十年,山林深茂,乔木阴森,清康熙雍正招民开垦,就地取材,修建房舍至光绪年间取不尽而用不竭"⑥,清初雅安一带"森林故道尽为老本,藤萝纠结,虎豹蹄迹纵横"⑦。

研究表明,盆地四缘山地在唐宋时期森林覆盖率在50%—80%,而其时的人口比清初多得多,也不存在如此酷烈的虎患。这样,清初这个地区的森林覆盖率达到80%左右是可能的。

通过清代初年人类战乱对森林资源的影响案例看出,人类活动对长江上游森林生态的影响十分明显,虽然战乱可能对森林资源造成破坏,但战乱后人口的减少,又会使森林资源急速复茂,这在亚热带山地的长江上游地区显得尤为明显。

2. "湖广填四川"的垦殖政策与森林变迁、水土流失

研究表明,清代初年的环境背景下,顺治十八年四川册载耕地仅

---

① 方象瑛:《使蜀日记》。
② 王士祯:《蜀道驿程记》。
③ 民国《中江县志》卷21。
④ 嘉庆《长宁县志》卷12。
⑤ 民国《南充县志》卷11《土物》。
⑥ 民国《安县志》卷56。
⑦ 民国《安县志》卷4。

118.8亩，只及明代万历六年耕地1348亩的8.8%，说明有大量的耕地抛荒或隐漏。故史籍记载当时清初"蜀省有可耕之田，而无耕田之民，招民开垦，询属急务"①，"四川荒地甚多"②。

面对这样的情况，为了恢复四川经济，清政府采取一系列滋生人口和鼓励移民垦荒的政策。顺康年间，清政府在全国实行与民生息，"孳生人丁，永不加赋"，"摊丁入亩"政策的同时，在四川采取了招还本土流遗、入蜀民人准其入籍、新垦田土分年起科和永准为业等积极措施，极大地提高了流失民户的回归积极性，纷纷归籍垦殖起科；同时招诱了大量外籍客民迁入垦殖，形成了以湖广籍移民为主体的移民入川高潮，即历史上最重要的一次"湖广填四川"。

有人统计分析，认为在移民运动结束的康熙六十一年（1722年），除去后代的直接移入者的10万人，也有人统计顺治康熙年间外省移民直接入川应在50万—100万人，也有人统计嘉庆中期以前移民及后裔至少在1760万人以上。③

随着流遗还籍和外省移民大量迁入，加上人口自然滋生，四川人口大增。据记载嘉庆年间三峡地区的人口密度已经达每平方公里42.19人，超过了宋明时期的人口密度。同时在康熙六十一年，四川的册载耕地已经达到20544285亩，就是说突破了明代册载耕地的13482767亩，已经将明代熟地复垦殆尽。文献的记载也印证了这种考证，如康熙末年四川熟地"已尽开辟"④，雍正五年有"四川荒地业经认垦无余"⑤。从修正后的康熙六十一年人口289.6万人看，当时人均耕地达7.1亩左右，土地是十分宽裕的。这里还要考虑四川雍正末年清查地亩从原册的23万顷清查为44万顷的事实，说明康熙末年的实际耕地数是大大超过册载耕地的。这样的人口密度、人地比率、垦殖指数表明，直到乾隆中晚期，四川广大山地仍多为森林覆盖，人地矛盾并不突出。以三峡地区为例，清代嘉庆年间的垦殖指

---

① 《清仁宗实录》卷36。
② 《大清会典事例》卷166《田赋》。
③ 《中国人口·四川分册》，中国财经出版社1988年版；郭松义：《清初四川外来移民和经济发展》，《中国经济史研究》1988年第4期；王笛：《清代四川人口、耕地及粮食问题》，《四川大学学报》1989年第3、4期。
④ 嘉庆《四川通志》卷首。
⑤ 《大清会典事例》卷140。

数仅7.4％，垦殖还主要集中在平坝、近江河两岸丘陵和山地地区。

当时，盆地内一些丘陵地区还有猿、猴、虎、豹、豺、野猪等大型森林兽类动物，表明盆地内的开发深入生物圈的程度还是有限，还呈现一定程度上的生态的原始性。成都平原地区桤木"江干林畔，蓊蔚可爱"①，地处丘陵地区的阆中在咸丰年间森林资源也还较多，"木之可材者无过于柏"，"山谷间多，有大至数围"，"柴则处处有之"。② 江北厅一带城北十余里就可砍伐栎（青冈）木为薪材，远一点的地方甚至可以采到大的栎树。③

当时盆地四周山地虎、豹、豺、狼、熊、猿、猴、鹿等大型森林兽类动物出入更是十分寻常，生态的原始性仍十分明显。清代李蕃《红玉集》谈到通江一带森林"占地七成有五"，呈现"宕江清澈现底，水清石见"的状况。屏山一带在五六月份间金沙江涨水，大量"枯木朽株从各溪壑随涨而下"④，所以成为采办楠木的重要地区自在情理之中。而万源一带在嘉庆年间以前"老林未开，参天古木所在不乏"，在嘉庆十年曾经在万源采办皇木。⑤ 宣汉一带"弥望青葱触处可见"，康熙年间曾采办皇木，其杨泗山杯子坪民国时仍留有皇木老林。⑥ 乾隆年间越嶲一带森林茂密，也曾是采办皇木之地。⑦ 今川西南凉山州各州县当时杉木资源仍十分丰富，虽然道光时期"采取始尽，惟巉崖绝壑，人迹罕到之处，间或有之，然佳者亦难猝得矣"⑧，但当时仍有"建昌杉板为全蜀之冠"⑨ 之称。丰都县江南在咸丰同治年间还是森林密布，"其材连抱者以数千计。"⑩ 忠州在道光时期一些地方仍是"古木槎牙"、"古木萧森"，⑪ 显现了生态的原始性。

---

① 嘉庆《成都县志》卷6《物产》。
② 咸丰《阆中县志》卷3。
③ 道光《江北厅志》卷3《食货》。
④ 乾隆《屏山县志》卷1。
⑤ 民国《万源县志》卷3。
⑥ 民国《四川宣汉县志》卷4、卷1。
⑦ 光绪《越嶲厅全志》卷3。
⑧ 道光《宁运府志》卷31《木政志》。
⑨ 咸丰《邛嶲野录》卷14。
⑩ 民国《丰都县志》卷8《方域》。
⑪ 道光《直隶忠州志》卷1《山川》。

而石柱一带"数十年前，林箐阴森，中有木梯数里行人便之"①。涪州一带在清代嘉庆道光年间的建造房层"率以（柏木）为柱"②，显现当时山地乔木丰富。

不过，嘉庆年间是清代四川人地关系的一个重要转折时期，同时也是近2000年来长江上游人地关系的一个重要转折时期。研究表明，四川耕地一旦突破60万顷，就开始大量坡耕，毁坏森林，造成一定程度的破坏性水土流失。在这个转变过程中，人口的快速增加是一个重要因素。在18世纪末至19世纪初，四川的册载人口增加到了2070多万人，耕地在7783万亩左右，人均耕地仅3.76亩。③

清代嘉庆以来，人口膨胀与垦殖高潮是互为因果的。在"湖广填四川"移民高潮的背景下，不论是当时的统治者、学者、百姓都不可能深刻认识到人口膨胀对社会发展的深远影响，更不可能制定控制人口膨胀的有效办法，甚至误认为"使该省果无余田可耕，难以自赡，势将不禁而止"④。但是，一方面作为移民主体的个体农户对社会的认识往往是无意识的，另一方面这场移民运动与玉米、马铃薯、红薯等美洲高产旱地农作物的传播同步。因此，人口的大量增长有了食物保证，而人口的大量增长也反过来促使移民山地垦殖的进一步扩大和深入。所以，到19世纪中叶，四川的人口突破了3000万人，19世纪末突破了4000万人。⑤

嘉庆时，马边厅一带"五方杂处，地狭民稠。业农者务尽地力，虽陡险之区，皆为耰锄年及"⑥。道光时马湖一带也是"依坡就坎分疆理"⑦。嘉庆时，大量棚民进入大巴山地区"遇有溪泉之处，便垦成田"，一时形成"低山尽村庄，沟壑无余土"的局面。⑧ 光绪年间陕西略阳是"棚民入山开箐"的入口，故一时"人烟颇稠"、"五方杂处"。⑨ 而同治时期万县

---

① 道光《补辑石柱厅志》卷1《地理志》。
② 民国《涪陵县续修涪州志》卷7《风土志》。
③ 蓝勇：《乾嘉垦殖对四川农业生态和社会发展影响初探》，《中国农史》1993年第1期。
④ 《清高宗实录》卷784。
⑤ 蓝勇：《乾嘉垦殖对四川农业生态和社会发展影响初探》，《中国农史》1993年第1期。
⑥ 嘉庆《四川通志》卷61。
⑦ 王培荀：《听雨楼随笔》卷5。
⑧ 严如煜：《三省山内风土杂识》、《三省边防务览》卷14，《艺文》。
⑨ 光绪《重修略阳县志》卷1。

一带"凡深山逃荒,峻岭层岩,但有微土者,悉皆树艺"①。道光时大宁河一带山地也"俱辟水田",连山沟也种植了"杂树"。② 光绪时秀山一带"垦辟皆尽,无复丰草长林"③;彭县一带"山坡水涯耕垦无余"④;珙县一带"山巅水湄亦遍垦种"⑤;天全州一带"开垦极多,依山作田,层层上转似梯有级"⑥;长宁县"惟嘉庆至今又百余年,人口增殖,旧日山林渐次辟为田土"⑦;石柱县"迩来斧斤斫削,渐成濯濯,木梯朽腐"⑧,"山多树,流寓刊之种包谷,供爨之外,用作房屋,余则弃道旁,日久朽腐,有大数围者,无良材莊生,所谓散木也。"⑨

清末长江上游许多地区山地垦殖指数已经相当高,清末光绪初年日本人竹添进一郎在《栈云峡雨日记》卷上中对所经金牛道沿途作了记载:"即入两栈,山间之地皆垦为田圃,岩缝石罅,无不菽麦,所至鸡犬相闻,牛羊载路……"《栈云峡雨日记》卷下记载:"初入巴峡,沿岸有石山有土山,土山率皆垦为田,民皆就家焉。"

清末英国人立德乐的《扁舟过三峡》记载:

> (巫山一带)耕地一直开辟到半山腰……(万县一带)陡坡上的庄稼有些地方延续到山顶,有小麦、大麦、油菜、豆类和罂粟……(万县武陵以下长江两岸)陡峭的山坡上梯田层叠,绿树环绕村庄,最高处顶部是平坦的沙岩断崖。小麦、大麦、油菜、罂粟布满山坡。……(涪州至重庆沿岸)两岸山峰高500至1200英尺,开垦至山巅,种满了墨绿色的罂粟,中间夹杂着柏树和大片竹丛……两岸山丘高至300至600英尺,一直到山顶都种满罂粟;背后是更高的山脉,陡峭的山峰上林木茂密。……(重庆附近浅丘地区)真正大片树林并不多,但各处农庄和寺庙周围都有繁茂的灌丛;大路沿途都有庞大的榕树遮荫,没

---

① 同治《增修万县志》卷9。
② 陈明申:《夔行纪程》。
③ 光绪《秀山县志》卷12。
④ 光绪《重修彭县志》卷10。
⑤ 光绪《珙县志》卷4《农桑志》。
⑥ 咸丰《天全州志》卷2《风俗》。
⑦ 民国《长宁县志》卷8《农业》。
⑧ 道光《补辑石柱厅志》卷1《地理志》。
⑨ 道光《补辑石柱厅志》卷6《风俗志》。

有树荫的地方极少。

英国人戴维斯的《云南——联结印度和扬子江的链环》记载：

> （安宁河德昌以下）河对面的山里有只老虎在吼叫——在河两岸的山间有宽约 1 英里的缓坡地，顺坡开出的梯田种植各种作物……整个平坝（安宁河河谷）耕种良好。

从这则记载我们可以看出，清代四川盆地周边山地中的平坝和坝边山地可能多被开垦，但山地腹地由于人口相对稀少和生产力不发达，特别是受交通可进入性的制约，山地的大量腹地的森林生态环境原生态还是较好的。以秀山县为例，一方面形成"垦辟皆尽，无复丰草长林"的状况，可能主要是指人类垦殖的平坝和部分山地，但同时存在有"古木千章"而"林木不可胜用"的情况。① 可能许多巨大的楠杉木已经被砍伐，故嘉庆《四川通志》记载酉阳一带产楠木、樟木，但同治《增修酉阳直隶州志》记载皇木槽"今则山皆开掘，无复栋梁之材矣"。

清代末年英国人莫理循的《中国风情》记载：

> （宜宾安边南横江河谷两边）能看见水稻田和开垦成层层梯田的大山，每一块所能开垦的土地都种上了庄稼……（滩头一带）这一带的人口虽然稀疏，但是大山上每一处只要有可能开垦的土地，都被开垦了出来。……（滩头至老鸦滩）大山长满了灌木林，农民在这种地方就得不到什么收成。虽然如此，即使在那悬崖峭壁上，在那看起来并不能达到的壁架上，农民也种上了小麦和豌豆。

要知道，莫理循谈到这一带在明代曾是采伐楠木的地区，但清末已经成为以农地和灌丛为主的地区了。

在这种背景下，以长江三峡为例，清代初年雍正年间垦殖指数仅 1.59%—2.58%，三峡的平坝地区都没有垦殖完。但到清代嘉庆年间，三峡的垦殖指数已经达到 7.4%，清代末年则达到 10.16%，已经有许多丘

---

① 光绪《秀山县志》卷12。

陵、山地垦殖。① 对此，同治《宜昌府志》卷14《艺文》中引《兴山教养说》称"俯锄涧壑，仰耕烟雾"，可谓长江上游清代中后期坡耕地遍地的真实写照。

在这样的背景下，已经出现较为明显的水土流失，使田土的肥力递减。

盆地内丘陵地区 清末垫江县"山农垦荒，沙石崩塌，积壅上流，每遇暴雨冲突沟洫填塞，高于平田，故水潦之患多于旱年"②。清代末年英国人莫理循的《中国风情》记载："（四川盆地重庆永川间）各处大山都开辟为梯田。"盐亭县一带本是丘陵地区，由于"山多田少，民务垦荒，然所垦之地，一年而成熟，二年而腴，四五年而瘠，久之则为石田矣"③。名山县则"自生齿繁而食日艰，于是缘山转谷垦荒，秽以薥粱菽麦间于山腰回曲之处，叠石疏泉为田而稻焉，迩来原隰冈陵童童若薙，森林既尽"④。

三峡地区山地 嘉庆时，大量棚民进入大巴山地区遇有溪泉之处，便垦成田，一时形成"低山尽村庄，沟壑无余土"⑤的局面。同治时期万县一带"凡深山逃莽，峻岭层岩，但有微土者，悉皆树艺"⑥。道光时大宁河一带山地也俱辟水田，⑦连大宁县与城口县交界的"穷谷巉岩昔为老林，今虽多半开垦，然地气高寒，只宜洋芋包谷"⑧，后"嗣以人稠用广，斧斤不以时入，今则成童山矣"⑨。清代末年英国人莫理循的《中国风情》记载，三峡一线"即使是非常的大山及其陡峭的边缘地方，农民也在上面点缀了一些农田，每块可以利用的土地都被开垦出来了。由于山坡非常陡峭，再加上垦荒把草木破坏了，一场大雨就会把它少量的土壤冲得干干净净，只有善于爬坡的山羊才能在山坡上安然地啃着野草"。如巫山一带"四山开垦，山土松消，大雨时行土随水下，洞塞田淹"⑩。

所以到清代末年宣统年间三峡地区的人口密度已经达到132人/平方

---

① 蓝勇主编：《长江三峡历史地理》，四川人民出版社2003年版，第224—228页。
② 光绪《垫江县志》卷1。
③ 乾隆《盐亭县志》卷1。
④ 民国《名山县新志》卷8《食货》。
⑤ 严如熤：《三省山内风土杂识》、《三省边防务览》卷14，《艺文》。
⑥ 同治《增修万县志》卷9。
⑦ 陈明申：《夔行纪程》。
⑧ 光绪《太平县志》卷2。
⑨ 光绪《太平县志》卷1。
⑩ 光绪《巫山县乡土志》卷3。

公里，而垦殖指数达 16%—18%，①接近现在三峡地区的垦殖指数了。

渝东南地区山地　光绪时秀山一带"垦辟皆尽，无复丰草长林"②，水土流失已经显现，石柱一带"土至瘠薄，全恃雨泽，不耐十日旱，雨甚大亦畏之，恐刷去浮土即成石田矣"③。

川西南山地　会理一带"不数年，新户增至八九千家矣，饥饱相形，勤惰互见，或梯山以作田，或滨河而谋产，垦地焚林，其利十倍——昔之膏腴，至今而为沙砾矣，昔日之刍牧，今而为禁地矣，于是木穷于山，鱼穷于水"④。光绪三十二年，荥经县"溪坝山崩，有黄水流出，弥月不止"⑤。

川北地区山地　彭县一带"山坡水涯耕垦无余"⑥。清末光绪初年日本人竹添进一郎在《栈云峡雨日记》上卷记载金牛道沿途"山间之地皆垦为田圃，岩缝石罅，无不菽麦，所至鸡犬相闻，牛羊载路"。乾隆十二年，什邡一带营工桥"水涨山崩，众巨树乘之而圮"⑦，这里的"众巨树乘之而圮"表明当时上游山区洪水所引发的水土冲刷的严重结果。

在这样的垦殖背景下，四川盆地周边山地已经出现较为严重的破坏性水土流失。

清代末年，美国人罗斯《E.A. 罗斯眼中的中国》⑧记载了清代末年中国南方山区典型的坡耕与水土流失状况：

> "中国人近乎拼命三郎，努力地把山坡开辟成层层梯田，只是为了得到新的耕地。在南方某地，仅在一座山的一面斜坡上，竟发现有四十七块形状像一个个台阶似的梯田。梯田下五百英尺的地方就是河床，平时潺潺溪水蜿蜒流出，景色秀丽，但在雨季，溪水就变成了咆哮的山洪，无情地冲进成百亩珍贵的栽种水稻的田里，到处肆无忌惮地横行。有一些薄薄的棕色的土壤，上面覆盖着石头，人们就根据自

---

① 蓝勇主编：《长江三峡历史地理》，四川人民出版社 2003 年版，第 229 页。
② 光绪《秀山县志》卷 12。
③ 道光《补辑石柱厅志》卷 6《风俗志》。
④ 同治《会理州志》卷 7。
⑤ 民国《荥经县志》卷 13《五行志》。
⑥ 光绪《重修彭县志》卷 10。
⑦ 民国《重修什邡县志》卷 2《舆地》。
⑧ [美] 罗斯：《E.A. 罗斯眼中的中国》，重庆出版社 2004 年版，第 50—51 页。

然地势种上麦子、玉米。令人感慨的是，耕种时要以锄头代替耕牛或其他畜力，可以想象这种劳动的艰辛。这种耕地的角度至少有四十五度，如从水平线来看，每块土地至倾斜。农民从半英里外的靠近长满树木的山顶的住处那儿，爬下山，把半镶嵌在黑色裸露岩石之间的土壤开辟成小人国似的耕地。毋庸置疑，没有森林覆盖的植被保护，被洪水冲刷下来的泥土填满了山谷，可怕极了。"

对此，嘉庆时期的严如熤著的《汉南续修郡志》卷20也记载了一种十分典型的水土流失现象："（大巴山）山民伐林开垦，阴翳肥沃，一二年内，杂粮必倍；至四五年后，土既挖松，山又陡峻，夏秋骤雨，冲洗水痕条条，只存石骨，又须寻地垦种，原地停空，渐出草树，枯落成泥，或砍伐烧灰，方可复种。"

笔者发现徐心余在《蜀游闻见录》第53页《三峡水》记载："又云峡中水，较他水重若干。遂于巫峡中蓄水一桶，至夔城取江下水权之，竟相差四十余两，谈笑间又增一常识焉。"由此可见，夔州至巫山间100多里，同样大小的一桶水增重1.5斤左右，说明了沿途泥沙含量的增加幅度。对此，研究生黄权生曾在几年前做过一个试验，也发现巫山比奉节水重的现象。

这些年来，我们为了研究长江上游森林分布变迁，做了大量田野考察，发现清中叶以来人口剧增、垦殖扩展，对长江上游地区森林分布变迁的影响十分明显，对此，有大量的典型案例作为支撑。

(1) 四川南江县大坝个案

清代川北大巴山地区仍称为"老林"之区，历史时期是长江上游重要的森林分布地区，也是重要的商品林基地。在清代人口剧增背景下，早在乾嘉垦殖的大潮中，大巴山地区一些高山腹地的森林由于垦殖而遭到破坏。据《清高宗实录》卷733记载，早在乾隆时四川总督阿尔泰就提出开垦南江县大坝地区。《清高宗实录》卷733乾隆三十年三月十日：

四川总督阿尔泰奏：保宁府属南江县北大坝地方，东西计长九十里，南北长五十里，四面山环，中有龙塘大坝、南坝、后坝、大元坝、小元坝、聊叶坝等处，多系平衍荒畴，地颇肥厚。且上流有溪河两道，筑堰开渠，皆可营治稻田。请招民试垦。

早在1986年，我们曾考察过这个位于米仓山中海拔1500—2000米的大坝。据考察表明南江县大坝一带在1986年时为大坝森林管理所驻地，坝子东西从闪塘湾到坝口不过20里左右，南北最宽处也仅6里左右。坝子高寒异常，流经大坝的小溪在夏天七八月赤脚趟过仍冰冷刺骨难忍，并不是最佳的垦殖地区。我们发现坝子上多为杂草和灌丛，没有任何垦殖。在附近曾发现深草中有旧房基。据当时同行的南江县博物馆何家林告知还出土过窑址，这样看来这块高寒的坝子可能在历史上确系垦殖过。不过就是在20世纪80年代的垦殖高潮中，这个高寒的小坝都抛荒没有种植，而清代乾嘉垦殖高潮中这个地方还曾垦殖过，可以想见当时垦殖的盲目性。从此案例看出，清代乾嘉垦殖对长江上游高寒山地影响的深入，透露出这次垦殖高潮对大巴山地区森林资源的影响是明显的。

四川南江县大坝自然景观，中为嘉陵江支流东河宽滩河上游

大坝附近的植被景观

清代石门坎植被

（2）贵州威宁石门坎个案

贵州威宁县西北地区的石门坎地区，紧邻云南昭鲁坝子，为山地与坝子结合部的山区，历史上较早就有人类活动，但由于特殊的地理环境，人类活动的强度在明清以前并不大，生态的原始性较明显。

在明清时期石门坎地区主要是苗族、彝族居住的地区，以前主要以林牧业为主，畜牧业的地位较高。明清以来的屯田，掀起这个地区农业垦殖高潮。不过，明代这个地区的垦殖指数还不高。清代从湖广移民进入威宁地区后，主要是在海拔1900—2200米的地区居住垦殖，

现代石门坎植被

主要是以开山种植包谷、荞麦、燕麦为主。这种经济结构到了清末民初仍然如此，只是人口密度有所增大，垦殖指数有所扩大。

清末石门坎栅子门

总体上来看，清末民初威宁一带的森林植被还是较好的。据民国《威宁县志》卷11《屯垦志》、卷9《经业志》记载："谨按县境为最宜森林之区，林木繁盛于他邑"，所以，卷10《物产志》记载的兽类动物中较大型的有猴、狐、虎、豹、熊、獭、岩羊、野猪、豪猪、野牛、豺、狼等。

不过，可能当时城镇周边的森林生态环境并不是十分理想，石门坎附近也显现了这种状况。按民国《威宁县志》记载，石门坎当时是威宁县的一个集镇，柏格理的《苗族纪实》记载石门坎"一个不利的条件是这里离周边长有木材的地方都很远，而在中国的建筑中大量的木材又是非用不可……在距石门坎十英里的一个地方，我们以不足一英镑的价钱，购买了若干长在一

面山坡上的冷杉树"①。后来,东人达在《滇黔川边基督教传播研究》一书中也谈道:"因为石门坎没有建筑用木材林,便在三十里外的简角寨土目安怀茂处买了一片松林,伐倒运回供建筑教堂与学校用。"② 简角寨在石门坎东相近的新民乡,更为偏僻,当时森林生态更好一些。这则记载反映的情况也可从一百多年前清代末年的石门坎照片看出。

我们发现了一张1905年柏格理在石门坎照的石门坎全景。在2008年8月10日,我率研究生到了石门坎,多方努力找到了103年前相同拍摄机位,同方位同角度记录了这一百年的变化。从照片我们可以明显看出,清末石门坎周围森林植被十分稀疏,与前面记载的30里外才有可用之材是相吻合的。从一百多年的前后对比,我们发现,今天石门坎镇周围的森林植被状况比清代末年好。同样,我们找到石门坎的栅子门照片作比较也发现,石门坎附近的次生林、人工林确实比当时茂盛。

现在石门坎栅子门

不过,近一百年石门坎地区森林变化显现的生态环境变迁轨迹远比想象复杂。我们注意到清代末年《柏格理日记》中提供了一个当时石门坎附近的野兽和树木种类表,③ 对于这张表中记载的动植物,今天我们在石门坎地区作了新调查,发现清末石门坎地区有动物狼、鹿、虎、蛇、豹、野猪、熊、豪猪、狐、犰狳、山猫、猴、羚羊、鬣狗,但现在仅有野猪、麂子、蛇等,植物有橡树、桃树、矮橡、杏树、冷杉、苹果树、漆树、栗子树、胡桃树、木兰、食虫树、李子、梨树、温榕树。现在树种大都有,但多为次生、人工林中幼林,冷杉较少了。同时《柏格理日记》中还记载:"石门坎附近有若干只大熊,经常袭击居民。它们在田里吃包谷和各种水果,还吃密蛇和蜂蜜……豹经常袭击狼狗。凡是有豹的地方,狼群就会离开。鬣狗则成群结队活动。最近,有人发现这里不远处有十四只的一群,

---

① [英]柏格理等:《在未知的中国》,东人达等译,云南民族出版社2002年版,第118—119页。

② 东人达:《滇黔川边基督教传播研究》,人民出版社2004年版,第214页。

③ [英]柏格理等:《在未知的中国》,东人达等译,云南民族出版社2002年版,第761页。

它们追逐豹子和野猪，由于是结伙行动，它们的力量就要比其他动物大得多"[1]，"在距石门坎约五英里的村寨附近有一只老虎，正在给予人们带来许多灾难"[2]。通过我们的田野口碑调查，当地老乡都认为现在这些动物大多不存在了，这显然与我们发现的石门坎附近的森林植被当时没有现代好相冲突的。

从石门坎地区来看，一百多年的人类活动对森林生态环境的影响较为复杂。

一百多年来，人类活动对生态环境的影响主要是人类垦殖活动对森林生态的影响。在清代中后期移民大量进入云贵高原地区垦殖的背景下，特别是在马铃薯、包谷等高产旱地美洲农作物的广泛播种背景下，云贵高原海拔1900—2500米以下的许多山原、山坡森林已经被移民砍伐开垦成为田土。不过，直到清代末年，森林生态环境才开始出现变恶劣之势，人类活动与生态环境的矛盾越来越突出。在转变初期，一方面当时的垦殖指数还远没有20世纪七八十年代高，所以在石门坎附近30公里远的地方还能有大量较高大的野生冷杉林用于建筑，而且由于人口相对稀少和森林相对丰富，而当时民间火器对猛兽的威胁相对较小，故野生动物较多。但从野生动物经常偷吃种植的包谷等农作物和偷袭山民来看，显然人类活动已经大量侵入野生动物的核心领地，在森林资源减少和人类捕杀加强的背景下，猛兽的下层食物链出现短缺。

但到20世纪七八十年代，由于人类活动的影响，远离城镇的森林资源受到影响最大，许多海拔2500米以上的山原森林被砍伐种植马铃薯，野生动物不仅直接遭到人类更大规模的捕杀，而且赖以生存的森林环境已经完全不复存在。所以，到现在我们在石门坎地区已经找不到这些大型的野生动物了。

这里需要特别说明的是，以往我们的研究发现，清代末年长江上游许多城镇周边的森林生态环境都比现在城镇周边的差，这主要是与燃料换代和环境保护政策有关，对此我们已经在《长江三峡历史地理》谈及，并在《燃料换代历史与森林分布变迁——以近2000年长江上游为时空背景》一

---

[1] ［英］柏格理等：《在未知的中国》，东人达等译，云南民族出版社2002年版，第760—761页。

[2] 同上书，第770页。

文中有专门的论述。① 我们通过对石门坎这个乡镇的调查也发现了这一点。这些年来，由于燃料换代、环境意识的强化和环境政策实施，城镇森林生态环境已经大大好转，已经比清代末年有更好的森林植被，这可以从石门坎附近森林植被与100多年前的比较中看出。

还应指出的是，近些年来在长江上游的一些离城镇较远的地区，由于燃料换代、环境政策的实施和环境意识的强化、农村人口空虚化、退耕还林政策的实施，森林植被已经比20世纪七八十年代好多了，个别地区已经恢复或者超过清代末年的森林覆盖率。但是，我们也应清楚的是，这种回归并不是一个简单的复制，现在许多地区的森林资源主要是人工中幼林、次生中幼林和灌丛，许多食肉类的野生猛兽已经灭绝，即使兽种存在一时也因没有足够多的食物链下层小动物而无法自然生存；许多以前高海拔地区乔木林山原在退种马铃薯后，如果没有人类大量种植和养育，一时也还不可能完全自然恢复起来。也就是说，即使森林覆盖率回升到了清代，森林生态环境的原始性和生物资源的多样性也不如清代。所以，石门坎地区总体的森林生态环境还不如清代末年好。

（3）重庆万盛区江流坝个案

重庆市万盛区处渝黔交界的山地地区，山高水险，以前交通十分闭塞。唐宋时期这个地区是南州属地，是南平蛮的活动地区，唐宋时期曾有亚洲象、犀牛出没，显现该地区曾有较为原始的森林生态群落。

重庆万盛区江流坝清代移民墓碑

2005年我们对万盛区江流坝地区进行了考察，发现明清以来这个地区在汉族移民开发的高潮下，森林生态环境发生了较大的变化。

---

① 蓝勇主编：《长江三峡历史地理》，四川人民出版社2003年版；蓝勇、黄权生：《燃料换代历史与森林分布变迁——以近2000年长江上游为时空背景》，载《中国历史地理论丛》2007年第2期。

第七章 近两千年来长江上游森林分布与水土流失原因 / 289

从万盛区江流坝地区来看，其地高处海拔 1000 米左右，历史时期曾是森林密布的地区，但现在垦殖指数已经相当高，存在许多坡耕地。我们在江流坝发现了一些清代同治、咸丰时期的汉族移民墓碑，这表明早在清代中叶以前这个地区就已经被开垦。同样，我们在万盛区天星一带海拔 800 米左右的山谷腰间，发现了一些清末民国时期的墓碑，这说明这些坡度在 45 度左右的山地已经被开垦，开垦的时间较早。今天，这些山谷两侧除垦殖田土外，仅为一些灌丛和次生的杂树。

重庆万盛区天星乡一带移民墓碑

不过，在江流坝向贵州一侧，是黑山谷鲤鱼河地区，由于山势高耸，处山地腹地，交通不便，森林植被还较为原始，可能是清代移民垦殖没有影响或较少被影响的地区。

（4）四川通江县、巴中市八家坪个案

2003 年 7 月，我们对通江县、巴中市八家坪进行个案调查。主要是想从历史人类学的角度来分析一个村寨在近几百年来人类活动对森林资源的影响过程。在"湖广填四川"过程中，巴中、通江一带处于战乱影响较大的川北地区，土著损伤严重。据记载清初八家坪一带仅有八家人存在，即张、王、李、杨、殷、赵、黎、黄，故得名。但到 2003 年历史上的八家坪（包括今通江县火炬乡石门子一社、巴中市清江镇关渡乡六村五社的上八家坪和一、

通江县下八家坪明末古墓

明代末年墓碑近景

二、三、四、六社的下八家坪),已经有人口379户,1278人,耕地1196亩。现该地区海拔在343—1032米之间,为川北典型的深丘地区。

我们在八家坪发现了许多清代移民墓碑,为我们了解当时移民垦殖情况提供了具体的材料。在下八家坪发现了康熙年间的无名墓碑(姓氏已经失落),说明早在康乾之际就有移民迁到通江八家坪。按中国传统,一般墓碑邻住宅和田土,说明当时海拔在780—810米间的

八家坪一带现在植被

坡地显然已经被垦殖。在八家坪村五社发现佘家大祖坟,为佘氏母亲刘氏坟,也是在海拔630—670米间。据八家坪村五社佘光武口述,佘氏为清代湖广武昌府麻城孝感人,佘光武为十一代人,反推时间应在距今300年左右,应在康雍时期。

八家坪地区从8家增加到300多户,可能增长最快的还是近100多年。故调查表明,在50多年前,八家坪地区的森林植被保存还相对较好,森林稠密得看不见路,还有许多合围的柏树,森林中有虎、狼、麂子、豹子、野牛、野猪、狐等动物。近50年对森林植被破坏,除了垦殖以外,主要是大跃进和合作化建立居民点的因素。如闫树明和闫义明老人称,20世纪五六十年代建立居民点破坏林木多,主要是小树,但在1958年大炼钢铁、大办食堂时,砍的大木十分多,佘光武和张新云老人称砍后连薪材都难以找到,在20世纪70年代有的农户要走半天才能到砍薪材之地。

从通江八家坪的历史人类学考察来看,长江上游四周深丘和山地的森林资源受到的破坏虽然十分早,在清代乾嘉时期的垦殖高潮中已经有较大规模的砍伐,但真正对森林生态造成致命影响的还是在近五六十年的时期内。不过,现代八家坪一带森林植被状态已经恢复得较好,这是这些年来退耕还林、燃料换代、农村人口空虚化等因素综合影响的结果。

(5)四川宜宾县越溪个案

四川宜宾县正好处于四川盆地浅丘地区与四周深丘和山地的过渡地区,历史上也是汉族与少数民族的一个过渡地区。在这个地区的浅丘地

区，虽然历史上垦殖活动十分早，但在明代可能还有较好的森林植被。

在嘉庆《宜宾县志》卷48《艺文》里，明末清初樊曙《越溪记》对越溪河的生态情况作了较详细的记载，为我们复原当时的森林生态环境提供了原始的材料。其记载：

越溪河上游白花镇

（越溪）其禽则花眉、文雉、箐鸡、白鹇、醉老、春哥、打鱼、啄木以及夫水鹤、鹭鸶、鸳鸯、鸂鶒，靡不集于溪中。其兽则群熊、诸獶、山羊、水鹿、老玃、豪豕、松鼠、竹牛，亦有独角之羚，三蹄之虎，祭天之獭与豺，靡不藏天溪畔。其木则奇松、怪柏、建木、杉条、紫荆、

现在越溪植被

白杨、山桃、橡栗、珍果十二，翠竹十二，悉乔鬻于溪之旷土。其草则芳兰五种，大药百丛，菌、笋、芹、蒿可侑食，荷、菱、葛、蕨可疗饥。有七里之香，九节之蒲、黄茅、白苇、红蓼、绿莎，悉衍茂于溪之水涯与山阿。当其春夏，锦绣迷空，亦青苍挂壁；及夫秋冬，烟横绝谷，风动残林，而鸟语兽声，四时不歇，悦耳怡神，形形色色，各有天然图画焉。

现在越溪植被

2005年，我们对宜宾县越溪河流域进行了实地考察。发现越溪处四川盆地南部浅丘地区，为岷江河的一条小支流。樊曙在这里记载的是明清之际的常态生态情况，可作为清代初年到嘉庆年间四川盆地浅丘地区生态环境的代表。从明清之际这里有虎、熊、豹、山羊等野生动物来看，清代嘉庆以前四川盆地一些丘陵地区的生态环境仍是比较原始的，显现为较为原始的森林植被与星罗棋布的农业垦点相间的布局特点。但我们今天发现越溪河两岸人烟众多，垦殖指数较高，森林植被多为人工幼林、次生中幼林和灌丛为主，主要以竹林居多，早已没有虎、熊、豹、鹿等大型野生兽类动物生存。

总的来看，清代末年人类在四川盆地内的经济开发还表现出地域上的不平衡，一方面丘陵地区的南充一带在清代初年"地旷人稀，森林甚富"，直到光绪初年，"犹多柏"。[1] 井研"西北饶林木，城厢街居民爨爨薪仰给焉"[2]。荣县城北五至十五里之间在清末仍是"森林阴瞳，傍晚传为鬼窟，怪禽雨啸，夜禁行人"，有的地方"群山如墨，号为老林，尽一担之薪不百钱而售"。[3] 一方面在一些丘陵地区，如绵州虽然以前"向无采运木植之案，然人烟稠密，层宇鳞差，使林木所出，不足供民生日用之需"，只有沿涪江到龙州一带大山"取材于山，浮筏于川"，将大量杉、柏、椿等木转运到城中。[4] 南溪县凌云关一带明代是深林密箐之地，但光绪时期由于"生聚既繁，垦辟几尽"[5]。阆中县则早在咸丰年间就"然近日人烟益密，附近之山皆童，柴船之停泊江干者，亦大抵来自数百里外矣"[6]。

清代末年，四川盆地四周山地的大型野生兽类动物种类与清中叶相比变化并不明显，这说明了人类垦殖虽然形成高潮，但对周边山地森林资源的影响还有一定的限度，影响可能主要表现在野生兽类动物的数量上。清代末年盆地四周山地森林仍较为丰富，灾害性水土流失虽然出现，但并不

---

[1] 民国《南充县志》卷11《土物》。
[2] 光绪《井研志》卷8。
[3] 民国《荣县志》卷6《物产》。
[4] 同治《直隶绵州志》卷32《木政》。
[5] 光绪《叙州志府》卷13《关梁》。
[6] 咸丰《阆中县志》卷3。

是十分严重。

彭县、安县、什邡县当是四川盆地平坝与山地过渡地带，清末彭县白水河两岸"大杉成林，材木之所出"[1]，什邡"大半皆浓阴矗立，高插云天，大者数十围，小亦数团"[2]，而安县一带从康熙年间开始招垦砍伐森林，直到光绪年间仍是"取不尽而用不竭"，只是在光绪以后才出现"田地产薄，年遭岁歉，一般人民藉森林为生活，伐其树者多，栽其树者少，山无乔木，较昔风景百不如一"的状况。[3]

清末四周山地大型野生兽类动物仍然十分多，表明当时的森林资源丰富与生物多样性并存，如川西南雷波、屏山、马边一带，明代就开始采办皇木，清代仍然如此。清代初年雷波"山林孕毓既久，所产巨木良多"，但经过百余年，"宫室桥梁悉取资于此，数百年盘根错节之物斩伐无余"，直到清光绪年间，许多地方仍是"四周香杉楠木大合数十围，蔽亩千霄，取之不竭"，仍有诸多人在这一带设立山厂采办木植，"随木之大小，制为器用，或采集为筏，由金沙江至郡城售卖，颇获厚利"。[4] 黔江一带山地有的是"古木参差"，有的是"材木荫翳"，有的是"古木葱箐"，[5] 秀山一带山地也多是"古木丛翳"、"古木丛阴"，[6] 涪州有的山地也是"古木翳蔽"[7]。

清末民国初四川高原地区仍是重要的木材生产基地，西康一带仍是"有山皆树，苍翠蔽天"，每年用林木烧炭多达一万数千驮，[8] 甘孜榨科以北的俄落沟及沿江一带"松杉成林""用之不尽"[9]，德格更庆山及大江两岸"杂树密茂，苍翠蔽天"[10]，泸定县"松柏成林，沿江两岸西至康定杂树弥漫不断"[11]，许多地方的森林都是处于"自生自灭"，仅土人砍为薪材之状。

---

[1] 光绪《重修彭县志》卷1。
[2] 民国《什邡县志》卷5《食货》。
[3] 民国《安县志》卷56。
[4] 光绪《雷波厅志》卷31。
[5] 光绪《黔江县志》卷1。
[6] 光绪《秀山县志》卷2。
[7] 同治《重修涪州志》卷1。
[8] 民国《康定县图志·森林篇》。
[9] 民国《甘孜县图志·森林篇》。
[10] 民国《德格县图志·森林篇》。
[11] 民国《泸定县图志·森林篇》。

在民国初年，四川盆地许多地区眉山县治东马儿山出现虎患，[1] 周边山地的叙永"山中林木蓊郁，斧斤少加，犹有野麂熊豹之属遨游其间"[2]，崇庆县山地还有"野牛群聚"现象，还有许多崖驴、豹、野猪等大型野生动物，[3] 南川县德隆场在民国时还出现虎入城事件。[4]

但是一些人类经济活动较多的地区，特别是工矿业发达的地区，森林已经遭到较大破坏，如大宁县棠楸树"产深山老林中，大者数人合抱，可为棺材，今砍伐殆尽，大木不易得矣"，而黄杨、枞等木"宁邑建造皆用此物，斧斤不以入，今见其濯濯矣"，故嘉庆时严如熤称盐井"逼近老林，柴薪甚便，今非昔比矣"。[5] 珙县一带只是"青枫颇多"，其他松柏杉之类高大乔木已经十分少见。[6] 峨眉县一带本来森林资源较为丰富，但清末宣统年间"杉木逐年砍伐，亦渐枯萎"[7]，南充县"迄光绪初犹多柏，近因生齿日繁，耕地不足，山辄崖隙无不开垦，其得保存明代遗木者为各高山顶部寺观附近"[8]，民国时万源一带"生齿日繁，山林尽辟，十年以外之木殊觉不可多见。兹距前修志年代又四十年矣，拱把之材亦稀"[9]，西昌一带"植物有斩伐而无栽培，昔之苍苍莽莽盛□□□，已骎骎乎次第萧条，能勿慨乎"[10]。

应该看到，20世纪80年代以前，四川人口与全国的发展趋势一样，人口迅速增长。20世纪30年代四川人口突破5000万，1953年达到6500万，[11] 到了20世纪80年代，四川人口超过一亿。以三峡地区为例，清代末年三峡地区每平方公里仅132人，但到20世纪80年代，每平方公里达到244人，一些沿江区县每平方公里达到400人之多。而在人口增加的同时，在"以粮为纲"口号下出现新的垦殖高

---

[1] 民国《眉山县志》卷15《杂记》。
[2] 民国《叙永县志》卷7《实业》。
[3] 民国《崇庆县志》卷1《方舆》和卷10《食货》。
[4] 民国《南川县志》卷14《祥异》。
[5] 光绪《大宁县志》卷1《物产》。
[6] 光绪《珙县志》卷4。
[7] 宣统《峨眉县续志》卷3。
[8] 民国《南充县志》卷11《土物》。
[9] 民国《万源县志》卷3《食货》。
[10] 民国《西昌县志》卷1《地理志》。
[11] 李世平、程贤敏：《近代四川人口》，成都出版社1992年版，第108页。

潮，毁林开荒、梯田运动、围河造田遍及巴山蜀水，连三峡这样的地区垦殖指数也已经高达 26%—28% 了。① 许多海拔在 1500—3000 米的高寒坡地也开垦为梯田（土），甚至出现了威宁草海地处高原，海拔高离太阳近，更适宜种水稻的说法，所以形成了在将草海放干种水稻的荒谬之举。

在这样的状况下，20 世纪六七十年代，四川地区的森林生态环境恶化，森林覆盖率在 60 年代一度仅有 9%，跌到历史时期四川森林覆盖率的最低谷。到 20 世纪 80 年代初，四川的森林覆盖率也仅 13.3%，在当时的 193 个县市中，森林覆盖率 10% 以下的占 91 个，川中盆地丘陵地区的县市森林覆盖率仅 3%—5%，有 19 个县的森林覆盖率不到 1%，几乎为无林区县。② 从 20 世纪 50 年代到 80 年代初，长江上游各省、区森林覆盖率普遍下降，四川、贵州的森林覆盖率下降 10% 左右，云南则下降高达 27% 左右。所以，20 世纪七八十年代，四川盆地川中浅丘地区一片童秃，特别是盆地内的南充地区、内江地区一带，连茅草都被百姓砍光用于薪材，紫色土裸露无遗，一片紫赭。在历史时期，造成四川地区森林资源变化的原因很多，人口膨胀下的毁林开荒是最重要的原因。

在这样的背景下，长江上游的水土流失十分严重。20 世纪 50 年代水土流失面积仅占 28.4%，但到 20 世纪 90 年代以来，达到 37.3%。③ 特别是金沙江由于地处干热河谷地区，生态环境十分脆弱，而且人类垦殖活动在金沙江下游沿江两岸早在清代就较明显，到 20 世纪 90 年代，江水年均含沙量达 2.17 公斤/立方米，年平均水蚀模数每平方公里达 1920 吨。而嘉陵江穿过垦殖指数十分高的盆地丘陵核心地区，年均含沙量也达 2.24 公斤/立方米，年平均水蚀模数每平方公里达 951 吨。由于一般时期和枯水时期径流量的减少，嘉陵江下游重庆段枯水季节河道深仅达 1 米，出现季节性断航。

---

① 蓝勇主编：《长江三峡历史地理》，四川人民出版社 2003 年版，第 229 页。
② 蓝勇：《历史时期西南经济开发与生态变迁》，云南教育出版社 1992 年版，第 66—67 页。
③ 向成华等：《长江上游退化生态的恢复与重建对策》，《四川林业科技》2002 年第 6 期。

3. 农民工外流与农村人口空虚化对森林生态环境的影响

近20年来，长江上游地区农村生态环境有所好转，主要表现在森林覆盖率增加，除了前述退耕还林政策实施、生态环境意识加强、林权意识加强、农村燃料换代、食物结构变化等因素外，农村人口的"空虚化"是一个重要因素。

早在20世纪六七十年代，出现了知识青年上山下乡运动，大量城市人口进入农村，使农村实际人口大大增加，这一方面增加了农村劳动力人口，使农村垦殖活动的强度增大、广度扩展，对森林资源的破坏加大；另一方面，人口的增加，个人生活对农村森林生态环境的压力增大，主要表现为建材、器用、薪材等方面需求增加。

20世纪八九十年代改革开放以来，大量农民工进入城镇，使农村的实际生活人口大大减少，必将极大地减轻农村的森林生态环境的压力，客观上使森林资源得到较好的保护。研究表明，中国南方村民一般每年每户用材5吨，约合3.2亩森林，以每户5口人计算，平均每年每人耗费森林0.62亩左右（如果以陕西秦岭农户每户耗10吨左右薪材计算，则应翻一倍）。显然，农村人口的多少直接关乎对森林资源的取用的多少。

那么，在长江上游这些年有多少农村人口外迁城市呢？外迁人口占农村户籍人口的比例怎样呢？近些年我们的研究生张艳梅、韩平、吕进等对现代长江上游农村人口外迁比例作了一些个案调查。通过调查近几年农村人口外迁城市打工与册载人口比例来看，四川盆地地区农村实际人口仅为册载（户籍）人口的70%左右，表明人口外迁对森林的影响减小强度至少在30%以上。

从表7—4中可以看出：第一，从2000年到2005年外出人口普遍呈不断上升趋势，有的县上升幅度增长七八倍。第二，除屏山县外，川南四县外出人口占户籍人口的10%—15%。

从县一级统计来看，城市人口本身的比例较大，而城市人口外迁打工并不突出，故整体统计并不能真实反映农村的情况，可以我们统计镇乡村一级人口外迁比例更能准确反映农村人口减少的客观情况。[①]

[①] 四川屏山县迁入人口反而多于迁出人口，一方面是受水利工程集中迁入的影响，同时可能还与山区区县的外出务工人数少有关。据湖北鄂西巴东县官渡镇的统计资料显示，2005年全镇人口55921人，外出人口数仅5390人，仅占人口数的9.7%左右。

表 7—4　　　　　　　　　四川省川南五县人口统计　　　　　　单位：人

县域	年份	常住人口	户籍人口	外来人口	迁出人口
宜宾县	2000	890892	982276	9421	100805
	2001	884683	986811	9750	111878
	2002	879664	994024	9825	124185
	2003	870480	995175	10342	135037
	2004	832096	970997	10981	149882
江安县	2000	483457	532160	5028	53731
	2001	483685	534416	5149	55880
	2002	484537	537424	5228	58115
	2003	485403	539383	5297	59277
	2004	486298	540219	5356	59277
高县	2000	441698	501992	4546	62488
	2001	443219	503171	6949	63573
	2002	441852	504191	8225	65138
	2003	438586	503657	8863	68471
	2004	435490	504862	9765	72498
筠连县	2000	353659	386325	10414	43080
	2001	353569	386715	11914	45060
	2002	353745	387781	12034	47070
	2003	354400	389120	14280	49000
	2004	357829	393445	14583	50200
屏山县	2000	281699	257349	5013	663
	2001	263103	258320	6235	1452
	2002	264345	259821	7646	3122
	2003	265689	262088	4454	853
	2004	296072	293240	8057	5225

资料来源：四川省宜宾市统计局。

表7—5　　　　　　　　四川宜宾县蕨溪镇人口统计　　　　　　　单位：人

年份	总户数	总人口	外出人口
2000	12376	47618	4810
2001	12467	45991	6304
2002	12598	46253	7021
2003	12620	46901	7739
2004	12659	49363	6847
2005	12640	47403	11031

资料来源：四川宜宾县蕨溪镇。

从表7—5中可能看出2005年蕨溪镇外出人口占了总人口的20%左右，乡镇一级外迁人口增长比例远远大于全县的比例。同样，据四川宜宾县农村经营管理站的《农村经济统计表》来看，2000年度泥溪镇、泥南乡、蕨溪镇外出劳动人口在10%—15%，但到2005年，泥溪镇泥南乡总人口19526人，外出劳动力占3884人，占了20%左右，泥溪镇农业人口36261人，外出劳动力为7613人，也达到20%左右。蕨溪镇农业人口47403人，外出劳动力为11031人，超过了20%的比例。

实际上，长江上游区县外出人口比例远远高于户籍人口的20%。

表7—6　　　　　　　　四川省富顺县安溪镇人口情况　　　　　　　单位：人

年份	户籍人口	流动人口（主要为外出劳动力）	常住人口
2002	44420	11010	33420
2003	44504	10920	33684
2004	44462	11000	33462
2005	43317	11020	32292

资料来源：富顺县安溪镇派出所、劳动保障所、劳务开发办公室。

从表7—6中可以看出，富顺县安溪镇外出人口占户籍人口的四分之一强。同样，从重庆垫江县政府经发办2005年的统计材料来看，全县903641人口中，外出打工人数为153618人，占16%以上。同样，高安镇人口63543人，外出打工人口为12073人，占20%左右。

根据以上的数据，我们可以发现现在长江上游农村外迁人口往往占户籍人口15%—25%，农村实际人口的地理密度往往比统计小得多。实际上，由于许多外迁人口的统计仅是常年外出劳动力人口，并不包括随同的老人与孩子，加上许多季节性外出打工的人数无法统计，所以，实际上外迁人口数可能更大，可能至少在30%左右。这样，2005年左右长江上游农村实际长年生活的人口数仅只户籍人口数的70%是可信的。

由此可以看出，现代长江上游森林资源率的回升，除了政策上退耕还林、环境保护意识增加、环境法制的制约、燃料换代、食物结构变化等因素外，农村人口外迁和城市进程的加快也是重要因素。

4. 城市化进程与森林生态环境变迁

如果在总人口不变的条件下，农村人口与城市人口比例的变化，对森林生态环境的影响是不同的。也就是说，城市化对森林生态环境的影响是十分大的。这种差异既体现在影响的程度上，也体现在影响的区域上。

在传统社会里，明清时期是一个商品经济发展较快的时期，故城市人口的增加也较快。不过，目前明清时期城镇人口统计资料极不系统，为研究明清城市化问题带来了不少困难。

研究表明清代嘉庆年间成都城区人口大约在19.4万人，占全市27.7%，约为四分之一，显示了较高的城市化水平。清末1911年成都城区人口密度为每平方公里16014人，到民国二十六年（1937年）达到每平方公里24284人。1944年城区面积扩大后，城市人口密度仍为每平方公里14449人左右。[1] 同样，研究表明，清末民国初年，重庆1911年城区人口约41628户，167281人，[2] 约占当时巴县人口（191394户、990474人）的16%左右。1929年重庆城区人口密度为每平方公里5091人，1944年城区扩大，人口密度为每平方公里3130人。[3] 1939年自贡建市时人口占荣县和富顺县两县人口的13%左右[4]。1939年自贡人口中农业人口仅占15.62%，工商业人口比例大。[5]

但总体上四川其他城市的城市化水平还十分低。1949年全川城市人

---

[1] 李世平等：《近代四川人口》，成都出版社1993年版，第201—202页。
[2] 同上书，第220—221页。
[3] 同上书，第224—225页。
[4] 同上书，第240页。
[5] 同上书，第253页。

口不到总人口的 4%。① 如 1949 年巴中县城镇人口仅占总人口的 3%，巫溪县城镇人口占总人口的 3.2%。在以浅丘为主，经济开发较早的地区城镇人口比例要大一些，如合川县 1949 年城镇人口占总人口的 12.13%，而泸州市为 13%左右。② 随着当时人口数量的不断增加，城市人口密度的增大，在城市建筑材料、器用材料、燃料没有完全换代以前，城市化进程对城市森林植被环境的影响就越来越明显。

根据掌握的文献记载和历史照片显示，清末民国直到 20 世纪 80 年代以来长江上游的绝大多数城市内部和四周的森林生态环境是十分恶劣的，其森林植被环境远远比现在差。主要特征为除寺观庙宇官府处外，一般城镇几无林木可言，一片童秃之景，而大城市和工矿城市同时还出现城市生化污染。

据清末方苏雅拍摄的昆明城区图来看，当时昆明不论是城市居民区，还是商业区都林木稀疏，而城郊更是一片广阔的空旷之地，无一根林木可言。清末民国初年《云南产业志》记载："省垣泊滇越铁路通，人口日众，土木大兴，木材需多，燃料倍耗，虽有铁路搬运，而沿路山空，木材薪炭价皆奇贵。"

这种情况并不是孤立的。从清末湖北秭归城图与 2003 年秭归县城图的比较可看出，清代秭归县城除城北的寺庙有一点林木可言外，城背后山一片童秃，寸木不生，而 21 世纪初的秭归县城城周的森林植被就远比清代好。

从日本人山川早水所摄清末重庆城图来看，城墙外是一片草坡，也无林木可言。早在乾隆年间重庆城中就有"昔年柴多炭广，以故炭价低贱，迨后柴少炭寡"，当时就"因附近地方无柴煤炭，炭价愈昂"，只有"前往相连黔省地方并酉阳州等处地方买树烧炭，陆地搬运，水路装船，运至渝城"。③

从清末至民国时期的自贡城区图和相关文献记载来看，不仅四周全是童山秃岭，寸草不生，而且出现了长江上游最早的较为严重的城市生化污

---

① 李世平等：《近代四川人口》，成都出版社 1993 年版，第 254 页。
② 《巴中县志》，巴蜀书社 1994 年版；《巫溪县志》，四川辞书出版社 1993 年版；《合川市志》，四川丛书出版社 1995 年版；《泸州市志》，方志出版社 1998 年版。
③ 《清代乾嘉道巴县档案迁编》，《乾隆二十六年七月十三日巴县申》，四川大学出版社 1989 年版，第 318—319 页。

染。清末成都城市的生态环境也并不乐观,城市四周的森林也十分少,并且出现较为严重的城市生活生化污染。南充"全县建筑器用材料沿江者仰于东河,近年东河森林渐竭,远价复昂,治城等处渐呈木荒……望苍坝以上皆森林、矿山,出木材、煤炭,顺庆商人多专船至此采办,贩回售卖,往昔售价甚廉,近因沿河各山并已开采,须远至数十里外采伐矣"①。

不过,城市化过程对长江上游地区的森林环境的影响是十分复杂的。本来,大量人口进入城市,对城市的生态环境是一种增压,对农村的森林生态环境是一种减压。但同时,农村在出生人口膨胀以及高产旱地农作物引进的垦殖背景下,人口规模仍然很大,一定时期内的森林生态环境好转并没有出现。但是在退耕还林、计划生育和燃料换代的背景下,农村人口迁入城市对农村森林生态环境的减压作用就十分明显了。

(二) 农作物引进与森林生态环境变迁

我们知道,在2000多年的中国农业发展史上,有三次农作物引进和培育对中国农业经济和农业社会产生较大影响,第一次是汉代大量西域农作物传入中原地区,第二次是宋代早熟稻的引进和推广,第三次是明清之际大量美洲高产旱地农作物的传入。

研究表明,第三次美洲旱地高产农作物的传入对中国社会产生了积极的影响,特别是一定程度上消除了因大量战乱带来的饥荒的威胁,但同时也对中国一些地区的产业结构和森林生态环境也产生了一定的负面影响。②

研究表明,南方亚热带山地的开发肇于三国时期,长江上游在唐宋时期已经出现梯田和大量畲田,但直到明清之际,由于人口增长缓慢,人口密度并不高,人口主要居住在城镇周围和沿江平坝地区,平坝多开垦无余,但广大亚热带山地为主的地区仍多是森林茂密的地区。

玉米、马铃薯、红薯的原产地都是在南美洲。玉米大约是在16世纪传入中国,红薯、马铃薯大约是在17世纪传入中国,但其在中国的大量

---

① 民国《南充县志》卷11《土物》。
② 蓝勇:《明清美洲农作物引进对亚热带山地结构性贫困形成的影响》,《中国农史》2001年第4期。

被推广相对更晚,一般认为是在清代乾隆、嘉庆年间。[①]

明代末年和清代初年,在中国历史上是一个十分令人玩味的时期。一方面大量美洲农作物传入,马铃薯、番薯、烟草、辣椒等相继传入中国;另一方面明清战乱对南方亚热带地区的社会经济造成极大的破坏,人口大量损耗,造成这个地区在人口基数较低的条件下的人口的大流动和大增加。这种大流动、大增加一方面促使了美洲农作物的传播速度加快,大量农民走进深山垦殖;另一方面正好使玉米、红薯、马铃薯成为这些农民山地垦殖的最佳选择。因为就整个南方亚热带山区而言,如果仅靠传统的粟、秫、荞麦、燕麦、大麦来开发高寒贫瘠的山地,由于这些农作物的产量相对低和适应性差的制约,许多山地"地气高寒,不能成熟"[②],山地的开发和由此而来的人口大增长是不可能实现的。

具体地讲,美洲高产旱地作物在长江上游亚热带山地广泛传播对人口的影响,第一,在承平时使山区人口自然增长成为可能;第二,遇饥荒时使平坝、山区都赖以度荒,减少灾荒而来的人口的自然减少;第三,饥荒后他们的高产可使人口的恢复速度提高,使人口可以持续增长。

应该看到,这种农作物的大量种植,也对这些地区的产业结构和生态环境造成了较大的负面影响。

其一,在初期,玉米、马铃薯、番薯的推广,对于亚热带山区的开发起的作用是积极的。因为就历史时期长江上游的山区来看,人口密度十分小,森林资源十分丰富,但同时显现生态环境的原始性,对人类的基本生存构成最直接的威胁,但同时应该看到,随着对以美洲高产旱地农作物推广为主的山地开发,山区的生态原始性丧失后而一时有利于人类生存的同时,山区的产业结构开始出现以种植业为主体的趋势,而种植业又以种植玉米、马铃薯为主,破坏了亚热带山区特有的生物多样性而来的产出多样性,山区的生物多样性的优势难以体现,产业与资源配置不合理,经济水平滞后,形成越垦越穷,越穷越垦的怪圈,造成了

[①] 何炳棣:《美洲农作物的引进、传播及其对中国粮食生产的影响》,《历史论丛》第5辑,齐鲁书社1985年版;何炳棣:《中国人口研究1368—1953》,葛剑雄译,上海古籍出版社1990年版;陈树平:《玉米和番薯在中国传播情况研究》,《中国社会科学》1980年第3期;郭松义:《玉米、番薯在中国传播中的一些问题》,《清史论丛》第10辑;曹树基:《清代玉米、番薯分布的地理特征》,载《历史地理研究》第2辑,复旦大学出版社1990年版。

[②] 严如熤:《三省边防备览》卷7《险要》下。

"结构性贫困"至今。从根本上讲,这种"结构性贫困"首先从经济结构上形成了对森林生态环境破坏的负面机制,自然会对生态环境造成破坏。

其二,玉米、马铃薯、番薯在山地的大量种植,还造成森林资源的大量减少,农业生态的破坏,水土流失的加大,土壤肥力的递减,使种植业的产出越来越少。在明清以前长江上游地区亚热带山区绝大多数仍是森林茂密的地区,故三种农作物的种植自然是以毁林开垦为条件的。如辰州府"垦山为陇,争种之以代玉米"①,鄂西一带"深山老林尽行开垦,栽种包谷"②,汉中一带"熙熙攘攘,皆为苞谷而来"③,四川太平一带"高山专以洋芋为粮,粒米不得入口"④,峨眉一带"山居则玉蜀黍为主"⑤,彭县一带"玉米,山居者广植以养生"⑥,陕西石泉县"遍山漫谷皆包谷矣"⑦,建始一带"深林剪伐殆尽,巨阜危峰,一望皆包谷"⑧。长阳县方山"山上广袤约数里,佃户十余家,皆种包谷自给,而出租以饭僧,陶然自乐"⑨。川南珙县一带"各山地勤加垦辟,广种菽、粟、包谷"⑩。

据光绪《定远厅志》卷5《地理志》记载:

> 至高山之民赖洋芋为生活,道光前唯种高山,近则高下俱种,春种六月可食,山民有因之致富者。

可以看出,洋芋是由"湖广填四川"的移民传入,当时坝区、丘陵可能已经被垦殖完毕,故先在高山地区种植,后发现高产,然后才传到平坝、丘陵地区。

---

① 乾隆《辰州府志》卷15。
② 《林文忠公政书·湖广奏稿》卷2《筹防襄河堤工折》。
③ 《汉南续修郡志》卷21《山内风土》。
④ 光绪《太平县志》卷6。
⑤ 嘉庆《峨嵋县志》卷1。
⑥ 嘉庆《彭县志》卷39。
⑦ 道光《石泉县志》卷4。
⑧ 道光《建始县志》卷3。
⑨ 同治《宜昌府志》卷14《艺文》。
⑩ 光绪《珙县志》卷4《农桑志》。

在清代就有许多有识之士认识到：这些农作物的种植对农业生态的破坏，由此造成水土流失、肥力递减以及产出递减。

道光《鹤峰县志》卷6《风俗》：

> 田少山多，坡多硗确之处皆种包谷。初垦时不粪自肥，阅年既久，浮土为雨潦洗尽，佳壤尚可粪种，瘠处终岁辛苦，所获无几。

同治《宜昌府志》卷16：

> 常德、沣州及外府之人，入山承垦者甚众，老林初开，包谷不粪而获……迨耕种日久，肥土雨潦洗净，粪种亦不能多获者，往时人烟辏集之处，今皆荒废。

嘉庆《汉南续修郡志》卷20：

> 伐林开荒，阴翳肥沃，一二年内，杂粮必倍。至四五年后，土既挖松，山又陡峭，夏秋骤雨，冲洗水痕条条，只存石骨。又须寻地垦种，原地停空，渐生草树，枯落成泥。或砍伐烧灰，方可复种。

同治《施南府志》卷11：

> 自改土归流来，流人麇至，穷崖邃谷，尽行耕垦。砂石之区，土薄水浅，数十年后，山水冲塌，半类石田。

所以，清代在长江上游形成"民生日繁，地土硗薄，各粮所出渐见减少"[①]，形成"辛苦开老林，荒垦仍无望"的局面，故历史上有"山地久耕利薄"的说法。

其三，山区森林资源的丧失及由此而来的水土流失，不仅仅破坏本地区农业生态，造成本地区内部产出的减少，而且水土流失使江河泥沙量增大，致使中下游河道泥沙量剧增，淤塞河道，抬升河床，成为中下游地区

---

① 道光《紫阳县志》卷3。

洪涝灾害的重要原因之一。对此，早在清代就有人提出长江上游的"无业游民到处伐山砍木，种植杂粮，一遇暴雨，土石随流而下，以致停淤接涨"[①]的看法，但在传统社会，这种微弱的声音往往是孤掌难鸣，现实中，在巨大人口压力和政府大力鼓励垦殖政策之下，这种理性的认识在社会上的影响微不足道。

（三）燃料换代与森林生态环境变迁

在历史时期，人类生产和生活中燃料的取用对生态环境，特别是对森林资源分布的影响是相当直接的。人口规模的扩大与缩小，工矿业规模的扩大与缩小都会直接影响到森林分布的变迁，进而影响生态环境。同时，在人口和工矿业规模不变的条件下，人类生活方式和工矿业产业变迁也会影响到森林资源。在其中，燃料的变迁对森林资源的影响就是十分明显的。

1. 传统生物质燃料危机的出现

人类产生以来使用最早和使用时间最长的是可再生的生物质燃料，即以植物燃料为主。对燃料的取用在人类历史时期主要分成生活和生产两大领域。在传统时代生活领域，薪材的人均用量总的来看是变化不大的，但随着人口的增加，对植物燃料的获取总量变化却是明显的。从传统时代的手工业生产来看，主要燃料也是依靠可再生的生物质植物燃料。随着生产技术的改变和生产规模的变化，可再生的生物质植物燃料的绝对量变化也是很明显的。

百姓生活对燃料的取用对森林的砍伐量在历史时期仍是很大的。不过，在一定时期由于人口总数有限，人地比率不大，人们并没有感到薪材的匮乏。以四川地区为例，唐代成都平原地区的人口地理密度才247人/km^2，而盆地丘陵地区的人口密度一般在11—32人/km^2。北宋成都平原地区的人口地理密度为210人/km^2，而盆地丘陵地区的人口密度一般在

---

① 陶澍：《陶文毅公全集》卷10。

21—53人/km²。① 周边山地的人口地理密度就更低了，以三峡地区为例，三峡地区唐代人口密度仅4.55—5.39之间，宋代也仅在5.53—15.03之间。② 在这样的人地关系背景下，这个时期成都的森林覆盖率一般在20%左右，丘陵地区一般在35%左右，而周边山地在70%—80%。③ 龚胜生研究唐代长安80万人，年均耗薪材在40万吨左右，每年樵采200—400平方公里森林。④ 以此推论，每人年均耗薪材为1000斤左右，平均每人要樵采影响森林仅只为0.0005平方公里。

研究表明，唐代四川盆地一般州县人口在15000—30000人，以此标准衡量，平均每年薪材仅影响8.9—15平方公里森林，宋代四川盆地一般州县人口为40000—55000人，平均每年薪材消耗也仅影响21—27平方公里森林。这种损耗相对普遍在2000多平方公里的县域面积来说，其对森林资源和生态环境的影响是微不足道的。所以，唐宋时期，成都平原曾用桤木、桂树作为薪材，表明当时成都平原在薪材上并不感到十分缺乏。至于其他丘陵山地地区森林资源更是丰富，人口稀少，薪材更是富足，我们发现了许多这个时期的采薪记载，但没有薪材缺乏的记载。

历史上长江上游手工业中井盐业和冶铜业是规模最大的工矿业，也是对燃料依赖最大的产业。在汉晋南北朝时期，长江上游的盐业已粗具规模，当时已经普遍使用木材和薪炭煮盐。定筰一带"有盐池，积薪，以齐水灌，而后焚之，成盐"，越巂一带煮盐"先烧炭，以盐井水沃炭，刮取盐"，显现了当时"刮炭取盐"方式对木材的取用情况。在四川盆地地区大口井开采时普遍采用了"敞锅煮盐"方式，更主要是用木材为燃料，这

---

① 以《中国历史地图集》第5册唐代益州图幅用方格求积法得出面积约为3750km²，以《旧唐书·地理志》记载天宝蜀郡人口928199计算，人口密度为247人/km²。丘陵地区以典型的梓州、果州为例，同样求得两州面积分别为8000km²和7500km²，以天宝人口246652人和89225人计算，人口密度分别为32人/km²和11人/km²。同样以《中国历史地图集》第6册北宋成都府图幅用方格求积法得出面积约为2800km²，以《宋史·地理志》记载崇宁人口589930人计算，人口密度为210人/km²。丘陵地区同样以典型的梓州、果州为例，同样求得两州面积分别为8400km²和6000km²，以崇宁人口447565人和130313人计算，人口密度分别为53人/km²和21人/km²。

② 蓝勇主编：《长江三峡历史地理》，四川人民出版社2003年版，第175—187页。

③ 蓝勇：《历史时期西南经济开发与生态变迁》，云南教育出版社1992年版。

④ 龚胜生：《唐代长安城薪炭供销的初步研究》，《中国历史地理论丛》1991年第3期。注意这里的樵采并不是对这样面积的森林完全破坏，因古代多数樵采是只砍伐树枝，森林是可再生的，故这里仅是指樵采影响范围。

可从汉代四川的画像砖《盐井》、《盐场》图中看出这一点。但是，由于当时产盐区主要集中在川南、川西、滇北地区，在人口压力小的背景下，产盐的规模十分有限，盐业开发从总体上来看是十分小的，故从汉代四川的画像砖《盐井》、《盐场》图中看出当时盐场周围还是森林密布，甚至还有一些野生动物生存其间。

唐代长江上游地区的盐业开发的强度和范围都有所扩大，四川地区有27个州县产盐，云南地区有12个产盐重地，特别是川东地区井盐业的发展，白居易谈到川东地区"隐隐煮盐火，漠漠烧畲烟"正是对这种情况的高度概括。不过，由于唐代长江地区的人口压力并不大，四川地区的井盐业仍用大口井技术，开凿困难，制约了盐业规模的发展，云南地区则仍然采用传统的"刮炭取盐"方式，虽然损耗木材，但同时也制约了盐业规模的进一步扩大，限制了盐业开发的强度和规模，进而控制了盐业对森林资源的影响程度。

宋代，一方面中国经济重心东移南迁，四川的经济战略地位越来越重要，川南和川东地区开发加快；另一方面卓筒井的利用，冲击式顿钻法的采用，大大提高了井盐生产的效率，井盐开采的规模扩大。研究表明，宋代四川地区产盐州军监34个，产盐县61个。南宋绍兴时盐井达4900多口，一年产盐6000万斤之多。[①] 在这样的背景下，川南和川东的一些井盐生产地区已经出现了对生态环境的较大破坏，对生态环境产生了负面影响，如陵州、荣州、涪州等地盐井附近已经是童山秃岭，薪材十分缺乏。但是应该看到，虽然当时四川地区盐井周围的森林受到较大的影响，但产盐州县毕竟是少数地区，而且就是在产盐州县内，盐井地区的范围也是有限的。

长江上游地区同时也是重要的有色金属生产地区，铜、铅、锡、铁等矿产生产历史悠久。这些工矿业的开发对周边的环境在历史时期都多少有一定影响。宋代，陆游便看到为冶铁从四周大山载竹炭入邛州的情况[②]。不过，这种小区域的森林生态环境破坏并没有对宋代长江上游地区的整体生态产生太大的影响，整个长江上游薪材蕴藏还是十分富足的。

---

① 贾大泉：《宋代四川经济述论》，四川社会科学院出版社1985年版；林元雄等：《中国井盐科技史》，四川人民出版社1987年版。

② 陆游：《老学庵笔记》卷1。

明代以来，四川的社会经济地位在全国并不及唐宋明显，但经济开发的强度仍然在增加，井盐业开发加快，规模扩大，以致盐井附近是否有薪材成为是否开采的重要条件。如明永乐二十一年十一月（1423年12月30日）四川樊村等井灶丁言："本里有龙井泉井二处，薪水便利，乞遣官核实，定额开煎。"[1] 宣德六年己酉（1431年7月25日）四川盐课提举司上流等九井盐课司奏："今傍近民田内有古迹竹筒盐井一处，薪水便利，请令各丁修理煎办。"[2] 由此可见薪柴对煮盐的重要性。永乐二年二月辛巳（1404年3月20日）户部言："四川永通盐课司金石井灶丁自陈本井额盐八万三千七百三十斤，去山远，难得薪。捷（犍）为县福家、保通二井水咸薪便，一岁得盐十万余斤，乞就彼开煎为便。"[3] 由于离（柴）山远，煮盐不得不迁徙地点，可见在明代煮盐采伐薪柴在一些地方造成了柴山远，附近树木被消耗殆尽的状况。

在明代，不仅川西、川南地区盐井开发对附近的生态环境造成较大的影响，而且，川东峡谷地区井盐开发已经有了被破坏的记载。如明代便有"各省流民一二万，在彼砍柴以供大宁盐井之用"[4]。明成化年间的四川地区的一些盐井附近已经是"山童材少"[5]，有的地方"柴薪无地可采"，以致"煎办甚难"，[6] 有的地方"则去山远，难得薪"[7]。嘉靖时，钦差巡抚都御史潘鉴《奏减盐课疏》称："昔年，近井皆柴木与石炭也，今皆突山赤土。所谓柴木与石炭者，不但在五六十里以外，且在深岩大箐中。"[8] 这更具体地说明了当时盐场周围五六十里几无林木可言，井盐业明显对当地生态环境造成较大破坏。明代四川许多产盐区频繁出现山崩、井坍，可能就与这种植被状况造成小区域水土流失有关。

不过与宋代一样，明代这些产盐区在整个长江上游经济开发中所占的面积还十分有限，对整个生态环境的影响并不突出，同时涉及水源林地区

---

[1] 《明太宗实录》卷265。
[2] 《明宣宗实录》卷80。
[3] 《明太宗实录》卷28。
[4] 严如熤：《三省边防备览》卷13《策略》。
[5] 正德《四川志》卷25《经略》。
[6] 《明孝宗实录》卷6。
[7] 《明成祖实录》卷26。
[8] 嘉靖《四川总志》卷16引。

不多，对整个生态环境的影响也不甚严重，故整体上生活和生产的薪材的取用还不是十分匮乏。

清代前期，由于明末清初战乱的影响，长江上游出现了一次严重的人口耗损，生态环境一度恢复到十分原始的状况。在这样的背景下，人类生产和生活是不虞燃料匮乏的。但随着"湖广填四川"的移民运动，长江上游的社会经济恢复很快。

清中叶以来，长江上游地区人口的地理密度大增。以三峡地区为例，清嘉庆到清末，一般州县的人口都在20万—30万人，人口密度已经达到42—132人/km² 之间，现代发展到244人/km² 之多。[①] 到清末民国初年，四川盆地及平坝地区一般县域人口达40万—50万人。我们以40万人来计算，仅薪材一年则要损耗200平方公里的森林面积，几乎占了一个州县面积的1/10，森林覆盖率的一半左右。同时，这种人口对薪材需求的急增，叠加了建筑器用、山地垦殖、城市化和工矿业发展对森林的影响，故薪材的采伐是越来越困难。

所以，在清中叶以来，长江上游地区的城市已经普遍感到薪材匮乏，而盆地内农村出现要在较远地方采伐薪材的情形。《芙蓉话旧录》卷2《薪炭》："省城外附近百余里皆无柴炭可采，柴悉来自彭山、眉山一带，皆樗、栎之材，不能作房屋器具者。"王士禛《蜀道驿程记》："自双流至新津夹道竹林联绵数十里，居人斧斤狼籍，以供樵爨。"同治《直隶绵州志》卷32《木政》："绵州地处腹里，向无采运木植之案，然人烟稠密，层宇鳞差，使林木所出不足供民生日用之需……所赖涪水而来，波滋壮阔，绵民溯流而上取材于山，浮筏于川，由龙州顺达郭外。"咸丰《阆中县志》卷3《物产》："然近日人烟益密，附近之山皆童，柴船之停泊江干者，大抵来自数百里外矣。"宣统《广安州新志》卷12《土产志》："（柏木）数富有之山者，最近樵斧殆尽矣。"光绪《资州直隶州志》卷8《食货志》："资山箐间极繁，差小者土人贩以为薪。"这说明采薪仅以灌丛为主了。民国《眉山县志》卷3《食货志》："自工作繁兴，斧斤不以时，材木之供虞缺乏矣。"民国《荣县志》卷6《物产》："即宋坝东偏，濯濯然贫瘠区也。数十年前，沿溪森林阴曀，傍晚传为鬼窟，怪禽雨啸，夜禁行人。又往时北行不十里，群山如墨，号为老林，尽一担之薪不百钱而售。

[①] 蓝勇主编：《长江三峡历史地理》，四川人民出版社2003年版，第213—214页。

今童无一木，辟畛如百衲矣。"

不仅四川盆地州县如此，许多边远山区城镇周围的薪材也开始出现匮乏状态。

曾作为楠木采办地区的屏山县一带早在乾隆年间就出现："屏邑山高路险，樵采维艰，城市柴薪不敷，多有烧煤及草者，惟五六月间金沙泛涨，有枯木朽株，从各溪壑随涨而下，男妇杂沓取之，谓之水薪。"[①] 民国《万源县志》卷3《食货》："近以人稠户密，开辟殆尽，四望童山，不惟宫室材料不易得，即薪炭亦极艰。"川西打箭炉一带四周本是一片森林，由于人口剧增，林木不断砍伐，附近10里之内已成童山，连树根也被掘尽，民国时期甚至要到20里外进行樵采[②]，而大小金川则："自屯田开垦数据年来，居民日盛，樵苏所及近山童童。"[③]

不过，当时四周山地广大农村的薪材还是较为富足的。民国《道孚县图志》记载："森林不断，所产松、柏、杉、桧、杨柳、榆、槐，青葱密茂，以供人民之燃料而矣。"[④] 道光时，四川太平大宁等县及楚省（当为鄂西）竹溪县连界"先时不过土著居民樵采为活"[⑤]。清人王昌南《老人村竹枝百咏》："山深容易度年华，除却农忙事亦赊。播种耘苗在务华，樵苏采药尽生涯。"这说明当时樵苏可以养活人民的生计。民国《定乡县图志》记载："西山悉为森林，青葱弥茂，濯濯山麓，所产有松柏杉梁之材，乃无用武之地，在深山者自生自灭，近于人民者伐作燃料，本地风俗皆以碎柴，堆垒院墙，以宽大为富，此所谓百里柳荫尽柴扉。"[⑥]

这个时期，成都这样的大城市仍以植物燃料为主，这些燃料主要来自周边较远的州县。据《芙蓉话旧录》卷2记载："（成都）大抵贫家人少者皆烧柴，人多而稍有力者则烧炭。又有冈炭，则以青枫木煅成，专以御寒……桴炭为杂木细枝煅成，俗呼'桴槽'……枫炭不定期亦来自外县，

---

① 乾隆《屏山县志》卷1《舆地志·风俗》。
② 林鸿荣：《历史时期四川森木变迁》，《农业考古》1985年第2期。
③ 李心衡：《金川琐记》，《小方壶斋舆地丛刊》第7帙。
④ 民国《道孚县图志》，北京民族文化馆图书馆1960年油印本，《中国地方志集成——四川府县志辑（67）》1992年版。
⑤ 严如熤：《三省边防备览》卷14《艺文》下。
⑥ 民国《定乡县图志》，北京民族文化馆图书馆1960年油印本，《中国地方志集成——四川府县志辑（67）》1992年版。

桴炭则附城各地，多有设窑以煅者。"民国《丹陵县志》记载："冈炭，丹邑素多青冈树，烧炭家每岁秋后入山购买，就地成窑，伐木析薪……（冈炭）远至洪雅、蒲江，装载销行嘉定、成都各处，岁约值千余元。"[1] 据此可知，清代末年，木柴仍是成都城区的主要燃料，而且主要来自外地。这与龚胜生指出的直到清代中期北京城内仍以植物燃料为主的格局是相吻合的。[2]

《成都通览》记载成都当时柴分成把材（松木）、围材（青冈木）两种，大都由从嘉定至江口一线的农村提供，江口以上成都平原已经没有提供薪材的可能，唐宋时期那种以桤木、桂树为薪的条件已经不复存在，居民取用薪材对成都平原森林资源的破坏范围已经达到一百多公里以外。从前述《芙蓉话旧录》对成都的记载、咸丰《阆中县志》卷3《物产》对阆中的记载、林鸿荣《历史时期四川森林变迁》对川西山地的研究可知，当时成都平原薪材取用的辐射范围已经达200公里左右，而四川盆地地区可能也在一百多公里以内，四周山区的薪材用的辐射范围已经达20里以内，这说明不同地理环境、城市发展水平和规模对四周森林环境影响程度不同。

在明末清初大损耗后，长江上游地区社会经济恢复十分快。清中叶以后，人口绝对量的增长，盐业开发的强度增大，对植物燃料采伐达到空前规模，如云南地区的产盐区已经从滇西、滇中地区开拓到滇南地区，盐井数量增加较快。由此，盐业开发对生态环境的影响程度越来越明显，范围越来越广。

如大宁一带曾是重要的盐业开发区，人烟汇集，"土人砍取成薪，编列成牌号，逐渐至场，利可倍蓰"，以至大宁河沿岸"柴块居积如山，用以熬盐"。在这样的砍伐下，大宁宁厂后乡一带老山"嗣以人稠用广，斧斤频施，尽成童山矣"。清嘉庆时严如熤曾谈到宁厂逼近老林，薪材甚便，但光绪时人们已经感叹"今非昔比矣"。[3] 现在大宁河一带多以大草坡灌丛为主。彭水一带，早在宋代，盐业开发一度影响到盐井四周的生态环

---

[1] 民国《丹陵县志》卷4《食货》。
[2] 龚胜生：《元明清时期北京城燃料供销系统研究》，《中国历史地理论丛》1995年第1期。
[3] 光绪《大宁县志》卷1。

境，到了清代，已经只能"刈茜以烧"①。云南地区多用材茅为燃料，但由于长期砍伐，盐场周围薪材难以续继，故形成"各炉户煎盐，从前柴甚近，迩来日伐日远"的状况，造成"白井无患无卤而柴难"的局面。② 乾隆《富顺县志》引李芝《盐井赋》对盐井对生态环境的破坏作了生动地描述："尔乃连阡薙草，随山刊木，复涧权柎，阴崖跌蹀，修则松楠，下及榆槭，糅以营菽，杂以萧遂。有山皆空，无岭不秃。"在自流井地区，清后期以来，由于采盐业发展和人口大增，其四周更是一片童秃，无任何薪材可采。在 20 世纪初，由于附近木材短缺，加以牵牛较多，故"万户炉饭，多烧牛粪"③，使空气污染十分严重。20 世纪以来，改用先进的旋钻法钻深井天然气后，天然气广泛被运用于盐业，燃料的转换使盐业对森林资源的破坏才有了一定的减弱，但生化污染却更为严重。20 世纪六七十年代，自贡地区仍多是林木稀疏、江河污浊之地。

研究表明，宋代以前冶铁主要是用木炭为燃料，占燃料的 70% 以上，后来，煤炭所占的比例逐渐增高。但在生物资源十分丰富的长江上游，木炭使用的历史可能更长，直到明清仍是主要燃料。明清时期，长江上游铜、铁、铅等金属矿产发展很快，对森林资源的影响越来越大。如川西一带采矿铜时"山林树木，随处烧炭"④。清人杨国栋《峨边竹枝词》称"金山银洞路无穷，铁窑铜坑一线通。听说万人佣役处，峰峰宝气夜来红"。从事采矿的多达万人，可见当时冶铜矿业规模之大。当时的冶铜铁多以植物薪材为主要燃料，同时还要消耗大量的木炭，一般是每炼 1 吨铁需要 6 吨木炭，可见对森林资源的影响之大。据史料，长江上游冶炼铜铁广泛用煤炭多在民国后，严如熤《三省边防备览》记载："黑山为炭窑，须就老林伐装窑烧煽铁炭……而炭必近老林，故铁厂恒开老林之旁。如老林渐次开空则虽有矿石不能煽出，亦无用矣……每十数人可给一炉，其用人最多则黑山之运木装窑，红山开石挖矿。"⑤ 民国时期，荣县"自铁厂土法炼矿，寄铁命于木炭，万山皆童。今汉阳各铜铁厂专用石炭，原守土法而不知变哉。匪松之穷，将铁之绝矣"。按今土法冶炼铁每一千斤约消

---

① 光绪《彭水县志·艺文》。
② 张弘：《滇南新语》，《小方壶斋舆地丛刊》本。
③ 樵斧：《自流井》，成都聚昌公司民国 5 年排印本。
④ 王培荀：《听雨楼随笔》卷 6《蜀中铜矿》。
⑤ 严如熤：《三省边防备览》卷 9《山货》。

耗硬杂木和木炭折合10.2平方米计算，不难想象当时铁矿区周围的森林情况。

明清时期滇东北地区铜矿业发展很快，对附近森林的影响最为明显。《铜政全书咨询厂对》："凡厂硐多日久，遂至随近山林尽伐，而炭路日远，煎铜所需炭重十倍于铜。"光绪《东川府续志》卷3："东川向产五金，隆嘉间，铜厂大旺，有树之家悉伐，以供炉炭，民间爨薪几乎同桂。"据记载，当时云南炼铜100斤，一般需要炭1500斤左右，以此统计从雍正到民国26年（1937年）的214年间，损耗木炭就达900多万吨。[①]

杨煜达研究指出，清代云南铜矿从不同方面影响生态环境。首先在找矿时就开始清除矿山附近的植被，所以会出现"有矿之山，根无草木"[②]。矿业生产过程中对森林的破坏更是巨大，如支撑坑道的镶木、冶炼过程使用的木根（疙瘩）、积薪烧岩都要使用大量木材和薪材，特别是开挖木根，对水土流失的影响明显。生产过程中最大的影响是冶炼用的木炭。故有人统计，乾隆年间云南铜产量为1600万斤，而每烧1000斤铜，需耗费10000斤炭，每年则需10平方公里森林。杨氏还研究表明，倪蜕认为"开厂之处，例伐邻山"[③]，所以乾隆年间已经出现了"恐炭山渐远，脚费日多"[④]，主要矿厂及周围的森林已经破坏殆尽，采薪转运的脚步钱呈增加趋势。随后云南铜业不断发展，炭山越来越远，故时人感叹"近山林木已尽，夫工炭价，数倍于前"[⑤]，以致有人感叹"（薪炭）渐去渐远，竟有待给以数百里之外者"[⑥]。民国初年一些地方几乎是斤米斤柴，如巧家县60斤一斗的米价和70斤重的一担柴几乎相等。[⑦] 最后杨氏认为清代的130年间，冶铜使滇东北地区损失达6450平方公里森林，使滇东北的森林覆盖率下降了20个百分点。[⑧]

另外，历史时期长江上游在煤、天然气没有大量使用前，榨油、造

---

① 云南省会泽县地名办公室：《云南省会泽县地名志》附《地名与生态因素》。
② 倪蜕：《复当事论厂务疏》，载师范《滇系》卷2。
③ 同上。
④ 乾隆《东川府志》卷20。
⑤ 王太岳：《论铜政利病状》，载吴其浚《滇南矿厂图略》卷上。
⑥ 孙士毅：《陈滇铜事宜疏》，《皇清奏议》卷62。
⑦ 民国《巧家县志》卷7商务附表《巧家县历年各种物价表》。
⑧ 杨煜达：《清代中期滇东北的铜业开发与环境变迁》，《中国史研究》2004年第3期。

纸、烧窑（砖瓦陶瓷石灰）、酿酒等手工业也直接或者间接损耗大量植物燃料。如严如熤《三省边防备览》卷9《山货》中便大量记载了老林中的炭厂、窑厂、纸厂、木耳香菌厂的情况，多是需要损耗大量木材为条件的，其中"冬春之间藉烧炭贩炭营生者数千人"，可见对森林的影响之大。

四川盆地丘陵地区在唐宋时期森林覆盖率在35%左右，但经过1000多年的开发，人口大增，垦殖指数增大，森林大量消失，到20世纪80年代初，森林覆盖率在5%以下，到处童山秃岭，其中乐至县森林覆盖率不到1%，百姓薪材严重短缺，老百姓甚至将河边的芭茅都一铲而尽。① 三峡地区在历史上曾是一个重要的商品林采伐地区，这种局面直到20世纪初仍然存在，三峡的一些腹地仍有一些原始森林。但由于人口压力和垦殖对森林的破坏，20世纪70年代由于交通梗阻，经济贫困，燃料短缺，农民只有将田埂上的草皮、草梗挖来作为燃料，不然就只有高攀悬崖砍伐灌丛。据资料表明，仅巴东县万流乡在12年内在悬崖绝壁上砍伐灌丛而摔死的乡民就达172人之多。② 黄权生的家在重庆巫山县，祖父年轻时采薪只需到屋后一里山上采伐，父亲年轻时就要到十里的后山上采伐，黄权生则要到二三十里外的九十门采薪，到20世纪80年代初许多地方甚至开始用地瓜藤、红薯藤为薪材。

在燃料使用过程中，中国古代一直有用木炭的习惯，而木炭的制作对木材的损耗十分大。严如熤《三省边防备览》卷9《山货》说道："炭厂有树之处皆有之，其木不必大，山民于砍伐老林后，畜禁六七年，树长至八九寸围，即可作炭，有白炭、黑炭、栗炭……冬春之间藉烧炭贩炭营生者数千人。"③ 可见在秦巴山区从事烧炭的人之多。在古代，城镇居民以及有钱之人取暖多用木炭（干馏过的木材），而一斤木炭至少需要三斤木材干馏。根据《中国农业百科全书·森林工业卷》记载，白桦树干馏为木炭的转化率为31.8%，山毛榉为34.97%，松树为37.83%。④ 如果加上干馏所用燃材以及损耗的木材，一斤木炭要三斤木材为燃料，故一斤木炭转化率当为1∶6的比例，而木炭又是冶矿的燃料，故烧取木炭森林损耗

---

① 蓝勇：《历史时期经济开发与生态变迁》，云南教育出版社1992年版，第72页。
② 同上书，第69页。
③ 严如熤：《三省边防备览》卷9《山货》。
④ 《中国农业百科全书·森林工业卷》"木材干馏"条，农业出版社1993年版，第172页。

是非常巨大的。民国《康定县图志·森林》记载："因汉人居多就林烧炭，每年至一万数千驮之巨，行以为常也。"① 一驮当为一匹马所载重量，以一驮为100公斤计算，一万驮为100吨，按1：6为600吨，可见对森林的影响之大。

至今长江上游的地名中用来表示柴山的十分多，如会东县黄坪乡的炭山坡、普咩乡的炭山、洪雅县高庙乡的炭窑坪、沐川县的炭库乡炭库场、宣汉县三桥乡的堆火梁、高县大益乡的窑厂、龙潭乡的窑厂塆、青川县的火沟坝、绵竹县汉旺乡的白炭窑、长宁县的窑子坡等地名都与烧木炭有关。② 木炭从春秋战国时期开始被用于取暖冶炼，到今天一直成为影响森林资源的重要燃料。

综上所述，从清中叶至20世纪80年代以前可视为传统生物质可再生植物燃料的危机时期，也是从传统生物质可再生植物燃料向非生物质不可再生燃料转换的转折时期。

2. 非生物质燃料的使用与燃料换代

人类使用不可再生的非生物质燃料的历史十分早，中国早在汉代就开始使用天然气和煤炭，西方早在罗马时代就开始使用煤炭炼铁，但作为燃料被广泛使用于生产中是在工业革命以后，而中国将煤炭作为主体生产燃料也仅有100多年的历史。

天然气在四川发现和开采应用较早。早在西汉时，扬雄的《蜀都赋》就已提到四川"火井莹于幽泉，高焰飞煽于天陲"。晋代长江上游人们就开始用天然气来煮盐，据张华《博物志》记载，临邛人"执盆盖上，煮盐得盐"。《华阳国志》称，临邛首开火井"有火井……以竹筒盛其光藏之……井有二，一燥一水。取井火煮之，一斛水得五斗盐；家火煮之，得无几也"③。但是在明以前天然气并没有被广泛使用，魏晋到

---

① 民国《康定县图志》，北京民族文化馆图书馆1960年油印本，《中国地方志集成》1992年版。

② 四川省各县地名录领导小组：《四川省凉山彝族自治州会东县地名录》、《四川省洪雅县地名录》、《四川小沐川地名录》、《四川省宣汉县地名录》、《四川省高县地名录》、《四川省青川县地名录》、《四川省绵竹县地名录》、《四川省长宁县地名录》，内部资料，1982—1989年。

③ 常璩：《华阳国志》卷3《蜀志》。

明代几乎是停滞状态,① 除天然气易燃烧,易产生爆炸外,关键是当时薪材足以支撑各地的煮盐业,没有必要用天然气来煮盐。只是到了明代开始,犍为、蓬溪、富顺等县纷纷开出火井,到清代才逐渐在川东、川南部分地区广泛被用于煮盐。如乾隆《富顺县志》记载:"井火,在县西九十里,井深四五丈,大径五六寸,中无盐水,井气如雾,烽烽上腾。以竹去节,入井中,用泥涂口,家火引之即发;火根离地寸许,甚细,至上渐大,高数尺,光芒异于常火,隆隆如雷,殷地中。周围砌灶,盐锅重千斤,嵌灶上煎盐,亘昼夜不熄。如不用,以水泼之,火即灭。"②"浅井火多十余口,少七八口,甚少不足一口者。"③ 由此可知,当时用火井煮盐工艺技术已经十分成熟,达到了控制自如,无爆炸之虞,故有诗描写道:"有井穿旸谷,烈炎伏其中。聊然借腐草,声呼百丈雄。……纵有云林手,层烟画不工。嗟彼炼师家,擅巧最玲珑。汞水何时见,彼为凡火攻。应知燧人氏,轸念我哀鸿。九渊一炬起,高岭列灶烘;能省樵山力,兼成煮海功。"④ 诗中除道出利用天然气影响如燧人氏发明用火外,而且指明煮盐之巧能"省樵山力",这对"有山皆空,无岭不秃"的井盐地区环境保护确实有十分巨大的意义。

《盐法志》引李榕《自流井记》称富顺县"井火至咸丰七八年而盛,至同治初年而大盛,极旺者烧锅七百余口,水火油并出者,水油经二三年而涸,火二十余年犹旺,有大火有微火,合计烧锅至五千一百口有奇,折合足火三千六百口有奇"⑤。"于是富厂大开井灶,并办深井,及于火脉,火乃大升,盐产日增月旺,逾于犍为。"⑥ 这样,明清川南出现用天然气煮盐的繁荣局面。⑦ 咸丰以后自贡盐产量大体保持在1.5亿—2亿公斤。⑧ 其产量"为全国所需的三分之一,在全省中占产额的十分之六"⑨。自贡地区盐业有如此的地位,除了机遇外,最关键的是自贡地区有丰富的天然

---

① 张学君、冉光荣:《明清四川井盐史稿》,四川人民出版社1984年版,第68页。
② 乾隆《富顺县志》卷2《山川下·火井》。
③ 民国《富顺县志》卷5《食货·井火》引《吕志》。
④ 乾隆《富顺县志》卷2《山川下·火井》知县金肖孙诗。
⑤ 民国《富顺县志》卷5《食货·井火》。
⑥ 吴炜:《四川盐政史》卷2。
⑦ 转引自张学君、冉光荣《明清四川井盐史稿》,四川人民出版社1984年版,第68页。
⑧ 《自贡文史资料选辑》第12辑。
⑨ 《四川文史资料选辑》第5辑。

气资源，估计储量在142亿立方米，[①]而天然气使用清洁便捷，一井可烧"锅数百余口"，相比薪材方便且持久，其"省樵山力"，因此自贡富荣盐场"托井灶为生者，已不下百万余众，加以船户水手，又不下数十万众"。[②]可以说盐业发展引发了对天然气的使用，而天然气的使用又大大提高了盐业的效率，使四川自贡成为盐都，这是盐业燃料更替后取得的巨大成果。

嘉庆《四川通志》记载富顺县火井"以竹筒通窾引之，可以代薪烛"[③]，说明百姓已经开始用天然气作生活燃料，但川南天然气的大量使用是煮盐所需而发展起来的，但百姓生活所需燃料除偶尔使用火井的附属物井油以外，用天然气来作燃料还不是十分普遍，一则竹制管道运输困难，一般百姓使用成本较高，二则一般百姓个体使用薪柴量较少，清中叶以前一般百姓生活用薪在明清时期并不是十分困难。

明曹学佺在《蜀中广记》中说："国朝正德末年，嘉州开盐井偶得油水……此是石油，但出于井尔。"井油由于是液体，相对气体好运输，如"《自流井记》井油凡四色，米汤色，白者气较轻，光较明囇牛马粪为干饼，以此油浸之浮水不息"[④]。用牛马粪制为干饼，确实好运输，另外，用竹木器运输井油，也是比较方便的，如"油水兼出者吸出泻于器，水重而沉，油轻而浮，用竹木器轻挹出用以燃灯"[⑤]。"江中凿滩石，率用油烧之，石辄裂"[⑥]，而"价昂时一斤可值八十六"[⑦]。事实上历史时期我国用石油作为生活燃料并不多见，只偶尔在一些地区使用。到民国时期，中国以进口"洋油"度日，故川南之井油使用也是十分有限的。

民国初，川南盐业遇到挫折。到陪都时期，川南煮盐又得到较大发展，天然气煮盐再次兴盛。但是整个长江上游百姓生活燃料还是以薪柴为大宗，城市辅以煤炭，天然气作为生活燃料是相当有限的。陪都时期，重庆只是局部使用了罐装天然气。而新中国成立之初的50年代，重庆天然

[①] 王仁远等：《自贡盐业史》，社会科学文献出版社1995年版，第17页。
[②] 《四川盐法志》卷12《转运》7。
[③] 嘉庆《四川通志》卷17《舆地志》。
[④] 民国《富顺县志》卷5《食货·井火》。
[⑤] 同上。
[⑥] 同上。
[⑦] 同上。

气使用也相当有限。^① 抛开其他因素，以薪柴燃料供应来看，重庆水运四通八达，整个四川（云贵森林植被还相当好）森林植被还有一定的薪炭林存在，故在一定程度上并不是十分缺薪柴，而此时煤炭使用则在城市相对普及，故20世纪50年代，天然气的使用即使像重庆这样的大城市还不是很普遍。如据《四川林业志》估计1950—1961年12年间四川城市烧柴共消耗森林资源蓄积达146.3万立方米，[②] 可见城市烧柴还比较普遍。

《四川林业志》估计1950—1961年12年间四川农村用材为3978万立方米[③]，四川省大炼钢铁以及大办食堂共消耗森林资源蓄积1132万立方米。[④] 20世纪60年代后整个四川地区的森林植被受到近乎毁灭性摧残，四川许多农村地方缺少薪柴，川中地区不得不用秸秆取代薪柴为燃料，而城市用柴就更少了。这样，以重庆为代表的西南地区不得不为燃料而建设天然气集输工程，而此时天然气运输已经不是竹制管道运输时代。到20世纪80年代初期重庆已经形成西部气田和东部气田两大气田集输网络。[⑤] 20世纪80年代重庆在近郊与远郊各区县都设立了天然气管理机构，用于管理民用天然气的集资、建设、经营和管理。[⑥] 这些都为重庆乃至区县城镇的燃料更替提供了坚实的条件。到20世纪末，重庆以及各区县煤和天然气并用，除一些小城镇还有少部分使用薪柴外，基本上使用天然气与煤为燃料。20世纪后十年到21世纪初以重庆为代表的大城市为减少城市煤的烟尘污染，天然气使用的程度更普及，范围更广，同时大量烹饪电器逐渐被使用（如电炒锅、电磁炉、电饭煲、微波炉等）。其他中小型城市地区区县的天然气使用比例也逐步提高，甚至在通公路的一些农村，有钱的农户也使用了罐装天然气（含煤气）。也就是说，为煮盐而发展起来的天然气燃料，在经历数百年之久，在城市实现了以植物燃料、煤炭燃料向天然气为主体的液化燃料更替。长江上游地区的城镇化21世纪初达到20%

---

① 重庆市地方志编纂委员会：《重庆市志》第4卷（上），重庆出版社1999年版，第263页。

② 王继贵主编：《四川林业志》，四川科学技术出版社1994年版，第85页。

③ 同上。

④ 同上。

⑤ 重庆市地方志编纂委员会：《重庆市志》第4卷（上），重庆出版社1999年版，第263—267页。

⑥ 同上书，第316—317页。

以上，至少20％人口实现了燃料的更替，这对整个长江上游森林的保护起到了积极作用。

一般认为我国在汉代就开始以煤炭为燃料了，但可能是在宋代以后其使用才较为广泛，《天工开物》卷10中记载中国冶炼铁的燃料中70％为煤炭，30％为木炭。宋代庄绰《鸡肋篇》卷中记载："昔汴都数百万家，尽仰石炭，无一家燃薪者。"其中有夸张成分，但多少显示了中原地区个别大城市普遍使用煤炭的现象。

不过，宋代长江上游由于薪材丰富、煤炭产运销困难等因素，城市家庭煤炭的使用仍十分少，远不能与中原汴京相比。但煤炭在长江上游至少在晚唐及宋代已经开始被开采并被使用于工矿业中，如宣统《广安州新志》记载鱼子钱山："州东南六十里产矿炭，宋史梓州转运使崔辅判官张固清即广安军鱼子铁山采矿炭，置监于合州即此。"① 这是国家开采煤矿的记载，而民间用煤当更早。《中国煤炭史志资料钩沉》记载了川北的"禁采煤炭碑"写道："自宋季开始挖煤以来，迄今五百余载。"在川北，煤炭自宋一直在开采。宋代，煤炭的使用在长江上游是比较多的，如宋代遗留下来的重庆南岸涂山湖瓷窑以及姜家场瓷窑炉膛内均充满了煤渣，南岸小湾发掘的宋代瓷窑，附近有古煤井遗址。② 甚至《奉节县志》已经记载奉节在晚唐时候就已经开采煤炭用于炊爨。③

四川地区从明代开始使用煤炭来作为煮盐的燃料，但直到清代仍未取代木材的主体燃料的地位。日本人竹添进一郎著《栈云峡雨日记》卷下曰："产煤之地，成都则灌县，叙州则庆符，重庆则隆昌、永川、荣昌，其他所在有之而以灌县、隆昌为上品，每斤价十数文。然独官吏及富者用之，众庶则皆资于薪柴。"竹添进一郎《栈云峡雨诗草》中的《蜀产歌》则直言当时四川地区"山深却少栋梁材，运搬远从黔滇来。煤炭唯上富家灶，柴草仅给贫户炊"。清代末年，垫江县一带"人家渐因（炭）价昂以柴代炭，而两山林木亦因日渐其濯濯焉"④。

从宋代到清代近千年历史中，煤炭主要还是用于手工业生产，如烧陶

---

① 宣统《广安州新志》卷4《山川志》。
② 重庆市地方志编纂委员会：《重庆市志》第4卷（上），重庆出版社1999年版，第57页。
③ 奉节县地方志编纂委员会：《奉节县志》，1995年版，第236页。
④ 光绪《垫江县志》卷3《物产》。

瓷，煮盐，冶矿等。但是到清代煤炭在长江上游并没有在手工业燃料上完全取代薪柴，整个明清甚至到民国初年长江上游手工业还是煤（川南煮盐用天然气）、薪并行使用。如严如熤在《三省边防备览》中描述秦巴地区"灶户煮盐，煤户柴行供井用"①。而对整个四川地区的煮盐业，严如熤总结为"蜀井近山林，有煤，有火出自井，其煎熬视海盐为易"②。他指出四川煮盐便利在于燃料充分，而燃料是薪、煤、气三者并用。当然，清中后期煤和天然气用于煮盐的比例在逐渐提高。康熙二十四年（1685年），从外地迁来水市口樵夫张荣廷最先在汤溪河发现煤炭，开采后卖给盐场试烧。③ 清康熙中期以前，云安盐场以柴薪作燃料生产柴花盐，清康熙中期以后逐渐改烧煤炭，生产炭花盐。④ 也就是说，煮盐业的燃料更替是一个过程，而非一蹴而就。

表 7—7　　　　　　　　民国初年四川盐厂燃料使用情况

富荣	犍为	乐厂	南阆	射蓬	云阳	三台	乐至	蓬中	仁井
井火炭火	炭	炭	柴炭	柴炭	炭	柴炭	柴炭	柴炭	炭草井火

绵阳	蓬遂	奉节	西盐	大宁	盐源	射洪	资中	开县	简阳
柴草	柴炭	炭	柴草井火	柴炭	炭柴	炭	炭	炭	柴炭

资料来源：林振翰：《川盐纪要》，民国8年，《近代中国史料丛刊三编》93辑。

可见到了民国初年，四川20个产盐区中虽然使用煤炭的有18个，但同时使用柴草等生物质燃料的也有12个之多，绵阳、西盐还主要以生物质燃料为主，也只有富荣、仁井、西盐3个地区使用天然气煮盐。所以，有称："川并除沿江各场外，其余各场以交通不便运费昂贵，多用木柴，

---

① 严如熤：《三省边防备览》卷9《山货》。
② 同上。
③ 云阳县志编纂委员会：《云阳县志》，四川人民出版社1999年版，第336页。
④ 同上书，第319页。

或松柏树枝、稻草高粱秆、干草等燃料。"①

冶炼也是如此，如《江北县志》记载清道光年间（1821—1850年）已有采矿炼铁，泥石筑炼铁炉，以木材作燃料，木制风箱人力送风。民国27年（1938年）陆续建5个炼铁厂，以焦炭或者块煤作燃料。② 民国35年（1946年），永川县"过去炼铁，概用木炭"，以后，技术人员沈在全、邓朗琴等在江北用冷风焦煤炼铁成功。③ 一旦煤炭被用于冶炼后，铁厂选址多在煤矿附近，如光绪二十年《永川县志》记载永川泸龙山踏蹄沟"有数炭洞；又二十余时里龙函沟亦有数炭洞，由此至志吉安场炭，甚多，兴废不下一；其中炭洞灰窑纸厂，铁炉未可枚举，永地精华以此为最，此英山之形势也"④。之所以说"铁炉未可枚举"，是因为有炭山为支撑。光绪戊申年五月《绵竹县乡土志》记载矿物无烟炭："西北近山河边多有之，土人以水淘取，名河炭，供炼炭之用，价独昂。"⑤ 因为冶铁使煤炭价格昂贵，而当时开采全系土法，手工作业，产量有限。

煤炭作为燃料运用在生产与生活中，交通运输是一个至关重要的条件，如大宁盐场"煤载小舟顺流而下，更为便当"⑥。民国29年《重修广元县志稿》记载："邑之煤产地甚夥，种类各殊，若块煤米煤无烟煤，约皆有开采……一嘉陵江西，一满天岭前，皆供城市运下游。"⑦ 新中国成立前四川各主要河流木船营运下水货物为煤和盐，上水货物为盐和煤，即在下水货物以煤为主，上水以盐为主，在以人力为主的木船时代，顺流而下节省人力，而下游干支交汇之处多为大中城市，燃料所需较多，而盐场也多分布中下游，故下水多燃料煤炭，上水多盐。这也说明近代煤炭多为工业所需和大中城市生活燃料所急。而广大农村所用煤炭比例相当少，一是传统社会交通不便，煤炭虽不似天然气要管道，相对易搬运，但是在多山多峡谷的长江上游地区运输就只能靠河流了，故广大农村是难以大量运

---

① 林振翰：《川盐纪要》，民国8年，《近代中国史料丛刊三编》93辑。
② 重庆渝北区地方志编纂委员会：《江北县志》，重庆出版社1996年版，第273页。
③ 永川县志编纂委员会：《永川县志》，四川人民出版社1997年版，转引自民国35年《永川县建设概况》。
④ 光绪《永川县志》卷2《舆地·山川》，1994年刻本影印。
⑤ 光绪《绵竹县乡土志》丙《矿物》。
⑥ 严如熤：《三省边防备览》卷9《山货》。
⑦ 民国《重修广元县志稿》第3编第12卷《煤业》。

到家中以供炊爨的。直到今天许多山区难以用上煤，除经济原因外，交通是关键。

在长江上游地区，煤炭直到20世纪末，还主要是用于工业生产以及大中城市燃料，交通方便的农村地区也仅是部分使用煤炭。在广大落后的农村虽然偶有烧炭的，但并没有取代可再生生物燃料的主体地位，因为在森林丰富的农村，在薪柴方便的情况下，人们是不会花钱去使用煤炭。农村生活用煤代薪是在迫不得已才掘地取煤炭的，如同治三年的《酉阳直隶州总志》载："煤，石炭也，三县（彭、黔、西）皆有之，酉阳向以柴薪易得，故烧煤者绝少，今则开辟殆遍，故木桶盖、巴罗、大白岩等地挖煤为业之人亦渐多亦。"[1] 森林的大量损耗客观上加速了对煤炭的开采，也就是说，这种开采大都是在森林耗损情况下被动选择的，故有时会出现从煤炭燃料向植物燃料的逆转，如光绪二十六年《垫江县志》记载："人家因价昂以柴代炭，而两山林木亦日见其濯濯焉"，[2] 则体现了这种"以柴代炭"，在以煤和天然气取代薪材的历史发展中出现了历史的倒退。

前面谈到，清中叶至20世纪80年代初是中国传统生物质可再生植物燃料危机的时期，其中20世纪60年代至80年代则是危机的顶峰时期，同样也是燃料从生物质可再生植物燃料向非生物质不可再生非燃料全面转换的转折时期。

四川省通江县八家坪农户张仕成和巴中市八家坪农户张星才提供了家中近50年来使用燃料变化的情况，基本上可以作为长江上游农村地区在这个转换时期内的典型缩影。

20世纪50年代	烧树
20世纪50年代至80年代	烧麦草、玉米秆，要在三十里外才能砍到柴
20世纪80年代末	开始烧煤
20世纪90年代	主要烧煤
今天	烧煤和木材

从以上农村可再生燃料木材变化来看，20世纪60年代、70年代和80年代前期是生物质可再生燃料最为紧张的时期，即传统生物质燃料危

---

[1] 同治《酉阳直隶州总志》卷19《物产志·财货》。
[2] 光绪《垫江县志》卷3《食货志》6《物产·煤炭》。

机的顶峰时期，也是森林植被受到最严重破坏的时期，这是当时人口增长快、工业化进程中燃料换代没有开始和合作社建居民点、办大食堂、大炼钢铁等诸多因素产生的结果。

不过，应该看到近十多年来，城市和农村的燃料换代都在迅猛发展。长江上游的大中城市及部分乡镇已经完全以天然气、煤炭、液化煤气、电力为燃料，城市的燃料换代一方面对城市森林生态环境产生积极的影响，同时也给予周围农村的森林资源的一种减压，对于农村生态环境的保护自然是有利的。在农村，由于交通越来越方便，煤炭使用越来越容易，再加上沼气、节柴灶的使用，生物质植物薪材的使用绝对量相对也越来越少，[①] 自然对森林资源的保护有积极的意义。不过，今天长江上游农村仍主要以生物质植物燃料和煤炭为主，这种局面更多是由于农村实际生活人口减少（主要是民工为主的劳动力输出）和煤炭的使用，木材用薪的绝对取用量已经相对十分少了，总的来看，生物质燃料的使用比例仍较高。[②]

应该看到，从历史发展来看，石油、天然气、煤炭在历史时期应是一种不可再生的资源，而生物质燃料是可再生的资源。两百多年来的不可再生非生物质燃料的广泛使用为人类工业文明的发展立下了汗马之功，但从历史时期来看，这种燃料的使用仅应是短暂的一刻。这样，随着非生物质不可再生燃料的日益枯竭，不远的将来人类又将回归到传统的生物质可再生植物燃料时代。现实提出的挑战是，怎样在更高层次下完成这次回归，怎样在高科技背景下发展生物质可再生植物燃料，既能克服传统生物质植物燃料总量和热能上的局限，又不影响生态环境，这显然是我们急需解决的问题。

（四）工商业发展、交通发展与森林变迁

传统时代工商业、交通发展对森林的影响随着生产力提高、人口增多

[①] 在通江县考察中，张新云老人还谈到，过去养猪往往要煮猪食，使用大量薪材，但现在大多用饲料喂，也节约了大量木材用量。这一点也是目前农村薪材绝对用量减少的一个重要原因。

[②] 虽然农村生物质植物燃料绝对减少，据统计长江上游农村生活使用中生物质植物燃料比例仍然很高，如2003年重庆农村生物质能源（薪材和秸秆）仍占82.8%，煤炭占12%，电力和其他能源仅占5.2%［范例、刘德绍、陈万志：《重庆市农村家庭能源可持续消费研究》，《西南农业大学学报》（自然科学版）2005年第4期］。

而越来越大，但这个过程发展到真正对人类的生态环境产生负面影响，进而影响人类的基本生存状况的程度的时间可能并不长。

对长江上游地区而言，工商业、交通发展对人类基本生存产生负面影响的时间可能是在宋代以后，但影响仅是局限于个别城区的工矿业，真正较大范围对城市生态的影响可能是清代以后的事情。

1. 工矿业的影响

长江上游古代的煮盐和有色金属工业较发达，有关工业所需的薪炭和建筑材料用材较大。但是，一定时期内，煮盐及冶铁冶铜的规模有一定限度，其对森林的影响可能十分小，在一定时期内的影响可能仅是局部的。

在传统时代，煮盐业是长江上游地区的一个最传统的产业，不仅在燃料方面对森林产生影响，而且井盐业设施本身对木材的需求也较大。

在汉晋南北朝时期，长江上游地区的盐业已粗具规模，这个时期西南有28个县为产盐重地，[①] 除普遍使用木材和薪炭煮盐外，已经广泛运用楼架采卤、竹枧输卤，自然也要耗费大量木材。

唐宋时期长江上游产盐规模越来越大，川南和川东的一些井盐生产地区已经出现了对森林生态环境的明显破坏，对森林生态环境产生了负面影响。

宋代陵州是一个重要的产盐地区。从区位上来看，陵州与当时经济文化最发达，人口密度最大的成都平原较为邻近，盐业从需求上十分大，采盐规模十分大。

文同《丹渊集》卷34《奏为乞免陵州井纳柴状》：

> 自许人开卓筒井以后，都下至今已数百井，故栽种树木不能供公私采斫，以致山谷童秃，积望如赭，纵有余蘖，才及丈尺，已为刀斧所坏，争取剪伐去输官矣。人既匮极，草木亦不得尽其生意。

当时仁寿等县每年输给陵井熬盐的木材就达384200余束，由于近山

[①] 蓝勇：《历史时期西南井盐业开发与生态环境关系的思考》，《史念海先生八十寿辰学术文集》，陕西师范大学出版社1996年版。

森林已砍伐殆尽，便只有"奔走百里之外"[1]采伐林木。个别地方由于附近薪材取给殆尽，只有到较远的地方采办。[2]在这样的背景下，陵州一带的森林资源匮乏，森林生态环境十分差，故苏东坡《送文使君守陵州》称"江边乱山赤如赭，陵阳正在千山头"，生动地记载了当时陵州一带由于煮盐采薪造成的山谷童秃的景象。五年前我们在仁寿一带考察发现，虽然现在已经无盐可采了，但典型的紫色土丘陵植被较为稀疏，森林植被主要为近些年的人工中幼林，天然次生林都较少，仍可看出昔日采盐业对森林生态环境的影响迹象。

荣州一带为四川盆地中的浅丘之地，在宋代也是一个重要的产盐之地，由于开发较早，人口较为密集，可供煮盐的木材早已采伐殆尽，开始"经柴茅煎盐"，就是用茅草来煮盐。陆游《晚登横溪阁》诗称："卖蔬市近还家早，煮井人忙下麦迟"，其下自注称："荣州多盐井，秋冬收薪茅取急"，由此可见，当时荣州由于开采井盐耗损大量森林，造成木材短缺，进而只有用茅草代木材煮盐。民国《荣县志》卷六《物产》："知（宋代）薪茅之外，固与松炭、冈炭、竹炭相杂为用也。今则四山童然树尽。而西北诸山，穴地取炭如蜂房，公井机炉大兴，日不济用。"现在荣县的植被与仁寿一带相似，即典型的紫色土丘陵植被较为稀疏，森林植被主要为近些年的人工中幼林，天然次生林都较少，也可看出昔日采盐业对森林生态环境的影响迹象。

涪州武龙县为山地地区，紧邻乌江边。历史时期乌江流域人口密度并不大，经济开发的强度并不突出，沿岸森林茂密，原生态十分好。但武龙县乌江两岸曾是重要的井盐生产重地，原来"两边山木相接，薪蒸赡足"，但后来随着开发强度增大，两岸形成400多灶煮盐的庞大景观，大量山边林木被伐为薪材，致使"两岸林木芟薙，悉成童山"。[3]我们在武龙县乌江两岸考察发现，两岸主要为灌丛、次生幼林，在盐井附近，则多只有灌丛，次生中幼林都较少，仍可看出昔日采伐的影响痕迹。

不过与宋代一样，明代这些产盐区在整个长江上游经济开发中所

---

[1] 文同：《丹渊集》卷34《奏为乞免陵州井纳柴状》。
[2] 《皇朝中兴两朝圣政》卷55。
[3] 《舆地纪胜》卷174《涪州》。

占的面积还十分有限。清代以来，长江上游地区特别是随着盐业规模和强度的增大，盐业设施所损耗的木材资源量大增。以民国为例，当时自流井每年耗损的竹材便达十万根，除本省外，还远从云南、贵州、陕西、湖南、湖北等地采办木植。民国时，单从荣县河运而到自流井的松木便达五六百张筏子，20万至24万根。当时自流井的木材除四川产的外，许多还从云南、贵州、陕西、湖南等省运来。在这种情形下，产盐区一般生态环境都十分差，森林覆盖率十分低，盐场周围更是一片童秃之象。这也可从有关清代民国时期长江上游五通桥、云安、自流井盐场的照片看出，当时附近童秃千里之景，植被状况远不如近十年。

前面谈到长江上游地区同时也是重要的有色金属产地，铜、铅、锡、铁等矿产生产历史悠久。这些工矿业对周边的环境在历史时期都多少有一定影响。

据杨煜达研究表明，清代云南铜矿从不同方面影响生态环境。不过从民国初年云南地志编辑处编的《云南产业志》中的有关云南矿区植被的记载可以发现，从总体上看，清代至民国早期云南地区矿区的森林生态还较好，采矿对森林面积的影响还十分小，但个别地区的森林资源已经遭到较大的影响，这表明诸多大矿区的森林已经十分稀少，但在诸多偏僻的小型矿区仍有较多森林资源。

表7—8　民国时期云南境内长江流域矿厂周边森林植被状况表

州县	厂矿名称	森林植被状况
姚县	老虎山矿	附近有王家村，森林稠密。
	会龙厂矿	本山森林不甚繁殖，唯上首大箐山顶森林稠密。
	拉巴厂矿	附近村落三百余户，森林左右均有。
	石者河矿	矿山附近共有六村，森林稠密。
	新田山矿	附近村落有新田乡，森林左右皆有。
	青牛厂矿	附近有三村，森林稠密。
	土官厂矿	附近有三台厂市，森林稠密。
	三台厂矿	附近有三台市，森林左右皆有。

续表

州县	厂矿名称	森林植被状况
镇南州	鹅赶厂	适景东小路旁，多森林。
	豹子山厂	森林深密，树大有至数抱者。
	已废铅厂	为适景东大路，鲜有森林。
	废团山银厂	为适景东大路，附近颇有森林。
	废白象银厂	无森林。
	已废天象银厂	附近无场市、森林。
	已废罗家村铜厂	附近无森林。
	废桃花银厂	附近无河道、场市，颇有森林。
	干海子厂	无森林。
	桃花厂	颇有森林。
定远县	秀春铜厂	附近森林最少。
	寨子山厂	附近森林最少。
	高山顶厂	离大路三里，森林最富。
	青龙厂	离大路二里，附近森林最富，颇便取用。
	新田村铁矿	离大路十里，附近森林缺乏。
	阿池龙祭天山银矿	森林最富，所在皆有。
	澡河白马山铜矿	离大路五里，附近森林最富，概属松、栗二种。
	化佛山铜矿	离大路一里，森林最富。
	□子山铜矿	离大路五里，附近森林最多。
	万春厂龙太山二厂	离大路十里，随近森林缺乏。
	平地厂铜厂	距大路十里，附近森林最多。
	柳大山银厂	离大路二里，森林附近最多，概系松树。
	象鼻岭铜矿	森林稀少。
宾川县	宾西马鹿塘铜厂	上有杂木森林。
	茹村奶尖山铅厂	距厂二十余里，有青冈村成林。
	宾东官坡铜厂	森林畅茂。
	大营街十二箐甘甸煤厂	上有森林足供樵采。
	白象山银厂	距厂十里有乌龙坝，有松树森林。

续表

州县	厂矿名称	森林植被状况
武定县	老山水穴铜金矿	附近有森林。
	狮子江金矿	附近有森林。
	旧山箐金矿	附近有森林。
	老鸦林铜矿	附近有森林。
	平地厂	附近有森林。
	深沟箐秀皮黄矿焦矿	附近有森林。
	鹅头厂	附近多森林。
禄劝县	猪栏门矿	附近有森林。
	双龙潭厂	附近有森林。
	元宝山厂	附近有森林。
	马樱山矿	附近有森林。
	凹子厂	附近有森林。
	泥盆厂	附近有森林。
	金平厂	附近有森林。
	蜘蛛山矿	附近有森林。
	牛坑厂	附近有森林。
路南州	铜矿围杆山厂	附近并无森林。
	石城坡铜绿锡蜡厂	附近并无森林。
	小尖山铜锡蜡厂	附近并无森林。
	宝源铜绿黑锡蜡厂	附近是城内杨自清等之山场森林。
	小老厂小兴厂狮子厂	附近俱本厂森林。
	锅盖铜绿锡蜡厂	附近乃凤凰山公众之森林。
	太来铜绿锡蜡厂	附近是本厂山场森林。
	羊屎铜绿锡蜡厂	附近是本村森林。
	草卜铜绿锡蜡厂	矿山后侧是本厂山场森林。
	阿葱村铅厂附近厂	侧尽是本村山场森林。
	挖矿铜绿矿锡蜡厂	矿山左侧尽左列山场森林。
	来福村铁厂	附近及矿山顶尽是本村山场森林。
	挖矿箐铜厂	附近尽来福村山场森林。
	水尾铜绿锡蜡厂	矿山顶尽本村山场森林。
	石峡子铜矿	附近无森林。
	老莺武铜绿锡蜡矿	附近无森林。
	象牙铜绿锡蜡矿	附近无森林。
	狮子山铜引厂	矿山顶侧是本厂森林。
	锡龙铜绿锡蜡矿	附近无森林。
	路则村铜绿黑锡蜡矿	附近山顶有本村森林。

续表

州县	厂矿名称	森林植被状况
昆阳县	昆阳县石头山土煤矿	附近李家坟有少量树木……此矿山稍有森林，查河邑森林败尽，柴薪减稀，需煤孔亟。
	樟木箐石头山煤矿	附近有小树十数株。
	八角山煤矿	附近有杂树数百株。
	琵琶山煤矿	附近九子母山有杂对千余株。
	桃树材碧峰铜煤矿	附近有小树千数株。
	新村石狗山黑石崇煤矿	有树数百株。
	鸡血铁矿	附近森林甚茂，漫山遍野，所在皆有。
	虎山铁矿	附近森林甚茂，漫山遍野，一望蓊蔚。
寻甸县	碗花厂	此等矿质无须于河道、森林，故不赘述。
	落耳箐铅矿	附近森林无多。
	甸头乡铁矿	森林虽有而不茂。
元谋县	莫户村	距森林四十里。
云南县	回龙铜厂	厂之四面俱系森林。
	云顺通金厂	厂之两旁有森林二处。
	宝源铜矿	厂之四面俱系森林。
永北县	得宝厂	附近森林甚少，均须从一站路途之外运来应用。
	大宝铜厂	附近山林川泽不多。
	晒席地铜厂	附近森林颇大。
	铜厂河铜厂	附近森林川泽亦多。
永善县	金沙厂银矿	附近森林间有。
	铜厂河铜矿	附近森林甚少。
丽江县	老母智白鹤银厂	距森林三十里。
	罗巡洞铜厂	距森林三十里。
	得胜铜厂	距森林十里。
	花厂邑铜厂	附近森林全无。
	白马铁厂	森林可采。
	奇鲁里铁厂	距森林一里。
	白箐铅厂	距森林百余里。
	回龙银厂	距森林八九十里。

续表

州县	厂矿名称	森林植被状况
丽江县	新龙铅矿	距森林十里。
	气屋铁厂	森林极近。
	高轩井小铜厂	附近有森林。
	富隆铅厂	附近有森林。
	八宝铜厂	附近森林处，采买炭价每百斤十两五钱。
	羊马角铁厂	附近有森林。
	六合铜厂	附近有森林，采买价每排约三钱八分。
	大发铜厂	距森林三十五里，每分柴价三钱七八分。
	小木瓜足铁厂	森林就地取用。
	龙宝铜厂	森林距厂五里。
	点石铁厂	森林最近。
	永宝铜厂	森林相距二十里。
	金龙铜厂	森林最近。
	黑白水冲废铜厂	森林最近。
	黑白水上铜厂	森林相距五六里。
	新山老山金矿	距森林二十里。
	古废铜厂	距森林二十里。
	吴烈罗铜厂	附近有森林。
	凤科废铜厂	附近有森林。
	喜补罗废铜矿	距森林三十里。

资料来源：云南地志编辑处：《云南产业志》，《中国西南文献丛书》第1辑。

从表7—8中可以看出，直到民国初期，云南各地矿厂附近还有较多的森林，只有个别地方要到二三十里外才有森林，这表明云南铜矿对森林资源的影响主要是在一些开发较早且开发力度较大的矿区，如清代承担了京铜采办运输的矿区。其中，顺宁县宁台厂"附近二十里外方有杂树森林"，定远县秀春铜厂"附近森林最少"，永北县得宝厂"附近森林甚少，均须从一站路途之外运来应用"，丽江县回龙银厂"距森林八九十里"。

从另一个方面来看，《云南产业志》将每个矿区的森林状况作为开发的重要条件来记载，这一方面显示了矿业开发对森林资源的影响是十分直接的，另一方面透露出当时森林资源已经是影响到矿区开发的进程，说明森林资源的贫乏在一些地区已经较为明显，并形成了水土流失。如《禄劝县官府竖立封山育林石碑》记载,民国年间禄劝县富豪游怀宗私开铁矿,乱伐森林烧炭以炼铁,使顺箐两旁森林被砍尽,造成夏秋雨水暴涨,田土被冲坏。①

对此《云南产业志》第二节认为:

> 滇境多山,天然林极其丰富,地广人稀之地,木材供给不虞不足。惟盐矿产区,燃料㯽木需用甚巨,附近森林采伐过度,山多成童,远地木材,难于搬运,极感缺乏。

不过,在人口稠密的四川盆地丘陵地区的盐矿除了因矿区直接破坏外,存在着较大的人口压力与盐矿开发的双重影响,这使清代以来四川盆地的以盐业为主的矿区森林资源普遍缺乏,到处童山濯濯,这与云南地区只是局部受到影响是有区别的。

2. 商业发展的影响

在生产力较低,交通不发达的时期,人们对森林资源的采伐取用多是就近,人类活动对社会的影响多是局部的。但当人类交通发展到一定程度,特别是商品经济发展到一定程度后,商品物流的发达,对森林资源的采伐取用往往就会在空间上进一步扩展,进而对森林资源有更大的影响。

在发达商品经济背景下,行商不惜千里迢迢深入大山采伐竹木和烧炭贩卖,坐贾由经营其他商品变成长期专门对森林资源进行获取,其对森林资源的耗损远远超过就近取材的煮盐冶炼。

唐宋以来,黄河中下游地区和长江中下游地区的森林资源已经砍伐殆尽,本地区森林资源难以满足本地区的社会经济发展所需,而长江上游由于总体上开发较晚,仍是著名的森林资源地区,商人开始纷纷涉足长江上游地区,兴起了商业采办高潮。

唐代开元初年,许多巴人便深入大巴山地区大量砍伐老林。

《太平广记》卷426引《广异记》:

> 巴人好群伐树木作板,开元初,巴人百余辈,自褒中随山伐木,

---

① 曹寿善:《云南林业文化碑刻》,德宏民族出版社2005年版,第588页。

至太白庙。庙前松树百余株，各大数十围，群巴喜曰，天赞也。止而伐之。

宋代黎州寨将的商业意识也较浓，开始在川西大相岭地区砍伐杉木，将其沿大渡河流放到远在数百里之外的嘉州贸易。

《方舆胜览》卷56《黎州》：

> 父老常云：旧有寨将，欲将杉木版于杨山入嘉定贸易，以数片试之，板至喧口，为水所舂没，须臾但见板片自水下浮，山蛮知此益，不敢妄有窥伺。

唐宋时期金沙江马湖一带曾是林海茫茫的地区，唐宋时期已经开始沿金沙江漂木流放宜宾之制，形成了商木贸易。

《酉阳杂俎》续集三：

> 武宗（会昌）之元年，戎州水涨，浮木塞江。刺史赵士宗召水军接木，约合百余。

《建炎以来朝杂记》乙集卷20《辛未利店之变》（《两朝纲目备要》卷13）：

> 其后，又以板来售，盖夷界多巨木，边民嗜利者赍粮深入，为之庸锯，官禁虽严而无能止也。板之大者，径六七尺，厚尺许，若为航舟楼观之用，则可长三数丈。蛮自载至叙州之江口与人互市，太守高辉始奏置场征之，谓之抽收场，至今不废也。

宋代今都江堰一带邻近城区永康城的森林已经被商业采伐，森林资源遭到较大破坏，李蘩《永康禁山防限宜先禁江状》：

> 惟近年以来，此禁浸池，无知之民惟利是趋，侵寻剪伐，略无忌惮。窃缘禁山之下，即是皂江，可以直达成都，其势甚顺，获利为多。是致官司指为出产所在，公私并缘肆行采。夏秋涨水之际，结排

筏蔽江而下，经过津岸，殆无虚日。向之茂密，今已呈露；向之险阻，今可通行。又有工徒之斧斤，商贾之负贩，樵牧之薪……

这里连昔日的禁山已经成了商贾采伐牟利之所了。

还要指出的是，宋代"施黔板木"成为市面上十分畅销的商品，"施黔板木"成为宋代史籍中屡屡出现的名词成为在西南外销的重要物资。所以，三峡一带已明显感受到这种影响的存在，形成了"饶于林木而去江远"的格局。[1]

元明以来，西南地区从唐宋南诏、大理地方民族政权分割的背景演变成为统一的郡县制度下的行政区，这为地区间的物质交流创造了更好的环境。同时，元明以来经济开发的强度增大，经济开发的广度也拓宽，商品经济更为发达，为长江上游商业采伐森林资源创造了更方便的条件。

明代西南地区"建昌杉板"是四川三大土产之一，砍伐量十分大。

许多商人在安宁河、雅砻江、大渡河一线大肆砍伐，采取扎筏、流放和船运的方式，大规模流放江浙地区，牟取暴利。其中最著名的就是弘治年间安监生和嘉靖年间王万安在安宁河、雅砻江、金沙江上放杉板到江南之事，[2] 与宋代一样，明代大渡河沿岸的森林资源仍是商人买卖的对象，当地人专门诱骗人上山采木，结果沦为当地雇工土老，专门在大渡河上"操小舟送木片出滩"[3]。

明代楠木也是重要的采伐对象。《古今图书集成》卷259《楠部》引《郡芳谱》记载：[4]

> 凡楠木最巨者，商人采之凿字号，编筏而下，既至芜湖，每年清江主事必来选择，买供运舟之用。南部又来争，商人甚以为苦，剔巨者沉江干。俟其去浮木取常失一二。

---

[1] 洪迈：《夷坚志》卷11。
[2] 师范：《入滇水路考》；徐炯：《使滇杂记》；檀萃：《滇海虞衡志》卷11《志草木》。
[3] 顾炎武：《天下郡国利病书》卷19《四川》。
[4] 又见朱国桢《涌幢小品》卷4《神木》。

明代贵州北部已经是重要的商业采办之地，王士性认为采木之役"实非楚蜀产也，皆产于贵竹深山大垄中耳"①，所以吴中器具造船所用之楠木料悉来自贵州。遵义府在明代嘉靖、万历年间产木，直到清代道光时仍以木材输出为大宗。②

清代长江上游的杉木、柏木仍是商人采办的主要对象。清代金沙江云南一方乡民仍不断锯板顺流而下江浙，每具可得数百金。

檀萃《滇海虞衡志》卷11《志草木》：

> 南方诸省皆有杉，惟滇产为上品。滇人锯为板而货之，名洞板，以四大方二小方为一具，板至江浙，值每具数百金，金沙司收其税，为滇中大钱粮。

这则记载又见于师范《滇系》卷四之一。据记载早在乾隆年间，大量江西、湖广商人深入到金沙江雷波黄螂一带大山采伐木植扎筏经过重庆出卖到长江中下游地区，为此往往居住在深山老林长达一二年之久。③ 至今在云南永善县码口乡岩石上刻有"永记，江南徽州府木商谢义盛修，雍正十年十月立"20多个字，成为明清时期大量江南木商在长江上游采办转运木植的见证。所有木材，主要是松杉大材，通过商人采取流放、扎筏、船载等方式沿长江上游各条江河而下，重庆成为木材的重要集散地，渝关征收税额中木税所占比例较大。

乾隆二年八月二十九日四川巡抚硕色题本：

> （重庆）大小码头，人民众多，用木浩繁。各路山客零星砍伐木植，扎就小排，贩运来重，量材发卖，银货流通。城外江北咀一带地方，江宽水平，山客发卖各项木植，远商扎造下楚大排，数十年来百无一失。……凡有江楚商贩，在重庆零买已税之木，总汇扎筏，前往湖广、江南贩卖。

---

① 王士性：《广志绎》卷4《江南诸省》。
② 周洪谟：《大木议》，载《戴经堂日钞》。
③ 《清高宗实录》卷340。

日本人竹添进一郎的《栈云峡雨日记》卷下记载了这种出入川江的木筏：

> 川省木材多聚焉，木材之出于川省者，缚作大筏，上构屋，资生之具皆备，多者至六七户，或有作圃种菜蔬者，候水长顺流而下，盖东坡所谓鱼蛮子类也。

清代三峡地区如唐宋一样，仍有一些原始森林存在，但由于区位因素，商业砍伐较为方便。商人不仅采伐森林，也在三峡沿江挖取阴沉木为商品，故同治《归州志》卷1记载："归州沙镇溪深山大谷中多香樟乔櫲。土人云，宋元以来在此作厂采办皇木，丘壑中大杉大楠埋没沙内甚多，今犹时出，商贾得之以为奇货。"云阳直到民国时期澎溪、洞溪两岸森林仍较丰富，可谓"岁货木材率逾万金"[1]。

四川盆地浅丘地区的一些盐场对四周山区的木材需求十分大，商业开采量十分大，对森林资源的影响明显。清末民国时期，自贡地区用于采盐所需的竹材，除在天全、名山、灌县、大足、梁山、大竹、屏山、长宁、合江、荥经等地采伐外，还从云南昭通、贵州思南、土城、遵义、仁怀、赤水、习水、陕南紫阳、湖南常德、湖北施南等地采购[2]。而木材主要在川、滇、黔、湘、康5个省区，分别由"山客"从贵州习水、赤水、仁怀、土城、茅台、猿猴等地贩至合江，从川南古蔺、古宋、兴文、长宁、珙县、庆符及金沙江上游各地贩至泸州、嘉定，汇集了大渡河、青衣江、岷江等地运来的川康滇地区的木材，而邓井关和贡井幺滩子则多汇集川南荣县、宜宾及自贡附近木材[3]。

在这样的商业采伐下，明清之际广安一带的柏木原来"数富有之"，但清末已经是"樵斧殆尽矣"，[4] 洪雅一带山区已经是"往岁木竹多近水，次

---

[1] 民国《云阳县志》卷3《山水》。
[2] 黄纯武等：《清末以来自贡盐场竹业的情况片断》，《自贡文史资料选辑》第8辑，1963年。
[3] 马仿波等：《自贡盐场的木材商业》，《自贡文史资料选辑》第10辑，1963年。
[4] 宣统《广安州新志》卷12《土产志》。

今近者数十里，远者百里"①，清代贵阳一带已经是"则皆童阜"② 了，滇东北一带则是"万山之中林木甚稀"③。川西南地区的西昌一带"祠庙向多古柏，十余年前，因云南尚柏木寿板，价颇昂贵，贪利之徒互相勾结，争为斫伐迳售云南，近已十不存一矣"④。峨眉县一带杉木"逐年砍伐，亦渐枯缩"⑤。盆地内大竹"县属只产赤松，中梁柱用大者，围至十余尺，近因林木出境，日肆斩伐，长大者少"⑥。万源县一带则"秦楚商人输运（竹木）极多，本地常有自办到湖北老河口者。近年开辟已空，业此者少"⑦。

历史时期川西北山地森林资源十分丰富，人类活动影响相对较少，但清代以来开发加快，商业采办量越来越大。都江堰一带在民国时期仍是木材的生产地，也是川西北地区木材销售的出口枢纽，民国《灌县志》卷4《食货志》：

> 木类甚多，建筑制造均用之而木商所售，以杉为最，产于西北山中，与茂汶诸邑有条筏、板筏、桐子之不同，共约二千余张……筏自上游浮江而萃于城南伏龙寺……不材之木则为薪料，类皆杂树。青冈较贵，桤木较多焉。至于灌木丛草，僻在荒山，不适于用，烧炭作碱为利颇饶。县城有炭商数家，木炭之属亦远销境外。……沿岷江而上，农业浸微，石炭、竹木、茶、药之类蕴于山谷，清正场扼其枢，木商多萃于此。

汶川县的杉木资源十分丰富，但民国时期"伐木事业盛行，产量日渐减缩"⑧。直到1998年前的近20年来，虽然长江上游川西北地区仍是长江上游重要的商品林木采伐地区，在大量商业采伐之下，森林资源日渐枯萎。到1999年实行"退耕还林"政策和林业职能转变后，川西北地区森

---

① 宣统《广安州新志》卷12《土产志》。
② 李宗昉：《黔记》卷2。
③ 杨怿曾：《使滇马程》。
④ 民国《西昌县志》卷2《实业志》。
⑤ 宣统《峨眉县续志》卷3《食货志》。
⑥ 民国《大竹县志》卷12《物产志》。
⑦ 民国《万源县志》卷3《食货志》。
⑧ 民国《汶川县志》卷4《物产》。

林资源恢复才较快。

3. 交通开发与森林资源

历史时期交通开发对森林资源的影响是多方面、多层次的。一般说来，生产力越发达，交通越发达，人类到达森林资源地区的可进入性越强，对森林资源获取的广度和强度都会增大。同时交通道路建设和维护的加强本身也会加大对附近森林资源的获取程度。

所以，历史时期交通要道地区的森林资源受到的损耗往往更大，如历史时期出入长江上游的金牛道沿线、长江三峡沿江两岸一线。同时，在古代生产力低下的条件下，交通闭塞，一度使原始森林的采伐较为困难，一定程度上保护了森林资源免遭砍伐。云南地区在清代就较为典型。

檀萃《滇海虞衡志》卷11《志草木》载：

> 予治所农部，名章巨材，周数百里，皆积于无用之地，且占谷地，使不得艺，故刀耕火种之徒，视倒一树以为幸。盖金沙江道塞，即不得下水以西东浮，而夷俗用木无多，不过破杉以为房，聊庇风雨，宗生族茂，讵少长材，虽擢本垂荫，万亩千寻，无有匠石过而问之，千万年来，朽老于空山，木之不幸，实地方之不幸也。哀牢之山长千里中通一径，深林中垂一天，若使此山之木得通长江，其为大捆大放不百倍于湖南哉。

正是因为交通不便，可进入性差，使云南大量森林资源得以保存。故民国以来的工业化时期，云南地区很长一段时期内一直是我国重要的用材林采伐地。

同时，交通道路修筑维修的本身对沿途森林资源的影响也是十分直接的。在古代，在岩石众多的山地丘陵地区修筑道路用火烧水（醋）激法，即为了开凿道路，往往采取积薪烧石，然后再用醋、水激的办法来削除岩石。如早在秦代，李冰父子在岷江下游开凿通僰道时就积薪烧岩，激水成道。[①] 唐代节度使严砺也曾"自（长举）县西疏嘉陵江二百里，焚巨石，

[①] 《华阳国志》卷3《蜀志》。

沃醋以碎之"①。这一类的开道方法，往往就近取材而烧，可能对沿途的森林资源会产生一定的影响。

长江上游地区栈道的使用在宋以前十分普遍，而典型的木栈的修筑对沿途森林的影响是十分大的。这是因为修筑过程中搭架铺路，修建临时住房需要木材，而典型的木栈需要大量木材作为柱、梁、板、阁，凹槽式石栈的开凿则会使用积薪烧石的方法，也会损耗较多木材。再则，木栈往往容易受到水和风的侵蚀，也易于受火灾的破坏，往往会不时更新柱、板、梁、阁等，也需要大量木材。正是因为这样，历史时期栈道的开凿和使用沿途森林资源的影响屡有记载。如北宋时，李虞卿在修白水路栈道前，便派人"因山伐木，积于路处"，然后修建了栈阁2309间。② 这多达2309间阁道，以现在考察的栈孔距多在三米左右计算，长达7公里长。以每阁需木材3个立方计算，需要用木材也近7000立方米。如果再加上边角余料和生活用材料，这一次修筑至少损耗10000立方米木材。北宋仁宗天圣二年，剑阁县窦充上书认为凤州到剑门关一线士卒修葺桥阁多要到远处深山密林采伐，甚为艰辛，建议在古道两旁栽种树木，以便随时修葺栈道。③ 这表明当时栈道沿途森林破坏已经很严重。故到南宋宁宗庆元三年，剑阁县令何琰就在剑阁道上沿路种松，以为行道树，同时也为沿途栈道的维修提供木材。④ 正是由于栈道对木材取用十分大，森林资源的采伐越来越离栈道远，修建和维护都越来越困难，故栈道在宋以后使用越来越少，元明清时期屡见改栈道为绕岭碥路的事功。⑤

在中国古代桥梁主要是木结构的，这在山高水险的长江上游地区更是明显。历史时期长江上游风雨桥、索桥都需要大量竹、木、葛之类的植物，桥梁的修建对沿途森林资源的影响也是明显的。

近代以后，修筑铁路、公路所需路基面大大扩展，一方面直接对沿途森林资源的破坏更大，同时，开挖的土石方大量倾覆在坡下；另一方面扩大了对森林资源的影响，同时往往淤塞河道，形成较大的水土流失。

中国古代很早就有植树护路的传统，就长江上游来看，明代李壁在剑

---

① 《新唐书》卷40《地理志》。
② 《宋会要辑稿·方域》。
③ 同上。
④ 王士性：《陇蜀余闻》，《小方壶斋舆地丛钞》第7帙。
⑤ 蓝勇：《中国古代栈道类型及其分布兴废研究》，《自然科学史研究》1992年第1期。

第七章 近两千年来长江上游森林分布与水土流失原因 / 339

阁植树形成翠云廊，在南江县植树形成皇柏林就是典型的交通行道树林。
巴县档案中乾隆档163号《为札饬劝谕栽种树木以培道路事》：

> 照得巴县佛图关以西直至荣昌县西界□为驿传往来大道，两旁自当栽种树木，既可以资历夏天之荫庇，亦足以壮道路之观瞻。乃向未栽有树株，此固该管业户之疏懒，亦由□地方官之失于整理也。今岁年登大有，倍获丰收，目下刈获已完，小春亦将栽毕，迩此农民盈宁休息之时，正所及时栽种……札到即便遵照出示，劝谕士民于佛图关起至荣昌县西界止大道两旁各于所管地段，栽种树木，或槐柳榆杨，或者松柏麻柳，各就其土性之相宜。每株□离数尺，不可挨挤，均匀种植，□期生活，接种成林，渐至根深蒂固，繁茂敷荣。但断不可出□滋扰闾间，亦勿使乡保籍端科派。其应如何□法，善为劝谕。及既栽之后如何保护蓄养之处，一面妥议，禀覆查考，本道即以此觇各县抚字之勤能。务须认真妥办，切勿视为具文。毋违，速速，特此。
>
> 右札巴县准此
> 乾隆五十四年九月四日

显然，巴蜀地区的驿道多植有树木。近现代以来，许多国道都植了行道树，现在城市道路两边也普遍植树。交通发展本身不仅仅有对森林资源破坏的一面，也有对植树一定促进作用的一面。

（五）战争对森林资源的破坏

在亚热带地区，战争对生态环境的影响是十分复杂的，一方面长期的战乱会使人口大量损耗，形成人口真空，人类影响森林资源的程度大大减弱，在亚热带季风气候的背景下，森林植被会自然复茂，进而使森林生态环境回归到更原始状态，森林资源更为丰富。同时，正是由于战乱会一定程度上直接破坏森林资源，进而影响森林生态环境。由于战争造成的秩序破坏，使森林资源产权不能得到有效的保护，使森林资源受到人为破坏。这使得因不同的时期、不同的地区、不同的战争对森林资源的影响往往差别很大。

原来云南昆明各河堤植有数百万株护堤树，但在"咸同年间，迭遭兵燹，摧残殆尽"①。清末，云南江川县一带的森林就是"概自兵燹，而后人心不古，操斧入山乱戕，远近山林树株迭遭砍伐之"②。温江县的柳树七百株，就是因为"咸丰末因滇匪之乱，砍伐无余"③。南充县甘露寺松林"民国以来为兵所据，竹木薙尽，名迹多毁"④，而南充县"栖乐山，旧林甚茂，被团邻盗卖"⑤。丰都县的竹林"因为四围蓊蔚，匪徒时出没其间，民国十二年，清乡军兜剿斫伐烧毁，存者十之三四"，栖乐山则"旧林甚茂，被团邻盗卖"。⑥ 西昌县"属森林，木甚丰富，因民初夷匪出没于深林密箐，防捕均难，政府下令斫伐，几于罄尽，至今四面童山濯濯，不特建筑炭薪取材不易，即水灾亦因而加甚，气候因而变劣"⑦。民国元年，白玉县女扒拿山"山路起伏，杂树密茂，匪人数千伏林内"，为此乘势烧山，将林木毁于一炬。⑧

民国什邡县的森林状况验证了这种破坏最为明显。民国《重修什邡县志》卷5《食货》记载：

> 民国山内沦为匪薮，居民他徙，更无人看护，故当时大小树木，凡易放行者，均鲜有存。在嗣后烟禁森严，匪伙以政令莫及，更多人此辟而种烟，加以近年各军私铸银币数十处，商价收买白炭，山民只图近利，每以拱把之木，辄行煅炼，以供所需，而伐不及时，生息难继，致前之葱葱者顿成濯濯，不稍计及摧残，又何如者。即宅树而论，亦因匪患频仍伊等视为富有，作为抢劫之导火线，主人多愤而芟除。堤上之树亦因避匪，他处或为经济所迫，不免随时砍伐。

---

① 曹寿善主编：《云南林业文化碑刻》，德宏民族出版社2005年版，第407页。
② 同上书，第506页。
③ 民国《温江县志》卷1。
④ 民国《新修南充县志》卷4。
⑤ 民国《新修南充县志》卷11。
⑥ 民国《重修丰都县志》卷9《物产》。
⑦ 民国《西昌县志》卷2《实业志》。
⑧ 民国《白玉县图志》关隘。

三 自然环境变化与森林资源变迁

从地质历史的发展来看，自然环境的变化对森林植被的影响是明显的。以历史气候的变化来看，历史上的冰期与间冰期的反复，对森林植被的变化影响十分大。在冰期，一般呈现森林面积大大减少，同时保留下来的植被也从热带、亚热带常绿阔叶群落向温带落叶针叶群落演变。

历史时期气候变化的幅度远没有地质时期这样大。从中国近五千年气候历史发展来看，气温波动一般仅在年均温度1—5摄氏度之间，而且呈现纬度越高变幅越大的特征。如果在黄河流域呈现年均温度5摄氏度左右的变幅，可能会影响植被群落的属性变化。我们从竹类、楠木、柑橘分布来看，历史时期中国黄河流域气候出现变冷的趋势，一定程度上削弱了黄河流域自然状态下植被的亚热带成分。

从历史自然界地理的研究来看，长江上游地区气候变幅不如黄河流域大，但1900年前的两千年气候变冷的趋势也是明显的。这样，气候变化一定程度上影响长江上游地区亚热带植物群落的分布是存在的。以荔枝的分布来看，宋末元初，四川盆地荔枝种植最北可达北纬31度40分左右的达州平昌一带，历史时期不仅叙州、泸州、嘉州、忠州、涪州、重庆、合州、富顺监等纬度较低的地区出产荔枝，而且成都、广安、奉节、眉山、云阳、万州等纬度较高的地区都出产荔枝，"荔枝春熟向渝泸"，而成都"满街丹荔不论钱"，四川盆地成为唐宋时期三大荔枝生产基地之一。但由于宋末明清的气候变冷和一些人为因素的交互的影响，现在四川盆地荔枝经济性分布仅局限于北纬29度以南的泸州、宜宾一角，不足以全国三大荔枝产地之一相称了。[1]

同样，历史时期传统的柑橘品种在气候变化的背景下，经济性种植分布纬度大大南移，唐代今甘肃文县、陕西汉中、四川黑水等地曾是重要的柑橘产地，但现在文县、汉中只产早熟的宽皮柑橘，而黑水一带已经不产

---

[1] 蓝勇：《历史西南地区荔枝种植分布研究》，《中国农史》1988年第3期；《近2000年来长江上游生长北界的推移与气温波动》，《第四纪研究》1998年第1期。

柑橘了。余甘子曾是川南地区重要的亚热带植物，但今天已经少见种植。①研究表明，从唐代到宋代中国西南甘蔗种植中心南移了一个纬度，而历史上蕉类植物的种植北界也发生南移，这除了人为因素外，自然气候的变化可能也有一定的影响。②

同样，气候变化可能不仅对植物纬度分布上产生影响，而且在长江上游地区也可能存在对植物垂直分布上的影响。不过，由于长江上游以亚热带森林植被为主，植物生长受气候变化的影响相对较小，除长江上游地区高原和高山高寒地区外，近两千年来气候变化对森林植被影响主要是在植物群落变化上，对森林植被的分布（如覆盖率变化）之类的影响相对较小。

总的来看，历史时期，特别是近两千年来人类活动对森林资源的影响明显大于自然环境本身内部的因素。学者们研究表明，黄河流域水土流失中70%是完全属于自然内部的冲刷，而人类活动的影响只占30%，但由于地形地貌和气候因素的影响，长江上游地区可能在近两千年来，主要还是人类活动对森林资源的影响更为明显。

同时，我们应该看到，长江上游的水土流失本是一种自然现象，就是没有人类的活动影响也是客观存在的，只是对全局影响巨大的灾害性水土流失，主要因人类的影响而出现的，出现较晚。

以泥石流、滑坡为例，历史时期很早就有记载。先秦时期的鳖灵治水三峡就是因为"壅江不流"。《汉书·五行志》就记载汉武帝时"犍为柏江山崩，捐江山崩，皆壅江水，江水逆流环城，杀十三人"。以后金沙江、大渡河等河流都曾出现过地震山崩堵塞河道的现象。如乾隆五十年（1785年）大渡河由于地震山崩，堵塞河道，10天后才冲溃，"水高数十丈，一涌而下"，沿河两岸损失严重，沿岷江、川江而下"山材房料拥蔽江面，几同竹筏"。

同时，我们从大量文献可以看出，即使在森林资源较好的唐宋时期，也有大量水土流失的记载。同时大量地方志文献也有明代和清前期时期长江上游大多数地区许多洪水带来泥沙石料冲坏田庐的记载。在这些时期人

---

① 蓝勇：《中国西南历史气候初步研究》，《中国历史地理论丛》1993年第2期。
② 蓝勇：《历史时期西南经济开发与生态变迁》，云南教育出版社1992年版，第176—186页。

类活动造成的影响并不足以成为这些灾害的主要原因。也就是说,在长江上游地区就是没有人类活动的影响,水土流失也会出现,这是一种自然现象。而由于特殊的气候和土壤背景,在没有人类影响的情况下,森林资源也会有一种天然复原的功能。而受水土流失规模和人类活动范围的限制,水土流失也不会对传统时代的社会经济造成毁灭性的损失。

总的来看,我们可以说,清后期这 200 多年来,长江上游在人口绝对数量剧增背景下的人类的垦殖、交通城镇扩展、工矿业发展等对森林资源的影响造成了破坏性的损伤,是灾害性水土流失出现并加重的主要原因。所以,200 多年的长江上游人类活动与自然的关系是值得我们继续反思的。

第八章

近两千年森林分布变迁和水土流失对社会经济发展的影响

一 森林变迁对长江上游洪灾、气候和水文的影响

近两千年来，长江上游森林面积大大缩小，其中原始林面积大大缩小，天然林中次生中幼林面积扩大，人工林面积大大增加，森林植被群落的单一性越来越明显，森林的郁闭性减弱，森林涵养水源的功能下降，致使水土流失越来越严重，另一方面使河道泥沙淤升，河道河床抬升，使洪水难以迅速通过，同时又增大了洪水期间的径流量的流速，使河流径流量季节差增大，汛期洪水越来越大。这种趋势在清代中叶到20世纪90年代以前尤为明显。这种变化自然会影响到长江流域的生态环境，特别是对长江上中游的生态环境影响最为明显。

从表8—1中可看出，大洪水出现的频率在清代、民国时期越来越大。但是，由于人类对大洪水的记载在前后时间上存在的近详远略的误差，所以反映的具体频率可能并不足为信，但考虑到后期人类活动范围扩大和程度加深，进而使人类受灾概率增大，程度加重，其反映的人类受灾害影响的客观严重程度越来越大的趋势是可信的。明清时期被学术界称为"明清宇宙期"，主要是指明清时期是一个寒冷且多灾的时期。可能在这个时期，地球地表下垫面地形地貌植被破坏加重了自然灾害的程度，成为多灾期的地表基础。

表 8—1　　　　　长江上游万县地区唐代以来大洪水统计

历史年代	公元纪年	洪水等级	受灾范围	洪灾时间和危害情况
唐贞观十八年	644	大洪水	夔、梁、忠等州	大水
唐永徽元年	650	特大洪水	夔、巫山、忠州等	重庆以下长江干流大水
宋绍兴二十三年	1153	特大洪水	忠州	水位 155.60 米
明正统五年	1440	大洪水	夔州、万州	水灾
嘉靖二十一年	1542	特大洪水	忠州	水位 155.98 米
清康熙十一年	1672	大洪水	忠州、梁山	大水入城
乾隆四十二年	1777	大洪水	梁山、巫山、大宁	大水
乾隆五十三年	1788	大洪水	云阳、忠州、万县	云阳城门溃，忠州大水入城、万县城墙塌
咸丰十年	1860	大洪水	万县、奉节、巫山、云阳	万县、奉节、巫山水入城。云阳城墙塌
同治六年	1867	大洪水	巫山、大宁	
同治九年	1870	特大洪水	忠州、万县、奉节、云阳、巫山、开县	沿江州县大水入城，开县也大水入城，忠县水位 162.21 米
同治十一年	1872	大洪水	大宁、开县	大水入城
光绪十一年	1885	大洪水	云阳、大宁、万县、开县	大水
光绪十五年	1889	大洪水	奉节、城口、巫山	
光绪二十三年	1897	大洪水	万县、梁平、奉节、城口、大宁	
光绪二十六年	1900	大洪水		
光绪三十一年	1905	大洪水	万县、云阳、忠州、巫山	
民国十年	1921	大洪水		
民国十五年	1926	大洪水	忠县、云阳、巫山、巫溪、城口	

续表

历史年代	公元纪年	洪水等级	受灾范围	洪灾时间和危害情况
民国二十年	1931	大洪水	忠县、云阳、巫山、奉节、巫溪、开县、万县、城口	
民国二十五年	1936	大洪水	忠县、巫山、奉节、巫溪、开县、万县、梁山	
民国二十六年	1937	大洪水	忠县、云阳、巫山、奉节、开县、万县、城口	
民国二十七年	1938	大洪水	云阳、巫山、奉节、巫溪、开县、万县、城口	
民国三十年	1941	大洪水	巫山、巫溪、万县、城口	
民国三十四年	1945	大洪水	万县、开县、奉节、云阳、巫山、巫溪、城口	
民国三十五年	1946	大洪水	奉节、巫山、城口	
民国三十六年	1947	大洪水	巫山、巫溪、开县	
民国三十七年	1948	大洪水	巫山、开县、万县	
民国三十八年	1949	大洪水	万县、奉节、巫山	

资料来源：据万县地委政策研究室《万县地区五百年灾害研究》中第57—62页统计表整理而成，1991年。

如历史时期长江上游的水灾一直是一个重要的自然灾害，森林破坏加重了洪水灾害的程度，而洪水灾害对长江上游的沿岸生态环境产生了较大的影响。

研究表明，四川洪水主要由暴雨形成，故水灾主要发生在每年5月至10月之间。

据研究表明，从公元前184年至民国时期，长江上游干流有洪水记载的年份有56个,其中洪水峰高量大,洪水严重的年份是1153年、1520年、1560年、1788年、1849年、1860年、1870年、1905年、1931年。岷江在这个时期内有洪水记载的年份有36个,其中洪水严重的年份如1840年、1887年、1917年。沱江流域在这个时期内有洪水记载的年份有18个,其中较严重的如1840年、1898年。嘉陵江流域在这个时期内有洪水记载的年份有33个,其中较大的有1840年、1870年、1898年、1903年。乌江在这个时期内的主要洪水年份有12个,重要的如1830年、1909年。[①] 主要洪水集中在清代,这一方面与清代的记载更详有关,一方面也与清代人类活动的范围扩大和本身森林破坏而来的水患加重有关。

郭涛统计了2000年来每10年的四川城市水灾频次和遭受水灾的城次。

表8—2　　　　　　　　2000年来四川城市水灾统计

世纪	公元前2世纪	公元前1世纪	1世纪	2世纪	3世纪	4世纪	5世纪	6世纪	7世纪	8世纪	9世纪
水灾年	2	2	0	1	3	0	0	0	4	2	7
受灾城次	4	2	0	1	7	0	0	0	18	3	13
受灾强度	2	1	0	1	2.33	0	0	0	4.5	1.5	1.86
世纪	10世纪	11世纪	12世纪	13世纪	14世纪	15世纪	16世纪	17世纪	18世纪	19世纪	20世纪
水灾年	16	6	17	10	9	8	19	38	43	82	41
受灾城次	30	8	49	31	15	14	46	65	108	276	337
受灾强度	1.88	1.33	2.88	3.1	1.67	1.75	2.42	1.71	2.51	3.37	8.22

资料来源:郭涛:《四川城市水灾史》,巴蜀书社1989年版,第327页。

从表8—2统计来看,四川城市水灾年、受灾城次和受灾强度总的趋势是随时间推移逐渐增大增强的。17—19世纪四川城市水灾年、受灾城次和受灾强度都十分突出。这可能与清代森林破坏、水土流失加重有关,当然也与前面谈到的与清代有关记载更详明和清代人类活动的范围扩大有

[①] 水利部长江水利委员会等:《四川两千年洪灾史料汇编》,文物出版社1993年版,第9—12页。

第八章　近两千年森林分布变迁和水土流失对社会经济发展的影响 / 349

关。也就是说，从技术统计上来看，这与清代统计详明和沿江两岸人类活动更多有关。

长江上游的水灾首先是对长江上游沿岸人类生产生活和生态环境产生较大的影响。由于洪灾增大是以山地垦殖高潮下森林破坏、水土流失出现为背景的，故洪水带来的泥沙增大，使两岸泥沙淤积比以前严重，会淹没民宅、田土，给沿岸人民生命财产带来破坏。如民国时期万源县"金寨顶遍山开垦，一值大雨，山水暴涨，连泥带石下限田亩，居民数百家受害无底"[①]，汉源县则"山势陡峻，多开垦，每值大雪暴涨，汉源场易遭水灾"[②]。安宁河平原地区"遇夏秋泛涨，势猛力骤，下游田庐无不冲塌"[③]。

同时，水土流失形成一些新的沙土堆积，使河道河床有所抬高，使河道的自然面貌发生了较大程度的变化。

民国《西昌县志》卷1《地理志》记载：

> （安宁河）夏秋水涨，由上游奔腾而下，突入平野，由上流之流沙也沉堆积，堵塞河身，水势漫衍……（怀远河）若累日多雨，连山濯濯，土石崩溃，横流田溢，挟污泥大石滚滚而下……（海河）夏秋诸水盛涨，洪流四注，泥沙沉溢，汇集下游，河床壅滞。

我们从清代末年的安宁河的照片可以看出，可见安宁河枯水季节径流细小，泥石壅积，河谷石滩上的植被稀疏可数，远处高山山脊平整，山色童秃，植被十分差。

民国《昭通县志稿》卷13《舆地》记载：

> 惟擦孥河受鲁甸桃源各水向亦畅行，近因河道淤塞，两岸田亩悉被淹没。

我们在昭通地区考察发现，以前昭鲁坝子上的自然湖泊已经大量消失。汉晋时昭通附近有千顷池和龙池。今千顷池早已不知去向。龙池周

[①] 民国《万源县志·杂志》。
[②] 民国《汉源县志》卷1《疆域志》。
[③] 咸丰《宁远府志》卷52《祥异志》。

围原有 23.5 公里，民国时期称为八仙海，仍有 15 公里，但现在已经淤成平陆。但发源于昭通地区乌蒙山的大关河元代还能从乌蒙坝（今豆沙关）通航到蛮溪口（今云南水富县），清代前期一些段落仍可用于转运川盐和滇铜，可见当时大关河径流量较大，水位较高，河谷中岩石泥沙阻航较少。但现在大关河径流量大减，河中滩险丛生，已经无法航行舟楫了。

同时，由于森林被破坏，保持水土功能削弱。在旱季，江河径流普遍缩小，对此，清代民间就有人对此有所认识。如楚雄在《鹿城西紫溪封山护持龙泉碑》"序"中谈道：[1]

> 而所以保水之兴旺而不竭者，则在林木之荫翳，树木之茂盛，然后龙脉旺相，泉水汪洋。近因砍伐不时，控掘罔恤，以致树木残伤，龙水细涸矣。

《陆良县马街镇如意龙潭"禁树碑记"》也谈道：[2]

> 念先时前后左右，树木繁茂，阴气多凝，水固兴旺，历经数载，不禁斧斤，不止牲畜，材者伐之，荫者踏之，水渐细小，虽不息其流也终滞，其源也咋干。

在历史时期长江上游由于森林变化影响地表水文的变化十分普遍。据成都指挥街周代遗址孢粉分析来看，先秦时成都平原沼泽水面应该比现在大得多。秦汉时成都平原有大量野生蹲鸱（芋头）生长，有"至乱不饥"之说，从侧面反映了成都平原水面比现在大的事实。元代滇池水面比 20 世纪 80 年代高出 5 米左右，当时翠湖还是一个滇池相连的一个湖湾，近 300 年来滇池的面积缩小了一半以上。其他如威宁的草海、会泽的者海、宜宾的天池都有一个缩小的过程。据我们以往的研究表明，历史时期长江上游河道普遍呈现萎缩趋势，20 世纪中叶以来的 40 年内萎缩的速度大大超过以前的 2000 多年的萎缩幅度，表现为径流减小，季节差增大，河床

---

[1] 曹寿善主编：《云南林业文化碑刻》，德宏民族出版社 2005 年版，第 157 页。
[2] 同上书，第 159 页。

抬升，河道变窄，滩险复出。① 近10多年来，长江上游河道在修建的大量电站水库的作用下，形成了段落性渠化，又使河道发生了明显的变化。一般而言，渠化段落水位上升而非渠化段落则径流量更加细小，滩险更为突出。

我们在重庆市忠县中坝古代文化遗址上发现，其文化层达12.3米，时间跨度达几千年，从新石器时代到当代，其中许多文化层都远远低于今天河道，这显示了2000多年来长江上游地区水土流失状态下河道淤升的轨迹。同样，我们在甘肃南部嘉陵江上游成县的西峡发现，秦汉时代的栈道孔离河道的垂直距离现在十分近，河道内泥沙淤积，巨石纵横，近2000年来水土流失明显。郭声波教授曾用古代诗文中关于三峡水清浊的描述来证明唐代已经出现水土流失，但我认为当时的水土流失存在，但并不明显。宋代范成大《吴船录》卷记载："（黔江）自黔州来合大江，大江怒涨，水色黄浊，黔江乃清冷如玻璃，其下悉是石底。自成都登舟至此，始见清江。"这里明显可见当时乌江江水透明而可见江下石底之状。现代乌江虽然与长江相比仍是泾渭分明，但现在涪陵段乌江江水已经没有透明之下见石底之状了，可见当时乌江水的泥沙含量显然没有今天大。宋代长江支流的汤溪河也是"清甘湛碧"②。嘉陵江"水泼蓝青，澈底澄光明鉴形"③。清代李蕃在《红玉集》中谈到通江以前森林"占地七成有五"之状，故当时"宕江清澈现底，水清石见"。只是后来森林破坏后才出现"水混石不明"之状。以前各支流如此，可见当时长江上游的主流相对泥沙含量也应比今天更小。

同时我们也应看到，由于森林分布变化后，对长江上游的局部气候也会产生一定的影响。

民国《西昌县志》卷2《产业志》载：

> 县属森林，木甚丰富，因民初夷匪，出没于深林密箐，防捕均难，政府下令斫伐，几乎罄尽，至于四面童山濯濯，不特建筑炭薪，取材不易，即水灾因而加甚，气候因而变劣。

---

① 蓝勇：《历史时期西南经济开发与生态变迁》，云南教育出版社1992年版。
② 《宋代蜀文辑存》卷64，王日翚《云安监劝学诗序》。
③ 吕陶：《净德集》卷38《见嘉陵》。

民国《南充县志》卷2《舆地志》载金城山：

> 旧饶林木，池泉丰美，近年林被侵伐罄尽，泉皆涸绝，民户寥寥。

随着森林大量消失，滇东北地区历史时期气候发生较大变化，历史时期更温暖湿润。

民国《大关县志稿·气候》载：

> 惜乎山多田少，旷野萧条，加以承平日久，森林砍伐殆尽而童山濯濯，蓄水无多，遇一干旱，则多栽插不上，揆厥原因亦仍受此风之影响。

民国《昭通县志稿》卷1记载：

> 昭境在初改流之后，土旷人稀，林木丰茂，不乏泉流，雨水滋多……厥后移民渐多，人口顿增，变林地为农场，造木材需求甚广。后四处滥伐，逐使高山峻岭竟成濯濯，泉源稀少，雨阳不时。每当夏秋之季，遇东南湿风一至，淫雨旬月不止，河川泛滥，秋成减收，实森林缺乏所致。

据研究表明滇东北地区历史上森林覆盖率高达70%，直到21世纪50年代森林覆盖率仍在19.8%，但80年代降至14.43%。森林消失使滇东北地区的空气湿度大大降低，据推测，现在滇东北可能比宋元时期年均降雨量下降100毫米左右。[①] 乐山地区山区由于滥伐森林，森林覆盖率由20世纪50年代初的50%下降到80年代的30%，造成水土流失严重，空气越来越变干燥，大渡河及其支流干旱河谷黄褐土分布扩大，出现亚热带荒漠景观。[②]

当然，森林变化对局部地区气候的影响不至于改变大的气候变化趋

[①] 蓝勇：《历史时期西南经济开发与生态变迁》，云南教育出版社1992年版。
[②] 袁俊雄：《乐山市山区开发整治研究》，《国土经济》1988年第4期。

势，只限于对局部小气候的调整上。

二 森林变迁对土壤侵蚀的影响

今天我们在长江上游长江的许多干流和支流汇合处河边发现了大量阴沉木，大量都是深埋于地下几米深的地方，这表明几千年前河道泥沙淤积的幅度是十分大的。从总体趋势上讲，森林破坏愈严重水土流失愈明显是可以肯定的，但从时段来分析两者的消长关系十分困难。

我们原拟在合川涪江与嘉陵江汇合口做探坑来分析，但因合川城市滨江路硬化河堤等因素没能实施。2009年年初，因合川区草街水电站的修建，要淹没钓鱼城下的水师码头，重庆市文物考古所在水师码头进行了系统发掘，做了一些探坑和切面，为我们研究宋代以来的嘉陵江水土流失情况提供了可能。在市文物考古所的支持下，我们对水师码头探坑和切面的泥沙淤积情况作了测量。

表8—3　　　合川钓鱼城水师码头探坑、切面泥沙数据　　　单位：米

坑面名	GPS海拔高程	南切面	东切面	西切面
东坑	底：182	2.1（沙层1.07）		
中坑	底：182	0.78	1.35（沙层0.87）	1.48—0.82（沙层1.03）
西坑	底：182	1.03	1.45—1.27（沙为主）	1.05—0.75
东切面下段	地面：190	2.60（沙层1.80）	2.58（沙层1.68）	2.52（沙层1.71）
东切面上段	地面：192	2.23　2.25　2.78　2.24　0.94　（无沙层）		

通过2009年3月21日GPS测量的水位表明，当时嘉陵江水位为180米左右。据调查当地常年年洪水位在210米左右，水师码头第一二层大堤应该在190—193米之间，也就是说，水师码头在历史上要随洪水进行季节性升降，这可能是码头多个台级的原因。应该肯定，南宋末年修筑水师码头时，码头石基是砌在基岩上的，也就是说，当时海拔182米左右的河床基岩并没有被泥沙淹没。这主要是由于当时嘉陵江河床普遍比现在低，

所以，探坑和切面的泥沙均应为700多年来嘉陵江泥沙的淤积，其淤积幅度在0.7—2.70米之间。通过重庆文物考古所的地层分析，其间可能有12次明显的洪水泥沙淤积过程，这显示了700年来嘉陵江流域水土流失对河床抬升影响的程度。这与以前研究的历史时期长江上游航道萎缩的趋势是相吻合的。[①]

森林面积大量缩小，水土流失的加重，同样会造成水土流失地区土壤肥力递减，影响了长江上游山地地区的农业产出。

研究表明，在历史时期人少地多的人地关系背景下的畲田，即我们称的经典式的刀耕火种，即有较高的投入与产出比，也能较好保持周边的森林资源的常态，不会造成明显的破坏性水土流失。以三峡地区唐宋时期的畲田为例，刘禹锡《畲田行》称："巴人拱手吟，耕耨不关心。上来得地势，委径寸有余阴"，而范成大《劳畲序》载"巫山民以收粟三百斛为率，才用三四斛了二税，食物以终年，虽平生不认粳稻，而未尝苦饥"。表明当时人少地多背景下畲田下良好的生态环境、较高的产出效益和农民轻松的生活状态。但是当人口大量增长，人多地少的条件下的畲田，耕种方式从一茬轮歇制向轮作轮歇制发展，周边的森林资源破坏得不到有效的更新时间，使水土流失越来越明显，使土壤肥力大大递减下降，产量也大量减少。尹少亭先生对云南少数民族刀耕火种的人类学调查也证明了这一点。[②]

清代以来畲田向固定坡耕发展过程中造成明显的水土流失，进而形成土壤肥力递减的案例较多，如石柱一带"土至瘠薄，全恃雨泽，不耐十日旱，雨甚大亦畏之，恐刷去浮土即成石田矣"[③]，盐亭县一带本是丘陵地区，由于"山多田少，民务垦荒，然所垦之地，一年而成熟，二年而腴，四五年而瘠，久之则为石田矣"[④]。据清代李蕃《真武庙石刻》记载，在明代崇祯年间，大巴山通江一带就发生"几场暴雨下，遍地肥土光，到处人心伤，夫林也夫粮，百姓去逃荒"之景。

清嘉庆时严如熤对大巴山地区砍伐老林进而造成水土流失，土壤肥力

---

① 蓝勇：《历史时期长江上游航道萎缩与对策研究》，《中国历史地理论丛》1991年第3期。
② 蓝勇：《"刀耕火种"重评》，《学术研究》2000年第1期。
③ 道光《补辑石柱厅志》卷6《风俗志》。
④ 乾隆《盐亭县志》卷1。

第八章　近两千年森林分布变迁和水土流失对社会经济发展的影响 / 355

下降多有记载,如其《汉南续修郡志》卷20:"(大巴山)山民伐林开垦,荫翳肥沃,一二年内,杂粮必倍;至四五年后,土既挖松,山又陡峻,夏秋骤雨,冲洗水痕条条,只存石骨,又须寻地垦种,原地停空,渐出草树,枯落成泥,或砍伐烧灰,方可复种。"其同卷《请专委府经历专管公堰详文》称:"缘近年以来,老林开垦,土石松浮,每逢夏秋,淋雨过多,遇有水涨,溪河拥沙推石而行,将堰身冲塌,渠口堆塞,必乘冬夏募人夫修砌。"其在《三省边防备览》中也多有类似的记载,如卷5《水道》载:"秦中山多,石土相杂,其形方而削,遇霖雨过多,石土中酥则土石坍堆山沟溪河之中。"卷8《民食》载:"自数十年来,老林开垦,山地挖松,每当夏秋之时,山水暴涨,挟沙拥石而行,各江河渐次填高,其沙石往往灌入渠中,非冲坏渠堤,即壅塞渠口。"

其他地方的情况也与严如熤的记载相类似,如巫山一带"四山开垦,山土松消,大雨时行土随水下,洞塞田淹"[1]。"(大巴)山内垦荒之户,写地耕种,所种之地,三两年后垦荒成熟,即可流寓为土著,偶被雨水冲刷,不能再耕,辄搬去另寻山地"[2],"乾嘉以还,深山穷谷,开垦靡遗,每逢暑雨,水挟沙石而下,漂没人畜田庐"[3]。民国《万源县志》卷3载:"耕种余时,则将荒山用斧斤劈去树木荆棘,待二三日天气晴朗,以火焚之,拾余烬作薪,不挖即便下种,薅草甚是费力,收获比熟地稍优,但二三年后仍然弃置,又须数年仍可复开。此种荒山土质甚薄,所以不耐久种。"云南丽江县在清道光时就因"任意扳石、挖土、采樵、放牧,年深日久,每遇水潦,时有倾圮,以致山骨暴露,形势枯槁"[4]。

对此西方人也有记载,如清代末年英国人莫理循《中国风情》记载三峡一线:

> 即使是非常的大山及其陡峭的边缘地方,农民也在上面点缀了一些农田,每块可以利用的土地都被开垦出来了。由于山坡非常陡峭,再加上垦荒把草木破坏了,一场大雨就会把它少量的土壤冲得干干净

---

[1] 光绪《巫山县乡土志》卷3。
[2] 民国《续修陕西省通志》卷50《兵防》。
[3] 民国《续修陕西省通志》卷199《祥异》。
[4] 《丽江象山封山护林植树石碑》,曹寿善主编《云南林业文化碑刻》,德宏民族出版社2005年版,第367页。

净,只有善于爬坡的山羊才能在山坡上安然地啃着野草。

清代末年美国人罗斯在《E.A.罗斯眼中的中国》① 中也记载了清代末年中国南方山区典型的坡耕与水土流失状况:

> 中国人近乎拼命三郎,努力地把山坡开辟成层层梯田,只是为了得到新的耕地。在南方某地,仅在一座山的一面斜坡上,竟发现有四十七块形状像一个个台阶似的梯田。梯田下五百英尺的地方就是河床,平时潺潺溪水蜿蜒流出,景色秀丽,但在雨季,溪水就变成了咆哮的山洪,无情地冲进成百亩珍贵的、栽种水稻的田里,到处肆无忌惮地横行。有一些薄薄的棕色的土壤,上面覆盖着石头,人们就根据自然地势种上麦子、玉米。令人感慨的是,耕种时要以锄头代替耕牛或其他畜力,可以想象这种劳动的艰辛。这种耕地的角度至少有四十五度,如从水平线来看,每块土地至倾斜。农民从半英里外的靠近长满树木的山顶的住处那儿,爬下山,把半镶嵌在黑色裸露岩石之间的土壤开辟成小人国似的耕地。毋庸置疑,没有森林覆盖的植被保护,被洪水冲刷下来的泥土填满了山谷,可怕极了。

必然指出的是,在近一百年的时间内,由于人口数量大增、农业垦殖扩展、城市交通发展的影响,长江上游亚热带山地地区的陡坡垦殖更明显,水土流失更加严重,山区土壤肥力大减;同时30多年来,由于化肥、农药的广泛使用,土壤开始受到水土流失与化肥、农药的双重影响。

三 森林变迁与生物多样性和产出多样问题

森林资源的变迁对工农业生产结构也会产生较大的影响,这是以往我们注意不够的。

长江上游多处于亚热带季风气候带,亚热带常绿植被为主体,这种森林植被呈现明显的生物多样性,这种生物多样性为人类经济发展过程中形

---

① [美]罗斯:《E.A.罗斯眼中的中国》,重庆出版社2004年版,第50—51页。

成产出多样创造了条件。

先秦时期，在成都平原仍有较多的森林，森林中仍有较多野生动物。在成都金沙遗址和三星堆遗址中发现了大量象牙，对于这些象牙的来源地，虽然有的学者认为来自缅印，但从研究表明，先秦时期大巴山、岷山产象、汉晋川西小相岭产象、唐宋秦巴山地和今渝南黔北出象牙、宋代川南民族贡象来看，商周时期成都平原的象牙应该来自长江上游的山地森林可能性更大。[①]

唐宋时期在长江上游地区的诸多州的土贡中都贡有犀牛，如四川地区的黔州、南州，贵州的费州、夷州，出产犀牛的州更多，[②]所以，宋代张世南《游宦纪闻》中记载当时成都形成了一个犀牛贸易的专业市场。

我们应该看到，先秦到唐宋时期长江上游地区的犀象贸易是以当时森林茂密的自然条件为背景的，是森林密集下生物多样性、产出多样性链条的证据。宋代以后，随着森林大量被破坏，再加上人类的猎杀，犀、象退出了长江上游地区，这条链条也被破坏了。

明代长江上游丘陵地区的农业种植虽然已经十分广泛了，但我们发现在长江上游丘陵地区，稻麦生产虽然占的比重较大，但由于森林资源还较丰富，传统农林副业仍有较高的地位。以正德《蓬州志》和万历《营山县志》的记载来看，当时土贡有麂皮、鱼油、翎鳔、鱼线胶、翎毛、黄络麻等，田赋中仍有稻、麦、丝、麻、棉花、芝麻、酒课、鱼课、醋课等项目，就说明这一点。在清代中叶大量外省移民垦殖后，四川盆地稻麦种植在经济中的地位相对有所上升，农林副业的地位相对下降。

清代前期的移民山地开发高潮中，大量老林开垦出来的同时，许多棚民利用山地森林资源的优势，设立了大量的盐厂、炭厂、香菌厂、木耳厂、纸厂、沙金矿、黄连厚朴厂，同时开发山区的野生药材、矿产、水利资源，一度使大巴山地区经济上形成产出多样性的格局。

清代前期的棚民除了垦殖种植粮食作用外，还种植其他经济作物，如以种植麻为业的称为"麻棚"，有的种植黄连厚朴，有的种植木耳香菌，有的种植楮树供造纸，这些种植户往往都要租佃多次。在这些行业中还出

[①] 蓝勇：《历史时期西南经济开发与生态变迁》，云南教育出版社1992年版；蓝勇：《历史时期野生犀象分布再探索》，《历史地理》第12辑。

[②] 蓝勇：《历史时期西南经济开发与生态变迁》，云南教育出版社1992年版。

现了"揽头"与"塘匠",形成了雇佣关系。①盐井开发多主要依靠木材,历史时期长江上游森林丰富是设立盐厂的基本条件,有所谓"蜀井开近山林"②之称。

在这样的背景下,山民利用山区生物资源的多样性,形成山区与坝区的物资流动。在清代乾隆嘉庆时期,长江上游山地地区不论是山区对外贸易,还是内部集市贸易都很快发展起来了,"山货"成为四川地区商业贸易中十分流行的话语,川帮、外广帮、内广帮、汉口帮、汉阳帮、南京帮、陕西帮出入山区,运销长江上游的"山货"白蜡、黄蜡、虎骨、豹骨、麝香、黑木耳、白木耳(银耳)、山丝、五倍子、牛皮、羊皮、兔皮、麂皮、虎皮、豹皮、獭皮、狐皮、生漆等。③

同时我们也应看到,也正是由于清代后期移民增多,大量垦殖山地,种植高产旱地农作物玉米、马铃薯、红薯,致使森林资源被大量破坏,使山区的生物多样性受到了影响,清代前期形成的产出多样性并没有很好地发展下来,进而形成了一种以旱地农作物为主的结构性贫困。

同时我们还发现,在历史时期长江上游存在一种"山平现象"。所谓"山平现象"是指在一个政区内存在一种平原与山地景观并存的地区,由于平坝吸纳了更多的人口,同时为山区提供了粮食保证,而山区人口压力小而人均占有生物资源、矿产资源、水利资源多,且有较近捷的商业运输通道和粮食保证,山区的开发与坝区的开发相得益彰。今天,我们在四川彭山县、什邡县、都江堰等地都发现了这种趋势。

另外在历史时期一些地区由于半牧半农,经济发展远比纯农业经济更有活力。

民国《甘孜县图志·垦殖》记载得十分典型:

> 本县地土沃野,以全县计之成熟之地,仅有百分之二十,余则悉为膏腴,且有水。由县治南至普玉隆,西至江边,可得良田二百顷,自利北至榨科数百里平原,地土沃饶,系为牛厂,在设治之初,边务

---

① 黎帮正:《试论清代前期川楚陕三省边区的开发》,《清代的边疆开发》,西南师范大学出版社1993年版。
② 严如熤:《三省边防备览》卷9《山货》。
③ 王纲:《清代四川史》,成都科技大学出版社1991年版,第793—798页。

大臣赵尔丰拟招夫千人于此开垦，分置玉隆县，具垦夫已至百人，适逢鼎革未果，惜也。比至今日，凡以前之垦殖地，安家乐业，半耕半牧，悉成为小康之家焉。

实际上，在30多年来，长江上游地区传统牧区的牧民经济状况明显比传统农区的经济状况好，这也是一个不争的事实。就是现在如果没有规模的纯农业垦殖的效益仍然是十分差的，而小规模的畜牧业的效益仍然是较好的。总的来看，森林、草甸在长江上游是生物多样的基础，也是经济上产出多样性的基础。在历史上很好地利用这种基础就会使经济发展顺利，反之，破坏这种基础则对社会经济造成负面的影响。

四　森林变迁对长江中下游生态的影响

历史时期长江上游的森林砍伐造成水土流失加重，不仅影响到长江上游的农业生产，使河道淤塞，加重洪水灾害程度，增大洪水出现的频率，威胁人民生活生产安全，成为长江上游重要的自然灾害。同时，大量泥沙冲刷到长江中下游也使中下游河道抬升，特别是对长江中游地区的河道抬升影响最明显，洪水灾害频率增大，灾害程度扩大，成为长江中游地区的心腹之患。这种现象清代以来尤为明显，如清代同治九年（1870年）长江上游洪水，不仅使盆地内大量州县受灾严重，而且使长江中游的归州、荆州、公安、枝江、宜城、武昌、黄冈、黄州等地大水异常，有的地方城堞被毁，堤坝崩决，号称"数百年来未有之奇灾也"。[1] 汉川一带"江汉并涨，上游襄堤南北俱溃"[2]，表明长江上游洪水对长江中游的影响明显。

对此，早在清代就有人提出长江中游水灾频率的原因。

乾隆末年，王昶就谈道：

四川、陕西、湖北山木丛密处，今皆砍伐为种苞谷，地遇雨，浮

---

[1] 水利部长江水利委员会等：《四川两千年洪灾史料汇编》，文物出版社1993年版，第33页；《清史稿》卷40《灾异志》；《清史稿》卷22《穆宗本纪》。

[2] 同治《汉川县志》卷14。

沙随水下江，故江底沙淤日积，水势年增。①

道光时湖广总督卢坤也指出：

因上游秦蜀各处垦山民人日众，土石掘松，山水冲卸，溜挟沙行，以致江河中游多生淤洲，民人囿于私见，复多块筑堤垸。②

魏源也谈道：

且湖广无业之民，多迁黔粤川陕交界，刀耕火种，虽蚕丛峻岭，老林邃谷，无土不垦，无门不辟……山无余利，则箐谷之中，浮沙壅泥，败叶陈根，历年壅积者，至只皆铲掘疏浮，随大雨倾泻而下，由山如溪，则溪达汉、达江。③

江苏巡抚陶澍称：

江洲之生，亦实因上游川陕滇黔等省开垦太多，无业游民到处伐山砍木，种植杂粮，一遇暴雨，土石随流而下，以致停淤接涨……而开垦既多，倾卸愈甚，乃至沙涨为洲，则除去更难。④

所以，1998年大洪水后，国家在长江上游不仅仅是实施生态水源林工程，而且开始实行强制性的退耕还林（草），将林业职能由采伐为主向植树为主转变，调整长江上游地区的产业结构，从根本上抑制长江上游的水土流失，消除长江中下游的河道淤塞和洪水之患。

不过，任何事物都是矛盾对立的。我们知道，历史时期水土流失的破坏十分明显，但是我们也应看到，长江上游水土流失本身是一种自然现象，人类活动只是加大了其程度。从另一个角度上讲，大量土壤泥沙被冲

---

① 《荆州万城堤志》卷末。
② 同上。
③ 魏源：《湖广水利论》，《古微堂外集》卷6。
④ 陶澍：《陶文毅公全集》卷10。

击到长江中下游地区，对长江中下游地区的经济开发也有正面的影响，这是以前我们没有注意的。历史地理学研究表明，一般长江上游处于开发高潮时期，中下游的成陆速度就会加快。对长江中游而言，河道分叉众多、湖沼众多的"江南卑湿"环境的改变很大程度上是靠长江上游冲来的泥沙改变的。对长江下游而言，长江中上游的来沙正是近五千年长江三角洲平原形成的必要条件。

从这个意义上讲，宋代以来的江南开发和明代以来的荆湖地区的发展也与长江上游泥沙增多有关。这就是说，历史时期以来长江中游江汉平原的辉煌，客观上与上游大量泥沙将湖沼淤成平陆，使分叉水面形成统一河道进而形成更适宜人居的江汉平原这个地理基础有关。同样，近代长江三角洲近代文明的出现和今天长江三角洲现代文明的发展，都是根基于这块在海洋性季风气候条件下形成的肥沃的平原。也就是说，历史时期长江上游的水土流失是奠定这两个地域空间基础的主要原因。将内陆贫瘠无人的山区的土壤冲散到离海洋更近的更适宜人类居住生存地区形成平原，从这个意义上讲，这无疑对中华民族的整体发展是积极的。这种意义，不仅在于长江上游与长江三角洲的关系，也在于黄河上游与华北平原、珠江上游与珠江三角洲平原的关系。

当然我们在这里客观分析这种历史时期人地互动客观进程的正负面影响，并不在于对历史时期水土流失的完全肯定和强调现实中水土流失的合理性，而是从一个历史地理角度客观辩证地分析历史进程中人类行为、自然环境变化的正负影响。

第七章图版

四川平武报恩寺的楠木立柱，长江上游几乎所有的古代寺观庙宇的立柱横梁大都由高大楠木、柏木、杉木构成，显现了历史时期楠木等高大乔木分布的广泛。

寺观是保护高大乔木最好的地方。
四川泸州方山云峰寺的楠木林

青城山老君阁
附近的楠木

都江堰伏龙观的楠木林

峨眉山万年寺的楠木林

青城山的千年古杏树，显示了四川盆地周围边山地在唐宋时期森林分布的原始性

大邑县鹤鸣山植被

峨眉山楠木林

峨眉山楠木林

冕宁县灵山寺植被

屏山县中都镇雷音寺梁柱全用楠木建成

安宁河平原早在汉晋时期就得到开发，但当时河谷两边山地森林仍十分茂密，没有明显的灾害性水土流失

四川盆地清中叶以来人口急增，人地矛盾突出，人们充分利用了田埂、沟壑。这是20世纪初重庆北碚代家沟喀斯特地貌下见缝插针式的垦殖

川南地区人类开发较晚，但清中叶以来人类开发越来越深入，现川南山地森林主要以次生林、人工林和灌丛为主（兴文县）

川南地区人类开发较晚，但清中叶以来人类开发越来越深入，现川南山地森林主要以次生林、人工林和灌丛为主（筠连县）

21世纪初，四川汉源县大相岭高寒山地洋芋种植区的退耕还林标志

21世纪初，海拔1700米左右的叙永雪山关一带农业垦殖

四川汉源县马托原为海拔1200米的彝族牧区，现为垦殖区

21世纪初三峡高山陡坡垦殖图（1）。长江三峡地区历史上为重要森林资源采伐区，但明清以来的开发，大量森林被破坏，山地陡坡垦殖明显，已经失去森林采伐区的优势

21世纪初三峡高山陡坡垦殖图（2）

21世纪初三峡高山陡坡垦殖图（3）

20世纪末三峡秭归县的坡改梯田，显现了近代以来人口压力下的三峡坡耕趋势的不可避免

21世纪初黔江一带的丘陵地区垦殖指数已经较高

20世纪末，大巴山地区的白云深处有人家的风景，多显现了明清以来形成的人地格局

21 世纪初滇东北大关县
一带的坡耕景观

21 世纪初滇东北彝良一带山地
垦殖与烧荒景观

21 世纪初云南昭通、大关间植被

21 世纪初云南镇雄县植被

21 世纪初云南彝良县植被

21 世纪初云南永善县红土地农业垦殖

21世纪初云南永善县山地退耕还林后的景观

21世纪初金沙江下游植被

金沙江下游植被的垦殖点（上一图的局部）

21世纪初贵州遵义海龙囤一带山地垦殖指数不算太高，但植被多为灌丛、次生中幼林

21世纪初贵州威宁县中水镇植被

2003年万县武陵135蓄水前的龙眼荔枝林

2003年万县武陵135蓄水前夕龙眼、荔枝林全部被砍伐的情形

清代末年三峡地区负薪妇女

21世纪初贵州遵义海龙囤山区的负薪妇女

21世纪初四川汉源县皇泥镇挖树根为薪的农民

重庆酉阳龙潭镇担薪出卖的农民

20世纪末万县农村开始用牛粪作燃料

20世纪六七十年代成都洛带镇石风车,显现了林木的缺乏对农业加工机械的影响

21世纪初金口河林区砍伐的木材

21世纪初四川省昭觉县退耕还林(牧)后形成的移民新村

21世纪初四川省雷波县退耕还林后形成的移民新村

2000年四川省屏山县新市镇废弃的木材转运站

20世纪末金沙江上转运的木材(资料照片)

20世纪末金沙江上转运的木材（资料照片）

1935年孙明经所拍川西林区道路照片

1917年岷江木筏

1917年四川遂州木筏

20世纪后期峡江拖运木筏

清末民初木材搬运

21世纪初重庆市万盛区山地伐木

川南珙县保存了大量元明以来的悬棺多用整根楠木制成，显现了这段时期川南地区森林资源丰富状况

21世纪初川南珙县悬棺分布地区的森林植被以人工中幼林和灌丛为主

清末乐山五通桥盐井周边自然景观

民国初年自贡盐井及周边自然景观

传统的盐井生产大量使用木材（自贡盐井）

21世纪初四川荣县丘陵地区人地景观图

自贡传统老盐厂

重庆云阳云安盐厂古盐井

重庆彭水县郁山镇盐井遗址

重庆彭水郁山镇盐井附近植被

重庆武隆县盐井峡景观。由于历史时期的森林砍伐，盐井附近灌丛都十分低矮

重庆武隆县盐井溪附近景观

四川大英县桌筒井。四川盆地早在宋代开始使用桌筒井，大量使用木材作为器具

云南东川汤丹铜矿显现历史时期矿业对森林植被的破坏明显，现附近灌丛都十分低矮

云南东川汤丹铜矿附近的环境现状

云南东川汤丹厂附近的小江流域童秃的自然景观

广元明峡栈道在宋代被破坏，其中重要原因就是沿途木材的缺乏。此图为重新复修的栈道景观

云南永善县金沙江边
清代江南木商的题刻

参考文献

一 历史文献类

司马迁：《史记》，中华书局1982年标点本。
班固：《汉书》，中华书局1982年标点本。
范晔：《后汉书》，中华书局1985年标点本。
刘昫：《旧唐书》，中华书局1975年标点本。
欧阳修等：《新唐书》，中华书局1975年标点本。
脱脱等：《宋史》，中华书局1977年标点本。
宋濂等：《元史》，中华书局1978年标点本。
赵尔巽等：《清史稿》，中华书局1976—1977年标点本。
袁珂：《山海经校注》，上海古籍出版社1980年版。
郦道元：《水经注》，上海人民出版社1984年王国维校本。
常璩：《华阳国志》，任乃强《华阳国志校注图补》本，上海古籍出版社1987年版。
常璩：《华阳国志》，刘琳《华阳国志校注》本，巴蜀书社1984年版。
李吉甫：《元和郡县图志》，中华书局1980年版。
乐史：《太平寰宇记》，影印文渊阁《四库全书》本。
王象之：《舆地纪胜》，清咸丰五年八月南海伍氏校刊本，粤雅堂开雕。
祝穆：《方舆胜览》，上海古籍出版社1991年版。
刘应李：《大元混一方舆胜览》，郭声波整理，四川大学出版社2003年版。
赵万里：《元一统志》，中华书局1966年版。
陈循：《寰宇通志》，《玄览堂丛书续集》本。
李贤等：《明一统志》，《四库全书》本。

顾炎武：《天下郡国利病书》，《四部丛刊续编》本。

顾炎武：《肇域志》，谭其骧、王文楚、朱惠荣点校，上海古籍出版社2004年版。

杜佑：《通典》，《四库全书》本。

徐松等：《宋会要辑稿》，中华书局1957年版。

明《万历会典》，《四库全书》本。

《明实录》，中央研究院历史语言研究所校印，国立北京图书馆抄本影印1982年版。

《嘉庆重修一统志》，上海商务印书馆1935年版和《四部丛刊》本。

《清实录》，中华书局1986年影印本。

《大清会典事例》，台湾文海出版社1972年版。

张华：《博物志》，范宁《博物志校证》本，中华书局1980年版。

李昉等：《太平广记》，《笔记小说大观》本。

李昉：《太平御览》，中华书局1980年影印本。

郭义恭：《广志》，《说郛》，宛委山堂刻本。

徐坚等：《初学记》，中华书局1962年版。

张溥：《汉魏六朝一百三家集》，《四库全书》本。

王谟：《汉唐地理书钞》，中华书局1961年版。

王钦若、杨亿等：《册府元龟》，中华书局1960年影印明刊本。

《全唐文》，中华书局1982年版。

《全唐诗》，中华书局1960年点校本。

《全唐诗逸》，中华书局1960年版。

《全唐诗外编》，中华书局1982年版。

《全宋文》，上海辞书出版社2006年版。

《全宋诗》，北京大学出版社1991年8月第1版。

王谠：《唐语林》，中华书局2007年版。

吴淑：《事类赋》，《四库全书》本。

范成大：《范石湖集》，《四库全书》本。

范成大：《吴船录》，《知不足斋丛书》本。

程遇孙、扈仲荣等：《成都文类》，《四库全书》本。

陆游：《剑南诗稿》，上海古籍出版社1985年钱仲联校本。

傅增湘：《宋代蜀文辑存》，1943年江安傅氏刊本。

曹学佺：《蜀中名胜记》，重庆出版社1984年刘知渐点校本。
陆游：《老学庵笔记》，中华书局1960年版。
《苏轼全集》，上海古籍出版社2000年版。
韩愈：《韩昌黎全集》，中国书店1991年影印本。
计有功：《唐诗记事》，上海古籍出版社1987年版。
叶庭珪：《海录碎事》，中华书局2002年版。
文同：《丹渊集》，《四库全书》本。
《黄庭坚全集、正集》，四川大学出版社2001年版。
李心传：《建炎以来朝野杂记》，中华书局2000年版。
《两朝纲目备要》，《四库全书》本。
李焘：《续资治通鉴长篇》，上海古籍出版社1979年版。
《皇宋中兴两朝圣政》，北京图书馆出版社2007年版。
何宇度：《益部谈资》，《丛书集成》本。
曹学佺：《蜀中广记》，《四库全书》本。
段成式：《酉阳杂俎》，《四部丛刊》本。
江元量：《水云集》，《四库全书》本。
陆游：《入蜀记》，《笔记小说大观》本。
范镇：《东齐记事》，中华书局《唐宋史料丛刊》本。
裴廷裕：《东观汉记》，《笔记小说大观》本。
洪迈：《夷坚志》，《笔记小说大观》本。
庄绰：《鸡肋篇》，中华书局1983年版。
黄休复：《茅亭客话》，《四库全书》本。
《马可·波罗游记》，陈开俊等译，福建科学技术出版社1981年版。
杨慎：《全蜀艺文志》，昌裕公司1914年铅印本。
贺长龄：《皇朝经世文编》，台湾文海出版社1972年版。
王士性：《广志绎》，中华书局1981年版。
谭希思：《四川土夷考》，《四库全书》本。
《徐霞客游记》，云南人民出版社1985年朱惠荣点校本。
谢肇淛：《滇略》，《四库全书》本。
朱国桢：《涌幢小品》，台湾广文书局本。
宋应星：《天工开物》，《中国古代科技图录丛编初集》本。
王士禛：《陇蜀余闻》，《小方壶斋舆地丛抄》本。

师范：《滇系》，光绪十三年云南通志局刻本。

檀萃：《滇海虞衡志》，《丛书集成》本。

潘昂霄：《河源志》，《说郛》，中华书局1976年标点本。

刘文蔚：《雷波琐记》，道光十一年刻本。

赵彪诏：《谈虎》，原西南师范大学图书馆藏抄本。

陈奕禧：《益州于役记》，《小方壶斋舆地丛抄》第七帙。

《重庆题咏录》，重庆出版社1997年版。

方象瑛：《使蜀日记》，《小方壶斋舆地丛抄》影印本。

余陛云：《蜀輶诗记》，上海书店出版社1986年版。

《古今图书集成》，中华书局和巴蜀书社1986年版。

严如熤：《三省边防备览》，清三角书屋重刊本。

严如熤：《三省山内风土杂识》，《丛书集成》本。

丁绍棠：《丁绍棠纪行四种》，四川人民出版社1984年版。

王士禛：《蜀道驿程记》，《小方壶斋舆地丛抄》影印本。

徐炯：《使滇杂记》，康熙初刻本。

鄂尔泰：《敬陈东川事宜疏》，《续修四库全书》，上海古籍出版社1997年版。

陈鼎：《黔游记》，贵州人民出版社1992年版。

爱必达：《黔南识略》，贵州人民出版社1992年版。

田雯：《黔书》，贵州人民出版社1992年版。

李宗昉：《黔记》，贵州人民出版社1992年版。

吴振棫：《黔语》，贵州人民出版社1992年版。

檀萃：《黔囊》，贵州人民出版社1992年版。

张澍：《续黔书》，贵州人民出版社1992年版。

魏源：《圣武记》，中华书局1985年版。

王培荀：《听雨楼随笔》，巴蜀书社1987年版。

顾山贞：《客滇述》，《明代野史丛书》本，北京古籍出版社2002年版。

欧阳直：《蜀乱》，成都茹古书局本。

《明清史料甲编》，北京图书馆出版社2008年版。

《清代巴县档案》，四川省档案馆藏。

刘石溪：《蜀龟鉴》，裴氏家藏刻本。

彭遵泗：《蜀故》，光绪二年读书堂刻本。
王云：《蜀游纪略》，《小方壶斋舆地丛抄》第七帙。
徐心余：《蜀游闻见录》，四川人民出版社1985年版。
孙其：《蜀破镜》，《古棠书屋丛书》本，道光二十四年鹅溪孙氏刊印。
陈明申：《夔行纪程》，《小方壶斋舆地丛抄》本。
陆琛：《蜀都杂钞》，《丛书集成》本和《巴蜀丛书》本。
陶澍：《陶文毅公全集》，道光庚子淮南刊本。
周询：《芙蓉话旧录》，四川人民出版社1987年版。
傅崇矩：《成都通览》，巴蜀书社1987年版。
李心衡：《金川琐记》，《小方壶斋舆地丛抄》本。
费密：《荒书》，浙江人民出版社1983年版。
张弘：《滇南新语》，《小方壶斋舆地丛抄》本。
吴伟业：《鹿樵记闻》，河北教育出版社1996年影印出版。
吴伟业：《绥寇纪略》，上海古籍出版社1992年版。
［日］竹添进一郎：《栈云峡雨日记》，中华书局2007年版。
朱惠芳：《西康洪坝之森林》，金陵大学农学院，1941年版。
四川省政府建设厅：《四川之森林》，民国二十七年版。
国民参政会：《国民参政会川康建设视察团报告会》，文海出版社1939年版。

陈绍行：《酉秀黔彭垦殖调查报告》，民国二十七年版。
国民参政会川康建设视察团编：《国民参政会川康建设视察团报告会》，文海出版社有限公司1939年印。

曾昭抡：《大凉山夷区考察记》，求真出版社1945年版。
张云波等：《雷马屏峨纪略》，四川省教育厅，民国三十年版。
蒋君章：《西南经济地理》，商务印书馆1939年版。
樵斧：《自流井》，民国五年成都聚昌公司排印本。
丁宝桢等：《四川盐法志》，光绪八年刊本。
吴炜：《四川盐政史》，民国二十一年（1932年）铅印本暨影印本。
邓锡侯：《屯政纪要》，1912年铅印本。
云南地方志编辑处编：《云南产业志》，杭州图书馆1992年版。
《四川两千年洪灾史料汇编》，文物出版社1993年版。
《云南史料丛刊》，云南大学出版社2000年版。

《云南林业文化碑刻》，德宏民族出版社 2005 年版。

万历《湖广总志》，《四库全书存目》本。

正德《四川志》，西南大学历史文化学院藏正德十五年刊本复印本。

嘉靖《四川总志》，西南师范大学历史系藏复印本。

康熙《四川总志》，康熙十年本。

嘉庆《四川通志》，巴蜀书社 1984 年版。

许公武：《青海志略》，商务印书馆，民国二十三年本。

焦应旗：《西藏志·藏程纪略》，康熙六十年（1721 年）刊刻影印本。

樊绰：《云南志》，中华书局 1962 年版。

李京：《云南志略》，云南民族出版社 1986 年版

景泰《云南图经志书》，景泰六年传钞本。

正德《云南志》，复印嘉靖三十二年刻本。

万历《云南通志》，万历四年刊本。

天启《滇志·地理志（大事考）》，云南教育出版社 1991 年版。

《滇南志略》，李廷辉抄本。

康熙《云南通志》，宣统重印本。

光绪《云南通志》，光绪二十年本。

民国《新修云南通志》，民国三十八年本。

弘治《贵州图经新志》，《四库全书存目》丛书本。

康熙《贵州通志》，康熙三十六年本。

乾隆《贵州通志》，乾隆六年刻本。

民国《续修陕西省通志》，民国二十二年本。

乾隆《雅州府志》，雅安图书馆 1984 年油印光绪十三年补刻本。

民国《名山县新志》，民国十九年刻本。

咸丰《天全州志》，咸丰八年本。

光绪《重修彭县志》，光绪四年本。

民国《崇庆县志》，民国十五年本。

同治《直隶绵州志》，同治十三年刻本。

民国《绵阳县志》，民国二十二年本。

道光《龙安府志》，道光二十年刻本。

乾隆《盐亭县志》，光绪八年修补本。

嘉庆《罗江县志》，嘉庆二十年本。

光绪《绵竹县乡土志》，光绪三十八年刻本。
民国《重修什邡县志》，民国十八年排印本。
光绪《新修潼川府志》，光绪二十三年本。
光绪《直隶资州州志》，光绪二年刻本。
道光《重修乐至县志》，道光二十年本。
乾隆《富顺县志》，光绪八年刻本。
民国《富顺县志》，民国二十一本。
民国《荣县志》，民国十八年刻本。
民国《简阳县志》，民国十六年铅印本。
光绪《江油县志》，光绪二十九年刻本。
咸丰《阆中县志》，咸丰元年刻本。
万历《营山县志》，万历四年，1950年钞本。
正德《蓬州志》，正德十三年本。
光绪《遂宁县志》，光绪三年本。
光绪《重修遂宁县志》，光绪三年本。
民国《汉源县志》，民国三十年排印本。
民国《松潘县志》，民国十三年刻本。
民国《汶川县志》，1944年铅印本。
民国《南充县志》，民国十八年刻本。
光绪《泸州直隶州志》，光绪八年刻本。
同治《隆昌县志》，同治十三年本。
民国《眉山县志》，民国十二年石印本。
民国《眉山县新志》，民国十九年本。
民国《丹陵县志》，民国十二年石印本。
民国《犍为县志》，民国二十六年本。
光绪《井研志》，光绪二十六年刻本。
边政设计委员会：《马边概况资料辑要》。
嘉庆《马边厅志略》，嘉庆十年抄本。
民国《巴中县志》，民国三十一年本。
民国《通江县志》，民国十五年抄本。
民国《康定县图志》，北京民族文化馆1960年油印本。
民国《道孚县图志》，北京民族文化宫1960年油印本。

民国《甘孜县图志》，民族文化宫图书馆1961年油印本。
民国《德格县图志》，民族文化宫图书馆1962年油印本。
民国《白玉县图志》，民族文化宫图书馆1962年油印本。
民国《泸定县图志》，四川民族文化宫图书馆1961年油印本。
道光《绥靖屯志》，1958年毛书贤抄本影印本。
陈登龙：《理塘志略》，道光二十三年本。
民国《西昌县志》，民国三十一年排印本。
光绪《雷波厅志》，光绪十九年刻本。
同治《会理州志》，民国初年重印本。
民国《昭觉县志稿》，民国九年初夏排印。
光绪《越嶲厅全志》，光绪三十二年刻本。
咸丰《邛嶲野录》，1964年传钞民国钞本。
嘉庆《清溪县志》，嘉庆四年本。
民国《重修南川县志》，民国二十年本。
民国《大定县志》，大定县地方志办公室1985年排印本。
民国《宣汉县志》，民国二十年石印本。
民国《定乡县图志》，北京民族文化馆1960年油印本。
民国《重修宣汉县志》，民国二十年本。
民国《达县志》，民国二十二年本。
民国《续修大竹县志》，民国十七年本。
光绪《太平县志》，光绪十九年刻本。
民国《万源县志》，民国二十一年排印本。
乾隆《广元县志》，乾隆二十二年刻本。
民国《重修广元县志稿》，民国二十九年刻本。
宣统《广安州新志》，民国十六年重印本。
宣统《峨眉县续志》，宣统三年本。
乾隆《东川府志》，二十六年本。
光绪《叙州府志》，光绪二十一年刻本。
民国《叙永县志》，民国二十四年本。
民国《纳溪县志》，民国二十六年本。
民国《兴文县志》，《中国地方志集成——四川府县志辑》，巴蜀书社1992年版。

嘉庆《长宁县志》，嘉庆十三年本。
民国《长宁县志》，民国二十七年油印本。
乾隆《屏山县志》，嘉庆五年排印本。
光绪《珙县志》，民国二十二年重印本。
民国《江安县志》，民国十一年本。
正德《夔州府志》，上海古籍出版社1981年影印明刻本。
道光《夔州府志》，道光七年刻光绪十七年补刻本。
道光《重庆府志》，道光二十三年刻本。
嘉靖《云阳县志》，上海古籍出版社1981年影印本。
万历《合州志》，合川图书馆1978年铅印本。
同治《綦江县志》，道光五年曾刻本。
民国《涪陵县续修涪州志》，民国十七年铅印本。
道光《直隶忠州志》，民国二十一年排印本。
同治《酉阳直隶州志》，同治三年刻本。
道光《石柱厅志》，道光二十二年刻本。
光绪《秀山县志》，光绪十七年刻本。
光绪《黔江县志》，光绪二十年刻本。
光绪《大宁县志》，光绪十二年刻本。
光绪《巫山县乡土志》，光绪十二年刻本。
光绪《巫山县志》，光绪十九年刻本。
民国《江津县志》，《中国地方志集成——四川府县志辑》，巴蜀书社1992年版。
光绪《永川县志》，1994年刻本影印。
光绪《铜梁县志》，光绪元年刻本。
光绪《垫江县志》，光绪二十六年刻本。
民国《丰都县志》，民国十八年排印本。
民国《巴县志》，民国二十六年本。
同治《建始县志》，同治五年本。
同治《东湖县志》，同治三年刻本。
同治《宜昌府志》，同治四年刻本。
同治《汉川县志》，同治十二年本。
道光《归州志》，道光十九年本。

同治《归州志》，同治五年刊本。
道光《鹤峰县志》，道光二年本。
嘉靖《略阳县志》，嘉靖三十一年本。
光绪《重修略阳县志》，光绪二十三年本。
康熙《宁远县志》，康熙四十一年本。
道光《紫阳县志》，道光二十三年本。
咸丰《安康县志》，咸丰三年本。
严如熤：《汉南续修郡志》，嘉庆十九年本。
光绪《洵阳县志》，光绪二十八年本。
光绪《定远厅志》，光绪元年刻本。
康熙《大理府志》，康熙三十三年本。
雍正《东川府志》，雍正十三年本。
道光《昆明县志》，道光二十一年本。
光绪《镇雄州志》，光绪十三年刻本。
宣统《楚雄县志》，宣统二年刻本。
民国《大关县志稿》，重庆北碚图书馆藏。
民国《昭通县志稿》，民国二十五年本。
民国《巧家县志稿》，民国三十一年本。
嘉靖《思南府志》，天一阁藏明代地方志选刊本。
道光《贵阳府志》，道光三十年朱德璲刻本。
道光《遵义府志》，道光十八年刻本。
道光《黄平州志》，道光十三年增补本。
乾隆《毕节县志》，乾隆二十三年刻本。
同治《毕节县志稿》，贵州图书馆1964年油印本。
光绪《石阡府志》，光绪二年刻本。
万历《铜仁府志》，万历四十二年刻本。
光绪《湄潭县志》，光绪二十五年钞本。
民国《绥阳县志》，民国刻本。
民国《桐梓县概况》，重庆北碚图书馆藏。
民国《八寨县志稿》，民国二十一年本。
乾隆《永顺县志》，乾隆五十八年本。
乾隆《辰州府志》，乾隆三十年本。

二 现代文献类

《四川森林》编辑委员会：《四川森林》，中国林业出版社1992年版。

王继贵主编：《四川林业志》，四川科学技术出版社1994年版。

张浩良：《通江县林业志》，云南大学出版社1990年版。

张浩良：《绿色史料札记》，云南大学出版社1990年版。

凉山州林业局：《凉山彝族自治州林业志》，电子科技大学出版社2001年版。

郭声波：《四川历史农业地理》，四川人民出版社1993年版。

萧正洪：《清代中国西部农业技术地理研究》，中国社会科学出版社1998年版。

彭雨新、张建民：《明清长江流域农业水利研究》，武汉大学出版社1993年版。

张建民等：《明清时期长江流域山区资源开发与环境变迁》，武汉大学出版社2007年版。

周宏伟：《长江流域森林变迁与水土流失》，湖南教育出版社2006年版。

朱圣钟：《历史时期凉山地区经济开发与生态变迁》，重庆出版社2006年版。

《四川省动物志》编辑委员会：《四川省资源动物志》（卷一），四川人民出版社1982年版。

蓝勇：《历史时期西南经济开发与生态变迁》，云南教育出版社1992年版。

蓝勇：《古代交通、生态研究与实地考察》，四川人民出版社1999年版。

蓝勇主编：《长江三峡历史地理》，四川人民出版社2003年版。

蓝勇：《深谷回音——三峡经济开发的历史反思》，西南师范大学出版社1994年版。

蓝勇：《西南历史文化地理》，西南师范大学出版社1997年版。

陈宜瑜：《生物多样性与人类未来》，中国林业出版社1998年版。

武仙竹：《长江三峡动物考古学研究》，重庆出版社2007年版。

陈家全：《清江流域古动物遗存研究》，科学出版社2004年版。

四川大学博物馆：《南方民族考古》（一集），四川大学出版社1987年版。

四川大学博物馆：《南方民族考古》（二集），四川科技出版社1990年版。

蒙默等：《四川古代史稿》，四川人民出版社1988年版。

徐光冀主编：《三峡文物抢救纪实》，山东画报出版社2003年版。

于希贤：《滇池地区历史地理》，云南人民出版社1981年版。

谭其骧：《长水集》，人民出版社1987年版。

中国科学院：《中国自然地理·历史自然地理》，科学出版社1982年版。

刘志远、余德章等：《四川汉代画像砖与汉代社会》，文物出版社1983年版。

中共四川省委研究室汇编：《四川省情》（续集），四川人民出版社1987年版。

贾大泉：《宋代四川经济述论》，四川省社会科学院出版社1985年版。

史克明：《青海省经济地理》，新华出版社1988年版。

赵文林、谢淑君：《中国人口史》，人民出版社1988年版。

曹树基：《中国人口史》，复旦大学出版社2001年版。

王育民：《中国人口史》，江苏人民出版社1995年版。

李世平：《四川人口史》，四川大学出版社1987年版。

李世平、程贤敏：《近代四川人口史》，成都出版社1993年版。

《中国人口·四川分册》，中国财经出版社1988年版。

何炳棣：《中国人口研究1368—1953》，葛剑雄译，上海古籍出版社1990年版。

贵州统计局：《贵族改革开放30年》，中国统计出版社2009年版。

王杰：《长江大辞典》，武汉出版社1997年版。

《云南森林》编写组：《云南森林》（初稿），1981年。

《威宁彝族回族苗族自治县概况》，贵州人民出版社1985年版。

詹亚华：《中国神农架中药资源》，湖北科学技术出版社1994年版。

杨宗千等：《西南区自然地理》，西南师范大学出版社1994年版。

吕恩琳：《西南环境治理》，云南教育出版社1992年版。

陈国生：《明代云贵川农业地理》，西南师范大学出版社1997年版。

于希贤、于希谦：《云南——人与自然和谐共处的人间乐园》，云南教育出版社2001年版。

王东沂：《云南民族农耕》，云南教育出版社2000年版。

马长富：《西部开发与多民族文化》，华夏出版社2003年版。

[美]罗斯：《E.A.罗斯眼中的中国》，重庆出版社2004年版。

田家乐：《峨眉山》，中国建筑工业出版社1998年版。

龚荫：《中国土司制度》，云南民族出版社1992年版。

编写组：《云南各族古代史略》，云南人民出版社1977年版。

蔡寿福：《云南教育史》，云南教育出版社2001年版。

龚荫：《民族史考辨》，云南大学出版社2004年版。

[英]柏格理：《在未知的中国》，东人达等译，云南民族出版社2002年版。

四川大学历史系：《清代乾嘉道巴县档案选编》，四川大学出版社1989年版。

谭其骧：《中国历史地图集》（第一至八册），地图出版社1982年版。

林元雄等：《中国井盐科技史》，四川人民出版社1987年版。

张学君、冉光荣：《明清四川井盐史稿》，四川人民出版社1984年版。

《中国农业百科全书》，农业出版社1993年版。

王仁远：《自贡盐业史》，社会科学文献出版社1995年版。

万县地委政策研究室：《万县地区五百年灾害研究》，1991年版。

郭涛：《四川城市水灾史》，巴蜀书社1989年版。

钟祥浩：《长江上游环境特征与防护林建设》，科学出版社1992年版。

中国科学院：《川西滇北地区的森林》，科学出版社1966年版。

王戎笙主编：《清代的边疆开发》，西南师范大学出版社1993年版。

王纲：《清代四川史》，成都科技大学出版社1991年版。

重庆土壤普查办公室：《重庆土壤》，1986年版。

凉山彝族奴隶社会编写组：《凉山彝族奴隶社会》，四川民族出版社1985年版。

[英]莫理循：《中国风情》，张皓译，国际文化出版公司1998年版。

[英]戴维斯：《云南——联结印度和扬子江的链环》，云南教育出版社2001年版。

吴晓煜编著：《中国煤炭史志资料钩沉》，煤炭工业出版社2002年版。

《自贡市农业志》，成都科技大学出版社1994年版。

《四川文史资料选辑》第36辑，《四川文史资料选辑》编辑委员会1987年编。

《自贡文史资料选辑》第20辑，《自贡文史资料选辑》编辑委员会1990年编。

《赫章文史资料选辑》第1辑，政协赫章县委员会1985年编。

《平武县文史资料选辑》第10辑，平武县政协文史资料委员会1999年编。

《贵州省志·林业志》，贵州人民出版社1994年版。

《湖北省志·农业志》，湖北人民出版社1994年版。

《毕节地区志·林业志》，贵州人民出版社1995年版。

巴中县林业局：《巴中县林业志》，（内部资料），1989年版。

《凉山彝族自治州林业志》，电子科技大学出版社2001年版。

《黔江县林业志》，花城出版社2001年版。

王锡桐：《建设长江上游生态屏障对策研究》，中国农业出版社2003年版。

林业部：《当代中国森林资源概况》，中国林业出版社1996年版。

《青海省志·林业志》，青海人民出版社1993年版。

《中国林业资源地图》，测绘出版社1989年版。

《中国林业年鉴1949—1986》，中国林业出版社1987年版。

林业部：《中国林业年鉴1986》，中国林业出版社1987年版。

《中国林业年鉴1988》，中国林业出版社1989年版。

国家民委、国家统计局：《中国民族经济》，中国统计出版社1993年版。

中国林学会：《长江中上游防护林建设论文集》，中国林业出版社1991年版。

刘国光：《中国城市年鉴》（1998年），中国城市年鉴社1998年版。

国家统计局：《中国农村统计年鉴》（1989年），中国统计出版社1989年版。

《中国统计年鉴》（2004年），中国统计出版社2004年版。

《中国统计年鉴》（2006年），中国统计出版社2006年版。

《中国区域经济统计年鉴》（2004年），中国统计出版社2004年版。

《新中国五十年》(1949—1999)，中国统计出版社1999年版。

国家统计局：《中国西部统计年鉴》(2001年)，中国统计出版社2001年版。

《中国农村能源年鉴》(1997年)，中国农业出版社1998年版。

《中华人民共和国年鉴》(2006年)，中华人民共和国年鉴社2006年版。

中国城市经济学会：《中国城市发展报告》(2000年)，中国言实出版社2000年版。

国家统计局：《中国县域经济》(西南、西北卷，1996年)，中国统计出版社1996年版。

中国统计学会：《2001年中国城市发展报告》，中国统计出版社2002年版。

《中国县域经济》(西南卷，1996年)，中国统计出版社1996年版。

《中国神农架中药资源》，湖北科技出版社1994年版。

国家统计局：《中国县域经济》(中南卷，1996年)，中国统计出版社1996年版。

《四川年鉴》(1996年、2002年、2005年、2006年、2007年)，四川年鉴社2005年、2002年、2006年、2007年版。

《绵阳年鉴1999》，成都科学技术出版社1999年版。

《宜宾年鉴1998》，四川科学技术出版社1998年版。

《射洪年鉴》(1986—1990)，1990年版。

《大足年鉴》(2007年)，2007年版。

《德阳年鉴》(1999年)，四川科技出版社1999年版。

《德阳年鉴》(2006年)，方志出版社2006年版。

《江油年鉴》(2006年)，2006年版。

《凉山年鉴》(2005年)，四川科技出版社2006年版。

《凉山年鉴》(2003年)，电子科技大学出版社2004年版。

《大竹年鉴》(1986—1991年)，1996年版。

《大竹年鉴》(2002年)，2002年版。

《宜宾年鉴》(2006年)，方志出版社2006年版。

《自贡年鉴》(1995年)，四川大学出版社1996年版。

《自贡年鉴》(2001年)，四川科学技术出版社2001年版。

《眉山年鉴》(1997年)，1997年版。
《眉山年鉴》(2006年)，方志出版社2006年版。
《遂宁年鉴》(2000年)，2000年版。
《巴中年鉴》(2001年)，2001年版。
《通江年鉴》(1999年、2003年)，1999年、2003年版。
《四川减灾年鉴》(2001年)，四川省人民政府救灾办公室，2001年。
《重庆统计年鉴》(1996年)，中国统计出版社1997年版。
《重庆社会科学年鉴》(2001年)，西南师范大学出版社2001年版。
《涪陵年鉴》2001年、2004年、2001年、2004年版。
《垫江年鉴》(2003—2004年)，2006年版。
《丰都年鉴》(2004年)，2004年版。
《万县市年鉴》(1998年)，成都科技大学出版社1998年版。
《贵州年鉴》(1985年、1989年、1997年、2003年、2006年)，贵州人民出版社1985年、1989年、1997年、2003年、2006年版。
《毕节地区年鉴》(2007年)，中国文联出版社2007年版。
《遵义市年鉴》(2006年)，贵州人民出版社2006年版。
《道真年鉴》(1998年)，1998年版。
《贵州统计年鉴》(2005年)，中国统计出版社2005年版。
《云南统计年鉴》(2004年)，中国统计出版社2004年版。
宜宾市林业局：《宜宾市第三次森林资源普查汇编》(内部资料)。
《丽江年鉴》(2006年)，云南民族出版社2006年版。
《东川年鉴》(1999年、2002年)，德宏民族出版社1999年、2002年版。
《云南经济年鉴》(2002年)，德宏民族出版社2002年版。
《云南年鉴》(1986年、1997年)，云南年鉴社1986年、1997年版。
《昭通地区年鉴》(1998年、2000年)，德宏民族出版社1998年、2000年版。
《昭通地区年鉴》(1990年)，云南民族出版社1990年版。
《湖北五十年》(1949—1999年)，中国统计出版社1999年版。
《宜昌统计年鉴》(1998年)，中国统计出版社2001年版。
《四川省荣县地名录》，1983年（内部资料）。
《四川省凉山彝族自治州冕宁县地名录》，1986年（内部资料）。

《四川省西昌县地名录》，1986年（内部资料）。
《四川省凉山彝族自治州会东县地名录》，1986年（内部资料）。
《四川省凉山彝族自治州会理县地名录》，1984年（内部资料）。
《四川省凉山彝族自治州宁南县地名录》，1984年（内部资料）。
《四川省凉山彝族自治州西昌县地名录》，1986年（内部资料）。
《四川省凉山彝族自治州德昌县地名录》，1984年（内部资料）。
《四川自贡市地名录》，1982年（内部资料）。
《四川省威远县地名录》，1986年（内部资料）。
《四川省安岳县地名录》，1982年（内部资料）。
《四川省富顺县地名录》，1982年（内部资料）。
《四川省奉节县地名录》，1988年（内部资料）。
《湖北省巴东县地名录》，1983年（内部资料）。
《四川省万县地名录》，1982年（内部资料）。
《四川省涪陵县地名录》，1985年（内部资料）。
《四川省安县地名录》，1991年（内部资料）。
《四川省乐山地名录》，1985年（内部资料）。
《巴东县志》，湖北科学技术出版社1993年版。
《兴山县志》，中国三峡出版社1997年版。
《恩施市志》，武汉工业大学出版社1996年版。
《宜昌地区简志》，内部发行1986年版。
《宜昌县志》，冶金工业出版社1993年版。
《阿坝州志》，四川人民出版社1997年版。
《阿坝藏族自治州概况》，四川民族出版社1985年版。
《阿坝州志》，民族出版社1994年版。
《理县志》，四川民族出版社1997年版。
《安县志》，巴蜀书社1991年版。
《江油县志》，四川人民出版社2000年版。
《北川县志》，方志出版社1996年版。
《茂汶羌族自治县概况》，四川民族出版社1985年版。
《成都市志·总志》，成都出版社2008年版。
《成都市志·地理志》，成都出版社1993年版。
《新津县志》，四川人民出版社1989年版。

《彭县志》，四川人民出版社 1989 年版。
《金堂县志》，四川人民出版社 1994 年版。
《郫县志》，四川人民出版社 1989 年版。
《温江县志》，四川人民出版社 1990 年版。
《新都县志》，四川人民出版社 1994 年版。
《德阳县志》，四川人民出版社 1994 年版。
《德阳市中区国土资源志》，1997 年版。
《中江县志》，四川人民出版社 1994 年版。
《达县市志》，四川人民出版社 1994 年版。
《宣汉县志》，西南财经大学出版社 1994 年版。
《大竹县志》，重庆出版社 1992 年版。
《崇庆县志》，四川人民出版社 1991 年版。
《崇州市志》，四川人民出版社 2004 年版。
《绵阳市志·自然地理志》，四川辞书出版社 1987 年版。
南充市地方志编辑委员会：《南充市志》，1994 年版。
《阆中县志》，四川人民出版社 1993 年版。
《仪陇县志》，四川科技出版社 1994 年版。
《遂宁县志》，巴蜀书社 1993 年版。
《巴中县志》，巴蜀书社 1994 年版。
《射洪县志》，四川大学出版社 1990 年版。
《眉山县志》，四川人民出版社 1992 年版。
《仁寿县志》，四川人民出版社 1990 年版。
《资阳县志》，四川人民出版社 1993 年版。
《乐志县志》，四川人民出版社 1995 年版。
《威远县志》，巴蜀书社 1994 年版。
《隆昌县志》，巴蜀书社 1995 年版。
《富顺县志》，四川大学出版社 1993 年版。
《广安县志》，四川人民出版社 1994 年版。
《宜宾县志》，巴蜀书社 1991 年版。
《屏山县志》，四川人民出版社 1998 年版。
《珙县志》，四川人民出版社 1995 年版。
《泸州市志》，方志出版社 1998 年版。

《雅安市志》，四川人民出版社1996年版。
《甘孜藏族自治州概况》，四川民族出版社1986年版。
《丹巴县志》，民族出版社1986年版。
《西昌市志》，四川人民出版社1996年版。
《昭觉县志》，四川辞书出版社1999年版。
《喜德县志》，电子科技大学出版社1992年版。
《越西县志》，四川辞书出版社1994年版。
《重庆市志》，重庆出版社1999年版。
《南川县志》，四川人民出版社1991年版。
《石柱县志》，四川辞书出版社1994年版。
《垫江县志》，四川人民出版社1993年版。
《彭水苗族土家族自治县概况》，四川民族出版社1989年版。
《荣昌县志》，四川人民出版社2000年版。
《丰都县志》，四川科学技术出版社1991年版。
《大足县志》，方志出版社1996年版。
《城口县志》，四川人民出版社1995年版。
《云阳县志》，四川人民出版社1999年版。
《涪陵市志》，四川人民出版社1995年版。
《江北县志》，重庆出版社1996年版。
《奉节县志》，方志出版社1995年版。
《梁平县志》，方志出版社1995年版。
《江津县志》，四川科学技术出版社1995年版。
《璧山县志》，四川人民出版社1996年版。
《巫溪县志》，四川辞书出版社1993年版。
《合川市志》，四川丛书出版社1995年版。
《永川县志》，四川人民出版社1997年版。
《遵义市志》，中华书局1998年版。
《遵义县志》，贵州人民出版社1992年版。
《赤水县志》，贵州人民出版社1990年版。
《习水县志》，贵州人民出版社1995年版。
《桐梓县志》，方志出版社1997年版。
《毕节县志》，贵州人民出版社1996年版。

《道真仡佬族苗族自治县概况》，贵州民族出版社 1987 年版。
《昭通地区志》，云南人民出版社 1997 年版。
《永善县志》，云南人民出版社 1995 年版。
《大关县志》，云南人民出版社 1998 年版。
《楚雄彝族自治州志》，人民出版社 1995 年版。
《东川市志》，云南人民出版社 1995 年版。

附　录

近五百年来长江上游亚热带山地中低山植被的演替

蓝　勇

1 引　言

关于历史时期中国植被总体变迁的研究，以前史念海[①]、文焕然[②]、凌大燮[③]等都有研究，近来樊宝敏[④]、马忠良[⑤]、赵冈[⑥]、何凡能、葛全胜[⑦]等也有较多的研究，这些研究为分区域深入研究植被变化打下了较好的基础。就历史时期长江上游森林植被变迁问题，林鸿荣[⑧]、周宏伟[⑨]、

[①] 史念海：《论历史时期我国植被的分布及其变迁》，《中国历史地理论丛》1991年第3期。
[②] 文焕然：《中国历史时期植物与动物变迁研究》，重庆出版社1995年版，第1—142页。
[③] 凌大燮：《我国森林资源的变迁》，《中国农史》1983年第2期。
[④] 樊宝敏、董源：《中国历代森林覆盖率的探讨》，《北京林业大学学报》2001年第4期。
[⑤] 马忠良、宋朝枢、张清华：《中国森林的变迁》，中国林业出版社1997年版，第1—132页。
[⑥] 赵冈：《中国历史上生态环境之变迁》，中国环境科学出版社1996年版。
[⑦] 何凡能、葛全胜、戴君虎、林珊珊：《近300年来中国森林的变迁》，《地理学报》2007年第1期。
[⑧] 林鸿荣：《历史时期四川森林的变迁》，《农业考古》1985年第1—2期，1986年第1期。
[⑨] 周宏伟：《长江流域森林分布与水土流失》，湖南教育出版社2006年版。

郭声波[①]及蓝勇[②]都有专门讨论，邹逸麟[③]、萧正洪[④]、张力仁[⑤]、马强[⑥]等在谈到秦巴山地开发时也涉及森林变迁，刘德隅[⑦]、冯祖祥[⑧]等分析云南、湖北森林变迁时也有涉及。但对历史时期长江上游的这些问题的研究多局限于总结人类活动破坏植被的宏观结论上，我们急需讨论历史时期人类不同的活动类型对具体地区的不同地形地貌森林植被影响的差异问题。

长江上游主流河段全长4504公里，流域面积100万平方公里。在气候上，东部的四川盆地和重庆地区属北亚热带季风和中亚热带湿润季风气候，西部的川西山地和高原为川西山地高原气候，川西南横断山地为中亚热带湿润气候，水平分布属于亚热带高原季风气候。地形地貌和气候的复杂多样使植被类型也十分复杂，如长江上游地区主要为亚热带地区，但由于垂直地貌的因素，形成了高海拔地区（亚高山、中山）的温带针叶林地带和低山亚热带针阔叶林地带。（见图附一1）现代地理学研究表明，长江上游地区亚热带山地海拔2000—3000米存在大量草甸和灌草坡，但对于这些草甸和灌草坡形成的历史以前学术界进行的研究并不多，多认为这种景观是历史时期早期就形成的，所以，学术界一般认为这种高山草甸和灌草坡形成的历史较为久远，故多做的是静态的描述和分析。而且以上讨论长江上游森林变化的论文多是不分地形地貌笼统分析森林变迁的，对长江上游内不同地区不同海拔的地形地貌条件下的植被变迁的研究还不多，更没对不同的人类活动对植被影响的差异分析，而这对于深入研究人类活动对森林植被变迁的影响意义重大，很有必要进行研究。

近10年来，我们在研究历史时期长江上游的森林植被变迁过程中，发现长江上游地区大量的草甸和灌草坡形成的历史惊人的短暂，这种景观大多是近四五百年来形成的，人类活动是造成这种突变的重要因素。

---

① 郭声波：《四川历史农业地理》，四川人民出版社1993年版。
② 蓝勇：《历史时期西南森林分布变迁研究·古代交通、生态研究与实地考察》，四川人民出版社1999年版，第314—376页。
③ 邹逸麟：《明清流民与川陕豫交界地区的环境问题》，载《复旦大学学报》1998年第4期。
④ 萧正洪：《清代陕南种植业的盛衰及其原因》，载《中国农史》1988年第4期。
⑤ 张力仁：《清代陕南秦巴山地的人类行为及其与环境的关系》，载《地理研究》2008年第1期。
⑥ 马强：《汉中地区生态资源的历史变迁及其成因》，载《中国历史地理论丛》2002年第3期。
⑦ 刘德隅：《云南森林历史变迁初探》，载《农业考古》1995年第3期。
⑧ 冯祖祥、姜元珍：《湖北森林变迁历史初探》，载《农业考古》1995年第3期。

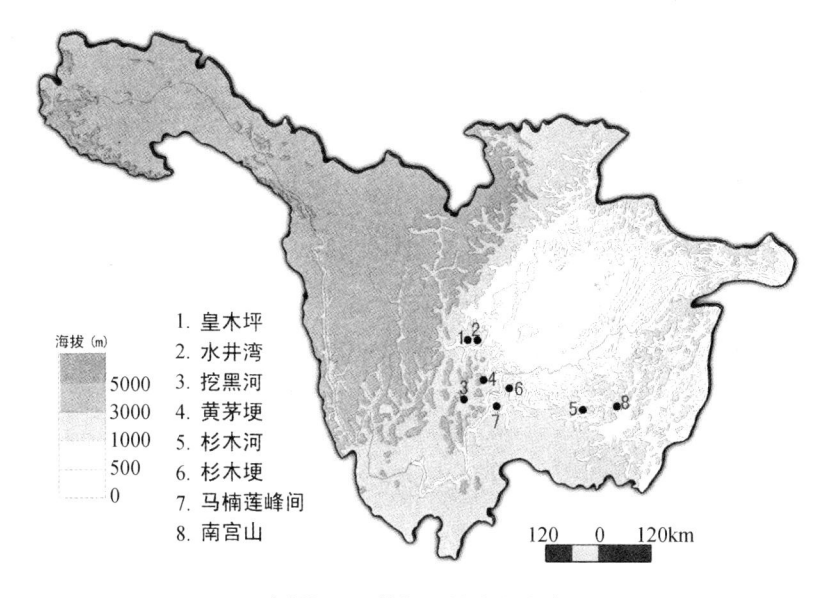

图附—1　长江上游地形地貌

1. 皇木坪
2. 水井湾
3. 挖黑河
4. 黄茅埂
5. 杉木河
6. 杉木埂
7. 马楠莲峰间
8. 南宫山

2　人口分布与植被变迁

2.1　人口分布变迁

距今500年以前，长江上游亚热带山地人类主要居住在海拔1500米以下的平坝、台地和丘陵地区。

从人类生存的基本规律来看，早期一般是先居住在海拔较低的平坝、台地地区，所以在早期人类人口密度不大的背景下，人类生产、生活主要选择在海拔较低的平坝、台地地区。据研究表明，汉代川西地区人口密度每平方公里可能在2人以下，而三峡地区的人口密度要大一些，为每平方公里5—7人。这些人口，主要集中在台地和平坝的城镇里面。唐代川西北大多数区县人口密度分别是每平方公里2人左右，三峡地区人口密度为每平方公里4—5人。宋代三峡地区人口密度为每平方公里5—15人，已经明显比汉唐时期高了许多。明清时期长江上游地区的社会经济有较大的发展，人口有较大的增长。明代川西人口密度为每平方公里2—10人，而三峡地区人口密度为每平方公里8—24人。①②

清代嘉庆年间，四川总人口已经达2150万人左右，长江上游亚热带山地地区的人口增加。总的来看，清中叶到民国时期，长江上游亚热带山地西部地区的人口密度一般在每平方公里20人左右，东部的长江三峡地区人口密度普遍在每平方公里40—150人，稍高一些，这时已经有较多移民进入山地腹地定居垦殖。③

长江上游亚热带山地地区的区县一般县级政区幅员在3000平方公里左右，但其中平坝地区一般只占3%—5%，主要以并不适宜人类基本生存的山地为主。所以，历史时期的清中叶以前，这些人口仍主要常住在这些平坝地区，历史文献和考古材料也证明了这一点。具体特征是广大山地少有常住人口，而少有的常住人口多是以林牧业为主，而常住于台地和平坝的人流动于山地的人口稀少，故山地生态环境保持相对原始的状态。

2.2 植被变迁

500年前，海拔3000—1500米中山斜坡平坝地区多是以原始乔木林为主而间有草甸混交的景观，而非现在的以草甸灌丛为主的景观。

以前学术界对500多年前长江上游地区亚热带山地海拔3000—1500米暖温带中山的缓坡地带的原始生态关注并不多，故多认为这个地带的草甸、灌丛是原生状态，或形成历史久远，但现在的历史地理学研究表明，这些地区在四五百年前仍多是暖温带原始的针阔叶乔木林。

首先历史文献记载明代长江上游山地的森林资源十分丰富，金沙江元谋一带"林杉森密，猴猱扳援"，有的地方"松杉参天，其密如锥"，④安宁河建昌一带"深山大林，千百年斫伐不尽"⑤。明代川南一带大量的悬棺都是用巨大的楠木做成，可见当时主要还是采伐低海拔地区的楠木，可

---

① 蓝勇：《长江三峡历史地理》，四川人民出版社2003年版，第148—214页。
② 蓝勇：《从历史地理学角度看四川地震灾区的重建》，《西南史地》（1），巴蜀书社2009年版。
③ 蓝勇：《长江三峡历史地理》，四川人民出版社2003年版，第148—214页。
④ 天启《滇志》卷4《旅途志》。
⑤ 王士性：《广志绎》卷5。

能大量中低山高海拔地区的杉木资源还没有采伐。明代酉阳一带出产鹿、野猪、楠木，生态环境仍十分原始。① 万历时期黔北海龙屯一带"林木摩霄蔽日，非侧肩不可入"②，而赤水卫一带出产猿猴、杉木，③ 可见黔北高海拔山地的植被十分好。

到了清代乾嘉以前川南峨眉雷屏一带仍"山高林密，遮蔽日光"④，杉木极多。川西南越巂厅一带大田山"高山峻岭，密箐林茂"⑤，会理州有数百年大林杉。⑥ 由于当时建昌区县各属普遍产杉，而且质量好，故建昌杉枋有"全蜀之冠"之称。⑦ 乾隆时川西雅州大田土司管地"出大杉木，客商聚集贩卖"⑧。清溪县黎州土百户的大杉木尤为好，有"佳者或比于建昌矣"⑨，咸丰年间天全石室山"古柏长杉，翘森耸翠"⑩，嘉庆时，洪雅鹰嘴山、柏木冈仍多杉木。⑪ 川西北汶川县历史上高山普遍产杉，如小沟"杉木甚富"⑫。重庆东部巫巴山地的大宁万顷山"多产大木"⑬。滇东北地区的昭通"均有太古森林，巨木蔽地，卧如老龙，密叶遮天，昼如黑夜"⑭，镇雄一带清代仍有"人莫敢入"⑮的密林，永善县一带高山地区森林茂密，杉木仍是重要的物产。⑯ 黔北一带高山也是林密箐深，如桐梓县青山长数百里，跨县之境，均是"林箐深密"⑰，绥阳县马脑山"丛林密茂，绵亘不绝"⑱。

---

① 《古今图书集成》卷254引《四川志》。
② 《遵义市志》，中华书局1998年版，第806页。
③ 《贵州图经新志》卷17。
④ 民国《马边概况资料辑要》，边政委员会编。
⑤ 咸丰《邛巂野录》卷5《山川》。
⑥ 同治《会理州志》卷10《物产》。
⑦ 咸丰《邛巂野录》卷14《物产》。
⑧ 乾隆《雅州府志》卷11《土司》。
⑨ 嘉庆《清溪县志》卷1《物产》。
⑩ 咸丰《天全州志》卷1《山川》。
⑪ 嘉庆《洪雅县志》卷1《山川》。
⑫ 民国《汶川县志》卷1《山川》、卷4《物产》。
⑬ 光绪《大宁县志》卷1《地理》。
⑭ 《昭通等八县图说》卷6《物产》。
⑮ 光绪《镇雄州志》卷6《艺文》。
⑯ 嘉庆《永善县志》卷上《物产》。
⑰ 道光《遵义府志》卷4《山川》。
⑱ 同上。

据以上文献可以看出，清代长江上游亚热带山地海拔 3000 以下的中低山地区以常绿针叶林冷杉、云杉木为核心的林木十分丰茂，人类的生产、生活的影响十分有限。我们的田野考察也证明了这一点。我们在四川省汉源县的永利乡火草坡水井湾（海拔 2365 米）草甸灌丛坡上，不仅发现了附近在历史上曾有大量乔木林，还发现了乔木树根疑似历史上采办皇木留下的四根大杉木，证明了明清时期这些地方茂密的乔木杉木林。同样，四川凉山海拔 2500 米以上的雷波黄茅埂和海拔 2000 米左右的美姑县大风顶西缘挖黑河的草坡上发现了许多残存的古杉木树，也成为历史上长江上游地区亚热带山地中低山草甸在近两三百年前为高大乔木林的铁证。在遵义绥阳发现了明代采办皇木的南宫木场，其地海拔在 1600 米左右，历史上曾是一片高大杉木林，后由于人类活动破坏在 20 世纪六七十年代退化为一片灌丛草坡，近十多年才恢复为次幼林。① 我们发现从云南永善县马楠至莲峰一线的海拔 2000—2400 米的山地历史上仍有大量成片的杉木林，但今为草甸、灌丛。我们在四川雅安汉源县皇木镇皇木坪（海拔 2300 米左右）发现高山草甸，被证明清时期有一个从密集原始的云杉林——次生杉木林——高山草甸过渡的过程。同样，在四川古蔺县石夹口明代采办皇木的石屏乡考察发现，海拔 800—1000 米的杉木河虽然历史上多杉木得名，但现在已经是满山灌丛杂草。在云南盐津县与水富县交界的界营盘溪发现的明代初年采办楠木石刻也表明，其西的海拔 1200—1400 米的杉木梗、杉木嘴一线应为高大的原始杉木林，今为灌丛、次生幼林。②

显然，以前学术界有人认为现在长江上游亚热带高山湿地草甸向陆生乔灌植被演变是一种退化，③ 实际上是不正确的。现在一些草甸沼泽地区出现的向陆生乔灌木演化，实际上是对历史时期的一种回归，并不完全是一种退化。我们知道一些林型的冷杉、云杉破坏后，大气湿度大而蒸发作用极为微弱，沼泽化会进一步加深。如神农架大九湖亚高山（1800 米左右）湿地实际上历史时期可能是以乔木林为主，可能是人类破坏后退化为湿地草甸地带的。

---

① 蓝勇、陈季君：《明代贵州绥阳南宫木场考》，《西南史地》（1），巴蜀书社 2009 年版。
② 蓝勇：《寻觅皇木采办之路》，《中国人文田野》（2），巴蜀书社 2008 年版，第 52—85 页。
③ 杜耘等：《神农架大九湖亚高山湿地环境背景与生态恢复》，载《长江流域资源与环境》2008 年第 6 期。

表附—1　　近500年来的长江上游中低山植被变迁演替个案表

省区县	具体地点	海拔高程（米）	历史植被状况	演变时段	现在植被状况
1. 四川汉源县	皇木镇皇木坪	2300	杉木林为主	明清民国	高山草甸
2. 四川汉源县	永利火烧坡水井湾	2350	杉木林为主	明清民国	高山草甸
3. 四川美姑县	挖黑河上游	2000	杉木林为主	明清至20世纪70年代	草甸、次生中幼林、残乔木树桩
4. 四川雷波县	黄茅埂	2500	杉木林为主	明清至20世纪70年代	高山草甸、残乔木树桩
5. 四川古蔺县	石屏杉木河	800—1000	有较多楠木、杉木林	明代清中叶	灌丛、耕地
6. 云南盐津县	龙塘湾以西杉木埂	1000—1400	有较多楠木、杉木林	明代清中叶	耕地、灌丛、次生中幼林
7. 云南永善县	马楠至莲峰间	2000—2400	杉木林为主	明清	高山草甸、灌丛
8. 贵州绥阳县	南宫山	1600	杉木、杂木林为主	清代至20世纪70年代	20世纪70年代以草坡、灌丛为主，现恢复为次生中幼林、灌丛为主

20世纪七八十年代以来，长江上游亚热带山地人类垦殖和商业采伐的地区已经上升到海拔3000米以上的地区了，大量冷杉林、云杉林成为砍伐的主要对象。冷杉林屡遭破坏后会演替退化为灌丛草地，冷杉林处林线上线或与草甸镶嵌分布，生境冷湿，林型一旦破坏后更新困难。特别是人类破坏线以下的多为峨眉冷杉（Abies Fabri），其一般分布在海拔1900—3000米，树形雄伟，树干端直，是建筑良材。以前认为，峨眉冷杉遭受破坏后，经过不同的演替过程，都能演变成原有类型。[1] 巴山冷杉（Abies Fargesii）也是分布在1500—3700米，生命力更强，但破坏较大后，自然演替较为困难。云杉林也是一种优秀木材，也是这个地带的重要

---

[1] 《四川森林》编辑组：《四川森林》，中国林业出版社1992年版，第279页。

树种，同样如果经过严重破坏，也会退化为荒山草地。

总之，现代地理学界静态描述的长江上游地区海拔1500—3000米的高山草甸灌草坡带，实际在500多年前仍多是以杉木为主的常绿针叶乔木林兼草甸混交的景观，只是近500年来在长期以来的不合理开发，乔木资源已日趋枯竭，这个地带才多以草甸、灌草坡、湿地草甸为主，而原始针叶乔木林越来越少。不过，这个演变过程是一个渐变过程，即乔木林演变成次生中幼林、再演变成灌丛草坡。当然，长江上游中低山地区内的各个地区的这种退化过程在时间上并不完全一致，很难说有一个统一的时间。据田野考察，如汉源皇木坪20世纪五六十年代前草甸上还存有少量次生中幼林，但汉源县火烧坡水井湾一带清末以来就一直是完全的草甸景观，形成的时间可能更早，而雷坡县黄茅埂现在草甸上仍有枯木残树。如果笼统说，可能清代中叶时大多数中低山地区就已经形成草甸为主的景观，可能较为客观。

3 影响植被变迁的社会和自然原因

中国长江上游亚热带山地海拔1500—3000米植被的巨变是在近500年来多种因素的影响下造成的，主要是人类活动本身因素的影响，如皇木采办、商业采伐、人类垦殖等因素的影响。

3.1 皇木采办的影响

皇木采办是中国历史时期特定的政治背景下对生态环境破坏的产物。从目前的研究来看，明清两朝在长江上游采办皇木甚多，对森林资源中原始林核心树木的破坏明显。皇木采办主要是用于建筑梁柱的大木，以楠木和杉木为主。明代采办皇木有20多次，有的一次采办大楠杉就达两三万根，而修路、搭架、采木人生活、不合式的废弃对巨材的损耗往往是采木的数十倍，对楠杉巨木的损坏就更明显。[1] 由于楠木本身作为建材优于杉木，而从海拔分布来看，楠木一般分布在海拔1000米以下的河谷地区，而其中真

---

[1] 蓝勇：《明清时期的皇木采办研究》，《历史研究》1996年第4期。

正用于建材良柱的桢楠较少，而杉木多分布在海拔1000米以上的坡谷、台地，人类采伐一般是先开采低海拔的楠木然后才是采伐高海拔的杉木，故明代主要集中于对楠木的采办更明显。我们发现的屏山神木山、赤水凤溪河、通江长胜乡、盐津滩头龙塘湾等明代采木遗址都多在海拔1000米以下。[①]

清代虽然仍然是楠杉并采，但由于楠木资源越来越少，皇木采办呈现主要向高山地区采伐杉木的趋势。一是楠木采办越来越困难，采办的数量越来越小。如康熙十四年到二十一年，四川就采办皇木楠木4503根，杉木4055根，但资源枯竭，只好将所有杉木和1800根楠木免去。乾隆时期一般采伐在一两千根，乾隆以后采办一般都在几百根的范围内了。二是采办的楠木、杉木格式越来越小，采办过程中只有放宽人采办尺寸，出现帮折制度。如早在明代后期就出现"通融酌收"的帮折制度，据《清会典》卷58记载清代出现了例木折算之制，清代末年出现将杉木改为架木。三是采办的杉木比例越来越大，明代有时仅采办围可逾一丈的大楠木就达2000多根，清代中叶以前，采办皇木主要以楠木为主，间采杉木，但道光年间在四川采办楠木柏木417根，而杉木达1417根，呈现出向以云杉、冷杉生长为主的高海拔地区推移的趋势。四是采办重点区域从川南黔北谷地向川西南、滇东北高山迁移，川西南地区越嶲、汉源、西昌、打箭厅、昭通府永善县成为采办的重要地区，从区域海拔差异上也显现了清代采办皇木向高海拔垂直推进的趋势，这种趋势透露出近500年来，皇木采办对长江上游地区原始林核心巨材资源的破坏过程。可以说，中国长江上游地区海拔1500—3000米山地针叶林的原始林核心林木的破坏，与明清两朝的皇木采办破坏关系密切。

3.2 商品采伐的影响

历史时期在长江上游地区商业采伐的木材对中低山地区的冷杉、云杉的采伐是相当重要的采伐项目。据《方舆胜览》卷56《黎州》记载，就有人将大渡河沿岸出产的杉木漂流到嘉州贸易。而《建炎以来朝野杂记》乙集卷20记载金沙江沿线多产巨木，边民就开始砍伐漂放到叙州贸易。

---

① 蓝勇：《寻觅皇木采办之路·中国人文田野》(2)，巴蜀书社2008年版，第52—85页。

同样岷江沿岸也有商人将大木结排筏而下。① 宋代"施黔板木"已经成为当时商品流通中的重要商品而声名在外。

到了明代,"建昌杉板"是四川当时的三大土产之一,砍伐量十分大。许多商人在雅砻江、安宁河沿岸山地砍伐,采取扎筏、漂放的和船运的方式转卖到江浙地区,获利甚大。② 清代人仍认为滇产杉木为上品,称洞板,故被大量转运到江浙地区,成为滇中的重要收入来源。③ 如乾隆年间大量江西、湖广商人进入金沙江黄螂一带大山砍伐杉木流放到长江中下游地区,有时在深山老林地区伐木达一二年之久。④

据民国边政设计委员会《马边概况资料辑要》记载:"峨、眉、雷、屏开辟较迟,山林盈毓,良材众多,惟惜山高林密,遮蔽日光,一直阴杉多而阳杉少。前清乾嘉年间,采办皇木大材,又半为斩伐。现仅龙柱山、杉木冈两处有人开采,然搬运艰难,获利有限。杉冈则仅附近木工十余人,农事余间,就地采取,背负下溪售卖。黄茅冈一带,木质较佳,然以深入线段巢,前雷波叶倅集贤开办,不久即为夷毁,现遂无继起者。"从这则记载可以看出,虽然清代前期皇木采办破坏明显,但民国初年峨、雷、眉、屏一带山地中低山的杉木资源仍较丰富,特别是黄茅冈一带的杉木质量上乘,但是由于开采困难,资源仍较丰富。

不过,近七八十年来,这一线一直是采伐的重要地区。从20世纪中叶开始,四川省的林业就将木材生产转移到西部高山原始林区,进行大面积集中采伐,形成高山草甸下侵,森林带越来越窄。⑤ 据《四川林业志》记载,仅从森工局采伐量来看,1950—1964年,川南森工局采伐1712053立方米,面积4933公顷,雷波森工局采伐了165929立方米,面积744公顷;但1965—1976年,川南林业局采伐了1647030立方米,面积4688公顷,雷波林业局采伐了1371044立方米,面积6049公顷。⑥ 到1998年退耕还林以前,雷波、马边一带的森林资源遭到极大的破坏,黄茅埂一带的

---

① 李壁:《永康禁山防限宜先禁江状》,《宋代蜀文辑存》卷74。
② 天启《滇志》卷4《旅途志》、顾炎武《天下郡国利病书》第31册《云贵》。
③ 檀萃:《滇海虞衡志》卷11《志草木》。
④ 《清高宗实录》卷340。
⑤ 国家环境保护总局:《全国生态现状调查与评估》(西南卷),中国环境科学出版社2006年版,第72页。
⑥ 王继贵:《四川林业志》,四川科学技术出版社1994年版,第81页。

中低山地区退化为大片的草甸地带，唯有零落的枯树成为历史上曾有大片针叶林的见证。

3.3 人类垦殖的影响

历史时期中国长江上游地区亚热带山地的人口分布变迁与人口密度变迁关系密切。根据我们以往的研究表明，在传统农业生产方式和传统农作物背景下，这些地区人口密度一般在每平方公里 50 人以下，人口基本上主要聚居在平坝、浅丘和沿江台地上，广大山地的中低山地区无常住人口且平坝、丘陵地区人口的进入影响较小，仍主要是人迹罕至的林区。但是明代末年大量美洲农作物传入中国，特别是玉米、马铃薯的传入，使亚热带山地中低山地区的大面积农业垦殖成为可能。清代中叶以来，传入的玉米、马铃薯由于高产和适宜性强，适宜于亚热带山地海拔 1500—2500 米大量耕种，且比传统的山地植物粟类、荞燕麦类产量更高，在清中叶以来兴起了一股山地垦殖高潮。

如大宁县与城口交界地区光绪时"老林穷谷，巉岩气候高寒，多半开垦，种植洋芋包谷"[1]，马边县在大有冈光绪时"旧俱老林"，光绪时"开垦过半"。[2] 雷波一带少数民族"依山坡，诛茅为屋，随山开垦种包谷、燕麦等杂粮"[3]。乾隆以后，镇雄州汉夷贫民开垦荒山，"广种包谷济食"[4]，而威宁州的山地也以种植包谷、苦荞为生。[5] 光绪时，定远厅一带"高山之民赖洋芋为生活"[6]，太平一带"高山专以洋芋为粮"[7]。

清代长江上游地区的这种产业时空变化不仅使山地人口急增成为可能，而且使山地种植业的地位相对上升，形成了道光《龙安府志》所称的"畜牧耕稼并重"的局面，山地森林植被遭到极大的破坏。光绪《大宁县志》卷 1《地理》称鸡心岭一带"人烟稀少，万峰攒聚，三省咽喉，土人

---

[1] 光绪《大宁县志》卷 1《物产》。
[2] 光绪《叙州府志》卷 6《山川》。
[3] 光绪《雷波厅志》卷 32《风俗》。
[4] 乾隆《镇雄州志》卷 5。
[5] 爱必达：《黔南识略》卷 26《威宁州》。
[6] 光绪《定远厅志》卷 5《地理志》。
[7] 光绪《太平县志》卷 6。

云陕西界多树林，湖北界产茅竹，四川界尽生茅草，亦天然之鸿沟也"。实际上这种茅草景观是人类种植植被退化的结果。学术界称的神农架大九湖地区湿地实际上在历史时期曾经过多次垦殖，如传说是薛刚反唐屯垦练兵的基地，也是刘体纯联明抗清的盟誓地，而清代白莲教和民国"黄马褂"起义都在此屯集。① 显然是经过历代垦殖破坏的。这种垦殖高潮一直延续到 20 世纪七八十年代达到顶峰。如在四川汉源县皇木镇的皇木坪，原为高大的杉木林，经过皇木采办后，虽然原始的巨大的核心植被遭到破坏，但乔木林仍然存在。20 世纪 70 年代以来，移民垦荒在上形成皇木七队，将仅有的次生小杉木连树根砍掉种植马铃薯，使杉木林完全退化为高山草甸。在云南永善县马楠到莲峰镇一线，以前也有大量杉木林，早在清代仍有"山深箐密，人迹罕到"之称，经过人类砍伐、焚烧，原始森林所剩无几。② 20 世纪六七十年代的高山垦殖马铃薯，将树根挖掉，更使这一带次生林遭到破坏，演变成今天的高山草甸景观。

20 世纪 70 年代，长江上游亚热带山地地区西部人口密度仍在每平方公里 20—70 人，但东部长江三峡地区达每平方公里 240 人左右。如果单纯就人口的地理密度来看，长江上游西部地区山地地区的人口密度并不算大，但这些地区山地面积一般占土地面积的 98% 以上，浅丘、平坝十分少，许多山地土质瘦薄，植被较差，不仅不适合发展生产，连基本生存条件都不具备。这种格局使大量人口聚居在仅有的少数平坝浅丘中，人口密度相当大，呈现为一种小区域绝对密集，而其他分布在山地的小部分人口虽然绝对数并不多，但分布在并不适宜人居的高山深谷中，又呈现一种相对密集，即生态性密集。这种人口分布及由之而来的垦殖活动对亚热带山地地区的森林环境影响明显。

同时，我们注意到，早期山地区垦殖往往采用亚热带的经典式刀耕火种，不论是一茬轮歇制还是轮作轮歇制，其典型的游耕和不伤树根方式往往使森林资源有自然恢复的可能，但后期的固定耕作采取挖尽树根的方式，③ 使这个地区的乔木植被的自然恢复失去了可能，往往完全退化为草

---

① 杜耘等：《神农架大九湖亚高山湿地环境背景与生态恢复》，《长江流域资源与环境》2008 年第 6 期。
② 永善县志编纂委员会：《永善县志》，云南人民出版社 1995 年版，第 125 页。
③ 蓝勇：《刀耕火种重评》，《学术研究》2000 年第 1 期。

甸、灌丛。

3.4 气候变迁的影响的可能

气候变化肯定对森林植被是有影响的（参见表附—2）。明清时期在气候史上被称为明清宇宙期，也称为明清小冰期，整体上是一个寒冷的时期。从理论上讲寒冷期雪线下降，对中低山地区的针叶林的生态是有影响的，但是这种影响在历史上究竟有多大，暂时难以估算。同样，从理论上讲，垂直气候呈现的由亚热带向暖带推移，使植物多样性受到一定影响，影响森林的生长。其实，我们可能更关注的是当亚热带中低山乔木林退化为草甸后，气候的趋冷会影响乔木的自然或人工恢复。同样在全球温室效应的背景下，这种自然或人工重建是否更有利也是需要讨论的。

表附—2　历史上人为因素对长江上游中高山植被的影响程度差异表

影响类型		影响植被对象	影响时段	影响程度	遗存景观
皇木采办		特大的楠、杉	明代清代前期	乔木林的郁闭性相对削弱，对森林资源的整体性影响不大	郁闭性相对较差的乔木林
商业采伐		成片原始巨大的乔木	明清至20世纪末	对原始高大的乔木林影响较大，但对中幼林影响不大	草甸、灌丛、乔木林相间的景观，间有残存老树桩
人类垦殖	经典式刀耕火种	成片的原始乔木、中幼林	清代中后期以来	对高大的乔木林的影响明显，但中幼林的恢复较快	草甸、灌丛、中幼林景观，间有老树桩
	固定山地耕作	成片的乔木、中幼林、灌丛、树根	清代中后期至20世纪末	对乔木林的影响是具有毁灭性的	草甸、灌丛景观

显然，以上四种因素影响的程度和影响的决定性是不一样的，就近

500年来看，人类垦殖活动是真正改变长江上游植被环境的决定因素。皇木采办、商业采办影响了长江上游中高山的森林资源的品质，主要对高大的楠杉的砍伐，较明显地影响了森林的郁闭度，但并不会给森林资源带来不可回归的影响。人类垦殖活动，特别是固定的农耕活动，特别是20世纪中叶以来的山地种植马铃薯，大量砍挖树根，使森林资源的自我恢复失去了可能。现在来看，气候变化的影响可能在其中我们还一时难以区分。

4 结 语

通过以上研究我们认识到：

（1）现代地理学界静态描述的长江上游地区海拔1500—3000米的中低山湿地草坡带，实际在500多年前仍多是以冷杉、云杉为主的针阔林与草甸混交景观。

（2）就近500年来看，人类垦殖活动是真正改变长江上游植被环境的决定因素。

（3）皇木采办、商业采办影响了长江上游中低山的森林资源的品质，主要对高大的楠杉的砍伐，较明显地影响了森林的郁闭度，但并不会给森林资源带来不可回归的影响。

（4）人类垦殖活动，特别是固定的农耕活动，大量砍挖树根，使森林资源的自我恢复失去了可能。

（5）气候变化的影响可能在其中我们还一时难以区分，还需以后继续关注。

（原载《地理研究》2010年第7期）

四川屏山县神木山祠考

蓝 勇

历史上的皇木采办由来已久，秦建阿房宫便在蜀采办皇木，但就采办皇木次数之多，时间之长规模之大及对当时社会和环境影响之大，莫过于明清两朝的皇木采办。据研究表明，明代从洪武八年开始便在南方地区采办皇木，主要采办对象为长江上游地区的高大楠杉，用于北京、南京等地宫殿、陵寝、祭坛的主体立柱和重要木梁。明代巨大工程的临时性皇木采办，一般都采取由中央委派专门的督木大吏督促各省巡抚和府、州、县官员采办。明代采办皇木的地区主要是在四川、贵州、湖广西部的山区，主要在四川的马湖府、叙州府、乌蒙府、雅州府、遵义府，贵州的铜仁府、镇远府、黎平府，湖广的辰州府、荆州府、永顺司、思南府等地。明代皇木采办的数量十分大，仅明代嘉靖三十六年、嘉靖三十七年、万历二十四年和万历三十六年四年采办便共44913根块，多是围一丈左右的大楠杉。采办分成勘察、采伐、拽运和泄运、运解交收、储备五个阶段。皇木采办用人力众多，所谓"用夫役动以千计"，故为地方之累。勘察、采伐、运输十分艰辛，采伐之地多在"深山穷谷，蛇虎杂居，瘴露常多，人烟绝少"之地，故有所谓"一木出山，常损数命"、"入山一千，出山五百"之称。经过明清两代的不断采办，中国南方大量高大的楠杉木资源受到极大摧残。[1] 今天我们在北京看到故宫、天坛、地坛、圆明园等宫殿建筑的高大楠杉木立柱时，自然会想起历史上采办皇木之地的历史状况。遗憾的是今天皇木采办之地多不复有高大楠木生存，而遗存的采办旧迹已多不复存在，多只遗留下楠木坪、楠木坳、皇木乡等历史的地名。值得指出的是今

---

[1] 蓝勇：《明清时期的皇木采办》，《历史研究》1994年第6期。

四川屏山县神木山祠，为明代砍伐皇木所留，成为明清时期长江上游大量砍伐森林的十分典型的历史文物见证。

明代皇木采办始于洪武年间，但永乐四年的采办规模尤大。《明太宗实录》等史籍上有明确的记载。据《明太祖实录》卷57记载："（永乐四年闰七月）文武群臣淇国公丘福等请建北京宫殿，以备巡幸。遂遣工部尚书宋礼诣四川……督军民采木，人给米五斗、钞二锭。"四川通江县《永乐四年伐运楠木运京记碑》、《明史》卷82《食货志》都对永乐四年全国的采办有记载。《大明一统志》及明清时期的一些方志对永乐年间诏封神木山，立神木山碑，建立神木山祠作了许多记载。《大明一统志》卷70："神木山，在沐川长官司西二十里，旧名黄种葛溪山，本朝永乐四年伐楠木于此山，一夕楠木不假人力移数里，遂封为神木山，岁时祭之……南现山，在沐川长官司北，永乐五年建神木山祠于上。"《明史》卷82记载："永乐四年遣尚书宋礼四川……礼言有数大木，一夕自浮大谷达于江，天子以为神，名其山为神木山，遣官祠祭。"嘉靖《四川总志》卷10、万历《四川通志》、嘉靖《马湖府志》、乾隆《屏山县志》、嘉庆《四川通志》的记载基本相同。乾隆《屏山县志》卷1、卷7、卷8中对这次采办皇木都有相关的记载，尤为详细。光绪《屏山县续志》卷下则具体记载了神木山祠的情况：

> 神木山祠碑，在中都乡老街小河北岸之山半，距街三里许。其下为皇城基，前明沐川副司夷姓住宅，因屋宇壮丽且为黑龙土祖之裔故云。碑以白石为之，由北都运来，高一丈五六尺，阔四尺，厚五寸，建亭其上，砖石秋瓦砌缜密，字画遒劲，类欧颜，永乐间湖广撰书。今俗传为火石碑据彭记补。按皇城基者，以奉敕所建云，然非指夷姓也彭议误。

这是比较准确记载神木山祠碑的记载。2000年5月初，为了研究明清时期长江上游的森林砍伐有关遗迹情况，我与韩国学者金弘吉先生等对屏山县进行了访古考察。

屏山县新市镇在三国时称安上，唐为戎州属地，宋为马湖府部之地，名叫什葛村。元为蛮夷司。明代为蛮夷司，其西为古代什葛溪（即西宁河），东为蛮夷司河（即宋夷都溪，即今中都河），分别在蛮夷司（今新市镇）东西汇入马湖江（金沙江）。古代这两条溪河中上游均被原始森林覆盖，故为大楠杉的重要采办地。其什葛溪、蛮夷司河成为皇木采办泄运和拽运的重要河流。蛮夷司河（中都河）而上为五指山，即明代册封的神木山。五指山早在北宋就见于记载，《太平寰宇记》卷79记载旧归顺县界有夷都山，便是指五指山，又作五子山。南宋《建炎以来朝野杂记》乙集卷20便明确记载有夷都村和夷都溪口。在神木山的九重山（夷都山）下，便是元夷都长官司驻地。明代中都为沐川长官司驻地，即夷都镇。在明万历十七年改夷都镇为中都镇，迁沐川长官司于今沐川县地。清中都镇沿之，为中都乡之地。在夷都山近处为古南现山，其山腰牛儿包之处便是明代神木山祠之处。

据中都镇83岁的悦登源老人介绍，胡广撰的神木山祠记碑和亭均毁坏于1944年。神木山碑被打破碎，现在多数去向不明。因碑石可打火和制成烟斗，当地俗名火石碑。悦登源先生拿出一块他保留制成砚台的碑石，背面还有"者必"、"荒服，蚁附"六字可辨。据光绪《屏山县续志》卷下记载，碑石系御制，用白石打制，系从北京运来。笔者观之似为大理石所制。今中都镇东南白塔乡，古名迎恩庄，有迎恩桥，还有嘉靖壬寅（1542年）书的"迎恩桥"三字。相传沐川长官司在此地迎接御赐神木山碑而名。关于《神木山祠记》碑的碑文，系明代翰林院侍读胡广所撰书，嘉庆《四川通志·艺文》、乾隆《屏山县志·艺文》等均有记载，但悦登源老人在20世纪40年代据原碑抄灵的碑文与之有一些出入，今综合作修正如下：

> 皇帝统御天下，爱养黎元，恩惠优渥，首饬有司，毋擅用一夫，取一材。于是生养休息，日庶日富比年；岁登民和，海宇熙洽乃者。永乐四年秋，询谋于群臣曰：古者建都必营宫殿，朕肇北京，恢宏旧规以贻谋，顾兴作事重，惟恐烦民，然不可。后群臣曰：陛下慎恤民力，视之如伤而民皆乐于趋事。皇帝曰：尔往试哉，乃命人入山以伐焉，用民力十取其一，给以廪食，归其庸值，而民欣然鼓舞，乐为其劳。故事丕程督而集。工部尚书臣宋礼取材于蜀，得大木于马湖府，围以寻尺者若干，寻丈者数株，计庸万夫力乃可运，将谋刊除道路以出。一夕木忽自行达于坦途。有巨石屹然当其冲，夜闻吼声如雷，石划自开，木由中出，无所龃龉，夜越险岩，肤寸不损，所经之处，一草不偃。百工执事顾视，欢哗踊踊交庆。事闻廷臣，稽首称贺，谓圣德所致。皇帝辞以弗逮，推德于神，遣使致祭。将至之先大雨洗尘，山川草木预有喜色，鲜泽荣华，蔚然秾丽。及祭之日，先降微雨，洒

涤于盆，俎豆既陈，膻芗肝荩，黯云倏消，天宇澄湛，明星煌煌，月影交辉，祥飙徐来，神用俱歆，闻山呼声者三，震动天地神灵，于昭有赫。遂封是山为神木山，诏有司建祠，岁时祀享，以答神贶。臣广为文以记其事，刻之于石。臣广顿首受命，仰惟皇帝功德高厚，比隆天地妙运，① 一心干旋万化，阴阳鬼神随机应动，吻合无违。故凡有施为嘉微沓至，是以山川之神，协赞徵符，宣畅明威，濯濯洋洋，休有烈光，超卓物长，有不可以智巧测量之者。然以理求之，其亦可知矣。夫充塞雨间者，鬼神之功用，若川泳云游，日晅雨润，② 风雷鼓动，寒暑更迭，欻阴忽阳，变化挥霍，其迹尤著。然三辰顺轨，雨旸一时，景星庆云，和气充溢，斯皆一心之所感召。若采木石，非人力不可以运动。而乃潜辟默输，实圣德感孚，神明协应之所致以，固非耳目所闻见之所知也。夫人之所不知不能者，鬼神之所能也。以人之所不知不能而测夫鬼之所能，宜其所有弗知也。况天下名山大川，莫于方域之中，出云雨，产材用，以资于国家，其神固灵也而神木之山所产良材，自萌蘖而长以至于拱把连抱，皆神之卫冈呵禁，以待于今日。然则神之效其灵者，非一朝一夕也。今兹之显应，所以兆皇帝万世悠久之徵，则神之功，其可少哉。稽之于传，凡有功国家者，必有祭神功彰著，实为伟茂，载之祀典，于法允宜。③ 臣广再拜，谨书其事为记，并系之铭以颂德，且以丕扬神休。

铭曰：皇明受命，统驭万方。六合泰宁，物乂民康。端拱垂衣，无为而治。蛮夷荒服，④ 蚁附而至。休徵之应，如川之林。至和感孚，百灵俱歆。壮哉北京，龙飞之所。帝用贻谋，大启厥宇。慎恤黔首，咨询在庭。庶民子来，于始经营。皇帝有诏，取材于蜀。神木之山，岷峨是属。梗楠预章，挈之百围。神用呵冈，以需于兹。斧斤斯入，林被薄敛。凡厥所产，悉呈弗掩。良材丸丸，孔曼且硕。载而输之，万夫之辂。层峦峭壁，矗矗重重。深谷岭岈，飞浪怒潨。有岩厥途，其石巍崇。徐步曳武，犹虑偾跲。方谋平险，凭虚架梁。人力未

---

① 嘉文（指嘉庆《四川通志》录入碑文），乾文（指乾隆《屏山县志》录入碑文），悦文（指悦登源老人收录碑文）。此处嘉文、乾文作"运一心干旋化"，而悦文为"用一心千万化"。
② 嘉文、乾文作"日亘雨润"，而悦文作"日暄雨润"。
③ 嘉文、乾文作"于法允宜"，而悦文作"岁祀允宜"。
④ 嘉文、乾文作"蛮豸百荒服"，而悦文作"蛮夷荒服"。

施，木忽宵行。越涧逾壑，砰磕如雷。巨石斩严，随辟以开。维山有神，维神昭灵。默趋六丁，佑相神明。神表显宣，嘉徵斯应。以兆皇基，万世永赖。报神有典，祀事孔宜。爰作新庙，岁以飨之。醴清牲脂，笾豆既洁。肴核维旅，膻芗有馂。春萝蔚阴，秋菊垂芳。祼荐以时，礼仪有章。执事骏奔，秉虔以对。济济跄跄，罔敢或懈。神之来享，驱霆驾风。①翳以凤凰，骖以虬龙。灵旟扬扬，神既降止。鼓钟铿锵，神醉以喜。神永宅兹，时雨时阳，眷此邦氓，易珍作穰。皇德同天，幽冥毕被。②创制灵祠，以崇神祀。砺石刻铭，兹山实伴。颂宣皇德，永著神休。永乐四年冬月翰林院侍读胡广撰书

　　从残存的碑文书体来看，这块由胡广撰书的碑石，确有欧体之风，但现只留有 18cm×12cm×3.5cm 的残碑一块。今牛儿包的神木山祠祠基已经开辟为田地，种有桑树，但仍发现有碑基两块、明砖一堆，祠亭早已不复存在，至今没有留下任何图像资料。据众位老人回忆，当时祠亭顶为攒尖，下 24 柱，四面开圆门，下有石梯通下面"皇城"后花园。据有人介绍，在亭东北角还有一块神木山碑，不知去向。这块碑并不见于以前的任何记载，当十分珍贵。后我们在悦登源老人带领下，终于在牛儿包下面一户姓夏的人家院中找到了这块明代嘉靖年间的石碑。碑石系 1968 年被夏家主人打破背下修房的。碑系青绿色沙石制成，可惜已经断成五块，其中一块不知去向，一块被嵌入了夏家的民房墙中，不可得见，但从残存的三块残碑基本可见碑文大意。其碑文上为"中顺大夫马湖府知府刘□……"中"神木山"三个行草大字，下落款为"嘉靖岁丙寅闰十月二……"嘉靖丙寅为嘉靖四十五年（1566 年）。嘉靖年间任马湖府知府姓刘的只有刘瑅，不过是嘉靖三十八年上任，四十年离任，嘉靖四十五年在任的为张世印。如此则可能碑书写系刘瑅，但碑落成为嘉靖四十五年。③据悦登源

---

① 嘉文、乾文作"驱霆驾风"，而悦文作"驱雷驾风"。
② 嘉文、乾文作"幽明毕被"，而悦文作"幽冥毕被"。
③ 另据悦登源老人称，还有一块胡广书撰的《神木山祠记》碑，也立于神木山祠内，但既不见于记载，今也不知碑石下落。其碑文为诗一首，曰："名山风雨志同方，笔砚论交淡以长。最喜新民高格讽，莫忘旧学密商量。廿周大势英雄造，五族共和分手强。什袭只今留纪念，舞台他日凭昂藏。"从诗文文风、文中大意，特别是有"名山"、"五族共和"等词汇来看，诗应为民国初期所撰，作者不得其详。

老人称，夷夏悦三家本为一家人，① 因共同帮助转运皇木有功，受皇帝恩赐，准许按皇城形制修建城市，故中都城古为皇城格局。皇城在咸丰二年大水中冲毁，后重建新场名老街子。今牛儿包下的皇城基为皇城的后花园房基，全长一百多米，保存完好。上后花园的路本有三道石梯，今只存二道。从皇城后花园也有石梯可直上神木山祠。今天神木山的森林已经十分少了，楠木更是少见。明代今五指山一带是采办皇木比较早的地区，可能森林消失比其他皇木采办地区更早。据记载明代嘉靖年间沐川长官司便有编户2里，合计1100人，人口可能主要集中在中都河两岸，人口密度较大，但可能主要都集中在平坝地区。故明代的地方志均记载，马湖府产楠木、杉木。今附近有老林口一名，据称过去便是一片森林，现已经砍伐殆尽。安全乡还有一地名称楠木沟，原产楠木。白塔乡还有一地名为"板厂坡"，当为采办皇木时的解木场。清代仍继续在马湖府采办皇木，特别是清代大量人口迁入，玉米、马铃薯、红薯等开始大量种植，可能近山已经开始垦殖，森林消失更是加快，故乾隆《屏山县志》记载楠木"今少"。但汉时中都河两岸其他林木可能还很多，故直到光绪《屏山县续志》卷下中还称五子山（夷都山）"林深箐密"。据悦登源老人回忆，民国时期牛儿包以上便可砍伐薪材，可见当时森林还十分多。但今天九重山中低山多为赭色，已无森林可言，整个五指山的森林也很少，而坡度在50度以上的坡耕地随处可见。中都河现在径流量大大减少，滩险众多，已难想象原来此河能承担皇木采办泄运、拽运的职能。

（原载《四川文物》2001年第2期）

---

① 据《明承务即夷公暨安人安氏墓志》记载，夷氏之先为鱼凫，秦汉唐宋相沿，为古代四川土著先民。据悦登源提供的民间资料显示，万历年间改夷都为中都，改夷姓为夏姓，"用夏变夷"。据嘉庆《四川通志》卷98记载："沐川长官司悦魏氏，其先悦德忠，明洪武四年投诚，袭沐川长官司，赐姓悦。"以此来看，夷氏为早，后洪武年间改悦氏，但永乐年间夷庆因修"皇城"被革，到正统时夷靖再袭沐川长官司之职，万历时再改夏姓，夷夏悦当为一家。

四川汉源县水井湾皇木采办遗迹考

蓝 勇　彭学斌　马 剑

近10年来我们先后在四川屏山县、通江县、古蔺县、汉源县、云南盐津县、永善县、贵州绥阳县、赤水县等地作了大量调查，发现了许多明清时期皇木采办的遗迹，特别是发现了许多有关记载采办过程的摩崖石刻，为我们研究复原明清时期皇木采办创造了条件。在云南永善县、四川汉源县、贵州赤水县的考察中，我们还发现了皇木转运设施遗迹，不过，由于缺乏文献和文物支撑，多是依民间传说作为证据的。[①] 在此之前，我们还没有发现明清时期具体转运的皇木圆木文物和有考古背景技术支持的转运设施类文物。

2008年，我们接到四川汉源县孙中大先生报告，在汉源县皇木镇永利乡水井湾修公路时发现4根疑似皇木的圆木，因现在当地全是高海拔的草坡，无一棵乔木，故疑窦丛生，希望我们能前去考察鉴定。当年10月我们前去考察取回了鉴定样本，送中国科学院地球环境研究所西安加速器质谱中心进行了鉴定。2010年鉴定出来后，我们又到水井湾进行了试掘，发掘出1根圆木、1块木板和许多木屑和陶瓷片，为我们进行研究判断创造了条件。

一

汉源先秦时期为筰地，汉为沈黎郡地，唐宋为黎州之境，元明代设黎

[①] 蓝勇:《寻找皇木之路》,《中国人文田野》第2辑,巴蜀书社2008年版。

州安抚司。明万历二十一年（1593年）将东南彝族地区划为松坪土司。清雍正七年（1729年），松坪土司并入雅州府清溪县。

明清时期在南方地区采办皇木修建宫殿陵寝，尤其是在四川地区采办最为纷繁，其中在雅州采办的最早记载始于嘉靖三十六年至三十七年，后清代雍正四年至十一年、乾隆七年至十四年、乾隆五十八年，都有在雅州、嘉州采办的记载。[①]

古代汉源一带森林资源十分丰富，雅州蒙顶山"草木繁密，云雾蔽亏，鸳兽时出，人迹稀到矣"[②]，显现还相当原始。往南大相岭一带"山林参天，岚雾常晦"[③]，有许多大熊猫出入其间。[④] 其中笋篢山竹林密布，所谓"山又采林木，樵苏者以为衣食之源"[⑤]。从大相岭直到小相岭地区，植被以松为主，有"多长松而无杂木"[⑥]的记载。再南往小相岭"路尽漫山，尽是松林，其上多鹦鹉飞鸣"[⑦]。宋代熙宁年间杨佐从川滇西道阳山虚恨路去云南买马，所著《云南买马记》一文中对今峨边、甘洛、汉源一带沿途的森林植被景观有着更加详细的描述，如其称"山深木茂，烟霾郁兴欲雨，而莫辨日之东西，间或迷路，竟日而不能逾一谷也"[⑧]。明代《蜀中广记》记载："大抵司东三十里为天冲山，险绝无路，止通樵采而已，唐古木碑所云，沉黎界上，山林参天，岚雾晦日者也"，"又自炒米城以抵松坪寨，连接峨眉凡三百六十里，高山峻坂，密树深箐，为安抚族人居之。按《九州志》：黎州石楼之地多长松，不生杂木，即松坪寨是也。"[⑨]

所以，宋代文献中就记载这一带有商业性采木，如《方舆胜览》卷56《黎州》："父老常云：旧有寨将，欲将杉木版于杨山入嘉定贸易，以数片板试之，板至嘈口，为水所舂没，须臾，但见其板片片自水下浮出，蛮

[①] 蓝勇：《明清时期的皇木采办》，《历史研究》1994年第6期。另收入《古代交通、生态研究与实地考察》（四川人民出版社1999年版）有增补。
[②] 吴淑：《事类赋》卷17《饮食部》引毛文锡《茶谱》。
[③] 《方舆胜览》卷56《黎州》引《唐古木碑》。
[④] 《方舆胜览》卷77《雅州》。
[⑤] 《方舆胜览》卷56《黎州》。
[⑥] 《太平寰宇记》卷75《邛州》。
[⑦] 李昉：《太平御览》卷294《羽族》。
[⑧] 李焘：《续资治通鉴长编》卷267《神宗》引宋如愚《剑南须知录》。
[⑨] 曹学佺：《蜀中广记》卷35。

知此，益不敢妄有窥伺。"看来，宋代黎州寨将的商业意识也较浓，开始在川西大相岭地区砍伐杉木，将其沿大渡河流放到远在数百里之外的嘉州贸易。还要指出的是唐宋时期已经开始漂木流放宜宾之制，形成了商木贸易。《酉阳杂俎》续集卷3："武宗（会昌）之元年，戎州水涨，浮木塞江。刺史赵士宗召水军接木，约获百余段。"《建炎以来朝野杂记》乙集卷20《辛未利店之变》（观《两朝纲目备要》卷13）："其后，又以板来售，盖夷界多巨木，边民嗜利者齎粮深入，为之庸锯，官禁虽严而无能止也。板之大者，径六七尺，厚尺许，若为舟航楼观之用，则可长三数丈。蛮自载至叙州之江口与人互市，太守高辉始奏置场征之，谓之抽收场，至今不废也。"这些漂木有的可能是从大渡河、岷江漂来的。这就表明，在宋代大渡河两岸已经有大规模的商业性木材采伐。

不过，明清时期的皇木采办可能在当地的影响更大，所以，留下黄木厂、老厂沟、皇口坝等地名和许多传说，但有关文献记载十分少。民国《汉源县志·杂志考》记载："黄木厂名称考：黄木厂，原为夷人之大堡子，与今之场西北小堡子两相对峙，清嘉庆时与峨边属矿朵同辟为场，名万盛场，矿朵名永盛场，夷乱场停。道光末年夷汉协同开场，定场期为二五八，原因嘉庆时采办皇木之地，故传名为黄木厂。"民国时期的这则史料可能也是当时据民间传说写定的。

汉源一带地处横断山北段东缘，为大渡河峡谷地段，群山连绵。皇木镇一带为较平缓的高地，但海拔多在2000米左右，许多高山多在2500米左右，但大渡河境内海拔最低只有550米左右，沟壑深切，相对高差十分大。

蓑衣岭为汉源县与金河口区的界岭，海拔在3000米左右，垭口约为2745米，其岭西缓坡多为草坡地貌，个别陡险之处有灌丛。皇木发掘点为汉源县皇木镇永利乡杉树村的水井湾，正好为蓑衣岭西侧，海拔在2365米，为大渡河支流老厂沟的发源地。在蓑衣岭两侧海拔1800—2300米分布着许多高山湿地，如蓑衣岭东侧五池，而发掘地的水井湾以前正好是在一片高山湿地的地区，今地面完全是一片草坡地带，无一点乔木林遗迹。

二

水井湾今地面完全是一片高山草坡地带，无一点乔木林遗迹，所以很难相信以前这些地区曾是采办巨大皇木的地区。民国《汉源县志·杂志考》记载皇木镇皇木采办始于清代嘉庆年间，但从历史上看，宋代就可能开始在大渡河两岸有商业性的采伐，至少在明代已经开始在这个地区采办皇木了。早在 2003 年我在对皇木镇皇木坪的考察中，当地人流传的皇木采办传说是明万历年间有人采皇木于此，故流传皇木镇北的皇木坪开始有二皇口、挖断山、大将军槽、小将军槽、岩窝口、皇口、深溪沟到大渡河的一条转运皇木的路线。据说明代采办的大木切断后可供八人大桌，大木砍下后用铁钉铆上，由几百人运送。据此《四川省汉源县地名录》也称"皇木古为夷人之大堡子，一直为松坪土司治地。明初燕王四太子朱允炆建都北京城，因此处森林茂密，多产上等杉、楠木等木，被辟为采伐地。利用北高南低的地势，从皇木坪以原木铺滚，连绵数十里，直入大渡河，源于今乐山一带集运，多作为建造皇宫殿宇之用，故称皇木厂"[①]。显然对于汉源县究竟何时开始皇木采办意见并不统一。

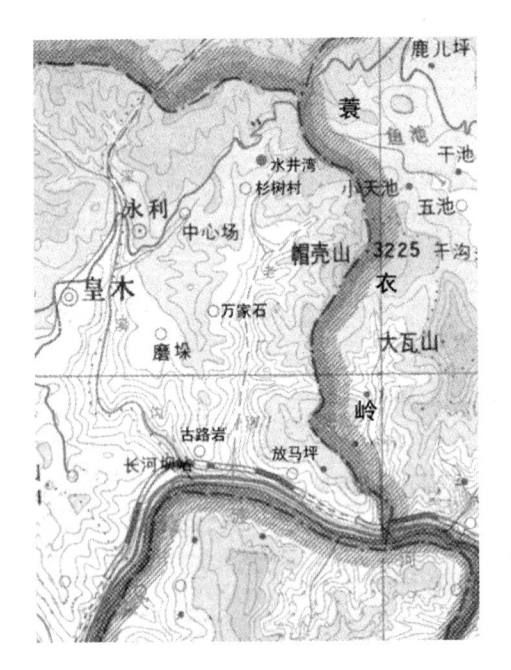

图附—2 汉源县皇木镇水井湾遗址地图

[①] 四川省汉源县地名领导小组：《四川省汉源县地名录》，1982 年版，第 118 页。

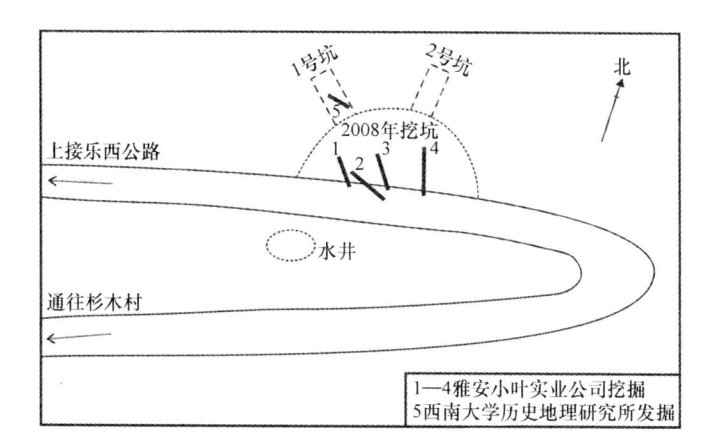

图附—3　汉源县皇木镇水井湾遗址平面图

2008 年和 2010 年我们在皇木镇永利乡杉树村（海拔 2150 米）采访，杉树村的居民主要是叶氏家族。据叶氏家族长者叶龙光先生介绍，叶氏家族流传他们的祖先是采办皇木而来的，最早进入的是三兄弟，即大丞号（疑为浩）、大勇号（浩）和一个随队医生，采木后官府将彝人的磨子之地封给叶氏家族，便定居下来，到现在已经有十四代，有近 400 年的历史。从我们发现叶氏后人新立的道光年间的叶氏墓碑来看，可能这种说法并非虚言。如果以一代 20 年算起，可能有 280 年；如果以一代 25 年算，可能有 350 年，应该在明末清初迁入。叶氏认为其家族是采木而来，前面谈到明代末年清代前期都曾在雅州一带采木，也应该算吻合的。

叶氏家族也指出了一条采木转运路线，即从火草坪、水井湾、皇口坝、纤担坡、擦耳岩、么棚子、老厂沟、挖断山、一线天到大渡河。据《四川省汉源县地名录》记载："老厂沟，源出蓑衣岭，长 13 公里，两岸多为绝壁，以古人伐木之地而得名。沟口一线天，是成昆铁路险关。"[①] 所以，水井湾所相邻的这条溪沟称老厂沟，可能确实与皇木采办有关。

为了进一步印证以上分析，我们选取了四根圆木中样品（1 号）、发掘地树皮（2 号、3 号）和发掘地树根（4 号）送中国科学院地球环境研究所西安加速器质谱中心进行了鉴定。2010 年 5 月鉴定出来后，树木的

---

① 四川省汉源县地名领导小组：《四川省汉源县地名录》，1982 年版，第 154 页。

死亡时期三个在距今（1950年）500年左右，一个在距今（1950年）974年左右，主要是在明代嘉靖年间前后。

表附—3　　中国科学院地球环境研究所西安加速器质谱中心
AMS¹⁴C 年龄测定数据报告单

实验室编号 Lab. Code	野外编号 Sub. code	δ¹³C‰ δ¹³C	Error (1σ)	pMC % pMC	Eroor (1σ)	¹⁴Cage (a BP) ¹⁴C Age	Error (1σ)
XA4393	木头1	−22.33	0.44	95.48	0.31	372	26
XA4394	木头2	−20.82	0.38	94.95	0.30	416	25
XA4395	木头3	−23.25	0.65	95.69	0.34	354	28
XA4396	木头4	−19.58	0.44	87.48	0.28	1074	26

表附—4　　中国科学院地球环境研究所西安加速器质谱中心
AMS¹⁴C 年龄测定数据报告校正年龄表

样品编号	Libby Age Age	Uncertainty	校正年龄 (one Sigma Ranges)	Median Probability（AD）
木头1	372	26	1455—1617AD	1508
木头2	416	25	1441—1472AD	1459
木头3	354	28	1474—1626AD	1551
木头4	1074	26	902—1013AD	974

也就是说，水井湾这些圆木主要是在明代嘉靖年间被砍伐的，但个别可能是宋代初年砍伐的木屑。考虑到前面谈到宋代文献记载有人在大渡河采办杉板，文献记载与考古鉴定结论吻合，可证明水井湾一带在宋代就开始有商业性采伐是正确的。

从我们试掘的探坑来看，水井湾一带地面大约有10厘米现代草腐蚀层，然后有1米左右的历史上的冲积土层，下面为历史上黑紫色湿地淤泥层，圆木埋于黑色淤土下10—20厘米。我们在黑紫色湿地淤泥层与历史冲积土之间，发现了清代中晚期的青花瓷片和粗陶器柄。可见水井湾一带原来是一个湿地沼泽地区，后来被冲积土覆盖，才形成这样的草坡地貌。由于1米左右的冲积土生土特征较明显，可能是自然冲积而成。但火草坪一带地势平缓,一次性滑坡冲积而成的可能性不大,可能是在近一两百年来长期多次自然冲积而成。当然,人类活动可能对这种冲积有助推的作用。如由于至少清代前期就有叶氏家族在这一带进行垦殖活动,20世纪六七十年代以后这一带为永利公社六大队垦殖地,曾广泛在火草坪垦种马铃薯等农作物,可能加速了这种泥沙的淤积进程。

显然,我们可以做出以下初步的结论,今皇木镇一带山地可能早在宋代就有人类砍伐乔木,明代后期和清代前期皇木镇一带曾经历过多次皇木采办。民国《汉源县志》中认为汉源皇木采办在清代嘉庆可能应改为明代嘉靖以来更妥。今汉源县永利乡水井湾一带清初以前应为沼泽湿地地貌,附近有较多的冷杉林生存。因宋代以来商业采伐、明清时期的皇木采办及人类垦殖的影响,乔木林完全消失,湿地沼泽地被淤平为草坡,以前乔木湿地草坡混交的地貌景观逆向演变成纯粹的草坡地貌景观。

三

从我们挖出的五根圆木来看,明显是经过人工加工处理后的,一头是梢头全部削成尖状,有明显斧削痕迹,一头是明显斧切或锯面,五根圆木的尺寸长的5米多,短的只有1米多。据当地老乡辨认为杉树,按照当地海拔高度与同海拔生长的树木推测也应为冷杉、云杉类。不过,这些圆木真是明代采办皇木所留下待运的皇木吗?

表附—5　　　汉源县皇木镇永利乡水井湾五根圆尺寸表　　　单位:厘米

编号	长度	最大直径	木类	发掘者
1	510	55	杉	雅安小叶实业有限公司
2	300	70	杉	雅安小叶实业有限公司
3	450	40	杉	雅安小叶实业有限公司
4	357	50	杉	雅安小叶实业有限公司
5	115	34	杉	西南大学历史地理研究所

现在看来,水井湾皇木采办遗迹有两种可能,一是皇木遗弃残木,二是皇木滑槽遗木。

对于这些圆木是否是皇木圆木,首先我们要搞清楚明清采办皇木在制式上的基本要求。

明黄训编《名臣经济录》卷48龚辉《星变陈言疏》:

> 四川布政司收买三号楠木五千根,各长四丈五尺至四丈,径三尺五寸至三尺;三号杉木一千五百根,各长四丈五尺至四丈,径二尺五寸至二尺;四号杉木一千五百根,各长五丈至四丈五尺,径二尺至一尺七寸;楠杉木连二板枋各二千五百块,杉木单料板枋一千五百块,柏木一百二十根,各长三丈,径三尺。柚木一百五十根,各长三丈,径二尺五寸。
>
> 贵州布政司西路收买三号楠木五百根,各长四丈五尺至四丈,径三尺五寸至三尺;三号杉木五百根,各长四丈五尺至四丈,径二尺五寸至二尺;四号杉木五百根,各长五丈至四丈五尺,径二尺至一尺七寸;楠杉木连贰板枋各五百块,杉木单料板枋五百块,柏木三十根,各长三丈,径三尺;柚木五十根,各长三丈,径二尺五寸。
>
> ……又奉本部札付为传奉事计开四川收买楠木七十五根,各长四丈五尺至三丈五尺,径二尺五寸至二尺;杉木二百五十根,各长四丈至三丈五尺,径一尺五寸至一尺二寸;楠木连贰板枋九十块,连三枋二十八块,杉木连二板枋六十块,单料板枋五十五块。

从以上记载可以看出,明代皇木长一般应在3—5丈间,径至少1.2—3.5尺之间。再根据清代道光时期苗商李荣魁等抄录的《皇木案稿》记载,皇木采办桅木、断木、架木的长度都应在3.2—6丈,径头径尾在4.5—1.67尺之间。而光绪《湖南通志》卷175《物产》中采办的桅木、杉木、架木、桐皮杉篙等也在2—6丈之间,径头径尾在0.7—1.5尺之间。

显然,皇木镇水井湾发掘的圆木作为皇木在长度上不仅不符合明代的标准,也不符合清代皇木采办标准。明代皇木直径大多要求在2—4尺之间,以上圆木也多是达不到要求的。即使在明代嘉靖开始出现了帮折制度,但多也不可能差异如此之大,如只是将杉木规格降为架木。[①] 显然这

---

① 蓝勇:《明清时期的皇木采办》,《历史研究》1994年第6期。

些圆木不可能是合格待运的皇木。

据文献记载，明清时期皇木采办一般在拖运时要在皇木上凿牛鼻口。在郑振铎《中国版画史图集》中的《运木之图》也有这种图像，但这些圆木均没有发现拖运的牛鼻孔。不过据当地老乡介绍，他们的祖辈曾不时拾到大的铁丁牛，有的重达五斤，并将其打成挖锄使用。显然，这些铁丁牛是用来拖运巨木的。

需要强调的是皇木采办由于对形制要求十分高，往往"伐十得一二焉"①，如中空、外裂、多节、无皮、短细、曲肿、蠹腐者"皆要抛弃"，②龚辉《采运图前说》称"参错不齐，外直而中空者十之八，毁折而遗弃者什之九，侥幸苟且，百才一二"③，所以，明嘉靖万历时在四川地区采木，造成林区"道旁枯朽，悉是良才"④。

所以，我们可以推测火草坪一带在明代可能是运送皇木的一个解木场，将砍伐下来的皇木不合式部分的分解下来，所以才留下许多木屑。这样，这些圆木可能是不合式而被遗弃了的，或为合式的大木分解出的不合格的部分，以使合式的部分转运更方便。

还有一种可能就是皇木滑槽遗木。

按照古代皇木运输常例，转运皇木需要"找箱"，即用木头铺设滑槽于路基和支架上，形成类似今天的铁路一样来拖运皇木。一般是将两根杉木平行铺设，每五根横置一木。因为顺滑的要求，所以遇有大石需开石，陡险处需用木架高或者垫高，所谓"架木飞挽"、"天车越涧"、⑤"架桥搭箱"⑥，所以会出现"远数十里，皆浮功"⑦之状。

清代这种转运工具称为溜子或厢路。据严如煜《三省边防备览》卷9《山货》记载了溜子的情形：

---

① 嘉庆《洪雅县志》卷21引毛起《采木纪略》。
② 陈锦：《结筏顺清河记》，《皇朝经世文续编》卷10。
③ 龚辉：《采运图前说》，黄训《名臣经济录》卷48。
④ 张蒙养：《为川民采木乞酌收余材以宽比累事》，《明经世文编》卷427。
⑤ 孙承明：《春明梦余录》卷46。
⑥ 《陕甘总督尹继善为采获钦工巨楠并运送事奏折》，王澈：《清代采办楠木史料》，《历史档案》1993年第3期。
⑦ 嘉庆《洪雅县志》卷21引毛起《采木纪略》。

> 盩厔之黄柏园、佛爷坪、太白河等处大木厂，所伐老林，已深入二百余里，必先作溜子。截小园木长丈许，横垫枕木，铺成顺势，如铺楼板状，宽七八尺，园木相接，后木之头即接前木之尾。沟内地势凹凸不齐，凸处砌石板，凹处下木桩，上承枕木，以平为度。沟长数十里，均作溜子，直至水次。作法同栈阁，望之如桥梁，此木厂费工本之最巨者……溜子外高中洼，九十月后，浇以冷水，结在滑冰，则巨木千斤，可以一夫挽行。

严如熤《三省边防备览》卷9《山货》又记载了黑河山内的木厂搭厢状况：

> 厢用樟枋，以樟枋之长为度。每一度用樟枋四件，中二件平正，两旁二件微高数寸。每度下用横梁二根，梁下立有正柱，两旁栽有斜杆帮顶。若地势平坦，则就地铺成。若绝岩高坎，则找架成楼，上楼然后铺厢。岩坎有高低不一，而楼亦层次不等。每一里共铺厢一百八十度。路成然后用人拉放。每人拉皮绳一根，铁环钉于木上。或二三人或三四人，拉料一件。势平则人在木前，拖曳之而行，其行迟缓；势斜则人骑木上，使之自动，走如快马。

今汉源县皇木镇永利乡水井湾一带古代正好是一个低洼的沼泽湿地，如果要拖运大木经过可能必须架支架立滑槽，那么这些圆木可能正好是架柱，长短不一正好适应沼泽的深浅不一，一端尖正好插入沼泽中，一端平顶正好在上铺设滑槽，这就能解释一米长的圆木削尖的原因。对此，我们在与汉源县皇木镇相邻的金口河一带发现近代拖运圆木的原始木槽，其边上也正好有许多木屑，与我们在水井湾的发掘现场十分相似，可能正好是这种方式滑木遗留，即历史上溜子厢架的残留。

当然，最终真正解决这个问题，我们还期望对水井湾地区的整体发掘，将整个方圆1000米左右的地区完全揭开，可能才能更准确地认识这个地区圆木堆积的地位，最终解决皇木镇皇木采办运输的细节问题，为皇木采办研究和相关地区生态环境复原研究创造更好的条件。

我们之前的研究已经表明，距今500年以前中国长江上游亚热带山地海拔3000—1500米的中低山地区多是乔木林为主而间与草甸混交景观，而非现在的以草甸、灌草坡为主的景观。人类主要居住在海拔1500米以下的平坝、台地和丘陵地区，人类活动对海拔1500米以上的山地地区影响甚小。总之，现代地理学界静态描述的长江上游地区海拔1500—3000米的中低山湿地草坡带，实际在500多年前仍多是以冷杉、云杉为主的针阔叶林与草甸混交景观。近500年来人类垦殖、商业砍伐、皇木采办是造成这种变化的主要原因。皇木采办、商业采办影响了长江上游中高山的森林资源的品质，主要是对高大楠、杉木的砍伐，较明显地影响了森林的郁闭度，但并不会给森林资源带来不可回归的影响。人类垦殖活动，特别是固定的农耕活动，大量砍挖树根，使森林资源的自我恢复失去了可能。[1] 汉源县皇木永利水井湾皇木遗物的发掘，更是进一步证明了这种研究结论的正确性。

早在1903年夏，英国植物学家欧内斯特·亨利·威尔逊（Ernest Henry Wilson）描述大瓦山地区："从前，山上满是茂密的冷杉，但早已砍伐殆尽，其中不少仍横卧于此，腐烂干枯。时常可见20多英尺高的杜鹃花丛生长于这种腐朽的树干上。这些冷杉很多都应该高于150英尺，周长不低于20英尺。山顶上仍有许多树木，但都不甚高大，而且，由于经受风吹、雪压，其树顶几乎都折断了。与我所探察过的其他山一样，此山无疑也受到中国人的极大破坏。在如今这种体制之下，再过50年，华中、华南及华西将看不到一片森林。用阔叶树和灌木生产木炭仅仅征收严苛的过税。炼制钾盐是西部山区的传统产业，同样会严重破坏草木植被。我认为，栎树、山毛榉、角树的大规模减少是制炭业造成的。"[2] 威尔逊描写的大瓦山自然景观，实际上透露出历史上大渡河沿岸山地历史乔木林丰茂的一点影子。据永利乡叶氏家族告知，水井湾对面大沟山（老厂沟源头）以前都有较大的杉树，火草坪以前还有野猪、野鸡与家猪、家鸡混养景观，只是近几十年的人类活动才使这种景观消失的，也透露出了一点水井湾一带昔日的自然景观信息。据现代研究调查表明：2002年，大渡河峡谷林地面积占72.4%，但整个大渡河峡谷森林覆盖率仅占24.3%，除大

---

[1] 蓝勇：《近500年来长江上游亚热带山地中低山植被的演替》，《地理研究》2010年第7期。

[2] Ernest Henry Wilson, *A Naturalist in Western China*, New York: Doubleday, Page & Co., 1913, pp. 246—247.

瓦山顶有一点原始林和次生林外，鹿儿坪的冷杉林不过是20世纪50年代的人工林，其余大多是草坡、灌丛植被，自然植被逆行演替为灌丛和草坡。[①] 现在看来，这个演变过程，也就是在近四五百年的历史之间。同样，皇木采办、商业采办、人类垦殖对森林都带来较大的影响，但人类固定的农耕活动，可能从叶氏家族定居后，便开始种植苦荞、燕麦等，一直到20世纪六七十年代六大队种植马铃薯、苦荞、燕麦等植物，大量砍挖树根，对森林的影响更大。

（原载《四川文物》2011年第2期）

[①] 罗利群：《金口河大峡谷区域自然植被初探》，《乐山师院学报》2004年第12期。

贵州威宁县石门坎田野调查反映的环境变迁

蓝 勇

目前学术界对明清时期的环境变迁已经做了许多研究，取得了不少成果。不过，我认为现在需要进一步深化的是要在做一些以乡村为地域背景的田野调查个案基础上进行继续研究。为此，我们曾在滇东北、黔西北、川北、川南、川西南地区做了许多个案调查。这里，我们仅就最近我们在贵州威宁石门坎地区进行的调查作一个个案分析。

贵州威宁县西北地区的石门坎地区，紧邻云南昭鲁坝子，为山地与坝子结合部的山区，历史上较早就有人类活动，但由于特殊的地理环境，人类活动的强度在明清以前并不大，生态的原始性较明显。石门坎地区本是云贵高原上一个十分平常的一个地区，只是由于清代末年西方传教士柏格理在这个地方建立教会，修建教堂和学校而声名在外。也因这些传教士留下了许多清代末年记载石门坎的文献，为我们研究这个地区近二三百年来的环境变迁提供了比地方志更详明可靠的资料。

石门坎地区在明清时期主要是苗族、彝族居住的地区。不过，在明清以前，在一些海拔相对较低的地区和城镇周围就有汉人活动，已经有较多的农业种植，如威宁中水镇就发现有汉代墓葬，但大多数民族的民族地区仍然以林牧业为主，畜牧业的地位较高，如元代李京《云南志略》记载土僚蛮仍然是"出入林麓，望之宛若猿猱"，仅有"山田薄少，刀耕火种"，《大元一统志》记载"乌撒泉甘土肥，宜育马羊"，嘉靖《贵州通志》卷3记载乌撒卫"旧志土人多牧胡羊，岁两取其毛为毡而资贸易焉"。

明清以来的屯田兴起了这个地区农业垦殖高潮。不过，明代这个地区的垦殖指数还不高,《大明一统志》卷 72 记载乌撒军民府一带"刀耕火种,不事蚕桑",而且还出产松子、猿、鹿等物为特产,嘉靖《贵州通志》卷 3 记载乌撒"风气刚劲而多寒,故梗稻难艺,卫人所资以生者唯苦荞、大麦而已"。据研究可能是明代末年乌撒一带才有较多小麦的种植。应该是在清代以来大量移民进入后,垦殖高潮才真正出现。我们在贵州威宁中水镇、石门坎地区发现了大量清代移民的墓葬群,印证了我们这种分析。

在云贵高原发现的清代康熙、乾隆时期以来的墓群多是在海拔 2000 米左右,反映了移民刚进入威宁地区所在的情况。特别是在威宁县中水镇小龙潭发现的清代陈氏移民墓群的墓碑,对这个地区移民和垦殖情况有较详细的记载。在这个墓群中,以乾隆、咸丰间《陈坤图、潘淑德夫妻合葬墓》、乾隆年间《陈世珮墓》、乾隆年间《陈世琼、何氏夫妻合葬墓》和碑刻、墓志铭保存较为完好。

其中乾隆年间《陈世琼、何氏夫妻合葬墓》墓志铭显然是民国时补撰补刻,字迹较乱,但墓志铭内容比其他几个更完整,为我们了解这个家族迁移过程有了较多的了解。其碑文称:

> 公讳世琼,乃建成科之二子,天京公之二孙,原籍黄州府麻城县孝感乡柳树巷,坐落地名石门坎,移居稻田坝中河乡陈家老屋基。公之在世时,学识渊博,造诣很深,博学远闻,弟兄和睦,相得外和内睦,乡里能调纠解难,教学不求报酬,教之门徒诃夸家考官员后,赠小龙潭礼地,迄今下传。

从这个墓志铭记载可以看出,清代从湖广移民进入威宁地区后,主要是在海拔 1900—2200 米的地区居住垦殖。据乾隆年间《黔南识略》卷 26 记载,威宁州一带"其民夷多汉少,汉人多江南、湖广、江西、福建、陕西、云南、四川等处流寓……一州之中温饱者鲜,贫人以苦荞为常食,包谷、燕麦佐之"。总的来看,清代进入云贵高原地区的这些农业移民主要是以开山种植包谷、荞麦、燕麦为主。

这种经济结构到了清末民国初仍然如此,只是人口密度有所增大,垦殖指数有所扩大。民国《威宁县志》卷 11《屯垦志》记载了清末民初这一带的垦殖情况:"洪武二十八年,因乌撒卫开辟分为五所,各设流官大兴屯垦……按四十八屯之地高山屯少于半山屯,半山屯又多于矮处屯。"

表附—6 清末民初威宁县农业垦殖情况表

地区	地理特征	土壤情况	种植植物	森林情况	种植方式	产量
凉山	一片荒凉，寒恒特甚，海拔2200米以上	土瘦瘠，异常不便耕稼	荞麦、洋芋、燕麦，也可种苞谷和兰花子	丛林较多	先将丛林斩伐，用火焚之其根后，以人工开挖成熟地，要用灰粪、骨灰入种，牛耕成沟播种，特别贫瘠的需停一年再耕	五升最高可收七八斗（荞麦）
半凉山	气候较暖，出产较多，海拔2200—1900米	较凉山为肥美，颇宜耕种	包谷、马铃薯、荞麦、大麦、小麦、燕麦、饭豆	丛林、灌丛多	先伐乔木、灌丛成为熟地，将硬块细之，人工挖窝播种，需薅刨、覆粪	一升可收五六斗（包谷）
矮山	河流旁平坝，气候温暖，出产最多，海拔1900米以下	较半凉山为肥沃，最利耕耘	大小麦、豌豆、蚕豆、婴粟、包谷、红豆、大豆和蔬菜等	少林或无林	稻麦两熟，初春垦为田坯，放水淹渍，夏至前播种水稻，需多次薅田。秋种大小麦和豌豆吞豆等	上田每斗八石，中田每斗六石，下田每斗四石

资料来源：民国《威宁县志》卷11《屯垦志》。

总体上来看，清末民初威宁一带的森林植被还是较好的。据民国《威宁县志》卷11《屯垦志》卷9《经业志》："谨按县境为最宜森林之区，林木繁盛于他邑"，所其卷10《物产志》记载的兽类动物中较大型的有鹿、獐、猴、狐、虎、豹、熊、獭、野猪、岩羊、豪猪、野牛、豺、狼等。不过，可能当时城镇周围边的森林生态环境并不是十分理想，石门坎附近也显现了这种状况。

按民国《威宁县志》记载，石门坎当时是威宁县的一个集镇。柏格理

《苗族纪实》记载石门坎"但一个不利的条件是这里离周边长有木材的地方都很远，而在中国的建筑中大量的木材又是非用不可——在距石门坎十英里的一个地方，我们以不足一英镑的价钱，购买了若干长在一面山坡上的冷杉树"①。后来东人达《滇黔川边基督教传播研究》一书中也谈道："因为石门坎没有建筑用木材林，便在三十里外的简角寨土目安怀茂处买了一片松林，伐倒运回供建筑教堂与学校用。"② 简角寨在石门坎东相近的新民乡，更为偏僻，当时森林生态更好一些。这则记载反映的情况也可从一百多年前清代末年的石门坎照片看出这一点。

我们发现了一张1905年柏格理在石门坎照的石门坎全景。为了同位观察这个景观的变迁，2008年8月10日，我与研究生到了石门坎，多方努力找到了103年前相同拍摄机位，同方位同角度记录了这一百年的变化。从照片我们可以明显看出，清末石门坎周围森林植被十分稀疏，与前面记载的30里外才有可用之材是相吻合的。一百多年的对比我们发现，今天石门坎镇周围的森林植被状况比清代末年更好。同样，我们找到石门坎的栅子门比较发现，石门坎附近的次生林、人工林确实比当时茂盛。

不过，近一百年石门坎地区森林变化显现的生态环境变迁轨迹可能远比想象复杂。我们注意到清代末年《柏格理日记》中提供了一个当时石门坎附近的野兽和树木种类表，③ 对于这张表中记载的动植物今天我们在石门坎地区作了新的调查，以进行对比。

表附—7　　　　　　清末石门坎地区动物、植物与今天变迁

	清末	现存
动物	狼、鹿、虎、蛇、豹、野猪、熊、豪猪、狐、犰狳、山猫、猴、羚羊、鬣狗	野猪、麂子、蛇
植物	橡树、桃树、矮橡、杏树、冷杉、苹果树、漆树、栗子树、胡桃树、木兰、食虫树、李子、梨树、温桲树	树种大都有，但多为次生、人工林中幼林，冷杉较少了

---

① 柏格理：《在未知的中国》，东人达等译，云南民族出版社2002年版，第118—191页。
② 东人达：《滇黔川边基督教传播研究》，人民出版社2004年版，第241页。
③ 柏格理：《在未知的中国》，东人达等译，云南民族出版社2002年版，第761页。

同时《柏格理日记》中还记载:"石门坎附近有若干只大熊,经常袭击居民。它们在田里吃包谷和各种水果,还吃密蛇和蜂蜜……豹经常袭击狼狗。凡是有豹的地方,狼群就会离开。鬣狗则成群结队活动。最近,有人发现这里不远处有十四只的一群,它们追逐豹子和野猪,由于是结伙行动,它们的力量就要比其他动物大得多。"① "在距石门坎约五英里的村寨附近有一只老虎,正在给予人们带来许多灾难。"②

通过我们的田野口碑调查,当地老乡都认为现在这些动物大多不存在了,这显然与我们发现的石门坎附近的森林植被当时没有现代好的结论是相冲突的。原因何在?

根据我们对长江上游的大量考察研究显现,近一百多年的人类活动对森林生态环境的影响较为复杂。

第一,近一百多年来,人类活动对森林生态环境的影响最主要是人类垦殖活动对森林生态的影响。在清代中后期移民大量进入云贵高原地区垦殖的背景下,特别是在马铃薯、包谷等高产旱地美洲农作物的广泛播种下,云贵高原海拔1900—2500米以下的许多山原、山坡森林已经被移民砍伐开垦成为田土。这不仅是在贵州威宁石门坎地区,也不仅在云贵高原地区,我们以前在云南永善县、四川古蔺县、重庆万盛区、四川汉源县等山地地区的田野考察中的发现也证明了这一点。

不过,直到清代末年,才开始出现森林生态环境转向恶劣的转变时期,开始越来越显现了人类活动与生态环境矛盾的突出。在这个转变时期的初期,一方面当时的垦殖指数还远没有20世纪七八十年代高,所以在石门坎附近30公里远的地方还能有大量较高大的野生冷杉林用于建筑,而且由于人口相对稀少和森林相对丰富,而当时民间火器对猛兽的威胁相对较小,故野生动物有较多生存。但从野生动物经常偷吃种植的包谷等农作物和偷袭山民来看,一方面显然人类活动已经侵入大量野生动物的核心地区,另一方面呈现了猛兽在森林资源减少和人类捕杀加强的背景下下层食物链缺乏转而向人类生活区觅食的趋向。

到了20世纪七八十年代,由于人类活动的影响,森林资源受到影响最大,许多海拔2500米以上的山原森林被砍伐种植马铃薯,野生动物不

---

① 柏格理:《在未知的中国》,东人达等译,云南民族出版社2002年版,第760—761页。
② 同上书,第770页。

仅直接受到人类更有力的捕杀，而且赖以生存的森林背景已经完全不复存在。所以，到现在我们在石门坎地区已经找不到这些大型的野生动物了。

第二，这里要特别说明的是，以往我们的研究发现，清代末年长江上游许多城镇周边的森林生态环境都比现在城镇周围边的差，这主要是与燃料换代和环境保护政策有关，对此我们已经在《长江三峡历史地理》谈及，并在《燃料换代历史与森林分布变迁——以近2000年长江上游为时空背景》一文中有专门的论述。在我们即将出版的国家自然科学基金最终成果《近2000年来长江上游森林分布变迁与水土流失研究》一书中也将有专门论述。

我们通过对石门坎这个乡镇的调查也发现了这一点。这些年来，由于燃料换代、环境意识的强化和环境政策的实施，城镇森林生态环境已经大大好转，已经比清代末年有更好的森林植被，这可以从石门坎附近森林植被与100多年前的比较中看出。

还应指出的是，近些年来在长江上游的一些离城镇较远的地区，由于燃料换代、环境政策的实施和环境意识的强化、农村人口空虚化、退耕还林政策的实施，森林植被已经比20世纪七八十年代好，个别地区已经恢复或者超过清代末年的森林覆盖率。但是，我们也应清楚的是，这种回归并不是一个简单的复制。现在许多地区的森林资源主要是人工中幼林、次生中幼林和灌丛，与以前的多原始森林，森林郁闭性强，显现森林中动物和植物的生物多样性有明显的区别。在现在的森林生态背景下，许多食肉类的野生猛兽已经灭绝，有的兽种即使存在，也因为没有足够多的食物链下层小动物而无法自然生存；许多以前高海拔地区乔木林的山原地区在退种马铃薯后，如果没有人类大量种植和养育，一时也还不可能完全恢复起来。也就是说，即使森林覆盖率回升到了清代以前的状况，长江上游的森林生态环境的原始性和生物资源的多样性可能也不如清代。所以，现在可能石门坎地区总体的生态环境还不如清代好。

（原载杨伟兵主编《明清以来云贵高原的环境与社会》，东方出版中心2010年版）

贵州绥阳南宫木厂地理考

蓝　勇　陈季军

明代采办皇木在长江上游曾设有三大木场，即四川的马湖木厂、湖广的龙山木厂、贵州绥阳南宫木厂。根据以前我们的研究，已经确定四川马湖木厂在屏山县中都镇，但是对湖广龙山木厂和贵州绥阳南宫木厂的具体位置并不清楚。本文在实地考察的基础上，对贵州绥阳南宫木场的地理位置作了考证。

雍正《四川通志》卷16《木政》引《张德地疏略》记载：

> 随传绥阳县旧时木厂附近居民吴之玺、梁维栋、任明选等三人，亲问采木之法，据供明时绥阳设有一厂，地名南宫北扫。

这条史料在嘉庆《四川通志》卷17《木政》同样有载。不过，我们查《明一统志》、《寰宇通志》、正德《四川志》、乾隆《贵州通志》、乾隆《绥阳志》、道光《遵义府志》、民国《贵州通志》、民国《遵义府续志》、民国《绥阳县志》中均没有南宫、北扫地名的记载。

唯在《大清一统志》卷403《遵义府》记载：

> 南宫山，在绥阳县东八十里，相近有北扫山焉。

但这个南宫山、北扫山究竟是现在绥阳县的哪座山呢？

最初我们向遵义和绥阳的有关文化人了解，均不知绥阳有一个南宫地名，更不知有明代南宫木场。我们查阅1∶10000和1∶2000000的绥阳地图，也没有南宫地名的标注。后从绥阳县林业局原副局长青开海口中得知，曾有长者告知绥阳县金钟山上有南宫牧场和南宫屯地名，不知是否与此有关。

后我们查阅《明一统志》、《寰宇通志》、正德《四川志》、乾隆《绥阳志》，发现不仅没有南宫山的记载，也没有金钟山的记载。后查道光《遵义府志》卷4《山川》：

> 金钟山，在旺九甲，周广二百余里，高四十余里，一角入正安界。其溪涧壑流为九溪，一蛇溪，一李干溪，一雁崖溪，一南宫溪，一微子溪，属赵里；一猛溪，属正安；一黑溪，一天花溪，属赵里；一赤尾溪，属旺里。赤尾合诸溪流为磨坝河。山之西有沙洞。洞下一山突起，五峰秀立，名五峰顶。

同样，民国《遵义府续志》卷5《山川》也记载：

> 金钟山，在旺里，五峰秀立，名五峰顶前志，弥望正绥周二三百里，九溪出其下，流注鳖江。举岳峦岫，中峻五峰，双岑特锐匹嫡，并睨相隔丈许。光绪间有道士置鼎兹山，为铁索桥以通，双椒往来，天空自下观之嵊霓半汉，若天仙散游于云衢间也。山中庙宇高下碁置，正绥民祈祷无虚日。

同书卷4《坛庙寺观》：

> 金钟山寺，在赵里，山势磅礴，上翘五峰，各富奇胜，寺庵棋置，年六七月正绥民皆朝拜压路。又金钟寺明时建，光绪末年毁，寺僧募化重建。未就，近寺白哨沟王某祀佛甚虔，寺僧及土人因怂恿令舍身劝募。某于是延僧设坛场礼忏数旦，夕遽以斧断左臂，昏绝延时乃苏，即以断臂自悬肩上，随处募化，果积巨资为告成。

民国《绥阳县志》卷1《地理志》：

> 金钟山，在赵八里旺九里之间，周广二百余里，高四十余里，一角入正安县，其间洞壑流为九溪。

显然，从历史文献记载上来看，金钟山上流出的九溪中有南宫溪，附近还有白哨沟。可见，历史文献记载中的南宫、北扫二地是在相近之处。据《大清一统志》卷403《遵义府》记载："南宫山，在绥阳县东八十里，相近有北扫山焉。"显然，南宫山、北扫山应在金钟山中或者在金钟山附近。关于北扫山，清代文献中都称北扫，但在民国时称为北哨。查1：200000的绥阳县地图上，金钟山西侧正好有白哨河，北扫山应该也在附近。同时在金钟山北，现在还有一条小溪名南宫溪，也就是文献记载的九溪之一。但南宫山具体在金钟山中何处呢？我们在考察中绥阳县林业局原副局长青开海先生告知，他以前曾听长者罗九成讲，古老相传在金钟山西南的笋厂的南面叫坪上的地方有南宫牧场（木厂），再向南的山丘称为南宫屯。经过我们的实地考察，发现所谓的坪上，是海拔1580米左右的一个相对宽阔的沟谷，南面的山丘当地称南宫屯，据说以前还有人工垒的石墙基。据青先生告知，这个地区在20世纪四五十年代曾有高大的乔木林存在，显现古代应该是大片原始阔叶乔木林，但50年代以后被砍伐，一度变成草坡灌丛，只是近十多年封山育林后才形成现在的次生中幼林的。根据绥阳县的开发历史来看，明代金钟山一带在如此海拔的原始森林里不可能存在一个南宫牧场，很有可能就是历史上南宫木场之误听。[①]

　　综合历史文献和实地考察来看，明清时期金钟山之名并不见于记载，反而只有南宫山、北扫山之名，很有可能明清期金钟山一带又称为南宫山、北扫山。可能只是到了清末金钟山寺重建后香火大盛，人们更习惯称为金钟山了，反而将昔日的南宫山、北扫山之名忘记了。总的来看，所谓南宫木场的核心在金钟山坪上，但采木地区应该包括北哨河东金钟山的广大林区，可能还包括宽阔水茶场林区。

（原载《西南史地》第1辑，巴蜀书社2009年版）

[①] 陈季军：《贵州绥阳南宫木厂访寻记》，《中国人文田野》第3辑，巴蜀书社2009年版。

对中国区域环境史研究的四点认识

蓝 勇

中国环境史研究已经成为史学研究的一个热点。现在看来，如果20年前学者们关注生态环境史本身就是一种进步，那么20多年后，虽然研究成果已经比较多，但如果研究结论还仅停留在"人类不合理的开发破坏生态环境，历史时期人类生态环境远比现在好"，那就表明生态环境史研究还远远未能达到应有的水平。面对历史与现代中国广袤陆上疆域这一巨大的研究空间，首先需要区域生态环境史研究的深入才能解决一些具体的环境历史和现实问题。所以，笔者在此仅就长江上游生态环境变迁历史研究谈四点研究体会。

一 对早期环境原始性的认识

直到今天，许多学者总是以为历史时期以来我们的生态环境变化并不是太大，总以今天的环境去思考和理解古人，就像以前学者以今天的环境断定古代"巴蛇食象"不可能、金沙遗址象牙来自缅印一样。近几十年来，历史地理学和考古学的研究已经显现历史时期人类所处的环境变化甚大，但究竟有多大的变化呢？

首先从成都平原的金沙遗址、三星堆遗址、十二桥遗址、指挥街遗址、商业街遗址等来看，成都平原在距今3000年到7000年之间，沼泽水面远比现在多，可能还有较大面积的天然林。如我们在金沙遗址中发现了大量巨大的乌木和树根，在青白江地区发现了距今6000年左右残长27米，直径2米左右的乌木，都显现了当时成都平原及附近有大量高大的乔木林，植被十分原始。由于成都平原湿热的环境，当时较多流行干栏式建筑，成都十二桥遗址就反映了这种状况。在成都平原发现的大量船棺葬，船棺都是用整根大的楠木挖空而成。如在成都商业街发现了17具船棺和独木棺，长达10—11米，直径达1.6—1.7米。[1]这些巨大的楠木应该取自四川盆地四缘山地。在成都金沙遗址、三星堆遗址发现的大量象牙应该来自四川盆地四缘山地，[2]主要可能是川西南和秦巴山地，证明唐宋时期在川西南和秦巴山地都还有大象的踪迹，[3]显现了成都平原地区四周的环境相当原始。

汉代扬雄《蜀都赋》称"于近则有瑕英菌芝，玉石江珠；于远则有银、铅、锡、碧，马、犀、象、僰"。晋代左思《蜀都赋》也记载："旁挺龙目，侧生荔枝。布绿叶之萋萋，结朱实之离离。迎隆冬而不凋，常晔晔而猗猗。孔雀群翔，犀象竞驰。白雉朝雊，猩猩夜啼。"以前有的学者认为这是文学作品的夸张描写，并不反映真实的生态环境。但从考古发掘来看，两篇《蜀都赋》所描绘的生态环境并非完全虚指。与之相应的是当时的气候比现在湿热。据研究表明，商周时期成都平原年均温在17.7—19.8℃，显现了当时年均温比现在高1.7—2.8℃，湿地较多，草丛遍野，以草本植物和蕨类植物为主体，[4]显然上古成都平原及四周山地气候湿热，森林茂密，与今天的环境有很大的差异。

当时重庆峡江地区的生态环境也是相当原始。我们知道，《山海经》中记载："巴蛇食象，三岁而出其骨，君子服之，无心腹之疾。"对"巴"所指的地域仍有争论，但现在的研究可以肯定，"巴蛇食象"是一种自然现象，并非文学夸张。早在晋代郭璞就谈到巴蛇食象时以蚺蟒吞食鹿子，在五代《玉堂闲话》的记载中也发现了瞿塘峡中蟒蛇吞食鹿子的例证。进一步研究表明，文献记载中蟒蛇的长度折合为15—30米，围在1.2—2.4米，而近现代蟒蛇吞食家猪、山羊、小牛的记载或报道也屡屡可见。从动物构造来看，蟒蛇的下颌骨构造特殊，吞食小象是完全可能的。[5]笔者曾

---

[1] 颜劲松：《成都市商业街船棺独木棺墓葬初析》，《四川文物》2002年第3期。
[2] 黄剑华：《金沙遗址出土的象牙的由来》，《成都理工大学学报》2004年第3期。
[3] 蓝勇：《历史时期中国野生犀象分布的再探索》，《历史地理》第12辑，上海人民出版社1995年版。
[4] 姚轶峰等：《成都金沙遗址距今3000年的古气候探讨》，《古地理学报》2005年第4期。
[5] 蓝勇：《巴蛇食象新解》，《文史杂志》1993年第6期。

在《良友画报》上看到20世纪初东南亚蟒蛇吞食鹿子的照片，对蛇吞食亚洲象的事实更是信而不疑。与之相关，我们发现在峡江地区许多先秦的考古遗址中发现了许多大象牙，如大溪文化遗址中就发现了象牙，而后来的研究也发现，唐宋时期南州、溱州还土产有象牙，宋代犀牛还进入万州，① 显然，先秦时期长江上游原始森林密布，森林中的生物群落保存完整，原始性强，各种野生动物种类多，数量大，这为亚洲象、蟒蛇提供了足够的生存庇护背景和下层食物链支撑。

先秦中国不仅在于植被、生物上，而且地形地貌和水文方面也与今天相差较大。近来有的学者以中州地区考古遗址普遍在现在地下水位之下为核心证据，认为商代较为干旱，② 就是忽视了先秦的地形地貌与今天相差大。研究表明，现在的地面高度并不是历史时期的地表高度，由于自然冲积和人类活动加速的影响，历史时期的地表高度普遍比现在的低，这在平原和冲击河谷地区尤为明显。如黄河流域鲁北的古河道一般都在现在地表0—8米深的地下；③ 河南省许多地方是在地下7米深的地方发现宋瓷；④ 典型的荆江河道河床，应该比现在低8米以上，所以我们发现荆州万寿塔塔基深埋于大堤8米以下；重庆市忠县中坝遗址，从新石器时代到当代，文化层达12.3米厚，跨度达千年。⑤ 值得指出的是，文化层中的先秦层大多在今天的河道的水平面以下。实际上从历史时期的近2000年来看，长江上游河道普遍抬升，只是自然径流量减少，泥沙、崩岩壅积，⑥ 最近我们从嘉陵江边水师码头探坑的泥沙堆积也可看出，宋以来嘉陵江河床可能抬高达0.7—2.7米。⑦

学者对历史时期水文的变化程度，多关注径流的大小、湖面的伸缩等变化，实际上我们应该将更多关注水质的变化。《华阳国志》卷3《蜀志》

---

① 蓝勇：《历史时期西南经济开发与生态变迁》，云南教育出版社1992年版。
② 杨升南：《商时期的雨量》，《中国史研究》2008年第4期。
③ 张祖陆：《鲁北平原黄河古河道初步研究》，《地理学报》1990年第4期。
④ 中国科学院编辑委员会：《中国自然地理·历史自然地理》，科学出版社1982年版，第82页。
⑤ 朱诚等：《长江三峡库区中坝遗址地层古洪水沉积判别研究》，《科学通报》2005年第20期。
⑥ 蓝勇：《历史时期长江上游航道萎缩及对策研究》，《中国历史地理论丛》1991年第10期。
⑦ 蓝勇：《有关先秦气候研究的方向问题》，《中国史研究》2009年第3期。

记载:"崩江多鱼害。"① 何谓鱼害? 实际上是指河里鱼在洪水时漫入稻田食稻谷为害。显然如果我们没有对当时的水文生态的理解,是很难理解这种鱼害的。今天我们知道在成都井水显然应该比府河水质好,但历史时期成都的府河水质更好,所以,谯周《益州志》:"成都织锦既成,濯于江水,其文分明,胜于初成,他水濯之,不如江水也。"②《华阳国志》卷3《蜀志》:"锦工织锦濯其江中则鲜明,濯它江则不好",③ 直到清代仍有"可供饮料者,以河水为佳"的说法,④ 所以"扬子江中水"、"河水豆花"成为好水质的代称。总的来看,早期城镇由于人口规模、产业形式的影响,水污染多是程度轻、规模小的有机物污染,但现在的水污染往往叠加了规模较大的生化污染,影响面大,治理难,这使得早期城镇水环境与现代城镇水环境区别较大。

二 对清以来环境变化复杂性的认识

由于清中后期以来人口基数的大大扩大、外来生物的推广、晚清以来近代工业的出现、20世纪后期城市化进程加快、燃料换代、现代科技广泛运用、现代环境意识出现等因素,使环境变化受到更多参数的影响,使环境变化的复杂性更明显。

就长江上游来看,虽然清以前人类活动也对局部环境产生影响,如矿业开发对附近的生态环境的影响已经显露出来,但在清代以前并没有严格意义上的对人类基本生存构成较大破坏的环境恶化,这可能是由于在传统生产力背景下人口基数小,影响生物圈的深度和广度有限的原因。清代中叶以来,由于高产旱地农作物的传入和推广,使人口在基数较大背景下剧增,使长江上游的森林生态与人类活动的关系矛盾才变得突出起来,真正从生态环境角度对人类基本生活和生产的影响才明显起来。所以,清中叶以来200多年时间的生态环境变迁应是我们研究的重点。可以说近2000

---

① 常璩撰,刘琳校注:《华阳国志校注》,巴蜀书社1984年版,第286页。
② 《文选·蜀都赋注》引,中华书局1981年版,第79页。
③ 常璩撰,刘琳校注:《华阳国志校注》,巴蜀书社1984年版,第235页。
④ 傅崇矩:《成都通览》,巴蜀书社1987年版,第7页。

年来中国环境变迁真正对人类社会有重大影响的是在近 200 年的时间内——至少从长江上游来看是如此。

比如 500 年前,海拔 1500—3000 米的中山斜坡平坝地区多是原始乔木林为主而间有草甸混交景观,而非现在的以草甸灌丛为主的景观。所以,以前学术界有人认为现在亚热带高山湿地草甸向陆生乔灌植被演变是一种退化,① 这是不正确的。现在一些草甸沼泽地区出现的向陆生乔灌木演化,实际上是对历史时期的一种回归,并不完全是一种退化。

显然,历史的发展并非一条直线,人与自然的关系的发展也同样如此。我们要认识到并非古代的森林生态环境就一定比现在好,因为好坏是相对于人类而言。早期的森林生态环境的原始,森林群落的完整,野兽猛禽众多,瘴疠盛行,对早期生产力十分低下人类的基本生存和发展威胁巨大,这种环境实际上是"坏",实际对人类并不好。当人类生产力发展到一定程度后,森林生态环境才真正成为人类生存的绿色生态庇护和产出多样性的资源宝库。当然,即使在这种背景下也并不是生产力越低下森林生态环境就一定比现在好。最新研究表明,清代中后期以来到 20 世纪 80 年代,长江上游城镇周边的森林植被环境远不如现代。我们通过对云南昆明城郊、湖北秭归县城的清末照片与现在对比发现了这一点,② 相关城镇的文献记载也证明了这一点。近来我们通过对贵州石门坎乡镇附近的人类学调查也同样可以证明。③ 这些年来,由于燃料换代、环境意识的强化和环境政策的实施,城镇森林生态环境已经大大好转,森林植被覆盖率已经超过清末,但多以人工林、次生林为主。同时,清代后期城镇周围的野生动物的种类和数量却比现在多,生态环境的变化情况显得十分复杂。显然,绝不能简单地认为古代生态环境肯定比现在好。如果我们简单地以数理模式用近现代森林覆盖率反推古代森林覆盖率都比现在高,更是应该十分谨慎。

还应指出的是,近些年来在长江上游一些离城镇较远的丘陵区,由于

---

① 杜耘等:《神农架大九湖亚高山湿地环境背景与生态恢复》,《长江流域资源与环境》2008 年第 6 期。

② 蓝勇:《中国历史地理学》,高等教育出版社 2002 年版,第 81 页;《长江三峡历史地理》,四川人民出版社 2003 年版,第 350—351 页。

③ 蓝勇:《贵州威宁县石门坎田野调查的环境变迁》,《明清以来云贵高原的环境与社会》,东方出版中心,2010 年。

燃料换代、环境政策的实施和环境意识的强化、农村人口空虚化、退耕还林政策的实施等因素，森林植被已经比20世纪七八十年代好，个别地区已经恢复或者超过清代末年的森林覆盖率。[1]但是也应该清楚，这种回归并不是一个简单的复制。现在许多地区的森林资源以人工中幼林、次生中幼林和灌丛为主，与以前多原始森林，森林郁闭性强，森林中的生物多样性有显著的区别。在这样的森林生态背景下，许多食肉类的野生猛兽已经灭绝，有的兽种即使存在，也因为没有足够多的食物链下层小动物而无法自然生存；许多以前乔木林在退种马铃薯后，如果没有人类大量种植和养育，森林一时也还不可能完全自然恢复起来。也就是说，即使森林覆盖率回升到了清代以前的状况，长江上游的森林生态环境的原始性和生物资源的多样性可能也不如清代前期。

长江上游清代末年为森林生态环境转向恶劣的转变时期，开始越来越显现了人类活动与生态环境矛盾越来越突出。在这个转变时期的初期，一方面当时的垦殖指数还远没有20世纪七八十年代高，所以在石门坎附近30公里远的地方还能有大量较高大的野生杉林，森林相对丰富，而当时民间火器对猛兽的威胁相对较小，故野生动物较多。但从野生动物经常偷吃种植的包谷等农作物和偷袭山民来看，一方面呈然人类活动已经侵入大量野生动物的核心地区，另一方面呈现了猛兽在森林资源减少和人类捕杀加强的背景下下层食物链缺乏转而向人类生活区觅食的趋向。

20世纪七八十年代，由于人类活动的影响，森林资源受到极大影响，许多海拔2500米以上的山原森林被砍伐种植马铃薯，野生动物不仅直接遭到人类更有力的火器捕杀，而且赖以生存的森林环境已经完全不复存在。所以，今天在许多地区已经见不到这些大型的野生动物了。

显然，从近5000年来中国生态环境变迁规律来看，近几百年人类生态环境最具沧桑之感。而且，由于受多方面人类活动参数的影响，变迁走向十分复杂。但是，中国生态环境史的研究总体上还浮于表面。为此，我们需要用人类学方法，从区域研究入手分析中国的生态环境史，这可能不仅有益于提高生态环境史研究水平，也可以让我们对社会发展中的人地关系会有更深刻的认知。

---

[1] 蓝勇、黄权生：《燃料换代与森林分布变迁》，《中国历史地理论丛》2007年第2期。

三 对历史环境非直线变迁的认识

从前面对早期环境的原始性和对清以来环境变迁复杂性的认识促使我们更深刻地体会到，随着中国环境史研究的深入，我们一定要认识到在历史时期中国环境的变迁绝不是呈现古代生态环境比近现代更好的直线发展趋势的，人类较大的经济、军事、政治活动往往会对生态环境造成十分复杂的影响，环境变迁并非直线发展的。

研究表明，"瘴气"是指森林中的动植物、矿物和水体散发出的多种有毒气体毒害人类出现的各种病理现象的总称。[①] 只是因为文人墨客将瘴疠、瘴气泛指落后蛮荒之地，因此被误以为是文化人的文化臆想。问题在于为何同样是森林地区，现在却没有所谓瘴气。

可以肯定的是，中古时期中国南方的瘴气是作为一种十分常见的地方性疾病客观存在的，这种疾病的流行与衰减都是与森林生态环境的变迁密切相关的。历史时期的森林多是以原始林和次生原始林为主，这种森林资源往往郁闭性强，生物群落完整，森林中动植物的种类、数量都远远大于今天的次生林和人工林，有毒的动物、植物、矿物、水体远比今天多，而森林的郁闭性使种种毒体不易挥发，对人类危害明显。清代云南民间流传的"三不"风俗，即"不讨小，不洗澡，不起早"，据说就是为了避瘴，可能正是这种瘴疠环境的产物。

不过，从明清以来，人类活动使我们的森林环境发生了较大变化，皇木采办将森林中的特大的乔木破坏殆尽，商业开采更是将大量成片的乔木砍伐，人类垦殖将成片的山地森林连根大量破坏，野生动物不仅失去了生存家园，而且不断被猎杀，这不仅使森林面积大量缩小，而且森林的郁闭性远不如以前，生物多样性受到极大影响，所以到清代，四川地区以前瘴疠突出的峡江地区随着森林资源的破坏，已不再是瘴疠之区。到了20世纪，长江上游地区已经很难找到所谓的瘴气，以至于有学者甚至怀疑历史

---

① 周琼：《清代云南瘴气与生态变迁研究》，中国社会科学出版社2007年版。她在作了深入研究，特别是做了大量田野考察后，发现至今在云南以南的缅甸地区仍有瘴疠现象出现，而云南西南地区四五十年前也有瘴疠现象。

上瘴气存在的客观性，以为所谓的瘴气不过是中原文人的臆想。

如前所述，近十年来，由于退耕还林政策和环境保护政策实施、燃烧换代、乡村人口空虚化等因素，中国长江上游许多地区的森林覆盖率回升十分快，有些地区的森林覆盖率也已经恢复到清代中叶以前的状况。但为何没有瘴气出现呢？因为这些年恢复的森林植被主要是次生林和人工中幼林，森林的郁闭性远远不如历史时期。同时，由于大量的动植物物种灭绝，森林的生物多样性远远不如历史时期，这就决定了森林生态短期内不可能完全恢复到历史时期的状况。

在中国古代，虎患是威胁人们生产生活的重要灾害。《华阳国志》卷1就记载秦昭王时白虎为害长江上游的巴蜀地区，五代宋初，成都城和永康军城出现华南虎入城事件，宋代四川盆地丘陵地区的果州、阆州、集州、蓬州诸州群虎出没为害，官府组织捕杀。[1]

特别要指出的是，明末清初的四川战乱以后，长江上游地区出现了历史时期以来最为严重的虎患。这次战乱之后人口急剧减少，社会残破，经济凋敝，田野荒芜，其残破的景象不绝于史籍。据研究表明，明末四川册载人口为300万左右，实际人口可能在700万—800万，清代初年四川地区人口降至60万左右。在这样的背景之下，出现了历史上最为严重的虎患。

在这次虎患中，四川盆地从平原到山地，从城市到乡村，老虎繁衍滋生，形成了虎群纵横四野，"人少豺虎多"，人被虎驱赶的特殊场景。所以欧阳直感叹到"此古所未闻，闻亦不信"。[2] 与虎患同时的是森林自然复茂，生态环境变得十分原始。这次虎患的出现不是在汉晋、唐宋这些人口基数较小的时期，但其出现的严重程度和生态的原始程度远远超过这些时期。所以，如果我们没有对生态环境作深入的研究，简单地认为越是远古环境越原始可能就是不正确的。经过乾嘉垦殖高潮以后，不论是西部，还是东南沿海地区，人口剧增，虎患之害虽然也时有发生，但随经济开发的强度增大，虎踪越来越少，环境越来越失去它的原始性。显然，虎患的周期性出现，显现了人类活动的影响使人类生态环境周期性的变化趋势的复杂性。

---

[1] 《宋史》卷66《五行志》，中华书局1977年版，第1451页。
[2] 蓝勇：《清初四川虎患与环境复原问题》，《中国历史地理论丛》1994年第3期。

前面我们谈到现代中国城镇森林生态环境已经大大好转，森林植被覆盖率已经超过清末。但现代中国大多数城镇江河水生化污染十分严重，水环境总体上并不如清代民国时期。

显然，人类活动的影响可以使人类生态环境发生不断起伏变化，生态环境的变化并不是一条直线递增或递减发展下来的。这种环境变化的复杂性、非直线性使得我们在复原历史环境时不能仅在大区域内用文献材料简单插补后按级数递增、递减来复原，而更多要将历史学、地理学、考古学、统计学、人类学的诸多方法结合起来分区域深入研究基础上进行复原。

四 对环境回归与逆转非完全性的认识

研究表明，长江上游地区亚热带河谷、浅丘地区人类活动影响较早，早已经过从以天然植被为主向以人工植被为主的转变过程，从生物原始性角度讲这是一种退化。这种退化是否需要回归重建，是否可以回归重建？现在看来，完全回归原始植被已无可能和必要。但长江上游中低山地区的森林资源正好是长江流域的水源林，对于长江流域的水土保持有不可替代的作用，所以恢复重建的必要性不言而喻。

从回归重建来看，可以有自然重建和人工重建两条道路。从历史时期来看，长江上游平原、丘陵地区人类活动历史悠久，天然林较早受到破坏，人工林比例大。历史上由于人口增长、战争破坏的影响，森林资源历经无数次破坏与自然和人工复原。从生物学上看，长江上游低海拔地区处于典型的亚热带气候，气候温暖湿润，植被的自然复原功能强，所以历史上虽历经战争、生产生活活动的破坏，但植被不论是自然恢复还是人工恢复都较为容易。当然，这种恢复不论是自然恢复还是人工恢复，都不可能是完全的回归。因为自然界即使没有人类的影响，也有一个演替进化的过程，自然的演替也不可能是完全的重复。当有了人类活动的影响后，更不可能是完全的恢复。

但是，500年以前，人类活动对长江上游海拔1500—3000米地区的影响十分有限，当时该地区并没受到人类实质性的破坏。所以，不论是从人类活动破坏恢复的例证，还是从生态原理角度，这个地区森林植被被破坏后能否很好恢复都是未知的。理论上讲，人工恢复由于远离人类核心区，可能投入的成本会大一些。从生态学原理来看，由于这个海拔地区处于暖温带气候背景，气候相对高寒干燥，生物生命力相对较弱，植物群落相对更单一，生物多样性相对更差，这会使自然复原相对更困难。

历史地理学研究表明，森林植被回归指数的大小，与历史时期人类活动对植被影响的深度和广度关系密切。以近500年长江上游中低山植被退化为例，早期的皇木采办、商业采伐主要是对原始林中核心的巨大杉木的破坏，对中幼林破坏较少，对林木根系破坏不大，但后期采伐范围扩大，一些中幼林被砍伐，客观上使植物群落从根本上受到破坏。尤其是近100年来人类的垦殖活动，特别是在高山种植马铃薯，不仅使地面上的中幼林、灌丛被完全破坏，而且树木的根系完全被挖去，使得这些地区的自然恢复几无可能。而人工恢复重建，一是工程和投入巨大，二是由于天然植被的基因失落，所以不可能恢复到以前的植被状态。

应该看到，500多年前长江上游山地中低山地区由于人类活动影响较小，生态环境是依靠自身的自然状态有机地发展的。自从人类活动大量介入后，这种生态环境的生物链往往被打破，形成一种人化的新生物链。如历史时期长江上游华南虎、熊、野猪都是长江上游森林中食物链中相对上层的动物，由于人类活动对森林的破坏和对其生存所依赖的下层野生动物的猎杀，野生状态的华南虎已经灭绝，熊和野猪也一度大大减少。虽然近十多年来长江上游森林覆盖率大大回升，但所呈现的生态意义与历史时期却并不一样。华南虎灭绝后，要想自然恢复已不可能。人工驯化的华南虎作为一个群落野放才有可能恢复野生华南虎种群，而且还必须有一个足够量的下层食物链存在，这都使人工恢复工作难度加大。历史时期长江上游华南虎患与打虎高潮此起彼伏，主要因为整个华南虎生存的生态环境生物链并没有被破坏，完全可以依靠自然复原。同样，现在长江上游野猪群落众多，时常出没，表面原因是这些地区森林恢复的结果，但更重要的原因则是野猪生物链上层的华南虎、豹等的灭绝和减少，以及人类高山垦殖的玉米、马铃薯等为野猪提供了天然的食物，改变了野猪食杂的生活习性。显然，人类活动影响下的生态环境的回归不可能是完全的回归。

因此，如果我们对历史时期影响环境变迁中种种因子的回归指数作系统研究，形成一个自然因子回归指数，编制出形成各种自然因子的回归系数，不仅可为现实社会经济发展提供一个可资直接参考的指数，更可有利于中国环境史研究的科学化、系统化，也更能体现中国环境史研究的现实关怀。

（原载《历史研究》2010年第1期）